普通高等教育"十二五"规划教材

现代机械设计方法

（第2版）

北京科技大学　臧　勇　主编

北　京
冶金工业出版社
2022

内容简介

本书是为适应科学技术发展和教学体系改革而编写的，系统地介绍了现代机械设计的理论和方法。全书共分八章，分别阐述了设计方法学、相似理论及相似设计方法、有限单元法、机械最优化设计、机械可靠性设计、计算机辅助设计、动态分析设计等内容。各章内容相对独立，深入浅出，适应不同读者的需要。

本书可作为机械工程专业的本科生专业课教材，也可供有关专业的研究生、教师和工程技术人员参考。

图书在版编目(CIP)数据

现代机械设计方法/臧勇主编．—2版，—北京：冶金工业出版社，2011.6（2022.7重印）
普通高等教育“十二五”规划教材
ISBN 978-7-5024-5484-5

Ⅰ.①现… Ⅱ.①臧… Ⅲ.①机械设计—高等学校—教材 Ⅳ.①TH122

中国版本图书馆CIP数据核字(2011)第075795号

现代机械设计方法(第2版)

出版发行 冶金工业出版社　　电　话 (010)64027926
地　址 北京市东城区嵩祝院北巷39号　　邮　编 100009
网　址 www.mip1953.com　　电子信箱 service@mip1953.com

责任编辑 郭冬艳 宋良 美术编辑 彭子赫 版式设计 孙跃红
责任校对 石静 窦唯 责任印制 禹蕊
北京虎彩文化传播有限公司印刷
1998年9月第1版，2011年6月第2版，2022年7月第5次印刷
787mm×1092mm 1/16；17.5印张；418千字；264页
定价36.00元

投稿电话 (010)64027932 投稿信箱 tougao@cnmip.com.cn
营销中心电话 (010)64044283
冶金工业出版社天猫旗舰店 yjgycbs.tmall.com
(本书如有印装质量问题，本社营销中心负责退换)

第2版前言

本书自1998年出版以来，多次印刷，也被多所学校所采用，取得了较好效果。十余年来，由于科学技术的进步，特别是计算机软硬件技术水平的提高，现代机械设计方法有了很大发展，相应的教学内容也有较大的更新和深化，因此对本书进行相应的修订很有必要。

本次修订中，既注意保留原教材的优点，又充实了一些新的内容，使之更符合教学要求。总的原则是：

(1) 大的体例不变：考虑最近几年的科学技术发展，补充修订相关内容，特别是补充最新的成熟成果。

(2) 以教学为主线：根据最近几年的教学经验，增减相关内容；在第1版中由于篇幅的关系，有些内容过于简略，不便读者自学，本次作了补充；在每章中补充了例题和习题。

(3) 考虑科学知识的系统性：在相应章节加入了介绍相关领域的发展历史和最新趋势，并尽可能地加入一些成功的工程案例。

(4) 对原版中的一些语言叙述进行了调整，对文字错误进行了订正。

修订后的内容仍分为八章，名称不变。第1章增加了产品设计的类型和原则、现代设计对设计人员的要求等内容。第2章则充实了内容，增加了案例。第3章中主要改写了相似准则导出的相关内容。第4章增加了有限单元法工程应用一节，主要介绍常用程序和工程案例，其中大多数为本课题组近年来完成；同时删除了平时很少讲授的边界元法的内容。第5章进行了较大的改动，主要是借鉴近年来出版的优秀教材和教学经验，增加了优化设计的理论基础知识，扩大了篇幅；另外还增加了有关MATLAB优化工具箱的内容。第7章则是根据近年来的技术发展进行了全部重写。新增加的内容一般融汇于有关章节中，使教材在反映最新技术的同时，保证其系统性和实用性。

本书由北京科技大学臧勇任主编。第1章、第2章由臧勇、郜志英编写；第3章由臧勇编写，秦勤编写了3.2节；第4章由臧勇、吴迪平编写，其中吴迪平编写了4.2节及4.1节的部分内容；第5章、第6章由杨波海编写，郜志英编写了5.1

节中优化设计发展的新方法,5.6节及6.1节的部分内容和习题、思考题等;第7章由许倩编写;第8章由孙志辉编写。全书由臧勇统稿。

北京科技大学现代设计方法教学组在本书修订过程中提出了很多宝贵建议;北京科技大学为本书的出版提供了经费支持,在此表示感谢。

在编写过程中,参考了许多专家的著述(详见参考文献),并引用了其中的部分例题和图表,在此深表谢意。更多未能在参考文献一一列明的,在此一并表示感谢。

由于编者水平所限,书中错误及不妥之处在所难免,恳请读者指正。

编 者

2010年8月

第1版前言

本书是为适应科学技术发展和教学体系改革而编写的机械工程与自动化专业的一门专业课教材。

随着科学技术的迅速发展，特别是自60年代始，许多软科学技术大量涌现，并进入实用阶段，加上计算机和计算机技术的迅速发展，为现代设计科学和设计方法的现代化提供了理论基础和先进手段。机械设计领域发生了深刻变革，进入了一个新的发展阶段。

传统的设计大多是凭借现有的专利、图纸等资料和设计者自己的经验进行，采用的方法基本上是静态的、古典力学的、经验性的，其计算、绘图大多以手工方式进行，所提供的选择方案少，局限性大。而现代的设计方法，是运用系统工程思想，把产品开发和设计放在一个人－机－环境系统中一体化进行。设计过程中，采用动态分析、优化设计、有限单元分析、可靠性分析、价值分析、故障分析、外观造型分析等各种现代方法，使问题的分析动态化。可以说，现代设计是动态的、科学的、计算机化的。

为适应这种变革，要求现代机械工程专业的学生和工程技术人员对现代设计方法有一个较为全面的了解和掌握。为此我们调整了专业教学体系并编写了这本教材。

现代设计理论与方法是一门广义的综合性学科，它包括了近年来出现的设计方法学及一切用于机械产品设计的相关理论和方法。本书只根据工程实用要求、教学体例安排等，并参照有关著作，编选了部分内容。主要包括如下几个方面：现代设计方法概述、设计方法学简介、相似理论及相似设计方法、有限单元法和边界元法、机械最优化设计、机械可靠性设计、计算机辅助设计、动态分析设计等。本书各章内容既互相关联，又保持相对独立，教师和读者可根据教学和工作需要选取。

参加本书编写工作的有，臧勇（第一章、第二章、第三章和第四章）、杨海波

(第五章、第六章)、窦忠强(第七章)、孙志辉(第八章)、权良柱(第三章部分内容)和何亚梅(第四章部分内容)等。由臧勇任主编。

邹家祥教授和吴菊英教授详细地审阅了全部文稿,易秉钺教授也审阅了部分内容,并提出了很多宝贵意见,在此表示衷心的感谢。

本书在编写过程中,参考了有关著作(详见参考文献),在此一并表示感谢。由于编者水平有限,书中错误及不妥之处在所难免,恳请读者指正。

编 者

1998年2月

目　录

1 绪　　论

1.1 设计与现代设计

1.1.1 设计的内涵与特点

1.1.1.1 设计的概念

设计是人类征服自然改造世界的基本活动之一,它与人类的生产及生活密切相关,从某种意义上讲,人类文明的历史就是不断进行设计活动的历史。

设计在广义上是指对发展过程的安排,包括发展的方向、程序、细节及达到的目标;在狭义上是指将客观需求转化为满足该需求的技术系统(或技术过程)的活动。随着科学技术和生产力的不断发展,设计和设计科学也在不断地向深度和广度发展,其内容、要求、理论和手段等都在不断更新。目前科技界对设计尚无统一的定义,但对设计的基本内涵都有共同的认识。其中对设计含义的一些典型提法如下:

(1) 设计是一种创造性活动,设计的核心是创造性,如果没有创新,就不叫设计;

(2) 设计是一种优化过程,是在给定条件下,针对目标谋求最优解的过程;

(3) 设计是把各种先进技术转化为生产力的一种手段,它反映当时生产力的水平,是先进生产力的代表;

(4) 设计是一种技术性、经济性、社会性及艺术性的综合产物;

(5) 设计是为满足需求而进行的一种创造性思维活动的实践过程;

(6) 设计是通过分析、创造与综合,创造性地建立满足特定功能需求的技术系统的活动过程。

对此,我们综合来理解设计的含义,即为了满足人类与社会的功能要求,将预定的目标通过人们创造性思维,经过一系列规划、分析和决策,产生载有相应的文字、数据和图形等信息的技术文件,以取得最满意的社会与经济效益为目的,然后或通过实践转化为某项工程,或通过制造成为产品而造福于人类。

1.1.1.2 设计活动的特征

从对设计含义的理解出发可以看出,任何设计活动都具备如下五个重要特征:

(1) 时空性　所有的设计活动都受到时间和空间的限制,此即设计活动的时空性特征。这主要表现在因设计活动所处的时间阶段和地域的不同,设计技术水平和设计周期等是不一样的。这是因为在不同的时间阶段和地域,人们所掌握的技术信息和技术手段是不同的,人们对客观世界的认识能力和创造精神的发挥也是不一样的。

(2) 物质性　所有的设计活动都是在特定的物质条件约束下进行的,这是设计活动的物性特征。主要体现在设计受到可利用的资源(如工程材料、经济条件、使用场所)、社会条件等诸多因素的限制。

(3) 需求性　所有的设计都是为满足某种要求，这称之为设计的需求性特征。这也是科学研究和工程设计的最大区别。科学探索从好奇心开始，设计过程则从需要出发。“科学家研究现在的世界，工程师创造过去没有的世界”（Von Karman）。

(4) 创造性　创造性为设计的又一重要特征。只有设计人员和设计成果具有创造性，才能满足人们不断更新的需求。时代的发展、使人们的需求、自然和社会环境都处于变化之中，从而要求设计者适应条件变化，不断更新老产品，创造新产品。从机车的发展历史来看，由蒸汽机车到内燃机车，由内燃机车到电力机车，再到磁悬浮机车，充分体现了设计活动的不断创造发明的特征。

(5) 过程性　任何设计都不是一蹴而就的，而是一个时间过程。这就要求我们重视设计过程中所应用的方法，以提高工作效率，缩短设计周期。同时，设计是一种综合运用多种学科知识创造出新物质条件的实践活动，是有别于纯粹理论研究过程的。这就要求设计工作人员的个人素质、设计工作的组织协调、工作环境及具体条件都要与这一实践活动相适应，否则将影响设计工作的进程和最后结果。

1.1.2　传统设计与现代设计

1.1.2.1　设计活动发展的四个阶段

从人类生产的进步过程来看，设计活动的发展大致经历了四个基本阶段：

(1) 直觉设计阶段　人类在改造自然、利用自然资源以满足人类社会需求的历史中，一直在从事着设计活动。但在最初阶段，这完全是靠人的直觉。设计过程是凭当事人的智力和灵感，在实践中不断摸索而自发进行的。一项新产品的问世，周期很长，且一般无经验可以借鉴，是一种有很大偶然性的自发设计。

直觉设计阶段在人类历史中经历了一个很长的时期，17 世纪以前的设计，基本上都属于这一阶段。

(2) 经验设计阶段　随着生产的发展，产品逐渐复杂起来，对产品的需求量也开始增大，单个手工艺人的经验或其头脑中自己的构思已难以满足这些要求。到了 17 世纪，数学和力学得到了很大发展并建立了密切联系，人们开始运用经验公式来解决设计中的一些问题，并开始按图纸进行制造，如早在 1670 年就出现了有关大海船的设计图纸。图纸的出现，既可使具有丰富经验的手工艺人通过图纸将其经验或构思记录下来，传于他人，便于用图纸对产品进行分析、改进和提高，推动设计工作向前发展；还可满足更多的人同时参加同一产品的生产活动，满足社会对产品的需求及生产率的要求。因此利用图纸进行设计，使人类设计活动由自发设计阶段发展到经验设计阶段。

但从总体上看，由于实际情况的复杂性，设计计算所用的数学公式仍是一些经验公式，对一些不确定的因素，只能用依靠经验确定的系数来考虑。这时，设计过程仍是建立在经验与技巧能力的积累之上。人们依赖通过实践积累起来的丰富经验，作为设计计算和类比的主要依据；将现成产品作为参考，经过多次设计试制的反复、循环，再最后定型投入生产。它虽然较自发设计前进了一步，但周期仍长，质量也不易保证。这就是传统的常规设计阶段。

(3) 半理论半经验设计阶段　20 世纪初以来，由于试验技术与测试手段的迅速发展和应用，人们把对产品采用局部试验、模拟试验等作为设计辅助手段。通过中间试验取得较可靠的数据，选择较合适的结构，从而缩短了试制周期，提高了设计可靠性。这个阶段称为半理论半经验设计阶段，又称中间试验辅助设计阶段。

这个阶段的突出进展体现在三个方面：第一，加强设计基础理论和各种专业知识设计机理的研究，如材料应力应变、摩擦磨损理论，零件失效与寿命的研究等，从而为设计提供了大量信息，如包含大量设计数据的图标（图册）和设计手册等；第二，加强关键零件的设计研究，特别是加强了关键零部件的模拟试验，大大提高了设计速度和成功率；第三，加强了“三化”，即零件标准化、部件通用化、产品系列化的研究。

半理论半经验阶段由于加强了设计理论和方法的研究，与经验设计阶段相比，大大减少了设计的盲目性，有效地提高了设计效率，降低了设计成本。至今，这种设计方法仍被广泛沿用。

（4）现代设计阶段　近 50 年来，随着科学技术的迅猛发展，设计工作所需的理论基础和手段有了很大进步，特别是电子计算机技术的发展和普遍应用，为进行有关设计中的理论分析、数值计算和物理模拟等提供了极为有利的条件。系统论、控制论、信息论、突变论等等一系列横向交叉学科的发展，使辩证唯物主义的哲学思想具体应用于科学领域，打破了长期以来的孤立、片面、静止地观察和思考问题的方法。工程设计吸收了当代科学的成果，逐渐形成了自身的科学体系——现代设计方法，即研究现代设计规律、方法、程式等的学问。这是一门多元性的新兴交叉科学，它将当代各种先进科学方法融于设计之中，使设计工作完全不同于以往的传统设计，设计工作的面貌焕然一新，设计领域开始产生了突破性的变革。

1.1.2.2　传统设计与现代设计的比较

将传统设计和现代设计比较，可以说传统设计是静态的、经验的、手工的方法，在设计过程中被动地重复分析产品的性能；而现代设计是动态的、科学的、计算机化的方法，在设计过程中可以做到主动地设计产品参数。

此外，步入现代设计阶段的另一个特点就是，对产品的设计不仅要考虑产品本身，还要考虑对系统和环境的影响；不仅要考虑技术领域，还要考虑经济和社会效益；不仅要考虑当前，还需考虑长远发展。例如汽车设计，不仅要考虑汽车本身的有关技术问题，还需考虑使用者的安全、舒适和操作方便等人机功效特性，此外还需考虑汽车的节能、环保以及车辆存放、道路发展等问题。

现代设计是过去长期的传统设计活动的延伸和发展，它继承了传统设计的精华，吸收了当代科技成果和计算机技术，与传统设计方法相比，主要完成了以下几方面的转变：

（1）产品结构分析的定量化；

（2）产品工况分析的动态化；

（3）产品质量分析的可靠性化；

（4）产品设计结果的最优化；

（5）产品设计过程的高效化和自动化。

目前，我国设计领域正面临着由传统设计向现代设计的过渡，广大设计人员应尽快适应这一新的变化，通过推行现代设计，尽快提高我国机电产品的性能、质量、可靠性和市场竞争能力。

1.1.3 产品设计的类型和原则

1.1.3.1 产品的概念

产品最一般的概念是劳动创造出来的物质财富或物品，例如汽车、自行车、电冰箱或者机器、设备等。顾客买一件产品，从本质上并不是买这个产品的实体，而是买这个产品所得到的效用上和心理上的满足，因此产品除了它的实体外，还应包括其功能、使用、质量、款式、商标、包装、保用、修理及售前售后服务等。对产品的分析大致可以划分为三个层次：

(1) 形式产品　即市场上产品的具体形态，一般以产品的质量、特征、造型、商标和包装等表现出来。

(2) 核心产品　是指产品给用户提供的基本功用和利益，顾客追求的主要是产品的实际效用。比如顾客买电冰箱这个形式产品，主要是为了制冷和保鲜这个核心。

(3) 延伸产品　包括产品的质量保证、安装维修、使用指导或其他售前售后服务，使用户的利益得到保证或获得更多的产品附加利益。

从产品本身的角度看，新产品不单指新发明创造的产品，也包括革新和改造的产品；从顾客的角度看，市场以前没有出售过的产品是新产品；从生产者或销售者的角度看，从前未生产过或销售过的产品也是新产品。开发新产品是科学技术日益发展的必然结果，是满足人类日益增长的物质需要和适应瞬息万变的市场需求以及日益激烈的市场竞争的需要。

1.1.3.2 产品设计的类型

企业生产一种新产品或改造一种老产品，都要进行设计。根据设计对象不同，产品设计分为以下几类：

(1) 开发性设计　在全部功能或主要功能的实现原理和结构未知的情况下，运用成熟的科学技术成果所进行的新型工业产品设计。也即针对新任务，应用可行的新技术，进行创新构思，提出新的功能原理方案。这是一种完全创新的设计。这种设计是在国内外尚无类似产品情况下的创新，如赶超先进水平，或适应政策要求，或避开市场热点开发具有新特色的、有希望成为新的热点的产品。

(2) 适应性设计　在主要功能的实现原理或者结构方案保持基本不变的情况下，根据生产技术的发展和使用部门的要求，只对产品的结构和性能进行局部更新改造，使产品能更广泛地适应设计要求。例如在卧式铣床基础上加设立铣头、磨头或插销头，以扩展铣床的加工范围；又如在普通自行车基础上更换传动系统，并改变部分结构后开发的变速赛车等。

(3) 系列化设计　在功能原理方案都保持不变的情况下，只是对结构设置和尺寸加以改变，使之满足不同的工作要求的设计。如不同压力和流量的齿轮泵系列设计、不同中心距的减速器系列设计，不同中心高度的车床系列设计，不同尺寸规格的自行车设计等。

(4) 测绘和仿制　按照国内外产品实物进行测绘，变成图纸文件，其结构性能不改变，只进行统一标准和工艺性改动。仿制是按照外单位图纸生产，一般只作工艺性变更，以符合工厂的生产特点及技术装备要求。

在工业产品设计中，开发性设计目前所占比重不大，其产品能有冲击旧产品，迅速占领市场的良好效果,但是设计成本和风险也较大。为满足市场多品种、多规格产品的需要,适应性设计和系列化设计受到普遍重视。

1.1.3.3 产品设计的原则

产品设计应遵循的原则包括:

(1) 创新原则 设计本身就是创造性思维活动,只有大胆创新才能有所发明,有所创造。在科学技术高度发展的今天,创新往往是在已有技术基础上的综合,有的新产品是根据别人的研究试验结果而设计,有的是博采众长加以巧妙组合。因此在继承的基础上创新是一条重要原则。

(2) 可靠原则 产品设计力求技术上先进,但更要保证使用中的可靠性,即无故障运行的时间长短,是评价产品优劣的一种重要指标,因此产品必须进行可靠性设计。

(3) 效益原则 在可靠的前提下,力求做到经济合理,使产品"价廉物美",才有较大的竞争能力,创造更高的经济效益和社会效益,即在满足用户提出的功能要求下,有效地节约能源、降低成本。

(4) 审核原则 设计过程是一种设计信息的加工、处理、分析、判断决策和修正的过程。为了避免和减少设计失误,实现高效、优质、经济的设计,必须对每一设计程序的信息随时进行审核,绝不允许错误的信息流入下一道工序。实践证明,产品设计质量不好,其原因往往是审核不严造成的,因此适时而严密的审核是确保设计质量的一项重要原则。

1.1.3.4 现代产品设计的三个阶段

任何一种产品的开发,都要面对市场竞争的考验。要使产品被市场接受和欢迎,产品开发必须经历功能原理设计、实用化设计和商品化设计三个重要阶段。

(1) 功能原理设计 产品的功能原理设计就是针对产品某一确定的功能要求,寻找实现该功能目标的解法原理。其实质就是进行产品原理方案的构思和拟定的过程,设计时必须从最新的自然科学原理及其技术效应出发,通过创新构思、优化筛选、寻求最适宜于实现预定功能目标的原理方案。

功能原理设计通常是以简图或示意图来进行方案构思的,图中所示的结构、形状以及材料等一般还不会有成熟的考虑。但应指出,功能原理设计是一个形象思维与逻辑推理的综合过程,是实现创新和开发的关键阶段,它的优劣从根本上决定了产品设计的水平。

(2) 实用化设计 功能原理设计仅是提出实现各种功能要求的原理方案图,这与产品的生产用途还有很大的距离,其中关键的工作就是将原理方案结构化,即确定完成功能要求所需零部件的材料、形状、尺寸、加工方法及总体布局。

实用化设计是使原理方案构思转化为具体实用水平的装置,完成从总体设计、部件设计、零件设计到制作施工的全部技术资料。

(3) 商品化设计 一个产品要成为商品,要保证产品在市场竞争中成功,必须具备一定的技术、经济和社会条件,这些条件实质上就是对一个产品的评价标准。

商品化设计就是从技术、经济、社会等方面来提高产品的市场竞争能力,例如用价值优化进行价值分析,提高产品性能,降低成本,用最低成本保证基本功能;又如对产品进行造型设计,在保证功能和加工方便的前提下,设计美观大方的外形和协调悦目的色彩。

1.1.4 现代设计对设计人员的要求

一个优秀的机电产品的设计人员应该具备什么样的素质，一直是工业设计中受到关注的重要问题。工厂企业间的竞争表现为产品竞争，其实质是设计人员素质的竞争。一个设计人员不但要懂机械设计计算，也要懂制造工艺；不仅能够进行产品结构设计，还要懂得美学知识和具备一定的艺术修养；不仅要掌握设计技术，也需要懂得经济知识。此外，设计人员还要懂得市场预测、人机工程和系统工程等方面的知识。总之，设计人员要有宽广的知识面，应具备的基本能力有以下几方面：

（1）技术基本能力　包括计算、绘图、结构设计、实验测试和计算机使用能力。

（2）创造性能力　创造是产品设计的核心，创造性能力表现在“见人之所皆见，思人之所未思”，善于探索解决问题的新途径，塑造新构想，发展新关系。设计中的创造性受许多个人特点的影响，因此要求设计人员具有坚韧不拔、勤奋好学、开拓进取、精益求精的优良品质。

（3）分析与综合能力　设计人员应该具有系统的、全局的、发展变化的观点。通过综合—分析—综合的途径，使设计的产品满足一定的功能要求。综合是设计活动的关键，综合离不开分析；分析是手段，综合求解才是目的。综合是研究开发新产品的有效方法，很多发明创造并不是发明一种全新的东西，而是把已有的东西加以新的综合，这种设计综合可以创造出走在世界前列的新产品。例如美国“阿波罗计划”的宇宙飞船，所组成的全部700万个零件没有一个是新研制的，但利用这些已知的零件可以综合设计出把人送上月球又重返地球的神奇系统。

（4）决策能力　设计问题是个多解问题，通过系统综合，可以搜集到实现目标功能的多种方案，从中选择最佳方案，就是决策。设计人员要有合理评价、正确决策的能力。

（5）协作能力　产品设计是一种群体工作，并非个人能力所能完成，尤其是复杂产品，涉及机、电、液、气各方面的知识，还要管理、实验、制造工艺等许多方面的配合。因此，设计人员要科学分工、密切合作、共同完成任务。要求设计人员具备谦虚、合作态度，善于在集体合作中发挥个人及他人的智慧和创造能力。

1.2 现代设计理论和方法的主要内容及特点

1.2.1 现代设计理论和方法的主要内容

设计理论是对产品设计原理和机理的科学总结。设计方法是使产品满足设计要求以及判断产品是否满足设计原则的依据。基于设计理论和设计方法，以产品设计过程为研究对象，通过传统经验的吸收、现代科技的运用、科学方法论的指导和方法学的实现，从而形成和发展了现代设计理论与方法这门新兴的多元交叉学科，它以电子计算机为手段，运用工程设计的新理论和新方法，使计算结果达到最优化，使设计过程高效化和自动化。

从20世纪60年代末开始，设计领域中相继出现了一系列的新兴理论和方法，表1-1列出了目前现代设计理论和方法的主要内容。区别于传统设计方法，运用这些方法进行产品及工程设计时，一般都以计算机作为分析、计算、综合和决策的工具。

表 1-1 现代设计的主要理论和方法

1 设计方法学	9 工业艺术造型设计	17 三次设计
2 相似设计	10 绿色设计	18 人机工程设计
3 有限元法	11 模块化设计	19 鲁棒设计
4 优化设计	12 虚拟设计	20 工程遗传算法
5 可靠性设计	13 疲劳设计	21 设计专家系统
6 计算机辅助设计	14 智能工程	22 反求工程设计
7 动态设计	15 价值工程	23 人工神经元计算方法
8 摩擦学设计	16 并行设计	

现代设计理论和方法的内容众多而丰富，它们是由既相对独立又有机联系的各种方法论构成，即信息论、功能论、系统论、突变论、智能论、优化论、对应论、控制论、离散论、艺术论和模糊论。这些方法论的内涵和作用如下：

（1）信息论方法学（信号设计是现代设计的依据） 以历史性和试验性数据为分析依据以取得原始设计参数的方法。主要包括预测技术法、方差分析法、相关分析法、谱分析法、信息合成法（信息分析法）等等。

（2）功能论方法学（功能实现是现代设计的宗旨） 有限寿命是自然和社会的客观现实，以实现在有限使用寿命内设计对象的经济有效功能为宗旨的方法。如可靠性预测和可靠性设计、功能价值工程、安全与故障诊断等。

（3）系统论方法学（系统分析是现代设计的前提） 以整体系统为研究对象的方法。如系统分析法、聚类分析法、逻辑分析法、模式识别法、系统辨识法、人机工程法及设计方法学等。

（4）突变论方法学（突变创造是现代设计的基石） 事物的突变是产生突破的机理，以突变创造为基础的方法，称为突变论（创造性）方法。如创造性设计法等。

（5）智能论方法学（智能运用是现代设计的核心） 以发挥智能载体（人、机、生物、有机物等）的作用为核心的方法。如 CAD（计算机辅助设计）、计算机辅助计算、CAE（计算机辅助工程）、智能机械化方法等。

（6）优化论方法学（广义优化是现代设计的目标） 以满意和优化为目标的分析、设计方法。主要内容有优化设计法和优化控制法。

（7）对应论方法学（相似对应是现代设计的捷径） 以相似和模拟分析、设计为主要途径，以取得设计参数。主要有相似设计法、模拟分析法、仿真技术、仿生技术等。

（8）控制论方法学（动态控制是现代设计的深化） 以控制与动态作为深化分析，以取得更符合客观变化的参数。如动态分析法、振荡分析法、柔性设计法、动态优化法、动态系统辨识法等。

（9）离散化方法学（离散处理是现代设计的细解） 事物，特别是复杂广义系统由离散体组成，是自然与社会的另一个基本客观现象，因此用离散化处理方法近似确定参数作为复杂系统的细解，称为离散论方法，其主要方法包括有限单元法、边界元方法、离散优化、子模态分析及其他应用离散数学技术的方法。

(10) 艺术论方法学(悦心宜人是现代设计的美感) 以悦目宜人为主要目的的美学设计。如艺术造型等。

(11) 模糊论方法学(模糊定量是现代设计的发展) 事物的模糊性是一大量的客观存在,所以,应用模糊分析的量度方法(以避免精确的数学方法)是现代设计分析的发展和补充。其方法目前主要是运用隶属函数的论域法,以进行模糊分析、模糊评价、模糊控制及模糊设计等等。

上述每种方法论虽是普遍适用的,但也有最适宜的应用范围。从当前的时代特征及现代设计法的规律来看,突变创造、智能方法、信息分析和广义优化起着决定性的作用,并贯穿于其他方法之中。实际上,在各个具体的设计阶段,必须采用各种相应的现代设计方法(技术)以解决具体问题。目前常用的现代设计方法有:技术预测法、创造性设计法、系统论设计法、信号分析方法、相似设计方法、模糊设计法、动态分析方法、有限单元法和边界元分析设计方法、优化设计法、可靠性设计法、计算机辅助设计(CAD)法及艺术造型设计法等。

设计的时间、程式和上述具体设计技术就构成了一个三维的“系统工程设计方法”模式。它是一个考虑多因素、多层次的复杂的科学方法体系。本书将针对机械工程设计的特点,有选择地介绍现代设计方法中目前常用的具体技术。

1.2.2 现代设计方法的基本特点

现代设计方法的基本特点如下:

(1) 程式性 研究设计的全过程。要求设计者从产品规划、方案设计、技术设计、施工设计到试验、试制进行全面考虑,按步骤有计划地进行设计。

(2) 创造性 突出人的创造性,发挥集体智慧,力求探寻更多突破性方案,开发创新产品。

(3) 系统性 强调用系统工程处理技术系统问题。设计时应分析各部分的有机关系,力求系统整体最优。同时考虑技术系统与外界的关系,即人—机—环境的大系统关系。

(4) 最优性 设计的目的是得到功能全、性能好、成本低的价值最优的产品,设计中不仅考虑零部件参数、性能的最优,更重要的是争取产品的技术系统整体最优。

(5) 综合性 现代设计方法是建立在系统工程、创造工程基础上,综合运用信息论、优化论、相似论、模糊论和控制论等自然科学理论和价值工程、决策论、预测论等社会科学理论,同时采用几何、矩阵及图论等数学工具和电子计算机技术,总结设计规律,提供多种解决设计问题的科学途径。

(6) 数字性 将计算机技术及应用全面引入设计。通过设计者和计算机的密切配合,采用先进的设计方法,提高设计质量和速度。计算机不仅用于设计计算和绘图,同时在信息存储、评价决策、动态模拟和人工智能等方面发挥着不可替代的作用。

总的来说,设计是一项涉及多种学科、多种技术的交叉工程。它既需要方法论的指导,也依赖于各种专业理论和专业技术,更离不开技术人员的经验和实践。现代设计理论与方法是在继承和发展传统设计理论与方法的基础上融汇新的科学理论和技术成果而形成的。

1.3 学习现代设计方法的意义与任务

当前我国正处于现代化建设的关键时期，社会迫切需要质量好、效率高、能耗低、价格具有市场竞争力的先进工业产品，而产品设计是决定产品性能、质量和经济效益的重要环节。同时，随着全球经济一体化的发展，我国在世界贸易体系中的地位日益提高，我国的工业产品将不断进入国际市场，产品是否具有竞争能力，在很大程度上取决于产品的设计水平和设计人员的能力。因此，在产品设计中就必须大力推广目前在国内外已经广泛应用的先进设计理论与方法，以提高我国的设计水平，使之既能缩短产品的设计周期，又可提高产品的质量。

设计人员是新产品的重要创造者，对产品的发展有重大意义。为了适应科学技术发展的要求和市场经济体制对设计人才的需要，必须加强设计人员的创新能力和素质的培养，作为未来设计工程师的工科大学生，学习和掌握现代设计理论与方法就具有特别的意义。通过对这门课程的学习与研究，以期提高未来从事设计工作的设计水平，增强设计能力。

应该指出，现代设计是过去设计活动的延伸和发展，现代设计方法也是在传统设计方法基础上不断吸收现代理论、方法和技术以及相邻学科最新成果后发展起来的。所以，今天学习现代设计方法，其目的绝不是要完全抛弃传统方法和经验，而是在掌握传统方法实践经验的基础上再掌握一把新的思想钥匙和技术手段。

学习现代设计理论及方法这门课程的任务是：

（1）通过学习，了解现代设计理论与方法的基本原理和主要内容，掌握各种设计方法的基本思想、设计步骤及上机操作要领，以提高自己的设计素质，增强创新设计能力。

（2）通过学习，在充分掌握现代设计思想的基础上，力求在未来产品设计实践的工作过程中，能够不断地发展现代设计理论与方法，甚至发明和创造出新的现代设计方法和手段，以推动人类设计事业的进步。

习题和思考题

1-1 设计活动的特征有哪些？

1-2 人类设计活动的发展经历了哪几个阶段？

1-3 试比较传统设计与现代设计的区别？

1-4 产品设计的类型有哪些，产品设计应遵循几个基本原则？

1-5 现代设计要求设计人员应具备哪些基本能力？

1-6 简述现代设计方法的主要内容和基本特点。

1-7 试述学习现代设计方法这门课程的意义与任务。

2 设计方法学

自20世纪60年代以来,工业发达国家对设计方法的研究有了迅速的发展。不同的国家已形成了各自的研究体系和独特风格。比较有代表性的如,德国的学者和工程技术人员着重进行设计模式的研究,即着重研究设计的过程、步骤和规律,并对设计过程进行系统化的逻辑分析,将成熟的设计模式、解法等变成规范供设计人员参考,使设计的方法步骤规范化;美、英等国侧重创造性设计的研究,并在优化、价值工程、可靠性设计和计算机辅助设计方面做出了杰出工作;日本则在开发创造工程学和自动设计方面做了重要工作,并强调工业设计,形成了东方文化和高科技相结合的风格。

虽然各国在研究设计方法的内容上各有侧重,但共同的特点都是总结设计规律、启发创造性、采用现代化的先进理论和方法使设计过程自动化、合理化,其目的是为了寻求保证设计质量、加快设计速度、减少或避免设计失误的方法和措施,并适应科学技术发展的要求,设计出更多功能全、性能好、成本低、外形美的产品,以满足社会的需求和适应日趋激烈的市场竞争。

各国在对设计方法进行研究的过程中,发展了"设计方法学"这门学科,从而使它成为现代设计方法的一个重要组成部分,它是在深入研究设计过程本质的基础上,以系统论的观点来研究设计程序、设计思维和设计规律的一门多元综合的新兴学科,有人称之为"设计的设计"。

"设计方法学"涉及的知识面广,例如材料力学、理论力学、金属材料、热处理、机械原理、机械设计、金属工艺学、系统工程、计算机应用、预测学、人机工程学、价值工程等,体现了技术、经济、美学和人机工程学的一体化,在生产活动中体现了市场、设计、制造和销售的一体化。作为方法论,应满足如下要求:

(1) 适用于任何工程设计和产品设计,而不局限于某种行业。

(2) 能促进发明创造和认识能力,使之较容易找到最佳的解。

(3) 与其他学科的概念、方法和认识相协调。

(4) 所获得的解并非偶然的,且容易转用于其他技术产物。

设计方法学是一门实践性很强的学科,也只有在设计实践的应用中,才能真正显示出它的生命力。还需说明,设计方法学不主要单凭直觉和经验来设计,而应按根据设计规律制定的进程和方法步骤进行设计,但这并不应该降低设计人员的直觉和经验的作用,不应限制他们的聪明才智,相反应使他们充分发挥作用。

2.1 设计过程

设计方法学把设计过程看作一个系统,用系统的观点研究设计过程、步骤和规律,并且把全部设计步骤按系统的方法联结成一个严密的、符合逻辑规律的整体,使设计过程系统化和科学化。

各国的设计过程都是依据本国的生产力发展水平和习惯而确定的。在总结设计的普遍规律、参考各国学者提出的设计步骤的基础上，各个国家均结合自身具体情况，总结其产品设计经验，提出符合国情的产品设计步骤，使设计工作条理化和科学化。一般的设计过程可划分为五个阶段：计划阶段、设计阶段、样机试制阶段、批量生产阶段和销售阶段。

2.1.1 计划阶段

计划阶段主要进行项目或产品的需求分析、市场预测、可行性分析、确定设计参数及约束条件等。在深入全面了解所要设计的问题后，列出详细的设计任务书或要求明细表，作为设计评价决策的依据。产品计划阶段的决策对企业影响很大。决策正确，并能适时开发出合乎需要的产品，将给企业带来很大的经济效益；若决策失误，将会浪费人力、物力、财力，给企业带来经济损失。

2.1.2 设计阶段

设计阶段包括原理方案设计、技术设计和施工设计。

原理方案设计也即功能原理设计，是在功能分析的基础上通过创新构思、优化筛选、求取较理想的功能原理方案，列表给出原理参数，并作出产品的功能原理方案图。原理方案设计阶段是产品设计进程中的关键环节，将决定产品性能及成本，关系到产品水平及竞争能力。此阶段最终应提供表达功能原理方案的简图或示意图。

技术设计是将新产品的最优功能原理方案具体化为装置及零部件的合理结构。首先是总体设计，应按照人—机—环境—社会的合理要求，对产品各部分的位置、运动及控制等进行总体布置。然后按照实用化和商品化两条路线，同时进行结构设计和造型设计，并经过试验和评价从相应的设计方案选出最优结构方案和最优造型方案。必须指出，以上两条设计路线的每一步骤，都必须相互交流相互补充，而不是完成了结构设计再进行造型设计，最后完成的图纸和文件所表示的是统一的新产品。技术设计阶段最终应提供结构设计技术文件、总体装置草图、结构装配草图和造型设计技术文件、总体效果草图和外观构思模型等。

施工设计是把技术设计的结果变成施工的技术文件。该阶段就是完成零件工作图、部件装配图、造型效果图、设计说明书、工艺文件和使用说明书等有关技术文件。

2.1.3 样机试制阶段

通过样机制造和试验，检查产品的功能及整机和零部件的强度、刚度、运转精度、运动稳定性和噪声等方面的性能，随时检查及修正设计图纸，以更好地满足设计要求。

2.1.4 批量生产阶段

根据样机试验、使用和鉴定所暴露的问题，进一步作设计修改，以保证产品质量，同时验证工艺的正确性，以提高生产率，降低成本，提高经济效益。

2.1.5 销售阶段

通过广告、宣传、展览会、试用、订货会、促销等方式向社会推广介绍产品,接受用户订货。在产品向社会推广后,设计人员要经常收集用户的意见(包括技术性能、操作使用、工艺、包装及维护等方面),这些信息对于改进产品和继续开发新产品具有非常重要的意义。据统计,成功的技术革新和新产品的60% ~80%来自用户的意见、批评和建议。

上述产品设计的五步骤是根据系统工程理论和设计方法学的基本思想,并结合我国工程界的设计习惯而编制的,是垂直有序的直线结构,但又有不断循环反馈的过程,具有较大的实用性,也容易被广大设计人员理解和掌握。

对于不同类型的产品设计,其设计的目标、要求及条件不同,设计的步骤也不一样。对于开发性设计,必须按照完整的设计步骤设计产品。对于改进型设计,如局部工作原理有所变化,则设计步骤也应由确定设计要求开始;如工作原理不变,仅对结构或部分零部件进行新设计,其设计步骤主要是技术设计及施工设计。

此外,设计过程中除根据设计工作类型确定设计步骤外,还必须注意下面几点:

(1) 具体的设计步骤要根据设计工作类型,考虑设计人员的素质及有关影响因素来确定。要尽量简单、明了,便于有关人员协调工作。

(2) 设计过程要有全局观点,不能只考虑设计对象本身的问题,还应考虑到整个企业的效益,注意对社会的影响。

(3) 应注意避免在未彻底研究问题之前就得出结论。

(4) 要时刻注意求取多个解答方案,避免解答的局限性。要注意抽象化,注意创造性方法的运用。

(5) 要注意各阶段的评价和优选。评价中要注意减少主观因素的影响,注意通过模拟及实验进行评价,以求出既满足要求又有最大实现可能的方案。

(6) 各阶段应有明确目标,在各阶段终了时应有具体成果可供检查。

(7) 要注意反馈及必要的工作循环。解决问题要由抽象到具体,由局部到全面,由不确定到确定。

2.2 创造性设计法

创造性是现代设计的基石,设计中是否注重创造性,是区别现代设计和传统设计的重要标志。

创造性设计方法是工程技术设计方法的重要组成部分,它贯穿于工程技术设计的全过程之中。在工程设计中,无论是确定技术原理、技术过程,还是确定系统的功能结构,乃至具体零件的尺寸、形状、制造方法等,充分发挥人的创造潜力,用创造性的方法求解问题,可能获得始料未及的突出效果。随着现代科技发展速度加快以及市场竞争日趋激烈,在工程技术设计和产品生产中,大力倡导并推广创新设计理论及工具,显得尤为重要。

对于进行产品创新设计的各种理论与方法,国内外许多研究者从不同的角度出发,提出了很多有效的创新方法，这些方法大致可以分为三类：

(1) 基于知识的创新设计研究　研究如何利用领域知识进行设计，以及知识的表示、获取等，如专家系统，CBR系统，学习系统等在设计中的应用。知识是创新设计中的一个部分，是非常重要的基础。知识是对过去研究事实的提炼和总结，它对进一步的创造活动有积极的指导作用，但一味拘泥于已有的知识和经验无疑会影响创造性活动的开展。在一些情况下，它可能使设计陷入已有知识的架构而看不见更富有价值的东西。爱因斯坦曾说："想象力比知识更重要，因为知识是有限的，而想象力概括着世界的一切，推动着进步，并且是知识进化的源泉"。因此，创新设计必须利用知识但要能够超越原有知识的限制。

(2) 以工程技术发展规律为对象的发明问题研究　以技术系统为主体，着重研究技术创新的规律，强调解决技术系统的进化矛盾，重点在于发明问题求解，如 Altshuller 的发明问题求解理论(TRIZ，Teoriya Resheniya Izobretatelskikh Zadatch；英文 Theory of Inventive Problem Solving)，Jacob Goldenberg 的创造性模板方法(CT，Creativity Templates)等。TRIZ 和 CT 认为技术创新并不是灵感的闪现和随机的探索，它存在解决问题的一般规律，这些规律和原则可以告诉人们按照什么样的方法和过程去进行创新，并对结果具有预测性和控制性。它们着重于逻辑思维，采用系统化的方法，从特定的角度思维，定向搜索，减少搜索空间，较高效率地产生新的概念。

TRIZ 和 CT 提出了非常有价值和有用的方法。国外对 TRIZ 方法作了大量的研究。Invention Machine 公司和 Ideation International 公司等开发出了基于 TRIZ 理论方法的计算机辅助创新软件，可用于产品设计和相关领域的创新问题的求解。目前许多世界级公司如福特、施乐、惠普和索尼等都在使用 Invention Machine 公司的软件。国内最近对 TRIZ 也有一些研究，河北工业大学的檀润华教授的课题组也开发了一套基于 TRIZ 的机械产品概念设计系统。不过，TRIZ 和 CT 是以已有系统和产品为主要研究对象，因此，它们更适合于产品的适应性设计或变型设计，而应用于新产品的开发性设计有所不足，对发挥想象力进行原创性产品创新是不利的。另外，对涉及艺术的创新方面，如工业创新设计，这类方法也无能为力。更为重要的是，此类方法指明了解决问题的方向和方法，但不是直接产生最终解决概念。

(3) 基于心理学的创造性思维研究　以人为主体，着重研究人的思维方法，强调打破思维定势，重点在于创新概念的产生，如 A. F. Osborn 的头脑风暴法和 E. de Bono 的横向思维法等，这些思维方法的重点是强调从不同的角度思维，克服心理定势对创造性思维的约束和抑制，发散搜索，产生不止一个可供选择的新概念，强调想象力，主要采用的是非逻辑思维方法。

基于心理学的创造性思维方法有助于开拓人的思维，有助于创造性想象并产生新概念，已被广泛地应用于不同的领域。但是，创造性思维方法是面向一般创造性，在应用于技术系统和产品创新设计时，明显地缺乏系统性和良好的操作性，效率比较低。

为了有效地在产品创新设计中使用创造性方法，必须有机组合基于认知科学和思维心理学的创造性思维方法和以工程技术发展规律为基础的发明问题求解方法，并利用计算机辅助思维方式打破人的思维定势并激发设计人员的横向思维、形象思维和直觉思维。图 2-1是产品创新设计的创造性方法结构图。

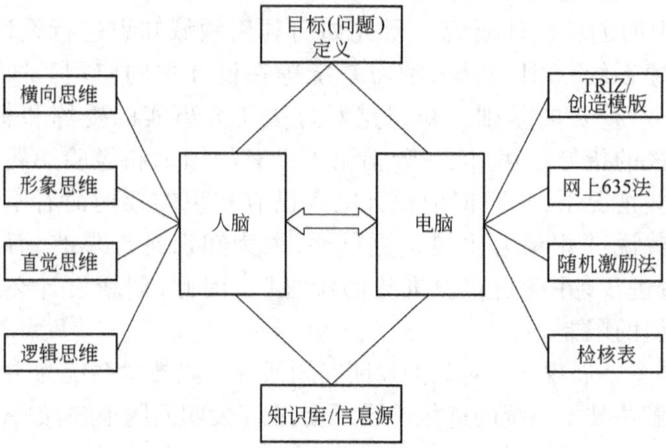

图 2-1 产品创新设计的创造性方法

2.2.1 创造性思维

思维和感觉是人脑对客观事物的反映,也是人类智力活动的主要表现方式。感觉是人脑对客观事物的直接反映,是通过感觉器官对事物的个别属性、事物的整体和外部联系的反映。思维是对客观事物经过概括以后的间接反映,反映的是客观事物共同本质的特征和内在联系,是通过对感觉所提供的材料进行分析、综合、比较、抽象和概念等过程完成的。这些过程就是思维过程。

创造性思维是创造力的核心。深刻认识和理解创造性思维的实质、类型和特点,不仅有助于掌握已经开发出来的现有的创造技法,而且能够推动和促进人们对新的创造方法的开拓。

2.2.1.1 创造性思维的内涵

创造性思维是指有创见的思维,即通过思维,不仅能揭示事物的本质,且能在此基础上提出新的、具有社会价值的产物,是智力高度发展的产物。

创造性思维不是单一的思维形式,而是以各种智力和非智力因素(如情感、意志、创造动机、理想、信念、个性等)为基础,在创造活动中表现出来的具有独创性的、产生新成果的高级、复杂的思维活动。创造性思维是整个创造活动中体现出来的思维方式,它是整个创造活动的实质和核心。但是,它绝不是神秘莫测和高不可攀的,其物质基础在于人的大脑。现代科学证明,人脑的左半球擅长于抽象思维、分析、数学、语言和意识活动,右半脑擅长于幻想、想象、色觉、音乐、韵律等形象思维和辨认、情绪活动。但人脑的左、右两半球并非截然分开,两半球间有两亿条左右的神经纤维相连,形成一个网状结构的神经纤维组织,这样,大脑的额前中枢得以与大脑左、右半球及其他部分紧密相连,接收与处理人脑各区域已经加工的信息,使创造性思维称为可能。

创造性思维的实质,表现为"选择"、"突破"、"重修建构"这三者的关系与统一。所谓选择,就是寻求资料、调研、充分地思索,让各方面的问题都充分想到、表露,从中去粗取精,去伪存真。选择是创造性思维得以展开的第一个要素,也是创造性思维各个环节上的制约因素，选题、选材、选方案等均属于此。创造性思维进程中，决不去盲目选择，而应有意识选择，目标在于突破，在于创新，而问题的突破往往表现为从"逻辑的中断"到"思想上的飞跃"。孕育出新观点、新理论、新方案，使思想豁然开朗。选择、突破是重修建构的基础。因为创造性的新成果、新理论、新思想并不包括在现有的知识体系之中。所以，创造性思维最关键之点是善于进行"重修建构"，有效而及时地抓住新的本质，筑起新的思维支架。

工程及产品设计离不开创造性思维活动。无论从狭义的还是广义的设计角度讲，设计的内涵是创造，设计思维的内涵是创造性思维。

2.2.1.2 创造性思维的特点

在创造过程中，人的心理活动达到最高水平，或者说大脑处于高度紧张状态的创造性思维是铸成创造性成果的唯一思维方式。创造性思维反映事物本质属性和内在、外在有机联系，是具有新颖的、广义的、可以物化的一种思想心理活动。这种思维活动具有如下特点：

(1) 突破性 人们往往习惯于从已有的经验和知识中，从考虑某类问题获得成功的思维模式中寻求解题方案，受到"思维定势"的束缚。突破性思维敢于克服心理上的惯性，从思维定势的框框中解脱出来，善于从新的技术领域中接受有用的事物，提出新原理、创造新模式、贡献新方法。

近年来，人们发现镍钛合金具有记忆效应，即将这种记忆合金在某种温度下进行处理后，在其他温度环境中，不论把元件弯成什么形状，但只要达到特定的处理温度时，元件会自动恢复原有形状。根据这一原理设计的记忆合金天线，在发射卫星时，将天线卷曲成团塞在卫星内部，到达轨道后，随着温度变化，卫星天线会自动恢复为预定形状。这种设计方案简单可靠，克服了必须用一机构"打开"天线的思维定势，具有突破性。

(2) 独创性 针对随大流、保传统的随和性，创造性思维的独创性体现为敢于提出与前人、众人不同的见解，敢于对似乎完美的现实事物提出怀疑，寻找更合理的解法。独创性能使设计方案标新立异，独辟蹊径。从因素分析学说来研究，这种独立性又存在三种"因子"：一是"怀疑因子"，即敢于对"司空见惯"或"完整无缺"的事物提出否定或怀疑；二是"抗压因子"，即能突破陈规陋习，锐意进取创新，勇于向旧的传统和习惯挑战；三是"自变因子"，即能主动否定自己，打破"自我束缚"。

20世纪50年代人们发现锗是一种比较理想的晶体管材料，但需要提炼到很纯才能满足要求，这种提纯困难很大。日本某公司的两位研究人员在对锗多次提纯失败之后，敢于采取完全不同的做法。他们有计划地对锗加入少量杂质并观察其变化，最后发现当锗的纯度降低为原来的一半时，形成一种优异的电晶体。此项成果轰动世界，他们也因此获得诺贝尔奖。

(3) 多向性 善于从不同的角度思考问题，是创造性思维的重要特征。据分析，创造性活动中成功的几率与设想出供选择方案的多少往往是成正比的。多向性体现为：

一是"发散"，即以某一现实事物为起点，诱发出多种奇思异想，通过一个来源产生众多的输出。如功能扩散由玩具气球可扩展为高空气象探测物、高空交通工具、汽车防撞保护物、止血器、血管脂肪疏通器等多种功能产品。

二是"换元"，即灵活地变换影响事物的诸多因素中的一个，从而产生新的思路。

三是"转向"，即当思维在一个方向受阻时，便马上转向其他方向。

四是"创优"，即力求寻找最优解。

（4）连动性　也称为推理性，思想活跃，具有由此及彼的思维能力。对于任何现象和想法，善于由此及彼地、合理地进行逻辑推理。其表现形式有三种：

一是"纵向连动"，即针对某现象或问题进行纵深思考，探寻其本质而得到新的启示。

二是"横向连动"，即通过某一现象联想到特点与它相似或相关的事物，从而发现新应用。瓦特通过观察、研究水壶中的蒸汽，后来发明了蒸汽机。

三是"反向连动"，即针对现象、问题或解法，分析其相反的方面，从另一角度探寻新的途径。法拉第从人们公认的"电流产生磁场"的原理出发，设想"磁能产生电"，提出了电磁感应定律，从而诞生了世界上第一台发电机。

（5）突变性　直觉思维、灵感思维是在创造性思维中对问题产生一种突如其来的领悟或理解。在思维过程突然闪现一种新设想、新观念，从而使问题得到解决。

（6）跨越性　从思维进程而言，能省略思维步骤，加大思维跨度；从思维条件而言，能跨越事物可现度的限制，迅速实现事物的"虚体"到"实体"的转化。

（7）综合性　善于把现有的各种信息、现象、概念等加以综合概括，加以应用，以解决问题。这要求具备三个方面的能力：

一是"智慧杂交能力"，善于提取前人智慧宝库中的精华，通过巧妙结合，形成新的成果；

二是"思维统摄能力"，即把大量的概念、事实和观察材料进行分析综合，概括整理，形成科学概念和系统；

三是"辩证分析能力"，即对占有的材料进行分析综合，灵活对待，从中选取有用的东西。

2.2.1.3　创造性思维的类型

A　抽象思维与形象思维

抽象思维亦称逻辑思维。它是以抽象的概念和推论为形式的思维方式，是认识过程中用反映事物共同属性和本质属性的概念作为基本思维形式，在概念的基础上进行判断、推理，反映现实的一种思维方式，使认识由感性个别到理性一般再到理性个别。

形象思维属于非逻辑思维，是运用过去感知过的事物的映象进行分析、综合、抽象和概括的过程，它以直观形象作为再思维的目标及基础。形象思维在每个人的思维活动和人类所有实践活动中均广泛存在，具有普遍性。许多工业产品的设计和科学的发明创造，往往是从对形象的观察、思维中受到启发而产生的，有时还会取得抽象思维难以取得的成果。

在创造活动中，形象思维和抽象思维相互联系，相互渗透。例如，法拉第观察到把铁屑撒在磁铁周围时，从一个磁极到另一个磁极，铁屑呈有规则的曲线分布。进过分析、综合、抽象和概括后，他把这种曲线称为"力线"，并确信它不只是几何的，同时具有物理性质，导线切割磁力线时其感应电流大小取决于被切割的磁力线数的现象就是证明。又通过运用概念、判断和推理过程，他又以高度的想象力论证了电荷和磁极周围的空间存满了向各个方向散发出去的"力线"，从而进一步提出了"场"的概念。法拉第的"力线"和"场"的概念是他对电磁理论的重要贡献，这一贡献是抽象思维与形象思维相结合的产物。

B　直觉思维与灵感思维

直觉是人类一种独特的"智慧视力"，是能动地了解事物对象的思维闪念。直觉思维能以少量的本质性现象为媒介,直接把握事物的本质与规律;也是一种不加论证的判断力,是思想的自由创造。

灵感是人们借助于直接启示而对问题得到突如其来的领悟或理解的一种思维形式。它是一个突然再现、瞬息即逝的短暂思维过程,是一种把隐藏在潜意识中的事物信息,在需要解决某一问题时,其信息就以适当的形式突然表现出来的创造能力。它是创造性思维最重要的形式之一。

直觉和灵感思维的基础仍然是人们已经获得的知识和经验,并且常在思想高度集中、苦苦思索时产生,它的结果常常非常新颖,并且具有突发性。爱因斯坦说:“我相信直觉和灵感”。他的关于狭义相对论的著名论文,便是在抓住意识到“同时性的相对性”这一灵感的闪光后很快完成的。

C 发散思维与收敛思维

发散性思维又称辐射思维或求异思维。它是指思维者不受现有知识和传统观念的局限与束缚,沿着不同方向多角度、多层次地去思考、探索问题各种可能答案的一种思维方式。发散思维是创造性思维的一种主要形式。它在技术创新和产品开发中具有特别重要的意义。在技术原理的开发方面,运用发散思维可以多侧面、多角度、多领域、多场合地对同一技术原理的应用途径进行设想。著名创造家吉尔福特说:“正是在发散思维中,我们看到了创造性思维的最明显的标志。”

收敛思维亦称集中思维、求同思维或定向思维。它是以某一思考对象为中心,从不同角度、不同方面将思路指向该对象,以寻求解决问题的最佳答案的思维方式。在设想的实现阶段,这种思维形式常占主导地位。

在创造性思维过程中,发散思维与收敛思维相辅相成,只有把两者很好地结合使用,才能获得创造性成果。

D 直达思维与旁通思维

直达思维始终围绕需要解决的问题进行思考,旁通思维则将问题转化为另一个问题间接进行分析求解。旁通思维后要返归到直达思维,才能较好地解决提出的问题。例如美国的莫尔斯受到马车到驿站要换马的启示,采用设立放大站的方法,解决了信号远距离传递衰减的问题,就是旁通思维的例子。

E 逆向思维

逆向思维是从一种事物想到另一种相反事物,从一种条件想到另一种相反条件,从一种可能想到另一种相反的可能,从原因追溯结果的创新思维能力。逆向思维摆脱了单一思维的束缚,寻找新的认识、新的途径和办法,可能得到意想不到的收获。

例如圆珠笔漏油问题的解决。圆珠笔问世之初,笔珠漏油严重影响了它的推广和使用。开始时,人们循着一般的常规思路去寻找对策:从分析笔珠漏油的原因入手,去探索解决方法。他们发现,圆珠笔在书写过程中,笔珠因磨损而逐渐变小,笔油就随之流出。于是人们用不锈钢或宝石做笔珠,大大提高了笔珠的耐磨性,但是新的问题又接踵而来:笔珠与笔芯内侧长期接触磨损后,笔芯的头部会变大变形,导致笔珠弹出,漏油的问题仍得不到解决。制笔公司苦无良策,不得不停产。日本的中田藤三郎另辟蹊径,他发现,当圆珠笔写到2.5万字左右时,笔油就变少、也开始漏油;如果将笔芯的容量减少,当笔珠写到1.5万字左右时,笔油就用完,漏油的问题不就解决了吗?这一逆向思维解决了许多人久未解决的难题。

F 类比思维

类比思维是指不同种类、不同性质的事物之间往往会存在着某种程度上的相似性,属于相似理论。人们可以利用这种相似性进行模拟和移植,达到创造发明新事物的目的。“他山之石,可以攻玉”,人们为了解决本行业的问题,可以借助其他行业的工具和手段。

1874 年,一位法国人通过类比思维,从火车的运动形式得到启发,发明了一种“无限长轨道战车”,并获得了发明专利,尽管这一发明没有被当时的军事部分采用,但是它却是现代坦克的始祖。

2.2.1.4 创造性思维的形成过程

爱因斯坦说过:“提出一个问题往往比解决一个问题更重要,因为解决一个问题也许仅是一个科学上的实验技能而已,而提出新问题、新的可能性,以及从新的角度看旧的问题,却需要有创新性的想象力,而且标志着科学的真正进步。”

科学发现始于问题,而问题是由怀疑产生的,因此生疑提问是创新思维的开端,是激发出创造思维的方法。其主要内容为:

(1) 问原因——每看到一种现象,一种事物,均可以问一问产生这些现象或事物的原因是什么;

(2) 问结果——在思考问题时,要想一想“这样做会导致什么后果”;

(3) 问规律——对事物的因果关系、事物之间的联系要勇于提出疑问;

(4) 问变化——设想某一情况发生后,事物的发展前景或趋势。

在问题已存在的前提下,基于脑细胞具有信息接收、储存、加工和输出四大功能,创造性思维的形成过程大致分为四个既有区别又有联系的阶段。

A 储存准备阶段

在准备阶段,就是明确你要解决的问题,围绕问题搜集信息,使问题和信息在脑细胞及神经细胞内留下印记。大脑的信息存储和积累是诱发创造性思维的先决条件,存储得多,诱发得也多。

在这个阶段里,创新主体已明确要解决的问题,收集资料信息,并试图使之概括化和系统化,形成自己的认识,了解问题的性质,澄清疑难的关键等,同时开始尝试和寻找解决方案。任何一项创新、发明都需要一个准备过程,只是时间长短不一而已。

爱迪生为发明电灯,所收集的有关资料写了 200 多本,达 4 万页之多。爱因斯坦青年时,就在冥思苦想这样一个悖论问题:如果我以真空中的光速追随一条光线,那么我就应当看到,这样一条光线就好像一个在空间里振荡着而停滞不前的电磁场。他日夜思考这个问题,长达 10 年之久,当他考虑到“时间是可疑的”概念时,他忽然觉得萦绕脑际的问题可以获得解决了。这时他只花费 5 周的时间就完成了闻名世界的“相对论”。相对论的研究专题报告虽在几周时间内完成,可是从开始想到这个问题,直至全部理论的完成有数十载的准备工作。因此,创新思维是艰苦劳动、厚积薄发的结果,也印证了“长期积累,偶然得之”的名言。

B 悬想加工阶段

在围绕问题进行积极的探索时,神秘而又神奇的大脑不断地对神经网络中的递质、突触和受体进行能量积累，为产生新的信息而运作。

在这个阶段，人脑能总体上根据各种感觉、知觉和表象提供的信息，超越动物脑只停留在反映事物的表面现象及其外部联系的局限，认识事物的本质，使大脑神经网络的综合、创新能力有超前力量和自觉性，使它能以自己特殊的神经网络结构和能量等级把大脑皮层的各种感觉区、感觉联系区、运动区都作为低层次的构成要素，使大脑神经网络成为受控的有目的的自觉活动。

在准备之后，一种研究的进行，或一个问题的解决，不是一蹴而就，往往需要经过探索尝试。若工作的效率仍然不高，或问题解决的关键仍未获得线索，或所拟定的假设仍然未能得到验证，在这种情况下，研究者不得不把它搁置下来，或对它放松考虑。这种未获得要领而暂缓进行的期间，称之为酝酿阶段。

这一阶段的最大特点是潜意识的参与。对创新主体来说，需要解决的问题被搁置起来，主体并没有做什么有意识的工作。由于问题的暂时表面搁置，而大脑神经细胞在潜意识指导下则继续朝最佳目标进行思考，因而这一阶段也常常叫做探索解决问题的潜伏期或孕育阶段。

C　灵感顿悟阶段

这一阶段为真正创造阶段。经过充分酝酿和长时间思考后，思维进入“豁然开朗”的境地，从而使问题得到突然解决。这种现象心理学上称为“灵感”。“灵感”来自长期的思考，没有苦苦的长期思考，“灵感”决不会到来。

进入这一阶段，创新主体突然间被特定情境下的某一特定启发唤醒，创造性的新意识猛然被发现，以前的困扰顿时一一化解，问题顺利解决。在这一阶段中，理论解决的要点，解决问题的方法，会在无意中忽然涌现出来，而使研究的理论核心或问题的关键明朗化。

这一阶段是创新思维的重要阶段，被称为“直觉的跃进”、“思想上的光芒”，这一阶段客观上是由于重要信息的启示、艰苦不懈的探索。主观上是由于在酝酿阶段内，研究者并不是将工作完全抛弃不理，只是未全身投入去思考，从而使无意识思维处于积极活动状态。不像专注思索时思维按照特定方向运行，这时思维范围扩大，多神经元之间的联络范围扩散，多种信息相互联系并相互影响，从而为问题的解决提供了良好的条件。

D　验证阶段

把上述假设、方案，通过理论推导或者实际操作来检验它们的正确性、合理性、可靠性和可行性，从而付诸实践。也可能把假设方案全部否定，或部分修改补充，创新思维不可能一举成功。

2.2.2 创新能力

创新能力也称为创造才能，是指个体（群体）在支持的环境下结合敏锐、流畅、变通、独创的特征，运用已知的信息产生出某种新颖而独特、有社会或个人价值的物质或精神产品的能力。

2.2.2.1　创新思维与创新能力的关系

创新思维是人脑机能，创新活动是人从事创造发明的具体过程，创新能力要在创新活动中表现出来。即创新结果起源于创新思维，最终要靠创新能力来物化，物化过程称之为创新活动。

创新思维的外延就是人的创新活动，创新思维所形成的方法和方案需要通过人的实际活动才能物化，在物化创新思维过程中所表现出来的人类适应自然、改造自然的能力和品质成为创新能力。创新能力是影响创新成果数量和水平的重要因素。因此，创新思维是创新能力的源泉和核心。创新能力是创新思维的延伸，从人脑某一神经网络延伸到人身各机能部位，延伸到与人相关联的客观世界。

创新思维的结果转化为某种物化结果，仅靠创新思维是不行的，还需要其他的人类品性和相关因素，这些因素包括智力因素和非智力因素。

创造性思维的运用即表现为各种创造能力。创造心理学认为，创造才能包括以下诸方面：

(1) 探索问题的敏锐性　即能敏锐地通过一些简单的、人们司空见惯的现象去思索、求解，最终得出正确揭示事物本质的规律。如牛顿通过苹果落地得出万有引力定律。

(2) 统摄思维活动的能力　思维过程总是从推论的一个环节逐渐过渡到另外一个环节，但最重要的是始终把握事物的全过程，以便了解事物的全貌。统摄思维活动的过程，就是用一个概念取代若干个概念的过程，这集中的表现在应用内涵更加丰富、概括力更强的符号的能力，也就是高度抽象的能力。明晰而简洁的符号标识就是履行统摄功能的重要手段。那么数学的发展，引进了巧妙的符号体系，作出了优美的符号表达，为创造性工作提供了强有力的工具。

(3) 转移经验的能力　把已取得的经验用来解决类似问题时，就是运用经验转移的能力。其中，寻找类似是转移经验的必要条件，所以要具备转移经验的能力，就得先具备发现类似的能力。

(4) 侧向思维能力　利用相离较远的领域的信息等获得启示的思维方法，就是侧向思维。广泛涉猎一切领域，可以大大提高创造成功的机会。阿基米德解决厄洛王的"金冠之谜"就是侧向思维成功的一个很好例证。侧向思维一般要在所研究问题成为研究者坚定不移的研究目标，在研究者的大脑中形成"优势灶"之后，才能发挥作用。

(5) 形象思维的能力　人的感觉器官的不同类的感觉相互联系，经过综合以后，在大脑中形成所觉知的外界事物的感性形象，就是所谓的映象，又称表象，而应用表象进行的思维活动就是形象思维。形象思维属感性认识，是初级的认识活动。但是创造性的形象思维却是把表象重新组织安排、进行加工，创造出新的形象。这也是科学家、特别是工程设计人员工作时所必不可少的。

(6) 联想的能力　就是那种使概念相接近，并且从中引出正确的、新的结论的能力。

(7) 记忆力　对各个领域知识的博闻强记和积累，是人们进行创造性活动的重要条件。

(8) 思维的灵活性　思维迅速地、轻松方便地从一类对象转移到一类内容相距甚远的对象上的能力，称作思维的灵活性。它包含两个方面的涵义，一是思路开阔，思想活跃；二是能适时地抛弃显然是错误的假说。

(9) 评价的能力　就是从许多可能的方案中选定优化适用方案的能力。

(10) "联结"和"反联结"的能力　联结，就是人们在知觉的时候，把所感知的对象联结起来，并且把这些新的信息同以前的知识和经验迅速地结合起来。而反联结就是使知觉和以前积累的知识相对抗，避免"先存知识"的压力，即避免通常所说的"先入为主"。

另外还有其他一些能力也是创造性才能所应包含的，如产生思想的能力、预见的能力、运用语言的能力、完成的能力等等。实际上，这些能力是每个人都具备的，但又都是互有长短。问题是，我们要通过认识这些能力，正确地认识评价自己，科学地、有计划地培养、训练自己的创造才能，并能较合理地组织应用它们，以适合事业的发展。

2.2.2.2 影响创新能力的智力因素

A 想象力

想象力就是在记忆的基础上通过思维活动，把对客观事物的描述构成形象或独立构思出新形象的能力。简而言之，想象力是人的形象思维能力，要打破习惯性思维对自己的束缚。

爱因斯坦认为："想象力比知识更重要，因为知识是有限的，而想象力概括着世界上的一切，推动着社会的进步，并且是知识进步的源泉。严格地说，想象力是科学研究中的实在因素。"

B 洞察力

洞察力是指深入细致的观察能力。具有这种能力就可以透过现象看本质，抓住机遇，在被人不注意的事物中产生新的发现和创新。在伦琴发现X射线、佛莱明发现青霉素之前，实际上已有人发现了同样的现象，但是他们对这些现象缺乏好奇心和洞察力，没有进一步研究，因而与这些发现发明失之交臂。在科技发展史上，这种与成功擦肩而过的实例不胜枚举，充分说明洞察力在创新中的重要性。

洞察力的培养，要克服粗心大意、走马观花、不求甚解的不良习惯，通过长期的观察、记录、思考、再观察，可以训练敏锐的洞察力。

C 动手能力

创造力的最终成果是物化了的创新思维，物化过程就需要一定的技术和掌握一定的技能。对工程技术人员来讲，是使用设计工具进行设计，使用表达的能力和仪器设备进行检测试验的能力；对于画家，是其色彩鉴别力、视觉想象力；对从事音乐创作的人，具有一定的演奏技能、作曲技能等都是物化思维过程中不可缺少的。

动手能力包括制作、加工、试验及绘图等方面的技能，李政道曾经说过：动手能力是创新发明者所必备的基本素质。爱迪生、法拉第等虽然没有在学校进行过正规学习，但他们非常喜爱动手做实验，改装设计，制作仪器设备等。由于刻苦自学、勇于实践、具有很强的动手能力，法拉第才能发现电磁感应现象，爱迪生才能在一生中获得一千多项发明专利。

D 智能和知识因素

知识是创新思维的基础，也是创新能力发展的基础。文学家不掌握足够的词汇就不能写出好的作品；对于工程技术人员来说，其知识和经验是创新的前提，其学科基础知识、专业知识是从事工程创新发明的必要条件。

知识为创新思维提供加工的信息，知识结构是综合新信息的奠基石。

2.2.2.3 影响创新能力的非智力因素

A 兴趣和好奇心

兴趣是人们积极探索某种事物或某种活动的意识倾向，是人们心理活动的意向运动，是个性中具有决定作用的因素。兴趣可以使人的感官、大脑处于最活跃的状态，使人能够最佳地接受教育信息，有效地诱发学习动机、激发求知欲，是推动人们去寻求知识的一种力量。

好奇心是一种对自己还不了解的周围事物能够自觉地集中注意力、想把它弄清楚的心理倾向。一般都是通过“看一看，听一听”引起惊奇感，再通过“问一问”的方式把它的来龙去脉搞清楚。

总之，兴趣和好奇心能导致求知欲，而求知欲能使人走上知识之路，进而发挥出创造能力。荷兰德尔夫特市政府看门人列文虎克在听说透过放大镜能把小东西看清楚这一情况后，立即产生出强烈的好奇心，决定自己动手磨制镜片，于1665年创制出当时世界上最先进的显微镜。还是由于强烈好奇心的驱使，他用自制的显微镜发现了自然界中的微生物，为科学技术的发展作出了重大贡献。

B 进取心

进取心是指那种不满足于现状，坚持不懈地向新的目标追求的心理状态。人类如果没有进取心，社会就不可能前进，一个人如果没有进取心，那他终生将会碌碌无为。

要增强进取心，必须克服安于现状、得过且过、墨守成规、抱残守缺的处世观念。安于现状者，有一种是对现状感到心满意足，压根儿就没想到要去改变它；另一种是对旧状况已感到某种不满足，对所见景况感到不理想，对所处境遇觉得不称心，对所用物品感到不顺手、不便当，但他并不想去改变这一切，反而认为这都是既成事实，何必煞费苦心、消耗精力去折腾一番，不如循规蹈矩，得过且过，于是乎心安理得了。这两种情况都是我们常说的“不思进取”，这是思想上的一种保守倾向，这种保守思想是创新的严重障碍。因此，要增强自己的进取心，必须注意克服或铲除保守思想。

古往今来的一切发明家之所以能在各个不同的技术领域中独占鳌头，无不因为他们具有强烈的进取心。“欲穷千里目，更上一层楼”，一切有志于作出创新的人们，从小就应该注意培养自身最基本的素质——进取心。

C 意志和性格

意志是为了达到既定的目的而自觉努力的心理状态。意志在智力形成和发挥中起着重要的作用。坚强的意志力量不仅能使人对事物具有执著的迷恋趋向，而且能使人持久地从事某一种活动。人们为了达到既定目标，在运用所掌握的知识、技能进行改造客观世界的实践活动时，总是要遇到各种各样的困难，需要不断地揭示，不断地克服，“科学有险阻，苦战能过关”。意志是一种精神力量，使人精神饱满，不屈不挠，为达到理想境界坚持不懈地斗争。“锲而舍之，朽木不折，锲而不舍，金石可镂”。没有坚持再坚持的韧性和毅力，居里夫妇不会取得令人肃然起敬的成绩。他们数年如一日，百折不挠，坚持不懈地进行着繁重工作，一千克一千克地炼制铀沥青矿的残渣，在类似马厩的十分简陋的屋里，从数吨铀矿残余物中提炼出只有几厘克的纯镭的氯化物，靠的就是克服困难的勇气，自我激励、持之以恒的韧性。

创新是一项开拓性的事业，没有任何人会给你一举成功的保险，这就是说，失败是不可避免的。美国发明家富尔敦为发明轮船奋斗了9年，待到制成的样船试航时，无奈天公不作美，一阵狂风暴雨使它沉没河底。假如富尔敦没有“失败了再干”的意志，他就不会花24小时去把机器打捞上来，更不会再去奋战4个春秋，当然他的名字也就不会载入发明家的史册。

性格是人在对人、对事的态度和行为方式所表现出来的心理特点。性格影响智力的形成和发挥。一个对学习、劳动认真负责,具有精细性格的人,他的思维往往具有某种深刻性、感知和记忆的精确性;反之,粗枝大叶、马虎大意的人,研究问题蜻蜓点水,匆忙草率。在某一活动领域中表现出特殊能力的人,往往具有发展这种能力的坚强意志和良好性格。

2.2.3 创造性技法

创造性活动的正常开展和完成,不仅要依赖于创造性思维和创新能力,同时也要掌握并正确运用创造性技法。应用创造性技法可以帮助人们在设计和开发产品时得到创造性的解。第二次世界大战以后,关于创造性技法的研究不断深入,通过不断的实践和对理论的总结,目前各国已经开发出来的创造技法有几百种,这里简单介绍智力激励法、提问追溯法、联想类推法、组合创新法、反向探求法及系统搜索法6类创造性技法。

2.2.3.1 智力激励法(直觉思维法)

智力激励法严禁批评,使参与者毫无顾虑;提倡自由奔放,便于自由奔放地思考和发言,主意越奇特越好,愈多愈好;引导参与者改进和综合他人的见解,以求互相启发、补充和完善见解,或发展为新的见解。

A 智暴法

智暴法又叫群智集中法。人的创造性思维特别是直觉思维在受激发情况下能得到较好的发挥。一批人集合在一起,针对某个问题进行讨论时,由于个人知识、经验不同,观察问题的角度和分析问题方法各异,提出的各种主意能互相启发,填补知识空隙,激发诱导出更多创造性思想。各种智力激励法的共同特点正是通过激智、智慧交流和集智达到创新的目的。

例如,召开座谈会形式的短小会议,集中群智,激励智慧迸发,从而获得创造性的解决方法。主持人(例如企业的开发部主任)先把具体创新条件告知每个人,经过一定的准备后,大家可不受任何约束地提出自己的新概念、新方法、新思路和新设想,各抒已见,在较短的时间内可获得大量的设想和方案,经过讨论分析,去伪存真,由粗到精,进而找出创新的方法与实施方案,最后由主持人负责完成。

这种方法的讨论原则是:

(1) 自由探讨,求实不空谈;

(2) 不批评别人的设想,也不赞扬某种方案;

(3) 不提倡少数服从多数;

(4) 不过早下结论;

(5) 总结各种设想,下次再议。

会议一般由5~15人参加,时间为20~60分钟,不宜过长。与会者的半数应是对问题具有专门知识和经验的专家,具有不同教育背景、文化背景和研究背景的人员在一起讨论问题,特别有利于碰撞出新的思想火花,有利于增加创新的机会。我国许多大型的创新都使用这种方法,并获得很大成功。会议要求主持人有较强的业务能力、工作能力和较大的凝聚力,会前应做好准备,在会上介绍要解决的问题,并作初步分析,然后每人提出见解,秘书记录和录音,会后将见解整理分类,编出一览表,再召开会议审查,选出最有希望的见解,并审查其可行性。

B 书面集智法

又叫专家预测法,是利用邮政信函的方式进行的集体书面集智法。组织者针对要解决的问题编制一个意见征询表,寄给有关专家征求意见,然后把收到的意见进行分析和整理,将整理后的结果再寄给专家征询意见,如此反复,直到取得满意的结果为止。这个方法的优点是专家发表意见时不受外界干扰和压力。但可能意见较分散,必须周密计划,很好组织。此法通常只适宜于探讨长远开发项目。

这种方法是美国的咨询机构兰德(RAND)公司在50年代首先使用的。其方法是:组织者针对有关问题编写一个意见征询表,分发给一定范围的有关专家,请他们以书面形式充分发表意见和见解。将这些意见和见解收集、统计整理后,再编写意见征询表,征求专家意见。通过多次反馈,意见和见解会逐渐集中明确,从而得到较好的设想、预测和决策。

这种方法和集智小组会相比,可以避免专家之间可能出现的互相妨碍和无形压力,专家可以有较为充分的时间考虑问题,不受空间距离限制等。

2.2.3.2 提问追溯法

提问追溯法是有针对性地、系统地提出问题,在回答问题过程中,便可能产生各种解决问题的设想,使设计所需要的信息更充分,解法更完善。这是一类引导纵向推理和扩展思维的方法,有两个特点:一是在逻辑推理、启发思考和强制联想的基础上扩展思路;二是在分析的基础上推理,即经过分析,把一个复杂问题细分为一些较为简单的小问题,再通过分析每个问题的各种影响因素,有针对性、有步骤地进行推理,寻求解法。

A 奥斯本提问法

针对研制的新产品提出并回答下列问题:

(1) 就现有产品稍加改进,能否有新的用途;

(2) 能否借用别的经验和发明,过去有类似的东西没有,有什么东西可供模仿;

(3) 能否对产品进行某些改变,如改变运动方式、元件形式和颜色等;

(4) 能否增加、减少一些东西,如组件数量、体积尺寸等;

(5) 能否相互变换,如改变结构、改变顺序、元件互换、变换速度等等;

(6) 能否把某些东西颠倒过来,如上下、里外、正反颠倒;

(7) 能否代用,如代用其他材料、元件工艺、动力等;

(8) 能否形成组合,如目标组合、方案组合、部件组合、材料组合等等。

通过从一连串不同角度的发问,可启发思维,得出新的设计方案。例如干电池通常用于手电筒、信号灯等,这是把电能变成光能;若把电能变成机械能,干电池可用于刮胡子刀、微型吸尘器等;若把电能变成声能,干电池又可用于收音机和蜂鸣器等;若把电能变成热能,干电池又可用于打火机、驱蚊器等。又例如由卫星探空转而探地,使之成为探测地质构造和开发地下资源的手段。

B 阿诺德提问法

针对设计过程中为解决各种问题而制定的检验表法。提出并回答下列问题:

(1) 增加功能——在原有基础上能否增加新的功能;

(2) 提高性能——在便携、耐用、可靠、修理、保养等方面能否有所改善;

(3) 降低成本——是否能用去掉多余零件、选择便宜材料、采用简便制造工艺等方法来减少费用、降低成本;

(4) 增加销售——对商品特点、产品包装等是否作了研究,更有利于销售。

C 参量提问法

分析影响某系统的各个参量,然后针对参量分别提出问题,以深入剖析或综合该系统。如针对影响轴毂连接的各参量可以提出下列问题:

(1) 有哪些连接原理;

(2) 每种原理有哪些结构类型;

(3) 从几何形状上可作哪些改变;

(4) 从数量上可作哪些改变;

(5) 从尺寸上可作哪些改变;

(6) 从顺序上可作哪些变化。

通过回答上述问题,可以从不同角度、全面地寻求轴毂连接的许多变型方案。

D 希望点列举法

此法从设计者或用户的意愿出发提出新设想。例如人们希望在给别人打电话时不仅可闻其声,且能见其面。为适应这种要求,开发出了可视听电话。又例如有了黑白电视机,还希望是彩色的、遥控的等等。

E 缺点列举法

此法是通过寻找产品存在的缺点并设法消除缺点,来达到改进产品的方法。例如一家生产汽车喇叭继电器的小厂,为了改变产品销路不畅的被动局面,厂长和技术人员、销售人员一起对有关产品进行分析,在广泛收集用户意见的基础上,分析产品的缺点,然后针对缺点"对症下药",设计出新产品,很快便打开了销路,销售量一年内便增长了一倍。

2.2.3.3 联想类推法

联想是由一个事物想到另一事物的心理过程。通过由此及彼的联想和异中求同,同中求异的类比,发挥横向推理思维,寻求各种创新解法。

联想又分为对应联想和类比联想。

对应联想是由一件事物联想到与其对立的另一事物,如由小想到大、由集中到分散等。要增强联想力,必须注意增加知识和经验,不但注意吸纳本专业及其他专业的学科知识,更要重视参加社会实践、生产实践,总结实践经验。利用联想进行发明创造是一种常用而且十分有效的方法,许多发明者都善于联想,很多发明也得益于对联想的妙用。例如贝尔发明电话,开始没有成功,以后从吉他的声音中想到了共鸣原理,改进了装置,才使电话发明成功。又如布拉特从看到蜘蛛织网联想到可以从上到下造桥,从而发明了吊桥,突破了传统的造桥模式。

类比联想是由一事物或现象联想到与其有类似特点(如性质、外形、结构、功能等)的其他事物或现象。如由电分正负,想到磁分南北;由水波想到声波、光波;由水波可出现干涉现象,想到光也有干涉现象等等。例如发明家威斯汀豪斯年轻时看到高速行驶的火车不能及时停下来而发生交通事故,决心研制一种使火车迅速停车的制动装置。当他在资料上看到挖掘隧道时,驱动风镐的压缩空气是从几百米以外的空气压缩机送来的报道后,联想到可以用气动实现火车制动,从而发明了火车的气动制动装置。又如建筑师萨里在设计肯尼迪机场的一座建筑时,联想到柚子漂亮的外壳,因而设计出完全流线型式样,把完全和环绕包涵其内的世界一流建筑。

通过启发、类比、联想、综合等技法，创造出新的设想，以解决问题。

A 相似类比法

通过相似联想进行推理，寻求创造性解法。例如通过河蚌受到异物刺激能孕育珍珠的启示，在牛胆中埋入异物，促使其生长牛黄（即胆结石），找到了增产这种贵重药材的方法。

B 抽象类比法

把问题加以抽象，抓住问题的实质进行类比，以扩大思路寻求解法，这种方法称为抽象类比法。如要发明一种开罐头的方法，则可先抽象出“开”的概念，列出各种“开”的方法，如打开、撕开、拧开、拉开等等，然后从中寻找对开罐头有启发的方法。再如从“移土”的不同原理和方法可以考虑出新的挖土机来。

C 仿生法

从自然界获得灵感，通过对自然界生物机能的分析和类比，将其应用于人造产品中的方法，称为仿生创新法。仿生法不是自然现象的简单再现，而是将模仿与现代科技手段相结合，设计出具有新功能的仿生系统。这种仿生存在于创新思维的全过程，是对自然的一种超越，是现代新技术发展的重要途径之一，例如响尾蛇导弹的引导系统，蛙眼电子器，仿爬行动物的海底机器人；仿鸟类飞翔原理的各式飞行器；仿人机械手等。

一位名叫乔治·特拉尔的工程师发现，每次打猎回来，总有一种小花粘在裤子上。一次回家后，他好奇地用显微镜观看，发现每朵小花上均长满了小钩钩，这时他才明白为什么这种花总是粘在他的裤子上。当他解开衣服的扣子时，突然冒出一个新的设想，可否仿照这种花发明一种“新扣子”呢？于是他对这种花进行了深入的研究，着手进行设计、试制，发明了现在的“尼龙搭扣”。

D 借用法

有些在逻辑原理上看起来完全无关的东西，有时把它们联想在一起，也可能产生新的设想和解法。因此要摆脱旧的框框，从各个领域借用一切有用的信息诱发新的设想，这也就是一种把无关的要素结合起来，找出相似的地方。例如电模拟，以电轴替代丝杠传动等都是采用借用的方法。

微波技术最早用于军事方面，例如雷达、电子对抗、遥感、导航、导弹控制、热核反应控制等。冷战时期，前苏联驻美大使馆的工作人员得了一种怪病，总是精神不集中，并伴有头疼。后来，他们发现原来是美国长期向大使馆发射微波，大功率的微波辐射对人体有明显的伤害和破坏作用，甚至引起死亡。而现在微波广泛应用在通信、导航、定位、射电天文学等。微波还作为一种新的能源被广泛地用于加热、干燥、消毒、杀菌等。家用微波炉具有节能、卫生、方便、快速、安全等许多独特的优点，引起了厨房革命，是现代厨房中必备的炊具。

2.2.3.4 组合创新法

巧妙组合是创新的一种有效的方法，利用事物间的内在联系，用已有的知识和现有成果进行新的组合，从而产生新的方案。

组合创新法包括组合法和综摄法。

A 组合法

组合法是将现有技术或产品通过功能、原理、结构等方面的组合变化形成新的技术思想或新产品。组合法的优点是组合形式多样，应用广泛，便于操作，经济有效。例如把刀、剪、锉、锥等功能集中起来的“万用旅行刀”和“文房四宝”等就是组合法的例子。

组合法应用的技术单元一般是已经成熟或比较成熟的技术，不需要从头开始，因而可以最大限度地节约人力、物力和财力。在当代社会生产和生活中，存在着大量已经开发出来的技术，只要进行合理组合，就能创造出适合人们需要的技术系统。组合法类型很多，常用的有性能组合、原理组合、功能组合、结构重组和模块组合等。

(1) 性能组合：根据对原有产品或技术手段的不同性能在实际使用中的优缺点的分析，将若干产品的优良性能组合起来，使之形成一种全新的产品（或技术手段）。例如铁芯铜线电缆的制造就组合了铜线导电性能好、易焊接、耐腐蚀，而铁线成本低、强度高的优点，这样可以做到性能互补。

(2) 原理组合：将两种或两种以上的技术原理有机结合起来，组成一种新的复合技术或技术系统。例如把喷气推进原理和燃气轮机技术相结合，发明了喷气式发动机。

(3) 功能组合：将具有不同功能的技术手段或产品组合到一起，使之形成一个技术性能更优或具有多功能的技术实体的方法。例如将收音机和录音机组合在一起成为收录机。

(4) 结构重组：改变原有技术系统中各要素相互联结方式获得新的性能或功能的组合方法。

(5) 模块组合：把产品看成是若干模块（标准，通用零部件）的有机结合，按照一定的工作原理选择不同的模块或不同的组合方式，从而得到多种不同的设计方案。这种方法适用于产品的系列开发。

美国的“阿波罗”宇宙飞船由700万个零件组成，这些零件没有一件是新研制的；所使用的技术都是现有的技术，但是用这些已有的零件和现有的技术，却可以组合出把人类送上月球又重返地球的神奇系统。又如普通的X光机和计算机，都无法对人的脑内病变作出诊断，豪斯菲尔德将二者结合，设计出扫描仪，使诊断难题得到解决，促进了医学诊断技术的发展。

B　综摄法

综摄法是通过已知的东西作媒介，把毫无关联的、不相同的知识要素结合起来，摄取各种产品的长处，将其综合在一起，制造出新产品的一种新的创造技法。它具有综合摄取的组合特点。例如，日本南极探险队，在输油管不够的情况下，因地制宜，用铁管作模子，包上绷带，层层淋上水，使之结成一层厚厚的冰，做成冰管，作为输油管的代用品，就是这种方法的成功应用实例。

2.2.3.5　反向探求法

将人们通常思考问题的思路反转过来，从背逆常规的途径探寻新的解法，因此反向探求法亦称逆向思维法。

例如电视机为什么不能用反画面，自行车为什么不能倒退，衣服为什么不能两面穿，齿轮为什么不能活齿，化学能为什么不能变成电能，声音既是因振动产生，那么振动为什么不能复现原声呢？所有这些反问，相继发明了反画面电视、电池、活齿传动、留声机等。在1901年时的除尘器只能吹尘，飞扬的尘土弄得周围环境很脏，英国的赫伯布斯运用反向探求，能否把吹尘改为吸尘？他用捂着手绢的嘴试着吸尘土，结果成功了，根据这一原理发明了带有灰尘过滤装置的负压吸尘器。又如在钨丝灯泡发明初期，为了避免钨丝高温的氧化，需要将灯泡内抽真空，但使用后发现经过抽真空处理的钨丝通电后仍会很脆，当时很多人都考虑继续提高灯泡内的真空度来解决这一问题。美国科学家兰米尔却提出向灯泡内充气的办法,因为充气比抽真空在工艺上较容易实现。兰米尔分别试验了将氢气、氧气、氮气、二氧化碳、水蒸气等充入灯泡,试验证明氮气有明显的减少钨蒸发的作用,提高钨丝的使用寿命,因而充气灯泡研制成功。

这种方法是对现有的解决系统方案加以否定,或寻求其他的、甚至是相反的一面,以找出新的解决方法,或启发新的想法。它可以细分为“逆向”和“转向”两种。

机械工程中这种例子很多。如车削螺纹变为旋风铣螺纹就具有“转向”性质,而由工件转动变为工件不动则是“逆向”。又如我国某厂家生产的颚式破碎机,使用单位经常反映该机主轴容易断裂。多次将该轴直径加粗,不见成效;后来采用将原轴直径减小的方法,反而使问题得到解决。

2.2.3.6 系统搜索法

对于技术系统,可以根据其组成或影响性能的全部参数,系统地依次分析搜索,以求得更多解决问题的途径。系统搜索法包括前进法、参量分析法和形态综合法。

前进法是从一个初始状态开始,按影响系统的几个因素逐步向前搜索,探求多种解决的方案。

参量分析法是通过分析影响系统的参量,用孤立因素、换元等方法求系统的多种解法。

形态综合法是利用形态学矩阵表达系统分解后结构的组成和各组成部分的可能状态,再经组合、探索求得系统的各种解法状态。

2.2.4 应用实例

例 2-1 清除电线积雪问题的方案(智力激励法:智暴法)

问题背景:冬季大雪纷飞时,电线上积满了冰雪,大跨度的电线会被积雪压断而发生意外。在经过长时间的探索都不能解决这问题的情况下,供电部门决定用智力激励法寻找解决方案。

采取方法:组织者召开智力激励会,让与会者提出自己的见解。

所提方案:(1) 用电热来化解冰雪;

(2) 用振荡技术来清除积雪;

(3) 设计一种专用的电线清雪机;

(4) 坐在直升飞机上用扫帚去扫雪。

智力激励:一位工程师在听到“用飞机扫雪”的想法后,很受启发,想到用直升飞机沿着积雪的电线飞行,依靠高速旋转的螺旋桨把电线上的积雪扇落。他提出这种新设想后,马上又启发了其他与会者的联想,激励出“除雪飞机”、“特种螺旋桨”之类的创意。

解决方案:组织者把这些设想进行分类、研究、评价,最后选择了用改进后的直升飞机扇雪的方案,并研制了一种专用于清除电线积雪的小型直升机。

例 2-2 讨论食品加工线上如何分选大批生熟西红柿的原理方案(智力激励法:智暴法)

组织智暴法小组会,会上鼓励自由奔放的新思路;提倡多种方案;严禁批评和否定;力图改进、补充和综合别人的设想。

会上提出许多分选西红柿的方案,如测颜色、硬度、电阻、声反射、磁性等。有人甚至提出测大小、测重量以区分生熟西红柿。在互相补充、综合各方案优缺点的过程中,正是在人们认为不合理的测重量、测大小思路的基础上得到测单位体积重量的方案,利用生熟西红柿比重不同的现象,较好地解决了分选的问题。

例 2–3 策划开发家用电器新产品(智力激励法:书面集智法)

问题背景:某公司策划近年的家电新产品,希望占领市场。

采取方法:根据开发研究要求,挑选了30位专家参加书面集智活动,把征询表发给专家。制订"家用电器新产品开发课题征询表",表中列出家用电器基本类别,划分出"重点考虑","一般考虑"和"暂不考虑"等级别,并对其含义做出说明。回收后,共有200个家电产品新设想,经归纳整理得出60个设想再次征询专家意见。经三次收集整理后,得出下面6种重点开发的家电产品:

(1) 洗衣机类:轻便型洗衣机、超声波洗衣机、自动调整洗涤时间的洗衣机。

(2) 电冰箱类:间接用电的四门电冰箱、能贮藏多品种的电冰箱、模糊控制电冰箱。

(3) 吸尘器类:无软线型吸尘器、自动行走型吸尘器、天花板吸尘器、卫生间吸尘器。

(4) 电熨斗类:无热电熨斗、无软线电熨斗、速冷电熨斗、软垫座电熨斗。

(5) 炊具类:多功能电饭煲、固体电流微波炉、自动调节功率微波炉。

(6) 保健美容类:微型按摩器、磁波褥、简易净水器、多功能健身器。

最后根据专家反馈的设想,制订出公司的家用电器产品重点研究开发计划。

例 2–4 提出自行车的新产品概念(提问追溯法)

使用奥斯本提问法解决此问题:

(1) 自行车有无其他用途?将自行车改进设计,使之成为组合式多功能家用健身器。

(2) 能不能借用其他经验或发明?借助机动车传动原理,使之成为变速自行车。

(3) 能否进行某些改变?改变自行车的传统形态,设计出形态特殊的"太空自行车",或采用椭圆形链轮传动的自行车。

(4) 能否扩大或缩小?可把自行车的鞍座扩大,使骑车者更舒适,必要时还可储存物品;缩小尺寸成为儿童自行车。

(5) 能否代用?可采用各种新型高强材料代替钢材,制作轻便高强度自行车,如以高强度炭纤维复合材料注塑整体车座和大梁,采用炭纤维车把和立柱,铝制链套和中轴套,大大减轻正常的重量。

(6) 能否重新调整?设计前后轮距离可调的自行车,缩小占地空间;也可以设计成折叠式自行车,方便搬运或外出旅游。

(7) 能否组合?把小型离心泵与自行车组合成自行车水泵,方便农村使用;也可设计三轮自行车,两人同乘自行车。

例 2–5 利用奥斯本提问法研究风扇和新产品方案(提问追溯法)

(1) 风扇稍加改进有别的用途吗?风扇的基本功能是形成压力差,由于空气流动而使人感动凉快。

风扇:鼓风机,为炉灶送风助燃。

风扇:抽风机,抽吸厨房的油烟。

风扇:吸尘器,清除灰尘。

外形设计新颖的风扇(如猫头鹰扇,加灯饰的华丽吊扇)同时是很好的室内装饰品。

(2) 能否借用别的经验来完成风扇的功能?

改用压缩式空调器,可调节冷热,其功能比风扇还要全。

(3) 能否改变风扇的结构或造型引出新产品?

改变结构:台扇、落地扇、吊扇、壁扇等。

改变造型:圆形、方盒形、动物外形等。

(4) 能否增加或减少些什么,增大或减小又如何?

设计大型工业配风扇或小型旅行扇、蚊帐内的小吊扇等满足不同需要。

增加功能:加灯便于夜间照明,加"倾倒即停"装置,保证使用安全。

(5) 能否进行替换?

性能替换:多速风扇替代单速风扇。

(6) 反过来又怎样?

送风:普通风扇——外罩不转,风扇摆动。送风摆扇机构复杂。

鸿运式风扇——风扇不摆,外罩上的栅页转动,使风受到干扰后排出,送风角度大、风量柔和、结构简单。

(7) 能否用其他材料、元件、工艺代用?

扇叶材料:木、铁、铝、塑料、玻璃纤维。

风扇体:铁板冲压、塑料整体注塑。

(8) 能否进行组合产生新方案?

功能组合的多用风扇、落地灯扇、有装饰灯并送香风的风扇等。

目标组合的模拟自然风扇:如有强、弱、微三挡风量的组合风扇,或用自动控制开关控制的单速风扇。6 秒开、4 秒停,得到强—弱—微—强—弱—微的模拟自然风。由此得到风扇的多种变型方案供选择。

例 2-6 "沙丘驻涡火焰稳定器"的发展(联想类推法)

北京航空航天大学的高歌,在研究发动机燃烧时,发现气体湍流紊乱是燃烧不稳定的根本原因。他联想到在西北工作时曾观察到的一种现象:不论风怎样吹,一座座沙丘都能保持十分稳定的形状。这是因为气流绕过沙丘后漩涡特别稳定。联想到沙丘表面的气流,他产生了将燃烧器表面改为沙丘形状的想法,经过多次试验,飞机发动机上的"沙丘驻涡火焰稳定器"终于发明成功,它使发动机内火焰十分稳定地燃烧,大大提高了喷气发动机的可靠性和稳定性。

例 2-7 洗衣机的开发(组合创新法:原理组合)

人工洗衣通过手搓、脚踩、刷子刷、棒槌打、流水冲等方式去除衣服的污垢。

为了代替人的洗衣动作,可在洗衣机滚筒内放置衣物和卵石,滚筒回转时卵石反复挤压衣物,达到去污的目的。这是类比法引出的方案。

搅拌式洗衣机和波轮式洗衣机属机械式洗衣机。

真空洗衣机用真空泵将洗衣机缸内抽成真空状态。衣物和水在缸内转动时,水在衣物表面产生气泡,当气泡破裂时产生爆破力将衣物上的污垢微粒摊开并抛向水面。

超声波洗衣机使衣物上的污垢在超声波作用下分解而离开衣物。

电磁洗衣机利用高频振荡使污垢与衣服分离。

此外还有利用微型计算机与多种传感器控制的全自动洗衣机。

从洗衣机的开发可以看出，产品变型潜力很大，设计人员应灵活运用创造性技法，应用新技术，开发出更多新产品。

例 2-8 大型转炉倒装法（联想类推法和反向探求法）

1986 年首都钢铁公司在安装两台 210 L 容积的大型转炉时，一个大难题摆在面前：每台转炉直径 8.16 m，自重 260 t，如一座三层楼房，如何安装就位？

过去转炉都采用顶升移入法（正装法）。安装时必须将转炉体吊至 22.5 m 高的高度才能装入托圈，而 300 t 的吊车只能吊高 10 m，不能满足要求。按日本的方案将转炉切成两半，安装后再焊合，要用近百万元资金。而比利时有关公司若作为专利专家援助安装，将要索取几十万美元。大家都为该项工程而十分焦急。安装公司负责此项目的工程师在生急病住院过程中，突然看到床边倒挂着的输液瓶，受到启发。由于转炉在正常生产中可以回转 360°，完全可以考虑倒装，将安装工艺来个大颠倒，炉口冲下倒立在基础上—安装托圈—吊起炉体焊接—旋转 180°正过来。这种方案吊装高度仅 2.5 m，用一台 300 t 吊车完全可以解决问题。经过反复计算试验，他们在吊装大转炉时利用倒装法一次成功，创造了奇迹。

利用类比法和逆向思维发明的"大型转炉倒装法"与正装法比较，工艺简单，节约费用 60 余万元，缩短工期三个月，间接经济效益 1.5 亿元。

例 2-9 探寻火灾报警器的方案（系统搜索法）

火灾报警器要求在火灾发生后几秒钟即自动报警，要求价格便宜，使用可靠。

根据系统搜索法由着火后产生的物理现象：光、热、烟气等，研究有关物理效应，探寻火灾报警器的原理方案：

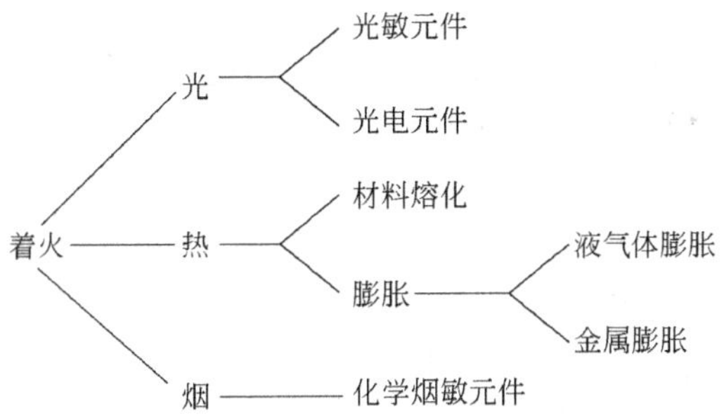

其中光感电池接通电路报警，易熔金属保险丝断电，双金属片断电报警及烟敏报警等都比较实用。

通过上面的例子可以看出，创造并不是那么神秘的，技术人员通过灵活应用创造性技法，科学地发挥创造力，一定能有更多发明创造。

2.3 系统化设计法

传统的分析设计方法一般是把设计对象分解为许多独立的部分分别进行研究。由于这是孤立地、且多是静止地分析问题，所得结果常常带有片面性和局限性。现代工程系统往往是一些大系统的巨大工程，一般涉及到机械、电子、液压、管理、测量、控制、计算机技术、人工智能以及信息处理等科学技术领域，大多是多学科的综合技术系统。这时就应该将设计对象看成一个系统,用系统工程的概念进行分析和综合,并且按产品或系统开发的进程进行设计,以求获得最佳设计方案。系统分析设计法,实际上就是当前广泛应用的系统工程在设计中的初步应用及其与离散方法、聚类分析的结合。

2.3.1 技术系统

2.3.1.1 系统的组成

系统通常是指具有特定功能的、在某一边界范围内所有直接或间接相互作用的元素的有序整体,它一般包括四个部分(参见图2-2):系统单元、系统结构、边界条件和输入输出的要素。

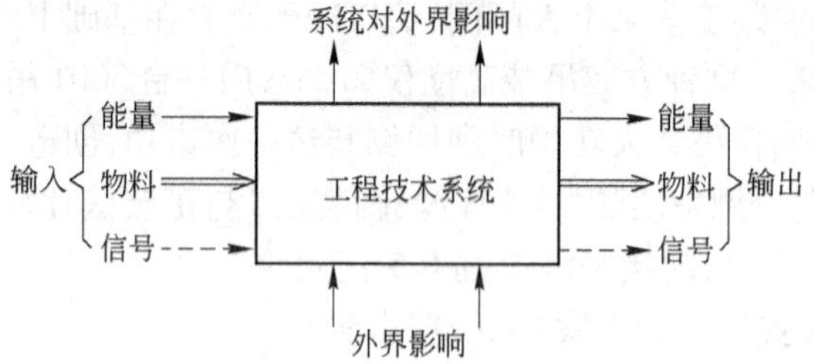

图2-2 工程技术系统

(1) 系统单元是完成某种功能而不需进一步划分的子结构,即系统中相互联系和作用的基本组成要素。

不同的分类方法可以划分不同的系统单元,从功能角度分析,技术系统分为驱动单元、控制单元、工作单元、辅助单元、连接和支承单元;如果从制造及装配角度分析,可将系统分为构成机器的最基本的单元,即零件和部件(由零件组成的装配单元)。

(2) 系统结构反映着系统内部各单元之间的关系,即相互联系和作用的联结形式。

系统只有通过结构才能实现其总的功能。系统结构随着系统的功能要求而变化。然而,不同的结构既可完成不同的功能,也可完成相同的功能;一个功能可以由多种结构系统实现,一个系统结构也可能实现多种功能。

(3) 边界条件是指系统与外部环境的作用界面,通过这种界面可以明确设计对象的范围。

系统通过边界和周围系统分离。系统的边界是相对的,因分析研究的具体内容不同而不同。例如在研究一项工作时,时间、地点、资源条件、人员的能力水平等是系统内部的组成单元,但若考核个人的工作能力时,学历、经验、技术水平等才是系统内部的组成单元,而上述的时间、地点、资源条件等因素则成为外部的环境要素。

(4) 输入和输出要素是指工程技术系统的处理对象,包括能量、物料和信号。

能量包括电能、机械能、热能、化学能和核能等;物料包括材料、毛坯、半成品、试件、构件、粉料、块料、气体、液体等;信号包括测试量、数据、控制脉冲和信息等。

2.3.1.2 技术系统的功能

技术系统的用途和所具有的特定工作能力称为其功能。技术系统所具有的功能,是完成技术过程的根本特性。设计产品不是着眼于产品的本身,而是通过某种物理形态体现出用户所需求的功能。

功能元是功能的基本单位,在机械设计中最常用的是物理功能元。物理功能元反映系统中能量、物料和信号三个要素变换的基本物理作用,通过物理效应实现。机械工程中常用的物理效应主要有力学效应(重力、弹性力、惯性力、摩擦力、离心力等),液气效应(如流体的静动压、巴斯卡效应、虹吸效应等),电力效应(如电动力学、静电效应、压电效应等),磁效应(如电磁效应等),光学效应(如反射、折射、衍射、干涉、偏振、激光效应等),热力学效应(如膨胀、热传导等),核效应(辐射、同位素效应等)等等。三个要素的物理属性可由类型、大小、数量、时间和位置五个特征描述,常用的功能元包括:

(1)“转变—复原”功能元　能量、物料、信号三要素质的变化包括各种类型能量之间的转变、运动形式的转变、材料性质的转变、物态的转变及信号种类的转变等。如热能、动能、电能、势能、声能、光能及化学能等都是不同形式的能量;通过改变物料的状态(固态、液态、气态)便可实现物料特性的变化;常见的电、光或气动长度测量仪就是技术系统中信号转变的实例。

(2)“放大—缩小”功能元　指能使能量、物料或信号的状态参量的数值放大或缩小的过程。能量的状态参量指位移、力、压力、体积、温度等物理量,例如增减转速或转矩的传动机构以及电气变压器;电导率的提高或降低是材料特性改变的实例。

(3)“连接—分离”功能元　指两个在任一物理量(重量、密度、颜色、振幅、频率、波长等)彼此不同的能量流、物料流或信号流相互结合或者根据其不同特征彼此分离的过程。例如功率分流机构的功率分配;液压泵和液压发动机实现将流体和能量结合、分离。

(4)“传导—绝缘”功能元　即驱使能量流、物料流或信号流传播或阻止其传播的过程,反映三要素的位置变化。传导包括单向传导和变向传导。例如导线传送电能和信号;火车运输物料;光、声的传导功能可在充有介质的空间传导;密封、开关、阀门等是绝缘功能的实例。

(5)“贮存—提取”功能元　体现一定时间范围内保存的功能。如飞轮、弹簧、水库、电池、压缩空气缸、电容器等,反映能量的贮存;容器、贮缸、气瓶等为物料存贮器;穿孔卡片、延迟存贮器、半导体存贮器、录音等等反映信号的贮存。

可见,同一物理效应可以完成不同的功能,而同一功能也可通过不同的物理效应实现。物理效应的主要影响因素是作为输入的调节参量和作为输出的调节参量,另外还有影响到结果的干扰参量。具体选择时物理效应的干扰参量越少、越小越好,这样产品的可靠性高,易于控制,开发费用也会较少。

此外,实现技术系统的功能元还有逻辑功能元和数学功能元。逻辑功能元包括“与”、“或”、“非”三元的逻辑动作,主要用于控制功能,通过它们可实现各功能的组合;数学功能元反映数学的基本动作,用于加减乘除、乘方、开方、积分和微分等数学运算功能。

2.3.1.3　功能结构的形式

反映分功能或功能元之间的逻辑结合关系叫做功能结构。功能结构反映了各分功能之间关系、走向和顺序,其结构形式如图 2-3 所示。

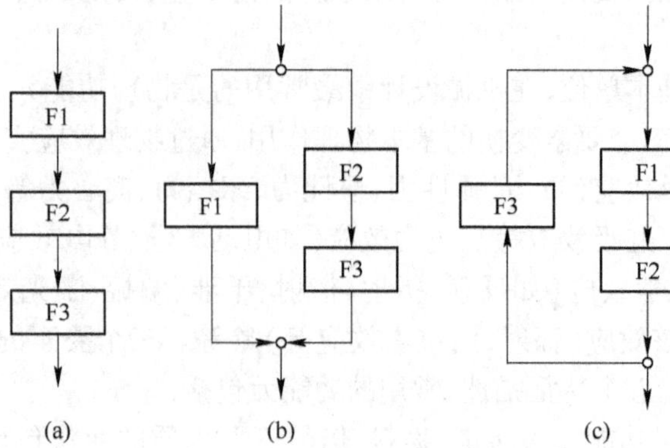

图 2-3 功能结构的基本形式
(a) 链式结构;(b) 平行结构;(c) 循环结构

A 链式结构

链式结构亦称串联结构或顺序结构。链式结构的各功能依顺序进行,如图 2-4 所示虎钳的功能结构就是链式结构。

B 平行结构

平行结构亦称并联结构。它表示各分功能同时作用才能实现总功能。例如车床需要工件与刀具共同运动来完成加工物料的任务(见图 2-5)。

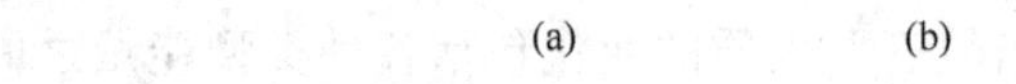

图 2-4 虎钳的功能结构

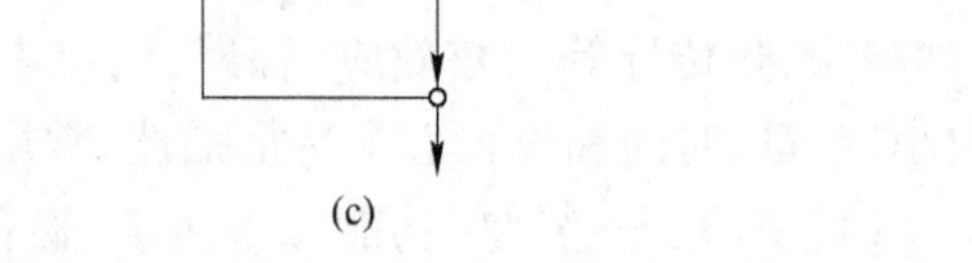

图 2-5 车床的部分功能

C 循环结构

循环结构亦称环形结构,它体现反馈作用。如图 2-6 所示,差速机构与曲柄摇杆机构合成输出的运动再反馈给差速机构。

建立功能结构图时应注意下面几点:

(1) 体现功能元或分功能之间的顺序关系;

(2) 按物理原理来划分及排列各分功能或功能元;

(3) 不要漏掉必要的分功能或功能元;

(4) 注意功能结构图的变化。可用不同的功能结构来实现相同的总功能,改变功能结构常可发展出新的产品。

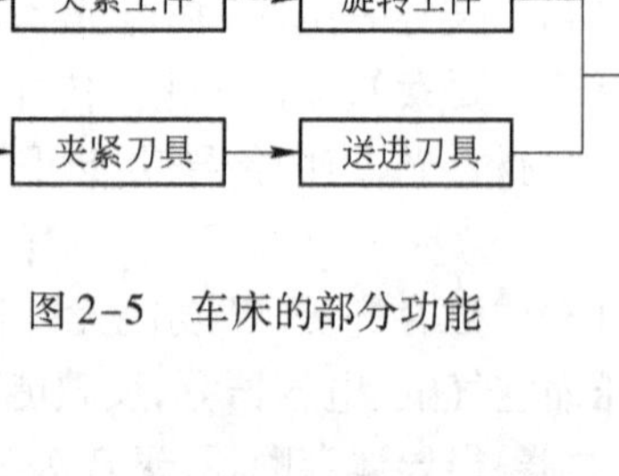

图 2-6 循环结构

系统化设计法是把设计对象看做一个完整的技术系统,然后用系统工程方法对系统各要素进行分析和综合,使系统内部协调一致,并使系统与外界环境相互协调,以获得整体最优化设计方案。

运用系统化设计方法进行原理方案设计的主要步骤:

(1) 明确设计任务。把设计任务作为更大系统的一部分,研究社会需求与技术发展趋势,确定设计目标,并分析设计的产品将产生的社会、经济、技术效果。在尽可能全面掌握有关信息,深入掌握需求实质的基础上,以表格形式编写出设计要求表,它将作为设计与评价的依据。

(2) 确定系统的总功能。把设计对象看作黑箱,通过系统与环境的输入和输出,明确系统的整体功能目标和约束条件,由功能出发去决定内部结构。

(3) 进行功能分解。系统是由相互联系的分层次的诸要素组成,这是系统的可分解性和相关性。通过功能分析把总功能分解为相互联系的分功能,使问题变得易于求解。

(4) 分功能求解。

(5) 将分功能解综合为整体解:原理方案。用形态学矩阵表达分功能求解的结果,将相容的分功能解综合为整体方案。综合时从最重要的分功能的较优解出发,追求整体最优。整体原则是系统方法的核心,这一原则认为,任何系统都是由部分组成的,但整体不等于部分的机械相加,这是由于各部分之间的相互作用、关系和层次产生了系统的整体特性。

最后组成几个整体方案,通过评价比较,筛选出或综合为 1 ~2 个原理方案,作为继续进行技术设计的基础。

可见系统化设计方法可以成为产品设计特别是原理方案设计的有力工具,对开阔设计思想、提高设计水平起有益的作用。

2.3.2 功能分析法

功能分析法是系统化设计中探寻功能原理方案的主要方法。这种方法将复杂系统的总功能通过功能分析化为简单的功能元求解,再进行组合,得系统的多种解法,优越性十分明显。

图 2-7 列示了功能分析法的设计步骤及各阶段应用的主要方法。

2.3.2.1 总功能分析

在系统化设计中,原理方案拟定一般是从功能分析入手,利用创造性构思拟出多种方案,通过分析—综合—评价—决策,求得最佳方案。

分析系统的总功能是拟定原理方案的首要环节,常采用“黑箱法”。黑箱法是根据系统的输入和输出关系来研究实现系统功能的一种方法,即将待求的系统看做未知内容的“黑箱”,分析比较系统输入和输出的能量、物料和信息,其性质或状态上的差别和关系就反映了系统的总功能。因此,可以从输入和输出的差别和关系的比较中找出实现功能的原理方案来,从而把黑箱打开,确定系统的结构。

图 2-8 所示为自走式谷物联合收割机的黑箱示意图。方框内部为待设计的收割机系统;左边为输入量,右边为输出量,输入和输出均有能量、物料和信息三种形式;方框下方表示了土壤、湿度、温度和风力等外部环境因素对收割机工作性能的影响;方框上方表示收割

机工作时对外部环境的影响,包括噪声、废气和振动等;方框即为系统的边界,通过系统的输入和输出,使系统和环境连接起来。

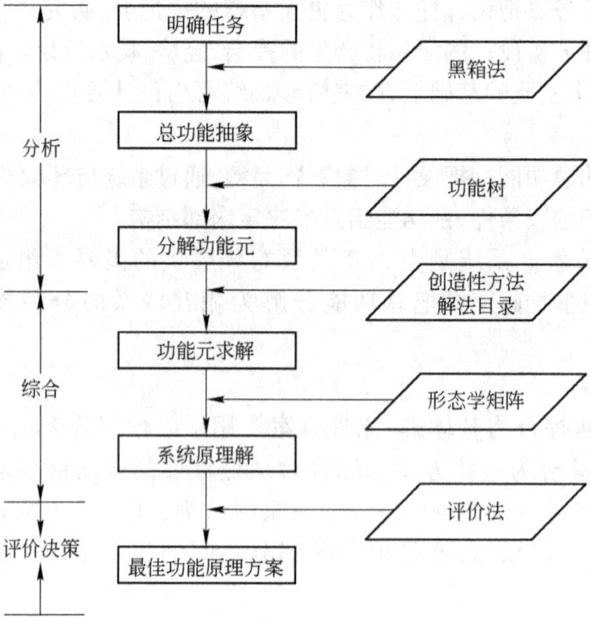

图 2-7 功能分析法的步骤及方法

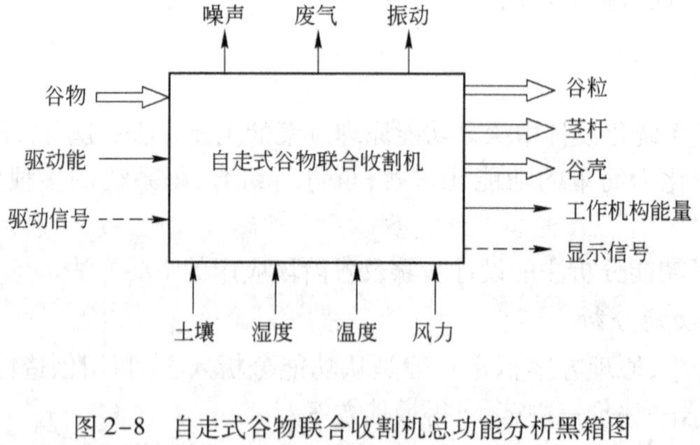

图 2-8 自走式谷物联合收割机总功能分析黑箱图

2.3.2.2 功能分解

一般工程系统都比较复杂,难以直接求得满足总功能的系统解。因此,一般可按系统分解的原则进行功能分解,通过较简单的功能元去求解。

总功能可分解为"分功能—二级分功能—功能元",并用树状的功能关系图(功能树)表达。功能元是直接能求解的功能单元,功能树中前级功能是后级功能的目的功能,而后级功能是前级功能的手段功能。

例如,对材料拉伸试验机进行功能分解后,其功能树如图 2-9 所示。

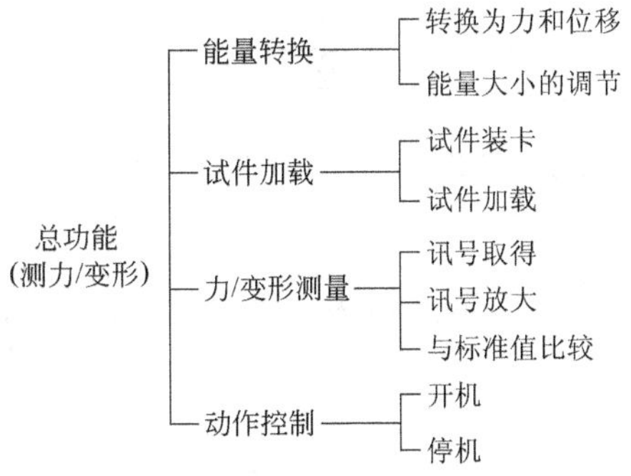

图 2-9　材料拉伸试验机功能分解——功能树

图 2-9 的材料拉伸试验机的功能分解也可以用功能结构图表示,如图 2-10 所示。

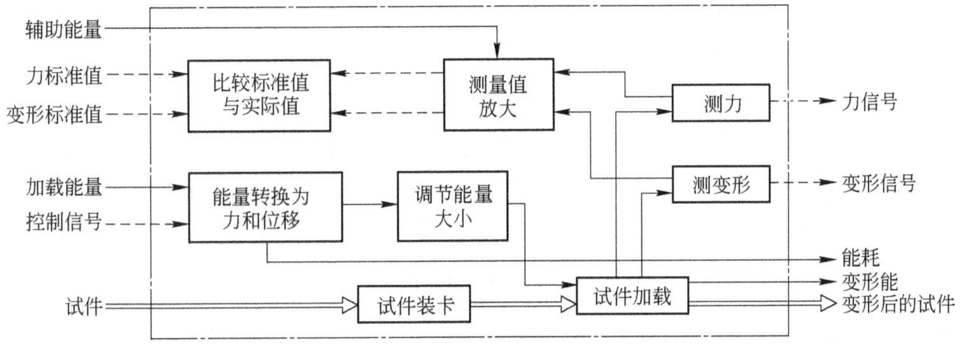

图 2-10　材料拉伸试验机功能分解——功能结构图

2.3.2.3　功能元求解

功能元求解即寻求实现功能的技术实体,即功能载体。求解的完整过程是从一般科学原理开始,经过应用研究探明具体的技术原理,然后寻求实现该技术原理的技术手段及主要结构。寻求实现分功能作用原理的求解方法包括:

(1) 直觉法　直觉法是设计师凭借个人的智慧、经验和创造能力,通过创造性设计方法,如智暴法、联想类推法、系统搜索法和组合创新法等,充分调动灵感思维寻求各种分功能的原理解。

(2) 调查分析法　设计者要了解当前国内外技术发展状况,大量查阅文献资料,包括专业书刊、专利资料、学术报告、学术论文等,掌握多种专业门类的最新研究成果,这是解决设计问题的重要源泉。

(3) 设计目录法　设计目录是设计工作的一种有效工具,是设计信息的存储器、知识库,它以清晰的表格形式把设计过程中所需的大量解决方案有规律地加以分类、排列和储存,便于设计者查找和调用。不同于传统的设计手册和标准手册,设计目录提供给设计师的不是零件的设计计算方法,而是提供分功能或功能元的原理解,给设计者具体启发,帮助设计者具体构思。如图 2-11 所示为物理功能元中的物料运送部分解法目录。

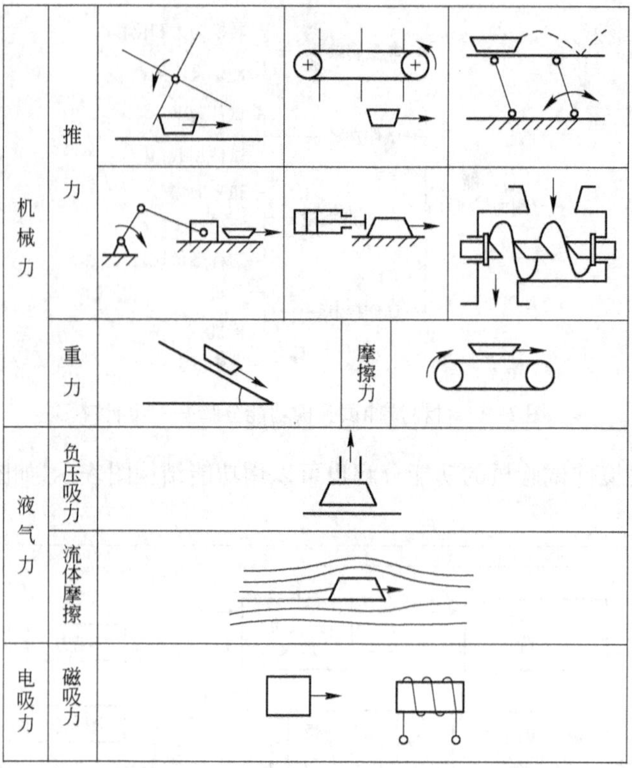

图 2-11 物料运送部分解法目录

在寻找实现分功能作用原理解时，应注意下面几点：

（1）注意设计要求明细表上的要求。例如，要求采用机械传动时，就不必考虑液压、电磁等方面的工作原理。

（2）寻找原理解时，除考虑能实现该分功能外，还要兼顾到设计的全局，充分考虑到该分功能在总功能中的作用及分功能之间的关系。在可能情况下，应考虑将几种分功能用同一工作原理来实现，从而简化设计方案。

（3）对于一种分功能可以相应地提出几种工作原理，以便在方案的构思和评价筛选时有较大的选择余地。

（4）通常可以满足所要求的功能原理方案是很多的，有些可以凭借设计师本身的知识和经验得出，但其中一部分并不为设计人员所熟悉。为了开拓思路，以便选择出最佳原理方案，借鉴汇集前人经验的设计原理方案目录是有益的。

2.3.2.4 系统功能原理解

得到分功能或功能元的原理解后，需要将它们组合起来，形成实现系统总功能的原理解法，也即系统的原理设计方案。进行原理组合的依据是已制定的系统功能结构，常用的方法是形态综合法。

将系统的功能元列为纵坐标，各功能元的相应解列为横坐标，形成形态学矩阵，如表 2-1所示。从每项功能元中取出一种解进行有机组合，即得到一个系统解，最多可以组合出 N 种方案：

$$N = n_1 \times n_2 \times \cdots \times n_i \times \cdots \times n_m \tag{2-1}$$

式中，m 为功能元数，n_i 为第 i 项功能元解的个数。

利用形态综合法求系统原理解应注意两点：

(1) 原理解组合应具有相容性。在功能结构中，能量流、物料流、信号流不互相干涉。各分功能的解在几何学和运动学上协调一致，不互相矛盾。若发现干扰、矛盾的情况，应剔除那些不相容的方案。

(2) 原理解组合后从技术、经济效益角度衡量，应具有先进性、合理性和经济型。

表 2-1 系统解的形态学矩阵

功能元解 / 功能元	1	2	…	n_i
F_1	$L_{1,1}$	$L_{1,2}$	…	L_{1,n_1}
F_2	$L_{2,1}$	$L_{2,2}$	…	L_{2,n_2}
⋮	⋮	⋮	⋮	⋮
F_i	$L_{i,1}$	$L_{i,2}$	…	L_{i,n_i}
⋮	⋮	⋮	⋮	⋮
F_m	$L_{m,1}$	$L_{m,2}$	…	L_{m,n_m}

例 2-10 运用形态综合法求解挖掘机的原理方案。

解：挖掘机的总功能是取运物料，各功能元及功能元解的形态学矩阵如表 2-2 所示。

表 2-2 挖掘机原理组合的形态学矩阵

功能元解 / 功能元	1	2	3	4	5	6
动力源 A	电动机	汽油机	柴油机	汽轮机	液动机	气动马达
移位传动 B	齿　轮	涡　轮	带	链	液力耦合	
移位 C	轨　道	轮　胎	履　带	气　垫		
取物传动 D	拉　杆	绳	汽　缸	液压缸		
取物 E	挖　斗	抓　斗	钳式头			

则系统解的可能方案数：

$$N = 6 \times 5 \times 4 \times 4 \times 3 = 1440$$

如 $A_1 + B_4 + C_3 + D_2 + E_1 \Rightarrow$ 履带式；$A_5 + B_5 + C_2 + D_4 + E_2 \Rightarrow$ 液压轮胎式。

2.3.2.5 最佳功能原理方案

设计产品的优劣不仅取决于能否取得尽可能多的可供选择的方案，而且取决于对这些方案的正确的评价和选择决策，这是不言而喻的。从某种意义上来说，正确的评价决策更具决定意义。

这里指的评价，不能只理解为对上述方案进行分析、比较、排队，看看这些方案满足目标要求的程度，选择最佳方案，而且还要对没有完全达到要求的方案找出其弱点，并进一步加以完善；对于超过要求的方案，则应衡量是否合算，要不要考虑退一步以降低成本。所以说评价是产品开发和设计的一个最佳化过程。

A 评价准则

一般来说，在设计任务书中，所有要求的评价准则都包括进去了。但在设计的不同阶段，应选择相适宜的、相应的评价准则。为便于评价，各评价准则应制定某种价值标准，以使参加评价的人员有一个共同的尺度，使评价结果客观、可靠、准确，并具再现性。

首先进行粗筛选，把与设计要求不符的或功能元解不相容的方案去除。如例2-10挖掘机的功能原理组合，若动力源选电动机，则与液力耦合、气垫、液压缸传动等功能元不相容，不能组合可实现的原理方案。

定性选取是在淘汰掉明显不合适的方案后，对几个较为满意的参选方案，按评价准则进行评判，常用的标准有：

A——与设计任务相符；

B——满足设计要求明细表上的要求；

C——能看出原则上（例如作用效应、参数及布置）有实现的可能性；

D——预计费用在允许范围内；

E——符合直接安全技术和人机工程学要求；

F——在特定的范围内，就已知或已具备的技巧、工艺、材料以及有关的专利情况来看易于实现。

此外，还可以视需要再制定若干标准。

用上述标准对每个方案进行评判，并用符合表示可能评出的四种结果：

“+”表示肯定，继续进行；

“-”表示否定；

“?”表示资料不足，尚难判断；

“!”表示要求明细表中的要求可能不恰当，应坚持是否需要修改。

各项标准都评出结果并填在相应的表格内，便可对每个方案进行总评。如果一个方案的各项评判结果均为“+”，则总评结果为“+”，即表示该方案应进行下去；只要重要的标准有一项评为“-”，则总评结果也为“-”，即该方案要被淘汰。

B 评价方法

工程中常用的评价方法有两种：评分法和技术经济评价法。

(1) 评分法　评分法是对各个方案，针对所有准则评分，通过总评，比较各方案的优劣，并可表现各方案的优缺点。评价前，对每个评价准则都可制定一个计分标准，最理想时分值最高，最差时分值最低，中间可采用函数（直线或曲线）过渡插值。各方案的总分可采用如下四种方法计算。

分值算术法：

$$P_i = \sum_{j=1}^{n} p_{ij} \tag{2-2}$$

加权分值算术法：

$$P_i = \sum_{j=1}^{n} p_{ij} g_j \tag{2-3}$$

分值连乘法：

$$P_i = \prod_{j=1}^{n} p_{ij} \tag{2-4}$$

绝对矢量法：

$$P_i = \sqrt[n]{\sum_{j=1}^{n} p_{ij}} \qquad (2-5)$$

式中　P_i——第 i 方案的总分；

p_{ij}——第 i 方案对第 j 准则的得分；

n ——评价准则的数目；

g_j——第 j 准则的权重，根据重要程度确定。

以上四种方法各有千秋，分值算术法计算简单；分值连乘法计算结果差异最大，容易决策；加权算术法则综合评价合理。但不论哪种方法，总分愈高方案愈佳。同时也应注意各单项得分，以便完善设计。

（2）技术—经济评价法　这种方法是德国工程师协会第 2225 规范（VDI2225）推荐采用的评价方法。其特点是把最高目标分解为技术评价和经济评价两个子目标。经对技术和经济价值分别计分（计分方法请参照有关资料），最后利用 S - 图进行综合评价（图 2-12）。图中横坐标和纵坐标分别为技术价值和经济价值，S_{Ideal}表示经济和技术价值均为 1 的理想点。而 0 - S_{Ideal} 连线称为开发线，而 S_1、S_2、S_3……分别为根据各方案的技术经济价值确定的相应点。显然，各方案点愈接近 S_{Ideal} 点，方案愈理想，愈接近开发线，则方案的技术经济综合指标愈好。由此可见，利用 S - 图对多方案进行综合评价比较形象、直观。

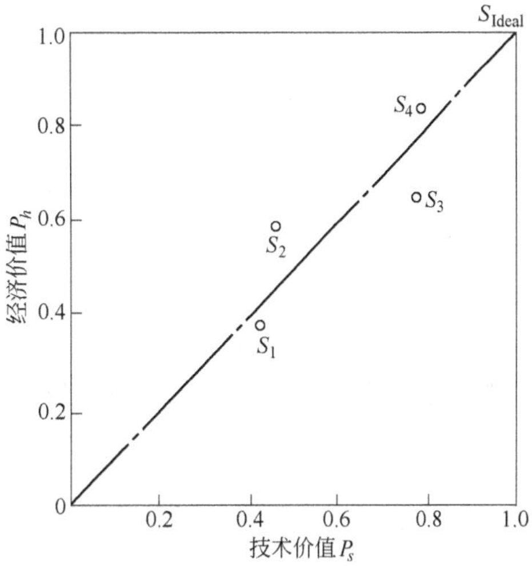

图 2-12　技术经济评价 S - 图

习题和思考题

2-1　设计过程包括哪几个阶段？

2-2　创造性思维具备哪些特点？

2-3　常用的创造性技法有哪些？

2-4　工程技术系统由哪几部分组成，其处理对象是什么？

2-5　运用功能分析法进行系统原理方案设计的主要步骤有哪些？

2-6　核桃是一种营养丰富的坚果，去掉果壳完整的核桃仁经济价值高。但果壳坚硬，在用手工去除坚壳的过程中，果仁容易被破坏，使经济效益下降。因此，提出一种有效的核桃破壳方法是很必要的。果品公司征集一种手动核桃破壳器，手动核桃破壳器的设计要求为：①破壳效率高；②果仁完整率高；③操作简便；④制造成本低。

（A）试运用创造性设计方法提出一种手动核桃破壳器设计方案；

（B）试运用系统分析设计方法对“核桃取仁”进行功能原理方案设计。

3 相似理论及相似设计方法

对应论方法曾是一种古典的理论,近代发展为相似理论,现代又发展为对应论方法学,其中与工程技术的设计和分析直接相关的是相似设计和模拟技术。而仿真则是模拟技术的高级阶段与数字计算。

3.1 相似理论

3.1.1 相似概念

相似是指表述一组物理现象的所有物理量在空间相对应的各点和在时间上各对应的瞬间,各自互成一定的比例关系,并且被约束在一定的数学关系之中。其中各物理量的相似主要有几何相似、时间相似、运动相似、动力相似、边界条件的相似和其他物理参数的相似等。

3.1.1.1 几何相似

相似系统中,任何对应点的坐标之比为常数,称为几何相似,即应满足:

$$\frac{X''}{X'}=\frac{Y''}{Y'}=\frac{Z''}{Z'}=C_L \tag{3-1}$$

也就是两现象中,任意相对应线性尺寸之比恒相等,任意两条对应直线间的夹角保持不变。

3.1.1.2 时间相似

时间相似是指两现象对应的时间间隔成比例。或者说,两系统的相应点或者对应部分沿着几何相似的路程运动达到另一个对应的位置时,所需的时间比例是一个常数。如图 3-1 所示,有:

$$\frac{\tau_l''}{\tau_l'}=C_\tau \tag{3-2}$$

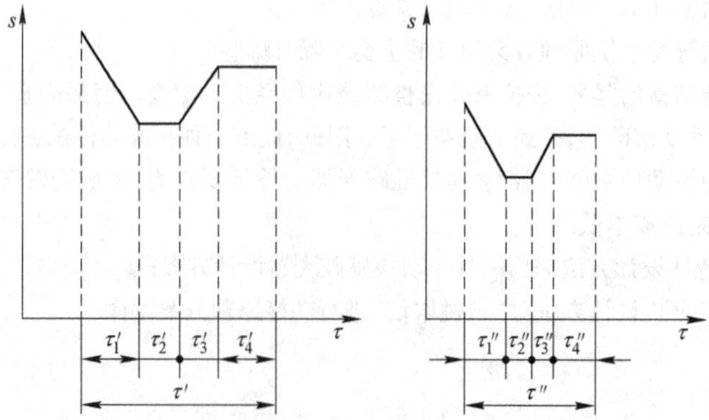

图 3-1 时间相似

3.1.1.3 运动相似

运动相似是指速度或加速度场的几何相似，即相似系统的各对应点在对应时刻上速度或加速度的方向一致，大小互成比例。如图3-2所示，有：

$$\frac{w_i''}{w_i'} = C_w \tag{3-3}$$

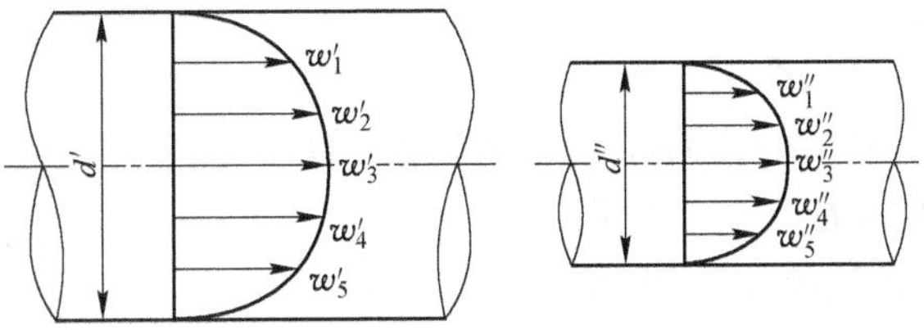

图3-2 速度相似

3.1.1.4 动力相似

动力相似是指力场的几何相似，即相似系统的各对应点处对应时刻的作用力（广义）的方向一致，大小互成比例，即有：

$$\frac{F_i''}{F_i'} = C_F \tag{3-4}$$

3.1.1.5 温度相似

温度相似是指温度场的几何相似，表现为相似系统各对应点处对应时刻的温度成比例，即有：

$$\frac{T_i''}{T_i'} = C_T \tag{3-5}$$

其他物理参数的相似定义表述形式相同。常数 C_L、C_τ、C_w、C_F、C_T等称为相似常数。根据一般的数学知识，可以得到相似常数的推论：

若 u_1''、u_2''和 u_1'、u_2'是同类相似的量，即：

$$\frac{u''}{u'} = \frac{u_1''}{u_1'} = \frac{u_2''}{u_2'} = C_u$$

则有

$$\frac{\Delta u''}{\Delta u'} = \frac{u_1'' - u_2''}{u_1' - u_2'} = \frac{C_u(u_1' - u_2')}{u_1' - u_2'} = C_u \tag{3-6}$$

$$\frac{u_1'' + u_2''}{u_1' + u_2'} = C_u \tag{3-7}$$

$$\lim_{\Delta u \to 0}\frac{\Delta u''}{\Delta u'} = \frac{du''}{du'} = C_u \tag{3-8}$$

式(3-1)～式(3-5)是相似现象的单值条件。现象的相似就是通过各种物理量的单值相似来表现的。由于表示现象特征的各种物理量并不是孤立的，而是处在为自然规律所决定的一定的关系之中，所以各个相似常数是相互关联的，不能随意选择。亦正因如此，对某种相似现象，可以用相应的几个基本参数的相似来描述。比如，对研究力学性质的现象，如果两系统在几何学、运动学和动力学上相似，则其他参量的相似，均可用上述三类相似来描述;它们不能自成范畴,而只能作为设计条件和要求。这些问题正是相似理论的研究内容之一。

3.1.2 相似定理

相似定理是用来判断两个现象相似的充分必要条件及其所应遵循的法则。相似定理的作用包括以下三个方面:

(1) 相似现象具有什么性质;

(2) 个别现象的研究结果如何推广到所有相似的现象中去;

(3) 满足什么条件才能实现现象相似。

弄清楚上述问题,才能解答下列问题:

(1) 模型试验应遵守什么条件;

(2) 模型试验需要测量哪些物理量;

(3) 如何整理实验结果,使之推广到原型等现象中去。

而实现这些目的的基础就是相似理论的三个基本定理,其中第一定理介绍相似现象的性质,也称为相似性质;第二定理用来确定相似准则的个数以及相似结果的推广,亦称为 π 定理;第三定理又称为模型化法则,也是相似现象的充要条件。

3.1.2.1 相似第一定理

相似第一定理又称相似性质,说明了相似现象所具有的一些性质。现举例说明如下:

设有两个彼此相似的现象,可用同一个方程式来表示。如受偏心拉力的等截面直杆,轴向拉力为 P,偏心距为 L,截面积和抗弯截面模数分别为 F 和 W,则此杆外侧面的应力为:

$$\sigma = \frac{PL}{W} + \frac{P}{F} \tag{3-9}$$

对于第一现象,有:

$$\sigma' = \frac{P'L'}{W'} + \frac{P'}{F'} \tag{3-10}$$

对于第二现象,有:

$$\sigma'' = \frac{P''L''}{W''} + \frac{P''}{F''} \tag{3-11}$$

若此两个现象各个物理量之间存在如下关系:

$$\sigma'' = C_\sigma \sigma' \qquad P'' = C_P P' \qquad L'' = C_L L' \qquad W'' = C_W W' \qquad F'' = C_F F' \tag{3-12}$$

式中,C_σ、C_P、C_L、C_W 和 C_F 分别为应力、拉力、偏心距、抗弯截面模数和截面积的相似常数。将式(3-12)代入式(3-11),得:

$$C_\sigma \sigma' = \frac{C_P C_L}{C_W} \frac{P'L'}{W'} + \frac{C_P}{C_F} \frac{P'}{F'} \tag{3-13}$$

若要使两个现象变换时不破坏原有方程,则必须有 $C_\sigma = \frac{C_P C_L}{C_W}$ 和 $C_\sigma = \frac{C_P}{C_F}$。现令:

$$C_1 = \frac{C_P C_L}{C_W C_\sigma} \qquad C_2 = \frac{C_P}{C_F C_\sigma} \tag{3-14}$$

若两个现象相似,必须使:

$$C_1 = \frac{C_P C_L}{C_W C_\sigma} = 1 \qquad C_2 = \frac{C_P}{C_F C_\sigma} = 1 \tag{3-15}$$

式(3-15)是判定现象相似的条件,称为相似指标。该式表明,相似现象中各相似常数具有一定的关系,使相似指标等于1。

将式(3-12)中各式代入式(3-15),可得:

$$\frac{P''L''}{W''\sigma''} = \frac{P'L'}{W'\sigma'} \qquad \frac{P''}{F''\sigma''} = \frac{P'}{F'\sigma'} \tag{3-16}$$

去掉上式中各量的上标,则可写成一般形式:

$$K_1 = \frac{PL}{W\sigma} = \text{idem} \qquad K_2 = \frac{P}{F\sigma} = \text{idem} \tag{3-17}$$

上式称为相似判据(或相似准则)。从式(3-16)可以看出,对所有相似的现象,相似判据是相同的,为一不变数。相似准则的特点是:(1)无量纲;(2)综合数群;(3)适合无数的相似现象。

这里应注意相似准则和相似常数的区别。这里所说相似准则是不变量,是指在所有互相相似现象的对应点和对应时刻上这一数群数值相等;当位置和时刻改变时,这一数群的数值一般是变化的。相似常数则是指一对物理现象有关的物理量比值在所有对应点和对应时刻上保持不变;而对第三个与它们相似的现象,这一比值一般是不同的。

相似第一定理可以归纳为:对于彼此相似的现象,其相似指标为1,相似判据为一个不变量。它有如下四个方面的内涵:

(1) 相似现象属同一现象,具有相同形式的方程组。

(2) 表征相似现象的一切量,在空间上对应的各点和时间上相应的瞬间,各自互成一定的比例。

(3) 相似现象的一切量各自互成比例,但由于由这些量组成的方程组是相同的,所以各相似常数不是任意的,而是彼此约束,具有一定的关系,即相似现象的相似指标等于1。

(4) 相似现象必定具有数值相同的相似准则或相似判据。

3.1.2.2 相似第二定理

相似第二定理主要是说明如何确定相似准则的个数的。相似第二定理可以描述为:某个现象的物理量总数为 n,量纲独立的物理量总数为 k,则该现象相似准则的个数为 $n-k$,且描述该现象各个物理量之间的关系可表示为相似准则 $\pi_1, \pi_2, \cdots, \pi_{n-k}$ 之间的关系,即

$$f(\pi_1, \pi_2, \cdots, \pi_{n-k}) = 0 \tag{3-18}$$

式(3-18)称为准则关系式,或 π 关系式。式中的各相似准则称为 π 项。

对于两个相似现象,由于在对应点对应时刻上相似准则 $\pi_1, \pi_2, \cdots, \pi_{n-k}$ 的值不变,即:

$$\begin{aligned} \pi'_1 &= \pi''_1 \\ \pi'_2 &= \pi''_2 \\ &\vdots \\ \pi'_{n-k} &= \pi''_{n-k} \end{aligned} \tag{3-19}$$

保证了式(3-18)的成立。

式(3-19)实际上反映了模型试验等的设计条件,其意义在于:如果把某现象的结果整理成式(3-18)所示的关系形式,则该式可以推广到和它相似的所有同类现象上去。而在推

广过程中,并不需要真正列出式(3-18),只要利用式(3-19)的关系式。

在 π 关系式(3-18)中,k 值是代表现象的基本物理量的数目,从意义上来讲,它实际上就代表了同一现象中基本量纲的数目。除基本物理量之外的所有有量纲的量,都可称为导出物理量。导出物理量在量纲构成上同基本物理量间呈幂函数关系。

现象的物理量除去多数是带有量纲的以外,有时还会出现一些不带量纲的量。对于这些不带量纲的物理量,在 π 关系式中要直接作为 π 项来处理。这是因为,这些物理量除了具有无量纲的特征以外,也往往具有明显的物理意义。比如摩擦系数,它可以理解为摩擦力和正压力之比,所以它符合无量纲综合数群的要求。再如角度这样的无量纲量,同样也可以找到这样的物理依据。

另外,在现象分析时,π 项有自变和因变(导出)之分,因变的 π 项可用自变 π 项表示

$$\pi = f(\pi_1, \pi_2, \cdots, \pi_{n-k}) \tag{3-20}$$

相似第二定理主要用来说明某一试验结果如何向相似现象中推广。相似第二定理又称为 π 定理。关于 π 定理的一般形式及应用将在后面讨论。

3.1.2.3 相似第三定理

相似第一和第二定理明确了相似现象的性质,它们是在假定现象相似的基础上导出的,但它们并没有给出现象相似的充要条件。相似第三定理则说明了现象满足什么样的条件才是相似的。该定理对于建立新的过程或新的设备,即把模型试验结果进行推广时是很重要的。所以又称为模型化法则。

相似第三定理指出,现象相似的充要条件是:

(1) 相似的现象都应由完全相同的方程组所描述;

(2) 相似现象的单值条件也应相似;

(3) 由单值条件的物理量所组成的相似准则在数值上应相等,即相似指标应等于 1。

综上所述,现象相似条件可表述为:凡同一完整的方程组所描述的同类现象,当单值条件相似,且由单值条件的物理量所组成的相似准则在数值上相等,则这些现象就相似。

这里的单值条件就是如前所述的将一个个别现象从同类现象中区分出来,亦即将现象的通解转变为特解的具体条件。单值条件包括几何条件(或空间条件)、介质条件(或物理条件)、边界条件和初始条件(或时间条件)。

相似第三定理直接利用代表具体现象的单值条件来定义现象的相似,显示了它科学上的严密性。但在一些复杂现象中,很难确定现象的单值条件,仅能凭借经验判断何为系统的主要参量;或者虽然知道单值量,又很难做到两现象由单值量组成的某些相似准则的数值上的完全一致。这就造成相似第三定理难以真正实行。

3.2 相似准则的导出

相似准则的导出方法主要有两种:方程分析法和量纲分析法。它们的着手处不同,做法不同,分析过程不同,所得相似准则的形式也可能不一样,但其实质是相同的,这说明各准则形式之间存在着一定的代数转换关系。下面就这两种方法分别予以介绍。

3.2.1 方程分析法

用方程分析法进行相似分析的前提是所讨论现象的数理方程为已知,而且任何正确的

物理方程都是量纲和谐的，即方程中的每一项的量纲都是相同的，这是通过方程分析能够导出相似准则的基础。用它来决定相似准则有两种方法，即相似转换法和积分类比法。

3.2.1.1　相似转换法

A　相似转换法的基本步骤

(1) 写出现象的数理方程；

(2) 写出全部的单值条件；

(3) 写出相似常数的表达式；

(4) 将相似常数带入方程组进行相似变换，求出相似指标方程式，再转换为相似准则；

(5) 将相似常数带入单值条件方程，经相似变换得相似指标方程，并转换为相似准则；

(6) 将所有求得的相似准则进行分解、组合，向常用的准则靠拢。

B　导数的相似转换

在微分方程的相似转换中，涉及到导数和偏导数的相似转换问题，即求导符号的相似转换。

设现象有两个同类参量 y_1 和 y_2，若两现象相似，有：

$$\frac{y_1'}{y_1''}=\frac{y_2'}{y_2''}=C_y$$

根据比例性质，

$$\frac{y_1'+y_2'}{y_1''+y_2''}=\frac{y_1'-y_2'}{y_1''-y_2''}=\frac{\Delta y'}{\Delta y''}=C_y \tag{3-21}$$

$$\lim_{\Delta y\to 0}\left(\frac{\Delta y'}{\Delta y''}\right)=\frac{\mathrm{d}y'}{\mathrm{d}y''}=C_y \tag{3-22}$$

$$\frac{\mathrm{d}y'}{\mathrm{d}y''}=\frac{y_1'}{y_1''}=\frac{y_2'}{y_2''}=C_y \tag{3-23}$$

现把问题扩大到两个相似的物理量 y 和 t，有：

$$\frac{\mathrm{d}y''}{\mathrm{d}y'}=\frac{y''}{y'}\qquad \frac{\mathrm{d}t''}{\mathrm{d}t'}=\frac{t''}{t'} \tag{3-24}$$

将两式相除，得：

$$\frac{\mathrm{d}y''}{\mathrm{d}y'}:\frac{\mathrm{d}t''}{\mathrm{d}t'}=\frac{y''}{y'}:\frac{t''}{t'} \tag{3-25}$$

即：

$$\frac{\mathrm{d}y''}{\mathrm{d}t''}:\frac{\mathrm{d}y'}{\mathrm{d}t'}=\frac{y''}{t''}:\frac{y'}{t'} \tag{3-26}$$

上式说明，对两相似物理现象，在各物理量作相似比较时，$\frac{\mathrm{d}y}{\mathrm{d}t}$和$\frac{y}{t}$的效果是一样的，即可以将相似准则中的微分符号直接去除。

对于二阶微分，同样可以推出：

$$\frac{\mathrm{d}^2y}{\mathrm{d}t^2}=\mathrm{d}\left(\frac{\mathrm{d}y}{\mathrm{d}t}\right)\Big/\mathrm{d}t\Rightarrow \mathrm{d}\left(\frac{y}{t}\right)\Big/\mathrm{d}t\Rightarrow \frac{y}{t}\Big/t=\frac{y}{t^2} \tag{3-27}$$

同样可证，在相似分析中 $F(x)\mathrm{d}x$ 和 $\int F(x)\mathrm{d}x$ 的效果是一致的。所以当方程中有积分存在时，可直接将其中的积分符号去掉用被积式来代替。

例 3–1 针对"弹簧－质量－阻尼"系统,试用模型研究位移 y 的变换规律。

解:

(1) 写出数理方程:根据机械振动的知识可知,质量 m 的位移的动力学微分方程为:

$$m\frac{\mathrm{d}^2y}{\mathrm{d}t^2}+\eta\frac{\mathrm{d}y}{\mathrm{d}t}+ky=0 \tag{3-28a}$$

$$m'\frac{\mathrm{d}^2y'}{\mathrm{d}t'^2}+\eta'\frac{\mathrm{d}y'}{\mathrm{d}t'}+k'y'=0 \tag{3-28b}$$

式中 m ——质量;

y ——质量位置坐标;

η ——系统阻尼系数;

k ——弹簧刚度系数。

(2) 写出单值条件,并令两现象相似,得单值参量相似常数为:

物理条件相似

$$c_m=\frac{m}{m'}\qquad c_\eta=\frac{\eta}{\eta'}\qquad c_k=\frac{k}{k'} \tag{3-29}$$

边界条件相似:

$$c_y=\frac{y}{y'}\qquad c_t=\frac{t}{t'} \tag{3-30}$$

初始条件($t=0,\dfrac{\mathrm{d}y}{\mathrm{d}t}=v_0,y=y_0$)相似:

$$c_{v_0}=\frac{v_0}{v_0'}\qquad c_{y_0}=\frac{y_0}{y_0'} \tag{3-31}$$

(3) 进行相似变换,将相似常数带入方程,得到:

$$\frac{c_mc_y}{c_t^2}m'\frac{\mathrm{d}^2y'}{\mathrm{d}t'^2}+\frac{c_\eta c_y}{c_t}\eta'\frac{\mathrm{d}y'}{\mathrm{d}t'}+c_kc_yk'y'=0 \tag{3-32}$$

为了保证微分方程的一致性,上述方程中的各项系数必须彼此相等,即:

$$\frac{c_mc_y}{c_t^2}=\frac{c_\eta c_y}{c_t}=c_kc_y \tag{3-33}$$

由此可得两个独立的相似指标方程:

$$\frac{c_kc_t^2}{c_m}=1\qquad \frac{c_\eta c_t}{c_m}=1 \tag{3-34}$$

(4) 将相似常数带入初始条件求相似指标:

当 $t=0,\dfrac{\mathrm{d}y}{\mathrm{d}t}=v_0,y=y_0$,对应有:

$$\frac{\mathrm{d}y'}{\mathrm{d}t'}=v_0'\qquad y'=y_0'$$

经过相似变换有:

$$\frac{c_y}{c_tc_{v_0}}=1\qquad \frac{c_y}{c_{y_0}}=1 \tag{3-35}$$

将两指标方程组合,可得与初始条件相关的指标方程:

$$\frac{c_t c_{v_0}}{c_{y_0}}=1 \tag{3-36}$$

将相似常数带入相似指标方程式，即可得到相似准则：

$$\frac{kt^2}{m}=\frac{k't'^2}{m'}=\text{idem} \quad \frac{\eta t}{m}=\frac{\eta' t'}{m'}=\text{idem} \quad \frac{v_0 t}{y_0}=\frac{v_0' t'}{y_0'}=\text{idem} \tag{3-37}$$

此处$\frac{kt^2}{m}$、$\frac{\eta t}{m}$、$\frac{v_0 t}{y_0}$为独立的相似准则。本例中还有一个独立的相似准则，显然是$\frac{y}{y_0}$，这样独立的4个相似准则就可构成一个 π 关系式：

$$\frac{y}{y_0}=f\left(\frac{kt^2}{m},\frac{\eta t}{m},\frac{v_0 t}{y_0}\right) \tag{3-38}$$

3.2.1.2 积分类比法

方程分析法中较另外一种常用的、比较简便的方法是积分类比法，其具体步骤为：

(1) 写出物理现象的基本方程(可为微分方程或积分方程的形式)；

(2) 用方程的任一项去除方程的其余各项；

(3) 将由(2)得到的各项中涉及的导数用相应的量的比值替代、积分用被积式来代替。如此得到的公式各项即是相似准则；相似现象中它们应保持不变。

(4) 以单值条件补充基本方程的不足，建立新的方程或等式，求出其余的补充相似准则。

例 3-2 如弹簧－质量系统的基本微分方程为：

$$m\frac{d^2y}{dt^2}+\eta\frac{dy}{dt}+ky=0$$

用第三项去除其余各项，有：

$$\frac{第一项}{第三项}=m\frac{d^2y}{dt^2}\Big/ky$$

$$\frac{第二项}{第三项}=\eta\frac{dy}{dt}\Big/ky$$

以$\frac{y}{t}$替换$\frac{dy}{dt}$，$\frac{y}{t^2}$替换$\frac{d^2y}{dt^2}$，去除各项中的微分符号。得到来自微分方程的相似准则：

$$m\frac{d^2y}{dt^2}\Big/ky\Rightarrow\frac{m}{kt^2}=\text{idem} \quad \eta\frac{dy}{dt}\Big/ky\Rightarrow\frac{\eta}{kt}=\text{idem} \tag{3-39}$$

本例中确定系统特解的单值条件为：

$$y\Big|_{t=0}=y_0 \qquad \frac{dy}{dt}\Big|_{t=0}=v_0 \tag{3-40}$$

据此，同样可得另外两个相似准则：

$$\frac{y}{y_0}=\text{idem} \qquad \frac{v_0 t}{y}=\text{idem} \tag{3-41}$$

深入研究可以发现，用此方法建立相似准则，和由相似第一定理推导相似准则在本质上是一致的。

对于较为复杂的物理现象，其微分方程(组)是通过某些物理量在三个坐标轴上的分量来描述的，如果方程和方程之间，或方程的项和项之间出现地位、性质一一对应的方程和项，则在作相似分析时,可仅保留其一,并且用总量替换其分量之后用积分类比法求解。

方程分析法在使用上是方便的,但其前提是有足够正确的方程和单值条件,这对许多问题是非常困难的。

3.2.2 量纲分析法

3.2.2.1 基本概念

当描述某一现象的方程(组)暂时无法写出时,可以采用量纲分析法或因次分析法来确定相似准则。

所谓量纲就是度量物理量的类型,同一类型的量具有相同的量纲。我们常用下列符号来表示各种不同的量纲,如长度的量纲为[L],力的量纲为[F],时间的量纲为[T],质量的量纲为[M]等等。

在实际现象中,物理量之间的关系是遵循一定的自然规律的。在数学上,可用方程式来表达,因此,各量纲之间亦有一定的关系。如选定一组彼此独立量纲作为基本单位,则其他量纲的单位可由基本单位导出。如选定质量、时间和长度的量纲为基本单位,则根据牛顿第二定律,力的量纲单位为[ML/T^2]。

由基本单位导出的单位称为导出单位,基本单位不是固定不变的,任何一组彼此独立的并可导出其他单位的单位均可作为基本单位。如对力学问题,在国际 SI 单位制中,把长度、质量、时间的量纲作为基本单位;而在工程单位制中,则把长度、力和时间的量纲作为基本单位。当研究对象为静力问题时,因与时间无关,故只有两个基本单位。但在热力学问题中,还需增加温度的量纲为基本单位。在工程技术中,常用特征值的量纲如表 3-1 所示。

表 3-1 常用特征值的量纲

物理量	符 号	量 纲	物理量	符 号	量 纲
力	F	[F]	转动惯量	I	[FLT^2]
长 度	L	[L]	弹性模量	E	[FL^{-2}]
时 间	t	[T]	正应力	σ	[FL^{-2}]
线速度	v	[LT^{-1}]	正应变	ε	
线加速度	a	[LT^{-2}]	剪应力	τ	[FL^{-2}]
角速度	ω	[T^{-1}]	剪应变	γ	
角加速度	β	[T^{-2}]	压 强	P	[FL^{-2}]
质 量	m	[$FL^{-1}T^2$]	功 率	W	[FLT^{-1}]
力 矩	M	[FL]	温 度	T	[K]

量纲表示了各物理量的类型,因此表示各物理量之间关系的方程式,其各项量纲必须是相同的,否则便会出现如长度和时间相加……等错误结论。这就是作为量纲分析理论基础的量纲齐次方程的数学理论。根据这一理论,一个能完善地、正确地反映物理过程的数学方程,必定是量纲齐次的。

3.2.2.2 量纲分析法的作用

量纲分析法是以量纲方程为核心,以方程的齐次性为依据而进行的,量纲方程的真正作用表现在物理方程尚未掌握时,对物理现象的分析上。

例 3-3 一个自由落体在时间 t 内落下的距离为 s，试写出其一般方程，并以其为例来说明量纲分析法的四个作用。

（1）作用 1：量纲方程能根据正确选择的参量建立起带未知系数的、供相似分析用的物理方程。

这里最重要的是确定因变量 s 的影响因素，选时间 t 和重力加速度 g 作为影响因素，即：$s=f(g,t)$，则物理方程的形式可写：

$$s = c_a g^{c_1} t^{c_2} \tag{3-42}$$

式中 c_a——无量纲待定常数。

将各个参量的量纲带入上式得到量纲方程：

$$[L] = [LT^{-2}]^{c_1}[T]^{c_2} \tag{3-43}$$

根据量纲齐次原则，上述方程两端应该具有相同的量纲，故：

$$\begin{aligned} &c_1 = 1 \quad 0 = c_2 - 2c_1 \\ &c_1 = 1 \quad c_2 = 2 \end{aligned} \tag{3-44}$$

则自由落体运动物理的方程为：

$$s = c_a g t^2 \tag{3-45}$$

（2）作用 2：可剔除被多余考虑的物理量。若同时考虑物体重量 w 与 s 有关，一般的方程改写为：

$$s = c_a g^{c_1} t^{c_2} w^{c_3} \tag{3-46}$$

将各个参量的量纲带入上式得到量纲方程：

$$[L] = [LT^{-2}]^{c_1}[T]^{c_2}[F]^{c_3} \tag{3-47}$$

根据量纲齐次原则，上述方程两端应该具有相同的量纲，故：

$$\begin{aligned} &c_1 = 1 \quad 0 = c_2 - 2c_1 \quad c_3 = 0 \\ &c_1 = 1 \quad c_2 = 2 \qquad\quad\ c_3 = 0 \end{aligned} \tag{3-48}$$

由于重量的指数为零，说明物体重量 w 与 s 无关，自动被剔除。

（3）作用 3：当正确的物理量被忽略时，能给以判断。

若认为 s 仅仅与时间 t 有关，而与重力加速度 g 无关，则物理方程为：

$s=c_a t^{c_1}$，相应的量纲方程为：$[L]=[T]^{c_1}$。因此，$c_1=0$

而这与假设明显不符，造成方程无法求解，这就是方程略去了正确参量 g 所引起的。

（4）作用 4：能减少方程未知数数目，简化实验工作量。

设自由落体所经历的距离 s 与初速度 v_0 有关，则物理方程变为：

$$s = c_a v_0^{c_1} t^{c_2} g^{c_3} \tag{3-49}$$

将各个参量的量纲带入上式得到量纲方程：

$$[L] = [LT^{-1}]^{c_1}[T]^{c_2}[LT^{-2}]^{c_3} \tag{3-50}$$

根据量纲齐次原则，上述方程两端应该具有相同的量纲，故：

$$c_1 + c_3 = 1 \quad 0 = c_2 - c_1 - 2c_3 \tag{3-51}$$

由于三个未知量，两个方程，无法求解出具体的系数 c_1、c_2、c_3，将其表示为：

$$c_1 = 1 - c_3 \quad c_2 = c_1 + c_3 \tag{3-52}$$

则自由落体的一般方程为：

$$s=c_a v_0^{1-c_3} t^{1+c_3} g^{c_3} \tag{3-53}$$

整理得：

$$s=c_a v_0 t\left(\frac{gt}{v_0}\right)^{c_3} \tag{3-54}$$

在这个方程中，由两个未知量 c_a、c_3 代替了原方程中的四个未知量 c_a、c_1、c_2、c_3。因此，为了确定两个待定系数 c_a、c_3，可由两次实验确定，根据试验得到：

$$c_3=1 \quad c_a=\frac{1}{2}+\frac{v_0}{gt} \tag{3-55}$$

因此，

$$s=v_0 t+\frac{1}{2}gt^2 \tag{3-56}$$

3.2.2.3 π 定理的应用

量纲分析中重要的理论为 π 定理。假如一现象中有 n 个物理量 $(x_1,x_2,\cdots,x_n)$，其关系方程可以表示为：

$$F(x_1,x_2,\cdots,x_n)=0 \tag{3-57}$$

此方程可用级数形式表示：

$$\sum N_i x_1^{a_{i1}} x_2^{a_{i2}} \cdots x_n^{a_{in}}=0 \tag{3-58}$$

式中，N_i 为无量纲系数。因为方程式必须是量纲的齐次方程，因此以其中任一项 $N_s x_1^{a_{s1}} x_2^{a_{s2}} \cdots x_n^{a_{sn}}$（$s$ 项）去除其余各项得无量纲方程式：

$$1+\sum \frac{N_i}{N_s} x_1^{(a_{i1}-a_{s1})} x_2^{(a_{i2}-a_{s2})} \cdots x_n^{(a_{in}-a_{sn})}=0 \tag{3-59}$$

令 $A_{ij}=a_{ij}-a_{sj}(j=1,2,\cdots,n)$，$T_i=\frac{N_i}{N_s}$，则上式可写成：

$$1+\sum T_i x_1^{A_{i1}} x_2^{A_{i2}} \cdots x_n^{A_{in}}=0 \tag{3-60}$$

如果上式中有 m 个互相独立的物理量可以作为基本单位，为方便起见设其为 $x_1,x_2,\cdots,x_m$，则 $x_{m+1},x_{m+2},\cdots,x_n$ 为导出单位，可由 $x_1,x_2,\cdots,x_m$ 导出。这样，我们可以建立起 $k=n-m$ 个无量纲数群（将导出单位用基本单位表示），称为 π 项：

$$\begin{aligned}
\pi_1&=\frac{x_{m+1}}{x_1^{B_{11}} x_2^{B_{12}} \cdots x_m^{B_{1m}}}\\
\pi_2&=\frac{x_{m+2}}{x_1^{B_{21}} x_2^{B_{22}} \cdots x_m^{B_{2m}}}\\
&\vdots\\
\pi_{n-m}&=\frac{x_n}{x_1^{B_{n-m,1}} x_2^{B_{n-m,2}} \cdots x_m^{B_{n-m,m}}}
\end{aligned} \tag{3-61}$$

以上各式分子和分母的量纲是相同的，因此均为无量纲项。代入式(3-59)，得：

$$\begin{aligned}
1+\sum T_i x_1^{A_{i1}} x_2^{A_{i2}} \cdots x_m^{A_{im}} (\pi_1)^{A_{i,m+1}} (x_1^{B_{11}} x_2^{B_{12}} \cdots x_m^{B_{1m}})^{A_{i,m+1}} \cdots\\
(\pi_{n-m})^{A_{in}} (x_1^{B_{n-m,1}} x_2^{B_{n-m,2}} \cdots x_m^{B_{n-m,m}})^{A_{in}}=0
\end{aligned} \tag{3-62}$$

由于 $x_1,x_2,\cdots,x_m$ 为基本单位，彼此无合并可能，上式又是无量纲方程，因此 $x_1,x_2,\cdots,x_m$ 各基本单位的指数总和应当为零，如：

$$x_1^{A_{i1}+B_{11}A_{i,m+1}+B_{21}A_{i,m+2}+\cdots+B_{n-m,1}A_{in}}=x_1^0=1 \tag{3-63}$$

所以式(3-61)可写成:

$$1+\sum T_i\pi_1^{A_{i,m+1}}\pi_2^{A_{i,m+2}}\cdots\pi_{n-m}^{A_{in}}=0 \tag{3-64}$$

或

$$F(\pi_1,\pi_2,\cdots,\pi_{n-m})=0 \tag{3-65}$$

π 定理可以具体表述如下:所有量纲齐次方程均可以化成无量纲综合数群之和的形式,无量纲数群 π 项的个数为 $n-m$,其中 n 为方程中不同物理量的数目,m 为彼此独立可作为基本单位的物理量的数目。

根据相似第二定理,无量纲方程的各项为相似判据,因此,各 π 项可作为相似判据。$n-m$ 个 π 项可建立 $n-m$ 个判据方程。

在使用此方法选择基本物理量时应注意:

(1) 基本物理量应有量纲,且在同组内量纲不得重复;

(2) 所选的一组基本物理量,量纲情况应尽可能简单;

(3) 不要把待测量列为基本物理量。

3.2.2.4 量纲分析法求相似准则的基本步骤

用量纲分析法求相似准则的基本步骤如下:

(1) 罗列现象的物理参数,写出现象的函数式 $\varphi(x,y,z,u,v,w)=0$,此函数式只是对所求函数关系的一种估计,常写成幂函数形式;

(2) 写成 π 关系项 $\pi=x^a y^b z^c u^d\cdots$;

(3) 列出 $x,y,z,u,v,w\cdots$ 各参数的基本量纲;

(4) 把各个物理量量纲代入 π 关系项,列出量纲等价式;

(5) 根据量纲齐次原则,列出物理量指数间的联立方程;

(6) 解得 $n-k$ 个独立的 π 项,即相似准则。

例 3-4 一物体的运动符合牛顿第二定理,试求其相似准则。

解:

(1) 运动物体的主要影响参量为 F、m、v、t,若选择正确,这参量间存在函数关系:

$$\varphi(F,m,v,t)=0 \tag{3-66}$$

(2) 写出 π 项表达式:

$$\pi=F^a t^b m^c v^d \tag{3-67}$$

(3) 写出各参数的基本量纲表达式:

$$[F]=[MLT^{-2}] \quad [t]=[T] \quad [m]=[M] \quad [v]=[LT^{-1}]$$

(4) 将各物理量代入 π 项式:

$$\begin{aligned}\pi&=[MLT^{-2}]^a[T]^b[M]^c[LT^{-1}]^d\\ \pi&=[M]^{a+c}[T]^{b-2a-d}[L]^{a+d}\end{aligned} \tag{3-68}$$

(5) 根据量纲齐次原则,列出联立方程。

因为准则项为无因次量,所以可表示为基本量纲的零次项,所以 $\pi=[M]^0[T]^0[L]^0$

故:

$$a+c=0 \quad a+d=0 \quad -2a+b-d=0 \tag{3-69}$$

上式有四个未知量,但仅有三个方程,设其中任意一个未知量为1,令 $a=1$,,则 $c=-1$、$d=-1$、$b=1$,所以:

$$\pi = \frac{Ft}{mv} \tag{3-70}$$

若令 $b=1$，或者 $c=1$，均可得一准则。此处参量为四个，基本量纲为三个，故 π 项总数为 $n-k=4-3=1$ 项，则 $\pi=\frac{Ft}{mv}$就为所求的 π 准则项。

例 3-5 对弹簧－质量系统，有七个物理量：$k, y_0, t, y, m, \eta, v_0$，有三个独立量纲[F]，[L]，[T]。现取 k, y_0, t 为基本物理量，可建立四个 π 项：

$$\begin{aligned}
\pi_1 &= \frac{y}{k^{B_{11}} y_0^{B_{12}} t^{B_{13}}} \to \frac{[\mathrm{L}]}{[\mathrm{FL}^{-1}]^{B_{11}}[\mathrm{L}]^{B_{12}}[\mathrm{T}]^{B_{13}}} = \frac{[\mathrm{L}]^{1+B_{11}-B_{12}}}{[\mathrm{F}]^{B_{11}}[\mathrm{T}]^{B_{13}}} \\
\pi_2 &= \frac{m}{k^{B_{21}} y_0^{B_{22}} t^{B_{23}}} \to \frac{[\mathrm{FL}^{-1}\mathrm{T}^2]}{[\mathrm{FL}^{-1}]^{B_{21}}[\mathrm{L}]^{B_{22}}[\mathrm{T}]^{B_{23}}} = \frac{[\mathrm{F}]^{1-B_{21}}[\mathrm{T}]^{2-B_{23}}}{[\mathrm{L}]^{1-B_{21}+B_{22}}} \\
\pi_3 &= \frac{\eta}{k^{B_{31}} y_0^{B_{32}} t^{B_{33}}} \to \frac{[\mathrm{FL}^{-1}\mathrm{T}]}{[\mathrm{FL}^{-1}]^{B_{31}}[\mathrm{L}]^{B_{32}}[\mathrm{T}]^{B_{33}}} = \frac{[\mathrm{F}]^{1-B_{31}}[\mathrm{T}]^{1-B_{33}}}{[\mathrm{L}]^{1-B_{31}+B_{32}}} \\
\pi_4 &= \frac{v_0}{k^{B_{41}} y_0^{B_{42}} t^{B_{43}}} \to \frac{[\mathrm{LT}^{-1}]}{[\mathrm{FL}^{-1}]^{B_{41}}[\mathrm{L}]^{B_{42}}[\mathrm{T}]^{B_{43}}} = \frac{[\mathrm{L}]^{1+B_{41}-B_{42}}}{[\mathrm{F}]^{B_{41}}[\mathrm{T}]^{B_{43}}}
\end{aligned} \tag{3-71}$$

各 π 项均应是无量纲项，因此有：

$$\begin{aligned}
&B_{11}=0, B_{12}=1, B_{13}=0 \\
&B_{21}=1, B_{22}=0, B_{23}=2 \\
&B_{31}=1, B_{32}=0, B_{33}=1 \\
&B_{41}=0, B_{42}=1, B_{43}=-1
\end{aligned}$$

所以有：

$$\pi_1=\frac{y}{y_0}, \pi_2=\frac{m}{kt^2}, \pi_3=\frac{\eta}{kt}, \pi_4=\frac{v_0 t}{y_0} \tag{3-72}$$

此即为由量纲分析法导出的相似判据。它们和式(3-39)、式(3-41)相比形式上是不同的，其原因可用相似准则的固有特性来解释。

可以证明若某一现象有相似准则 $\pi_1, \pi_2, \cdots, \pi_m$，则：

(1) 任一相似准则的指数幂 π_i^{α} 仍为相似准则；

(2) 相似准则指数积 $\pi_1^{\alpha1}\pi_2^{\alpha2}\cdots\pi_m^{\alpha m}$（或其局部）仍为相似准则；

(3) 相似准则间的和差 $\pi_1^{\alpha1} \pm \pi_2^{\alpha2} \pm \cdots \pm \pi_m^{\alpha m}$（或其局部）仍为相似准则；

(4) 相似准则与一常数的和差积商 $\pi_i \pm \alpha, \alpha\pi_i, \pi_i/\alpha$ 仍为相似准则；

(5) 相似准则中某一物理量用其差值代替仍为相似准则。如$\frac{p}{\rho\omega^2}, \frac{\Delta p}{\rho\omega^2}$为同一相似准则。

这就是说，任意两个或多个相似准则的代数转换，如加减乘除，提高或降低幂次，都不会改变判据函数性质。反过来，如果两关系式中经过转换的 π 项仍一一对应相等，则两现象相似。其理由很简单：

(1) 经过转换的 π 项仍是无量纲综合数群；

(2) 对于本来就相似的两个现象，因变 π 项仍同关系式中原各自变 π 项构成函数关系。

只是要注意，当各 π 项进行代数转换时，任一 π 项幂次的变化都不得使其降低(或升高）至零；同时，π 项总数均不得因此种代数转换增加或减少。

由此看来，上面两种方法得到的相似判据形式上的差异，只是各 π 项代数转换的结果。从某种意义上来说，这有利于根据具体问题，通过基本物理量的选择，将 π 项发展成各种形式，使其具有明显的物理意义。通常，相似准则转换应服从以下原则：

（1）相似准则应具有明显的物理意义，并使其物理意义与所研究的现象密切相关，例如雷诺准则 $Re = \frac{\rho\omega l}{\eta}$；

（2）通过代数转换，去掉相似准则中无法测量或难以测量的量；

（3）将 π 关系式变换成形式最简单的一组；

（4）应将待测物理量仅仅出现在因变 π 项内；

（5）应使相对次要的独立变量仅仅出现在一个独立的 π 项内。

量纲分析方法的具体使用是简便的，特别是对方程未知的现象。但它也有其自身的不足：

（1）量纲分析法的重要一环是正确地选择系统的参数，这就要求选取反映现象本质的重要物理量。但实际上可能选入一些次要的，或者对现象来说关系不大的物理量；

（2）很难区别量纲相同、但却具有不同物理意义的物理量（如压力、应力和弹性模量等），从而无法显示现象的内部结构或辨别主次；

（3）很难控制量纲为零的物理量（如摩擦系数等），尽管它们具有自身的物理意义；

（4）很难发现在关系方程中常常遇到的带有量纲的物理常数；

（5）无法确定所求得的相似准则中哪个是决定性的，哪个是从属的。

对于量纲分析法存在的这些缺点，在实际使用时应予以注意，妥善处理；但由于量纲分析法具有许多优点，它在各个工程领域中得到广泛应用。

3.3 模型试验

模型试验是相似理论在工程技术中的主要应用领域之一。许多工程问题，由于其复杂性，致使难于列出微分方程，即使能够列出，也可能无法解出。因而，单纯依靠数学方法还不能完全解决问题，而直接对实物进行试验研究由于诸多条件限制，又很困难。因此在模型上进行模化研究，仍是目前工程技术领域中广泛采用的一种试验研究方法。

就一般意义上讲，模化是实物（原型）的形态、工作规律或信息传递规律在特定条件下的一种相似再现。模型试验则是指不直接研究自然现象或过程本身，而是用和这些现象或过程相似的模型来进行研究的一种方法。它是用方程分析或量纲分析方法导出相似准则，在根据相似原理建立起来的模型上，通过试验求出相似准则之间的函数关系，再把此函数关系推广到设备实物上去，从而得到设备上的需求规律的一种试验方法。

一般的模型试验大致包含模型设计、模型试验、结果分析处理和推广等环节。模型设计和试验之前，应先导出相似准则，并确定已定准则和待定准则，在其指导下工作。

3.3.1 模型设计

3.3.1.1 模型的分类

模型可以分为定量研究用模型和定性研究用模型两大类。

A 定量研究用模型

定量研究用模型有物理模型和数学模型两种：

(1) 物理模型——保持工作规律相似的模型。此时模型和原型的区别只是几何尺寸的大小不同,二者中现象的物理本质不变。这种模型试验称为物理模拟试验。

(2) 数学模型——保持信息传递规律相似的模型。此时模型和原型的几何形状不必要相似,进行的现象的过程本质也不相同,但描述过程的微分方程是相同的。即用同一类方程描述另一种现象来模拟原型。这种试验称为数学模拟试验。例如用模拟机进行的机械振动等模拟试验。

B 定性分析用简易模型

对于实际中只需抓住某些主要物理量的试验,可以采用简易模型进行局部模拟或近似模拟。这时没有必要使模型和原型完全相似,可对之进行某些简化,只要这些改变不致影响问题关注的参数,或影响程度是可以接受的。

3.3.1.2 模型设计

模型设计就是按各物理量的相似倍数进行模型的结构和物理参数条件计算。这一过程中应注意的问题有：

(1) 几何相应倍数 C_L的选取 C_L一般不能选得过大或过小。C_L过大则模型加工和试验精度要求过高,试验结果误差较大。C_L过小则试验成本增高。

(2) 其他物理条件的选取 模型的已知各物理参量(边界条件、材料特性等)除保持和原型的单值条件相似外,各相关物理参数间还应满足已定相似准则,以保证模型和原型的相似。

(3) 模型材料的选取：

1) 模型材料一般应在弹性范围内工作,并使 E 较小,这样应力水平较高,易于测量;

2) 所选材料加工成型性能良好,便于制作;

3) 性能稳定,价格低廉。

3.3.2 模型试验和推广

3.3.2.1 模型试验

根据相似理论,由原型工作要求计算出模型的转速、载荷、工作温度等工作条件。模型的工作条件常用各种方法模拟,有时需作适当简化。试验时,测定模型在相应工作条件下,与相似准则有关的应力、应变等物理参数。

3.3.2.2 结果的整理和推广

根据相似准则,由试验结果可以求得原型上的待定参数。这些结果可以推广到和模型相似的各个原型上去。为便于推广,可以将试验结果整理成便于应用的相似准则间的关系式——准则方程

$$f(\pi_1, \pi_2, \cdots, \pi_m) = 0 \text{ 或 } \pi = A\pi_1^{\alpha 1}\pi_2^{\alpha 2}\cdots\pi_m^{\alpha m} \tag{3-73}$$

对于所有相似现象,相似准则(各 π 项)都保持为相同值,所以它们的准则方程式(3-73)也应是相同的。比如,上式可推广到相似系统的各个现象上去,当然其前提条件是式(3-73)中已定准则在数值上各自相等。

3.3.3 弹性结构的相似模型试验

3.3.3.1 弹性结构的相似准则

对于一个各向同性弹性结构的静力问题，微小变形时，可建立15个基本方程和3个边界条件；对于动力问题还有6个初始条件。进行模型试验时，可先由它们建立准则方程。现设：

几何相似系数：$C_L=\dfrac{L_p}{L_m}$（下标 p 和 m 分别表示原型和模型参数）；

应力相似系数：$C_\sigma=\dfrac{\sigma_p}{\sigma_m}=\dfrac{\tau_p}{\tau_m}$；应变相似系数：$C_\varepsilon=\dfrac{\varepsilon_p}{\varepsilon_m}=\dfrac{\gamma_p}{\gamma_m}$；

位移相似系数：$C_\Delta=\dfrac{u_p}{u_m}=\dfrac{v_p}{v_m}=\dfrac{w_p}{w_m}$； 泊松比相似系数：$C_\mu=\dfrac{\mu_p}{\mu_m}$；

弹性模量相似系数：$C_E=\dfrac{E_p}{E_m}$； 分布体力相似系数：$C_f=\dfrac{f_p}{f_m}$；

分布面力相似系数：$C_q=\dfrac{q_p}{q_m}$。

A 由平衡方程求相似准则

根据$\dfrac{\partial\sigma_x}{\partial x}+\dfrac{\partial\tau_{yx}}{\partial y}+\dfrac{\partial\tau_{zx}}{\partial z}+f_x=0$等三个平衡方程，得相似指标和相似准则：

$$C_1=\frac{C_\sigma}{C_LC_f}=1,K_1=\frac{\sigma}{Lf}=\text{idem} \tag{3-74}$$

如果不计体积力，由平衡方程无法得到相似准则。

B 由几何方程求相似准则

几何方程为 $\varepsilon_x=\dfrac{\partial u}{\partial x}$等六个方程，可得一个相似指标和一个相似准则：

$$C_2=\frac{C_\varepsilon C_L}{C_\Delta}=1,K_2=\frac{\varepsilon L}{\Delta}=\text{idem} \tag{3-75}$$

C 由物理方程（广义胡克定律）求相似准则

物理方程 $\varepsilon_x=\dfrac{1}{E}[\sigma_x-\mu(\sigma_y+\sigma_z)]$等也是六个，可得两个相似指标和两个相似准则：

$$C_3=\frac{C_EC_\varepsilon}{C_\sigma}=1,C_4=\frac{C_EC_\varepsilon}{C_\mu C_\sigma}=1$$

$$K_3=\frac{E\varepsilon}{\sigma}=\text{idem},K_4=\frac{E\varepsilon}{\mu\sigma}=\text{idem} \tag{3-76}$$

D 由边界条件求相似准则

边界条件有应力边界条件和位移边界条件，由它们可以得到不同的相似准则。应力边界条件为 $q_x=\sigma_xl+\tau_{yx}m+\tau_{zx}n$ 等三式，由它们得相似准则为：

$$C_5=\frac{C_q}{C_\sigma}=1,K_5=\frac{q}{\sigma}=\text{idem} \tag{3-77}$$

无面力（面力为零）时，由应力边界条件无法获得相似准则。

位移边界条件为 $u=u^*$ 等三式，由它们所得相似准则为：

$$C_6=\frac{C_\Delta}{C_{\Delta^*}}=1, K_6=\frac{\Delta}{\Delta^*}=\text{idem} \tag{3-78}$$

同样，当给定位移为零时，由位移边界条件也无法获得相似准则。

3.3.3.2 模型设计和试验结果推广

A 模型设计

简单检验可以看出，上面得到的六个相似准则是相互独立的，对于相似的弹性结构，各物理量应同时满足上面求出的六个相似准则。在相似模型试验时，原型待求物理量为应力、应变和位移等三组，需用三个相似准则由模型参数换算。多出的三个相似准则就应在模型设计时满足。

(1) 同时满足准则三和准则四，必须使 $C_\mu=1$，即模型和原型的泊桑比相同，否则会带来误差。但误差大小在不同问题中有所不同，理论上很难做出一般性的解答。一般情况是，一维和一般二维问题与泊桑比无关，二维多连通体问题及三维问题中，应力大小和应力分布均与泊桑比有关，这时应注意模型和原型的材料泊桑比一致性，特别是材料不同时。

(2) 为保证模型和原型的完全相似，模型的各部物理参数间也应满足一定的比例关系。如当面力（应力边界条件）和体积力同时存在时，因要同时满足准则一和准则五，应有：

$$C_q=C_fC_L \tag{3-79}$$

当给定不为零位移边界条件和体积力同时存在时，则应有：

$$C_{\Delta^*}=\frac{C_fC_L^2}{C_E} \tag{3-80}$$

当面力和当给定不为零位移边界条件同时存在时，应有：

$$C_{\Delta^*}=\frac{C_qC_L}{C_E} \tag{3-81}$$

当体力、面力和当给定不为零位移条件同时存在时，则上面三式（有两式独立）应同时满足。

B 试验结果的推广

将式(3-74)～式(3-78)整理后，可得弹性结构在相似的条件下模型和原型各物理量的转换关系。利用它们可将试验结果向相似结构上推广。如以面力表示：

$$\sigma_p=\frac{q_p}{q_m}\sigma_m;\varepsilon_p=\frac{E_m}{E_p}\frac{q_p}{q_m}\varepsilon_m;\Delta_p=\frac{E_m}{E_p}\frac{q_p}{q_m}\frac{L_p}{L_m}\Delta_m \tag{3-82}$$

以体力表示：

$$\sigma_p=\frac{f_p}{f_m}\frac{L_p}{L_m}\sigma_m;\varepsilon_p=\frac{E_m}{E_p}\frac{f_p}{f_m}\frac{L_p}{L_m}\varepsilon_m;\Delta_p=\frac{E_m}{E_p}\frac{f_p}{f_m}\left(\frac{L_p}{L_m}\right)^2\Delta_m \tag{3-83}$$

以边界已知位移表示，有：

$$\sigma_p=\frac{E_p}{E_m}\frac{\Delta_p^*}{\Delta_m^*}\frac{L_m}{L_p}\sigma_m;\varepsilon_p=\frac{\Delta_p^*}{\Delta_m^*}\frac{L_m}{L_p}\varepsilon_m;\Delta_p=\frac{\Delta_p^*}{\Delta_m^*}\Delta_m \tag{3-84}$$

为方便起见，现将几种常用载荷作用下的模型和原型的应力、应变和位移的换算公式列于表 3-2（表中公式仅适用于线性结构）。

表 3-2 各种载荷作用下的线弹性结构模型试验中的参数换算公式

载荷类型	应力换算	应变换算	位移换算
集中载荷 P	$\sigma_p=\left(\frac{P_p}{P_m}\right)\left(\frac{L_m}{L_p}\right)^2\sigma_m$	$\varepsilon_p=\left(\frac{P_p}{P_m}\right)\left(\frac{L_m}{L_p}\right)^2\left(\frac{E_m}{E_p}\right)\varepsilon_m$	$\Delta_p=\left(\frac{P_p}{P_m}\right)\left(\frac{L_m}{L_p}\right)\left(\frac{E_m}{E_p}\right)\Delta_m$
弯矩 M	$\sigma_p=\left(\frac{M_p}{M_m}\right)\left(\frac{L_m}{L_p}\right)^3\sigma_m$	$\varepsilon_p=\left(\frac{M_p}{M_m}\right)\left(\frac{L_m}{L_p}\right)^3\left(\frac{E_m}{E_p}\right)\varepsilon_m$	$\Delta_p=\left(\frac{M_p}{M_m}\right)\left(\frac{L_m}{L_p}\right)^2\left(\frac{E_m}{E_p}\right)\Delta_m$
单位长度上的均布载荷 q'	$\sigma_p=\left(\frac{q'_p}{q'_m}\right)\left(\frac{L_m}{L_p}\right)\sigma_m$	$\varepsilon_p=\left(\frac{q'_p}{q'_m}\right)\left(\frac{L_m}{L_p}\right)\left(\frac{E_m}{E_p}\right)\varepsilon_m$	$\Delta_p=\left(\frac{q'_p}{q'_m}\right)\left(\frac{E_m}{E_p}\right)\Delta_m$
单位面积上的均布载荷 q	$\sigma_p=\left(\frac{q_p}{q_m}\right)\sigma_m$	$\varepsilon_p=\left(\frac{q_p}{q_m}\right)\left(\frac{E_m}{E_p}\right)\varepsilon_m$	$\Delta_p=\left(\frac{q_p}{q_m}\right)\left(\frac{L_p}{L_m}\right)\left(\frac{E_m}{E_p}\right)\Delta_m$
单位体积载荷 γ（自重）	$\sigma_p=\left(\frac{\gamma_p}{\gamma_m}\right)\left(\frac{L_p}{L_m}\right)\sigma_m$	$\varepsilon_p=\left(\frac{\gamma_p}{\gamma_m}\right)\left(\frac{L_p}{L_m}\right)\left(\frac{E_m}{E_p}\right)\varepsilon_m$	$\Delta_p=\left(\frac{\gamma_p}{\gamma_m}\right)\left(\frac{L_p}{L_m}\right)^2\left(\frac{E_m}{E_p}\right)\Delta_m$
离心力（密度 ρ，转速 n）	$\sigma_p=\left(\frac{\rho_p}{\rho_m}\right)\left(\frac{n_p}{n_m}\right)^2\left(\frac{L_p}{L_m}\right)^2\sigma_m$	$\varepsilon_p=\left(\frac{\rho_p}{\rho_m}\right)\left(\frac{n_p}{n_m}\right)^2\left(\frac{L_p}{L_m}\right)^2\left(\frac{E_m}{E_p}\right)\varepsilon_m$	$\Delta_p=\left(\frac{\rho_p}{\rho_m}\right)\left(\frac{n_p}{n_m}\right)^2\left(\frac{L_p}{L_m}\right)^2\left(\frac{E_m}{E_p}\right)\Delta_m$

上面的换算公式是在假设模型和原型几何完全相似的条件下求得的。但对一些结构，如薄壁结构，如果各方向均按同一比例缩小尺寸，其壁厚尺寸将趋近于零，模型难以加工出来。对于这类问题，可以不要求几何完全相似，而是根据构件的受力状态进行变态处理，这样的模型称为畸变模型。畸变模型的出发点就是仅要求模型和原型的相关力学参数相似，如对拉压问题，要求截面积相似，对弯曲问题要求各部分惯性矩相似等等。具体可参见有关文献。应注意的是，畸变模型仅适用于二维问题。

例 3-6 如图 3-3 为两根几何相似的梁，在梁的中间作用一个静力集中载荷 P，设梁在弹性范围内工作，且忽略失效、重力等其他影响因素，也不考虑残余应力和温度应力的影响，求模型的相似条件。

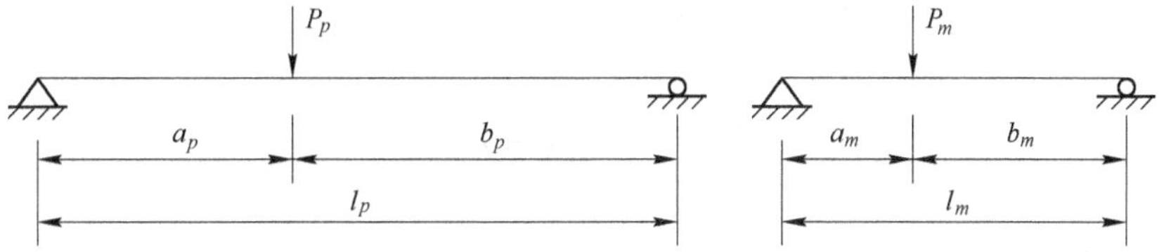

图 3-3 简支梁受力图

解：由材料力学可知：梁在集中力作用处的应力、截面弯矩以及挠度分别由下列公式确定：

$$M=\frac{Pab}{l}\quad \sigma=\frac{Pab}{lW}\quad f=\frac{Pa^2b^2}{3EIl}$$

式中 M——弯矩；

σ——应力；

f——挠度；

E——弹性模量；

W——抗弯截面模量；

I——惯性矩。

由于两根梁几何相似，所以：

$$\frac{l_p}{l_m}=\frac{a_p}{a_m}=\frac{b_p}{b_m}=c_l \quad \frac{w_p}{w_m}=c_l^3 \quad \frac{I_p}{I_m}=c_l^4$$

由于此问题的方程已知，可采用方程分析法来求相似条件，根据上述三个方程，可以写出三个相似指标：

$$c_M=\frac{c_p c_l c_l}{c_l} \qquad \frac{c_p c_l}{c_M}=1$$

$$c_\sigma=\frac{c_p c_l c_l}{c_l c_l^3} \qquad \frac{c_p}{c_\sigma c_l^2}=1$$

$$c_f=\frac{c_p c_l^2 c_l^2}{c_E c_l^4 c_l} \qquad \frac{c_p}{c_f c_E c_l}=1$$

以上三个方程包含了 c_p、c_l、c_M、c_σ、c_E、c_f这六个相似常数，而现在只有三个方程，这意味着有三个相似常数可以任意选择。已确定了几何相似常数，其余两个相似常数的选择需要根据试验的目的、试验的条件来确定。

（1）若要使模型上各点反映的挠度、应力与原型一致，即 $c_\sigma=1, c_f=1$，则有：

$$c_p=c_l^2 \quad c_M=c_l^3 \quad c_E=c_l$$

即模型上需要施加的力 $p_m=\frac{p_p}{c_l^2}$、模型材料的弹性模量也要缩小为 $E_m=\frac{E_p}{c_l}$，而对于内力之一的弯矩，则要求 $c_M=c_l^3$，只要上述两个条件满足，该式也就自然成立。

（2）若模型材料与原型一致，而又要求模型的应力也一致，即保持 $c_E=1, c_\sigma=1$，则有：

$$c_p=c_l^2 \quad c_M=c_l^3 \quad c_f=c_l$$

这时所测的挠度由原型的挠度减少为$f_m=\frac{f_p}{c_l}$，这就要求测量挠度的仪器有足够的精度，同时也要求模型的几何相似常数不宜过大（以免挠度过小测不准确）。

3.4 相似性设计

3.4.1 系列设计的概念

相似理论在产品系列化设计中的应用又称为相似性设计。

同一种产品为了满足不同场合和不同使用者的要求，其规格往往不同。同一产品不同的规格，表现在尺寸参数不同等各个方面，但这些变化不是随心所欲的，而是要遵循一定的规律。一般把具有相同功能、相同结构方案、相同或相似加工工艺，但各产品相应的尺寸参数及性能指标具有一定的级差（公比）（按一定的规律变化）而形成的一系列不同规格的产品称为系列化产品。

目前，系列化产品在工业、农业、交通运输和家庭生活等各个领域中得到广泛应用，产品的系列化设计也成为广泛应用的设计方法之一。系列化设计主要有如下好处：

（1）系列产品的不同规格仅仅是基于一种规格变化而形成的，这就大大节省了产品的开发周期和成本,提高了产品的性能可靠性。

(2) 系列产品在满足用户需求的前提下,遵循适当的参数变化规律可以提高不同规格产品的生产批量,从而使产品质量稳定、成本下降,这对生产企业和用户都是有利的。

(3) 对生产和销售企业来说,系列产品便于库存管理;对用户而言,系列产品的使用规定和方法相同,方便了使用。

产品系列设计时,首先是选定某一中档的产品为基型,对它进行最佳方案的设计,确定其材料、参数和尺寸,然后再按系列设计原理,即通过相似理论求出系列中其他产品的参数和尺寸。前者称为基型产品,后者称为扩展型产品。

3.4.2　系列产品的构成

系列化产品设计的首要工作是研究系列产品的构成规律,其主要内容是确定产品系列中每个规格的尺寸,即尺寸分级和相似比,又称级间比。然后还要研究产品的加工设备、刀具的分级管理、系列产品的库存管理等问题,这些本书不予涉及。

3.4.2.1　级间比的确定

系列产品的参数递增方式常用的有两种,一种按自然数排列,其数值递增规律称为算术系列。另一种是按几何级数排列,称为几何级数系列,又称几何系列。

对算术系列,各级参数的增长的百分比和级间比如表3-3所示。结果表明,各级的级间比是不同的,随级数的增加在减小。

表3-3　算术系列参数增长的百分比和级间比

算术级	1	2	3	4	5	6	7	8	9	10
各级参数增长/%		100	50	33	25	20	16	14	12.5	11
级间比		2.00	1.50	1.33	1.25	1.20	1.16	1.14	1.125	1.11

对于几何级数系列,设第一级数值为 a_0,则其各项应分别为:

$$a_0, a_1 = a_0\varphi, a_2 = a_0\varphi^2, \cdots, a_n = a_0\varphi^n$$

该系列的特点是:

(1) 级间比 φ 为一常数;

(2) 系列的分级数为 n;

(3) 该系列共有 $n+1$ 项。

如果把级间比的 n 次方定为10,则级间比为:

$$\frac{a_n}{a_0} = \varphi^n = 10, \varphi = \sqrt[n]{10} \tag{3-85}$$

级间比由式(3-85)确定的系列称为十进制几何级数系列。经验表明十进制几何分级是比较实用的。

现将按算术分级和按几何分级得到的两种直径系列的球示于图3-4。从中可以看出,按算术分级给出的球体直径系列分布很不均匀,有的区域出现了空白,而有的区域分级密集,这对于产品的设计当然是不利的。而几何分级分布均匀。

如果把十进制几何系列的第一项定为1,当 n 取不同值时,系列相应参数见表3-4,这里,分级数取较小值时称为粗分级,如 $n=5$。分级数取较大值时,如 $n=20$,称为细分级。当分级数成倍变化时，细分级包含粗分级。分级数的选择应根据具体问题的实际需要。如人民币的面值1，2，5，10，是分级数为3时十进制几何级数系列的数值近似，分级很粗。它是在考虑了货币的具体要求：面额种类少，便于流通、换算和兑换等各种问题后确定的。

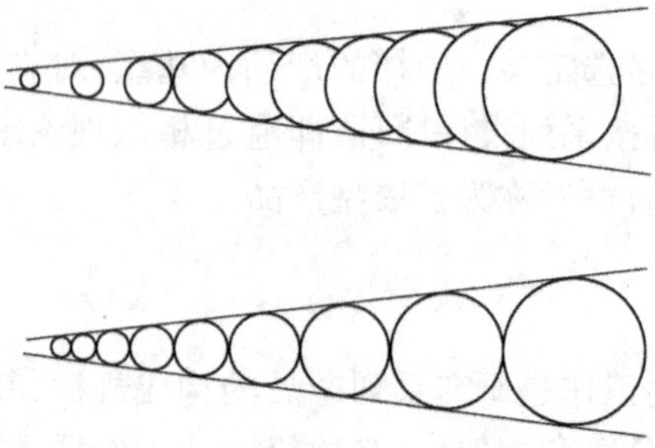

图3-4 算术系列（上）和几何系列（下）的球体直径系列

表3-4 不同分级数的几何级数系列参数

分级数 n	级间比	项 数	各 项 数 值
5	1.6	6	1，1.6，2.5，4，6.3，10
10	1.25	11	1，1.25，1.6，2，2.5，3.15，4，5，6.3，8，10
20	1.12	21	1，1.12，1.25，1.4，1.6，1.8，2，2.24，…，10

3.4.2.2 标准数

如前所述，十进制几何相似系列在设计以及其他方面均得到广泛应用。为便于在工程中的应用，将常用到的 n 为5、10、20和40时的 φ 值进行圆整，并将 a_0 为1时各系列的各项计算出来，对计算结果也进行圆整，但将误差控制在 ±1% 之内。这些被圆整后的数称为标准数（标准数用NZ表示）。相应的标准数系列则称为R5、R10、R20和R40基本系列。

在工程技术中运用标准数有诸多优点：

（1）零件的尺寸，特别是联接尺寸和配套尺寸，容易实现标准化和国际化。这就大大方便了国际间的技术交流和设备的使用管理。在设备制造等方面，可使加工设备、刀具、量具的种类减少，加工精度提高。另外也便于原材料的生产组织，方便选用。

（2）应用标准数有利于粗分级和细分级系列产品的相互转化。粗分级系列中的标准数包含于细分级系列标准数中。当产品系列分级确定之后，产品中零件仍可以根据情况进行分级调整，使其种类减少，增大批量，降低成本。

（3）采用标准数系列有利于在对数坐标上画出标准数曲线，进而方便了系列产品的参数推导。在几何相似的系列产品中，如果基型产品的长度、面积和体积分别为 L_0、A_0 和 V_0，那么扩展型产品的长度、面积和体积应为：

$$L_i = \varphi_L^i L_0, A_i = \varphi_L^{2i} A_0, V_i = \varphi_L^{3i} V_0 \tag{3-86}$$

式中，i 为级间数，φ_L 为长度尺寸级间比。对上述各式取对数，有：

$$\begin{aligned} \lg L_i &= \lg L_0 + i\lg\varphi_L \\ \lg A_i &= \lg A_0 + 2i\lg\varphi_L \\ \lg V_i &= \lg V_0 + 3i\lg\varphi_L \end{aligned} \tag{3-87}$$

显然上面的关系在对数坐标系上为三条直线，它们的斜率分别为1、2、3。利用对数坐标系可以方便地进行系列新产品参数的推导。

3.4.3 几何相似系列产品设计

系列产品可分为完全相似和半相似两种。完全相似的系列产品在空间三个方向的尺寸都按相同的长度级间比变化。其设计过程如下：

（1）根据市场需求确定系列的尺寸范围和系列的分级数 n。细分级能使系列产品的技术特性容易满足用户的不同要求，具有较大的市场覆盖面。而粗分级可使系列中的每种规格有较大的批量，实现较为经济的加工，降低成本。在设计之前，应经充分考虑，确定下来。

产品的分级可以在整个尺寸范围内有相同的级间比，也可以各段不同。就每种规格而言，其全部技术参数也不一定采用同一种级间比。通常是将全部参数分为主要量和次要量，主要量应细分级，而次要量则粗分级，这就意味着与之相关的零部件也要进行相应的粗细分级。至于主要量和次要量的区别，则要根据具体情况与产品的功能相结合来确定，如对起重运输设备，其起重量就应作为主要量，而对能量转换设备（泵、电机等），其设备功率则应为主要量。

（2）按产品功能要求，设计基型产品。基型产品的尺寸和功能参数应居整个系列的中间位置。

（3）根据相似关系，进行相似设计，求得系列中扩展型产品每种规格的技术参数和几何尺寸。完全几何级数相似设计的系列产品的各种参数的级间比和长度级间比具有一定的关系，如面积 $A \propto L^2$，$\varphi_A = \varphi_L^2$，体积 $V \propto L^3$，$\varphi_V = \varphi_L^3$，质量 $M \propto L^3$，$\varphi_M = \varphi_L^3$等等。

（4）在计算出扩展型产品技术参数和几何尺寸的同时，要考虑到技术和工艺方面的种种限制，如铸件的壁厚、钻孔的直径和深度等，对某些尺寸进行适当调整，这样，这些尺寸就可能偏离标准系列和几何相似。

另外，因尺寸的公差单位 $i = 0.45D^{1/3} + 0.001D$，尺寸配合公差级间比应为 $\varphi_i = \varphi_L^{1/3}$，但过小的公差会给制造带来困难，所以要从生产工艺、结构尺寸和配合功能综合考虑。

例3-7 图3-5所示为一继电器簧片的结构，请对其进行几何相似系列设计。要求长度 $l = 5 \sim 160\,\text{mm}$，共16种型号。

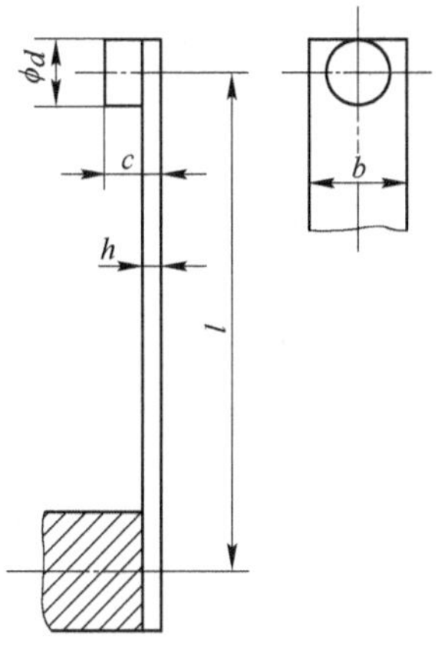

图3-5 继电器片簧结构

解：（1）计算系列尺寸的级间比：

$$\varphi_L = \sqrt[(16-1)]{\frac{160}{5}} = 1.26（圆整为标准数1.25）$$

（2）取基型的 $l = 31.5\,\text{mm}$，优选出相应的结构参数和技术参数见表3-5。

（3）根据相似关系，计算出各参数的级间比。如尺寸参数：$\varphi_h = \varphi_c = \varphi_d = \varphi_b = \varphi_l = 1.25$；

质量：$m = pc\dfrac{\pi}{4}d^2$，级间比 $\varphi_m = \varphi_c \varphi_d^2 = 2$；

弯曲刚度：$k = \dfrac{Ebh^3}{4l^3}$，级间比 $\varphi_k = \varphi_E \varphi_b \varphi_h^3 / \varphi_L^3 = 1.25$（材料相同，$\varphi_E = 1$）；

频率：$\omega=\frac{1}{2\pi}\sqrt{\frac{k}{m}}$，级间比：$\varphi_\omega=\sqrt{\frac{\varphi_k}{\varphi_m}}=0.8$。

（4）由基型产品参数和各参数级间比计算出扩展型产品的参数，见表3-5。

表3-5 片簧基型参数和各参数级间比

参 数	l/mm	h/mm	c/mm	d/mm	b/mm	m/g	k/N·mm^{-1}	ω/s^{-1}
基型数值	31.5	0.2	1.6	5	6.3	0.32	50×10^{-3}	63
级间比	1.25	1.25	1.25	1.25	1.25	2	1.25×10^{-3}	0.8

例3-8 试设计如图3-6所示的套筒联轴器，要求内径 $\phi=2\sim20$ mm，共11个规格。

解：（1）确定基型套筒。

尺寸参数：套筒内径 $d_n=5$ mm，外径 $d_w=8$ mm，总长度 $l_t=16$ mm，两销孔间距，$l_1=8$ mm，$l_2=12.5$ mm（两种规格），材料为35号钢。

性能参数：功率 $P=400$ W，工作转速 $n=10000$ r/min，扭矩 $M=0.4$ N·m。

配用销：采用标准圆柱销，内径 $d_x=5$ mm，长度 $l_x=8$ mm，材料为45号钢，需用剪切应力 $[\tau]=54$ MPa，联接两轴的材料、圆周速度均相同。

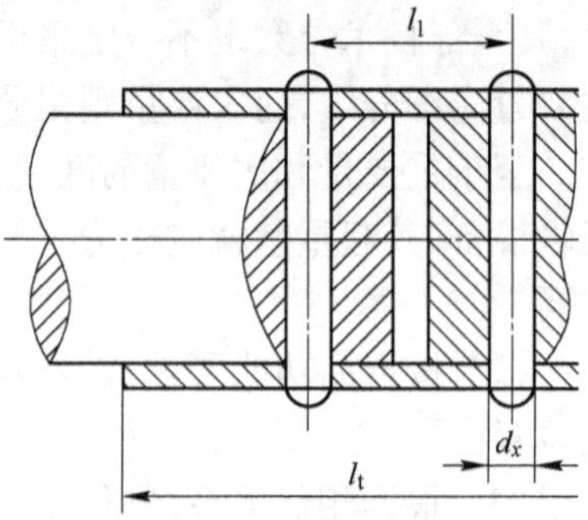

图3-6 套筒联轴器

（2）根据几何相似，计算长度公比：

$$\varphi_L=\sqrt[(11-1)]{\frac{20}{2}}=1.25$$

采用统一的公比有：

$$\varphi_L=\varphi_{d_n}=\varphi_{d_w}=\varphi_{l_t}=\varphi_{l_1}=\varphi_{l_1}=\varphi_{d_x}=\varphi_{l_x}=1.25$$

（3）根据相似原理求相似比方程：

$$v=\frac{\pi d_n n}{60\times1000}=\text{定值}$$

则有：

$$\varphi_L=\varphi_{d_n}\varphi_n=1$$

$$\varphi_n=\frac{1}{\varphi_{d_n}}=0.8$$

由扭矩：

$$M=\frac{\pi d_x^2 d_n}{4}\tau$$

则有：

$$\varphi_M=\varphi_{d_x}^2\varphi_{d_n}\varphi_\tau=\varphi_L^3=1.95$$

由功率：

$$P=\frac{Mn}{60}$$

$$\varphi_P = \varphi_M \varphi_n = 1.56$$

(4) 根据基型设计参数和相应的公比计算扩展型尺寸参数。

根据基型缩小 4 级以及增大 6 级，将结果列入表 3-6。

表 3-6 套筒联轴器的相似设计结果

型号	d_n/mm	d_w/mm	l_t/mm	l_1/mm	l_2/mm	d_x/mm	l_x/mm	P/kW	M/N·m	N/r·min^{-1}
扩展型	2.0	3.15	6.3	3.15	4.0	0.61	3.15	0.063	0.025	25000
	2.5	4.0	8.0	4.0	5.0	0.77	4.0	0.1	0.05	20000
	3.15	5.0	10.0	5.0	8.0	0.96	5.0	0.16	0.1	16000
	4.0	6.3	12.5	6.3	10.0	1.2	6.3	0.25	0.2	12500
基型	5.0	8.0	16	8.0	12.5	1.5	8.0	0.4	0.4	10000
扩展型	6.3	10.0	20.0	10.0	16.0	1.88	10.0	0.63	0.8	8000
	8.0	12.5	25.0	12.5	20.0	2.34	12.5	1.0	1.6	6400
	10.0	16.0	31.5	16.0	25.0	2.93	16.0	1.6	3.2	5100
	12.5	20.0	40.0	20.0	31.5	3.66	20.0	2.5	6.3	4100
	16.0	25.0	50.0	25.0	40.0	4.58	25.0	4.0	12.5	3300
	20.0	31.5	63.0	31.5	50.0	5.72	31.5	6.3	25.0	2600
级差	1.25	1.25	1.25	1.25	1.25	1.25	1.25	1.56	2.0	0.8

3.4.4 半相似系列产品设计

在系列化设计时，一种规格的产品全部零件不一定按同一种相似比变化，往往由于各种因素要对相似比进行调整。下面以炼钢厂的铁水包为例，来探讨半相似系列产品设计问题。

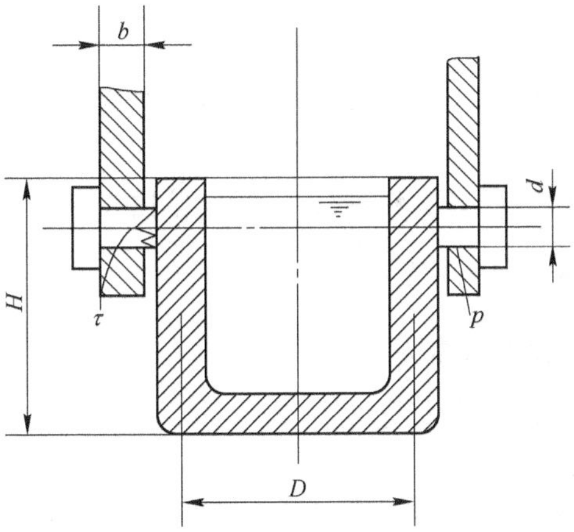

图 3-7 铁水包

例如一铁水包(图 3-7)，其主要几何尺寸和技术参数及直径 D、容积高度 H、耳轴直径 d、耳轴拉板厚度 b、铁水包容积 V、铁水包和铁水总重 W、耳轴处剪应力 τ 和耳轴轴孔表面压力 p。

当铁水包按完全几何相似设计时，有：

$$D_1 = \varphi_L D_0, H_1 = \varphi_L H_0 \qquad (3\text{-}88)$$

$$d_1 = \varphi_L d_0, b_1 = \varphi_L b_0$$

$$V_1 = \frac{\pi}{4} D_1^2 H_1 = \varphi_L^3 V_0, \varphi_V = \varphi_L^3 \qquad (3\text{-}89)$$

$$W_1 = \rho g \frac{\pi}{4} D_1^2 H_1 = \varphi_L^3 W_0, \varphi_W = \varphi_L^3$$

$$p_1 = \frac{W_1}{2d_1 b_1} = \varphi_L p_0, \varphi_p = \frac{\varphi_L^3}{\varphi_L^2} = \varphi_L$$

$$\tau_1 = \frac{W_1}{2\frac{\pi}{4}d_1^2} = \varphi_L \tau_0, \varphi_\tau = \frac{\varphi_L^3}{\varphi_L^2} = \varphi_L \tag{3-90}$$

从上面的计算可以看出，当铁水包的结构几何相似时，因结构和容积、重量增长比例不同，耳轴处的剪应力和轴孔处压力是随结构放大而增大的。如果按相似变化的铁水包的制造材料不变，那么变化了的铁水包有可能因耳轴处应力的增高而不能使用。因此对此例的铁水包而言，完全几何相似在大范围内是不可行的，而对这种情况，只能采用不同的相似比来进行系列产品设计。

这种具有不同级间比的相似系列称为半相似系列。下面介绍利用指数方程和指数比较的方法求得半相似系列的相似比。

几乎所有的技术问题都与指数函数有关。设有一系列技术系统，其第 k 型某参数可由指数方程来描述：

$$Y_k = CX_k^{p_X} Z_k^{p_Z} \tag{3-91}$$

式中，变量 Y_k为变量 X_k、Z_k的函数；k 为项的序号；C 为常系数；p_X、p_Z为反映物理关系的物理指数。

如果把 Y_k、X_k和 Z_k分别用基型参数 Y_0、X_0和 Z_0以及几何相似比来表示，其相应的级指数分别是 y_e、x_e和 z_e，则有：

$$Y_k = Y_0 \varphi_L^{y_e \cdot k}, X_k = X_0 \varphi_L^{x_e \cdot k}, Z_k = Z_0 \varphi_L^{z_e \cdot k} \tag{3-92}$$

将式(3-92)代入式(3-91)，则有：

$$Y_k = Y_0 \varphi_L^{y_e \cdot k} = C(X_0 \varphi_L^{x_e \cdot k})^{p_X} (Z_0 \varphi_L^{z_e \cdot k})^{p_Z} = CX_0^{p_X} Z_0^{p_Z} \varphi_L^{k(x_e \cdot p_X + z_e \cdot p_Z)} \tag{3-93}$$

令

$$Y_0 = CX_0^{p_X} Z_0^{p_Z} \tag{3-94}$$

将式(3-94)代入式(3-93)，比较等式两端，有：

$$\varphi_L^{y_e \cdot k} = \varphi_L^{k(x_e \cdot p_X + z_e \cdot p_Z)} \tag{3-95}$$

$$y_e = x_e p_X + z_e p_Z$$

式(3-95)给出了相关变量间的级指数关系。利用这一关系，可以求得某些参数的未知级指数。

对上述铁水包，重量 W 的级指数 W_e与几何尺寸 D、H 的级指数 D_e、H_e之间的关系为：

$$W_1 = \rho g \frac{\pi}{4} D_1^2 H_1 \quad W_e = 2D_e + H_e \tag{3-96}$$

轴孔处压力和耳轴剪应力的级指数与其他参数的关系为：

$$\begin{aligned} p_1 &= \frac{W_1}{2d_1 b_{1L}} \quad p_e = 2D_e + H_e - b_e - d_e \\ \tau_1 &= \frac{W_1}{2\frac{\pi}{4}d_1^2} \quad \tau_e = 2D_e + H_e - 2d_e \end{aligned} \tag{3-97}$$

下面来讨论铁水包有关参数在相似设计中的几种变化情况。

(1) 完全几何相似。这时有：

$$D_e = H_e = b_e = d_e = 1$$

$$W_e = 3, p_e = \tau_e = 1 \tag{3-98}$$

由此可见,轴孔压力和耳轴剪应力不能保持为常数,而是按尺寸相似比变化,这和前述结论是相同的。

(2)保持耳轴孔压力和耳轴应力不变,使铁水包的主要几何尺寸完全相似,而只调整耳轴的相似关系。根据这一要求,应有:

$$\begin{aligned} &D_e = H_e = 1 \\ &p_e = 2D_e + H_e - b_e - d_e = 0 \\ &\tau_e = 2D_e + H_e - 2d_e = 0 \end{aligned} \tag{3-99}$$

解之得
$$b_e = d_e = \frac{3}{2}$$

即
$$\varphi_b = \varphi_d = \varphi_L^{3/2}$$

也就是说,为保持应力相同,耳轴的尺寸出现了半相似状态。这是因为当铁水包的主要几何参数几何相似时,其重量按级指数3的速度增长,而面积仅按级指数为2的速度增大。为保证应力不变,耳轴的相似比要大于φ_L才行。

(3)保持耳轴孔压力和耳轴剪应力不变,耳轴几何尺寸也保持完全几何相似,调整铁水包主要几何尺寸的相似关系。这时有:

$$\begin{aligned} &d_e = b_e = 1 \\ &p_e = 2D_e + H_e - b_e - d_e = 0 \\ &\tau_e = 2D_e + H_e - 2d_e = 0 \end{aligned} \tag{3-100}$$

解之,只能得$2D_e + H_e = 2$一个方程。这就是说,满足本要求的相似情况有多种,因D_e、H_e不可能同时为1,所有情况均属半相似状态。这里可给出两例:

$$H_e = 0, D_e = 1$$

$$H_e = \frac{2}{3}, D_e = \frac{2}{3}$$

前一组表示仅铁水包直径按几何相似比变化,而其高度不变;后一组表示其高度和直径以比几何相似比较小的速度变化,这样设计的铁水包重量级指数为2,和完全几何相似时相比,变化较慢,而这样可使应力不变。

习题和思考题

3-1 相似三定理的内容和用途各是什么?

3-2 相似准则的导出方法及其基本依据是什么?

3-3 相似准则有哪些特点和性质?

3-4 试用量纲分析方法推求弹性结构原型和模型之间的应力、应变和位移的换算公式(设弹性结构与应力、尺寸、外力、弹性模量及泊桑比五个物理量有关)。

3-5 在纯弯曲梁模型试验中,为加工方便,其厚度相似系数和其他尺寸相似系数不同,试求原型和模型间的应力、变形换算公式。

3-6 白炽灯的功率为其主要技术参数。现要求在10~100 W之间按几何级数分级设计六种型号。试确定其功率系列(将计算值按0,5圆整)。

3-7 一旋转机械的系列设计中,其主轴的尺寸级间比为φ_L,试确定主轴的转动惯量、扭转截面模量、扭转刚度、许用扭矩和许用功率等参数的级间比。

4　有限单元法

在工程分析和科学研究中,常常会遇到大量的由常微分方程、偏微分方程及相应的边界条件描述的场问题,如位移场、应力场、流场、温度场等。求解这类场问题的方法主要有两种:解析法求得精确解(不过微分方程的建立过程需要近似);用数值法求得近似解。应该指出,能用解析法求出精确解的只是性质比较简单、几何边界相当规则的少数问题。而对于绝大多数问题,则很少能得出解析解。这就需要研究它的数值解法,以求出近似解。

目前工程中实用的数值解法主要有三种:有限差分法、有限元法和边界元法。其中,以有限元法通用性最好,解题效率高,目前在工程中的应用最为广泛。

4.1　概　　述

4.1.1　有限单元法的概念

先来看一个小例题,如图 4-1 所示,今有变截面圆轴,它一端固定、一端受到轴向拉力 F 的作用,材料的弹性模量为 E,求结构内任意一点的位移。

显然,这是一个简单的材料力学问题,可以利用经典材料力学理论进行直接求取。另外也可以采用设置基本未知量、列方程的方式来求解:

(1) 变截面轴的分解　如图 4-1 所示,如果把原变截面轴当成一个整体来看的话,结构上具有不规则性,为此,以截面变化位置为分界线,把原结构分成两个单元(见图 4-2),这样每个单元都变成了规则形状结构:等截面轴;然后,单元①与单元②通过一个节点进行连接,加上不相连的另外两个端点一共得到三个节点,三个节点在 x 轴上的坐标分别为 0、L_1、L_1+L_2。

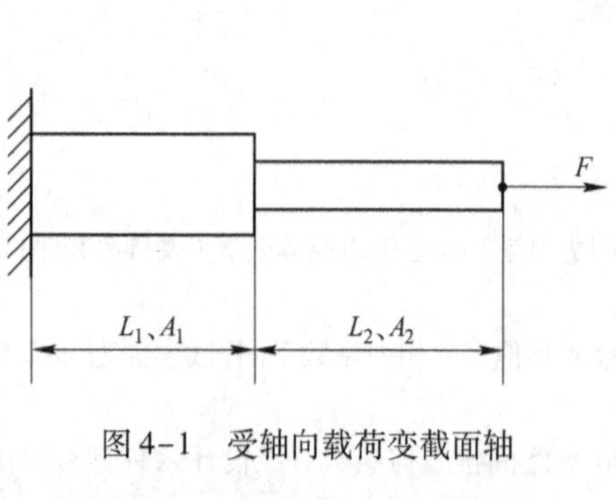

图 4-1　受轴向载荷变截面轴

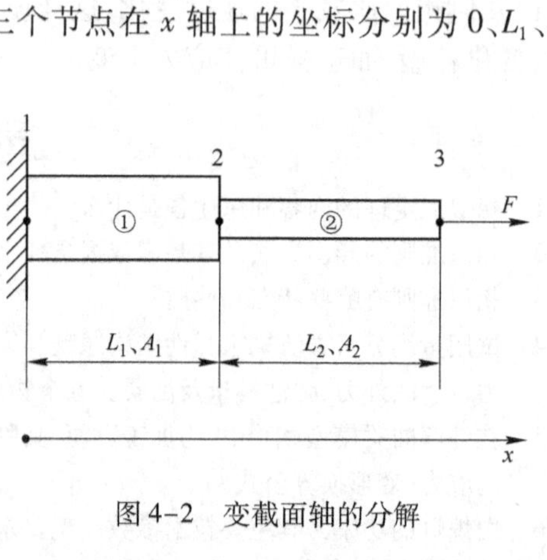

图 4-2　变截面轴的分解

(2) 假设三个节点的节点位移 Δx_1、Δx_2、Δx_3 为基本未知量,并列出方程　对于单元①,其受力与变形的关系遵循虎克定律:

$$F=K_1\cdot\Delta L_1=\frac{A_1\cdot E}{L_1}(\Delta x_2-\Delta x_1) \tag{4-1}$$

同样单元②有：

$$F = K_2 \cdot \Delta L_2 = \frac{A_2 \cdot E}{L_2}(\Delta x_3 - \Delta x_2) \tag{4-2}$$

两个方程三个未知数无法求解，原因在于未考虑边界条件。

(3) 引入边界条件求解方程　边界条件：

$$\Delta x_1 = 0 \tag{4-3}$$

三个方程三个未知数，求解方程组有：

$$\Delta x_1 = 0, \Delta x_2 = \frac{F \cdot L_1}{A_1 \cdot E}, \Delta x_3 = \frac{F \cdot L_1}{A_1 \cdot E} + \frac{F \cdot L_2}{A_2 \cdot E}$$

(4) 用节点位移表示任意位置 x 处的位移

单元①中：

$$\Delta x = \frac{x}{L_1}\Delta x_2$$

单元②中：

$$\Delta x = \Delta x_2 + \frac{x - L_1}{L_2}(\Delta x_3 - \Delta x_2)$$

另外由各点位移可方便地求出相应的应变和应力。

以上求解过程最值得注意的一点是，原结构由于它的不规则性，不方便直接用方程对其行为进行描述，为此，把原结构分成两个单元，而分完后的两个单元最突出的特征就是形状规则，便于方程的描述。这正是有限单元法的核心思想之一：将复杂结构分解成形状简单、便于方程描述的规则单元，列出方程组并求解。

以固体力学位移法为例，有限单元法（The Finite Element Method）就是用一个由有限个具有一定形状规则的、仅在节点相互连接、仅在节点处承受外载和约束的单元的组合体，来代替原来具有任意形状的、承受各种可能外载和约束的连续体或结构；然后对于每个单元、根据分块近似的思想，选择一个简单的函数来近似地表示其位移分量的分布规律，并按弹塑性理论建立单元节点力和节点位移之间的关系；最后，把所有单元的这种特性关系集合起来，就得到一组以节点位移为未知量的代数方程组，解之可以求出原有物体有限个点处位移的近似值，并可进一步求得其他物理参数（应力、应变等）的一种数值求解工程问题的方法。

简单地说，有限单元法的基本思路可以用“一分一合”来概括：

“分”：用有限个规则单元代替原来的各种各样的连续系统，并用近似方程对每个单元的行为（如节点力与节点位移的关系）加以描述。

“合”：根据一定的规则，把关于单元的方程组合起来构成方程组，并引入外载及约束条件进行求解。

4.1.2　有限单元法的特点及分类

4.1.2.1　有限单元法的优点

A　对于复杂几何形状的适应性

有限单元法的基本思想是用规则单元来代替连续系统，物理对象几何形状的复杂性只会增加单元的个数，使求解规模变大，却不影响基本单元的复杂性。这使得有限单元法的实际应用随计算机计算能力的增强而变得越来越不受对象几何形状的限制（图 4-3）。

B 对于各种物理问题的可适用性

有限单元法的应用是从线性结构的稳静态强度问题开始的，但是，由于它在理论上存在通用性，目前它可以解决几乎所有的连续介质和场的问题，包括热传导、电磁场、流体动力学、地质力学、原子工程和生物医学等各个方面，而且，对于具体物理场行为的适应性也大大加强，如材料各向异性，特征值问题，瞬态问题，屈曲问题，以及各种非线性问题如塑性、断裂、蠕变、接触、碰撞等(图 4-4)。

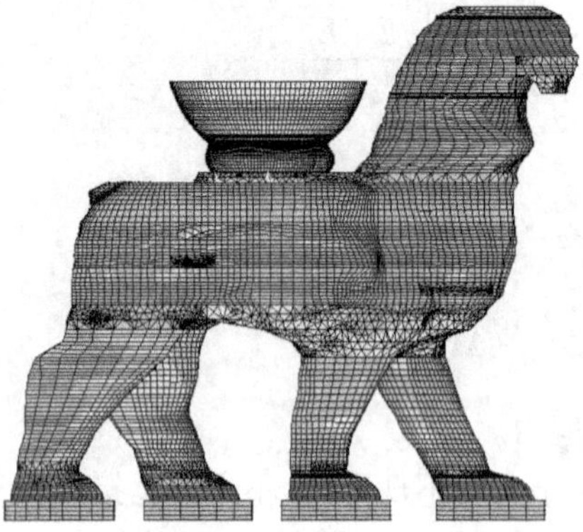

4-3 沧州铁狮子复杂三维有限元模型

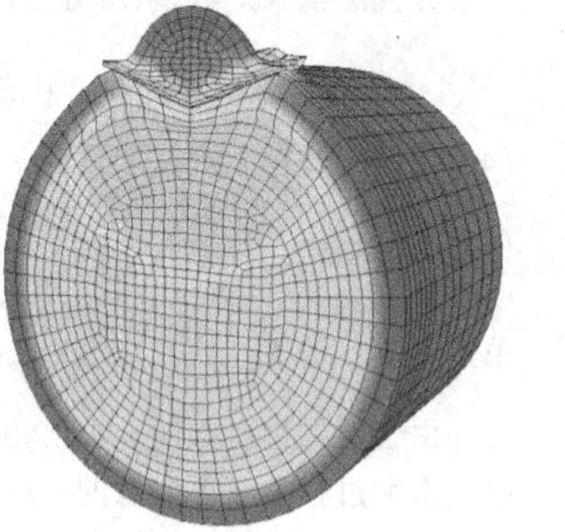

图 4-4 子弹击中目标的模拟

C 适合计算机实现的高效性

有限单元法的思想其实早在 20 世纪 40 年代就已经提出，但其实际应用却是在电子计算机出现以后才开始的，原因在于，有限单元法需要借助矩阵算法才能求解方程组，计算工作量巨大，不是手工计算可以承受的。

另一方面，有限单元法原理简单而通用，又正可以发挥计算机强大计算能力的优点，随着近年来计算机求解能力的飞速发展，有限单元法的高效性也日渐明显。

4.1.2.2 有限单元法分类

在有限单元法的算式推导中并不一定要取节点位移为基本未知量，也可以取节点力为未知量。由于所取未知量的不同，有限单元法可以分为：

位移法——以节点位移作为基本未知量；

力法——以节点力作为基本未知量；

混合法——以一部分节点位移，一部分节点的力作为基本未知量。

由于位移法的基本未知量为位移分量，比力法的基本未知量应力分量的数量少，使用经典力学的基本方程就可以求解，而且位移法得出的方程组和计算程序也简单，故得到广泛应用。

从公式推导方法来看，有限单元法也可以分为三类：

直接法——把各个单元的节点力与节点位移的关系式，按照一定的次序进行迭加，而求出整个物体的方程组的方法，称为直接法。这种方法比较直观，易于理解。但仅适用于求解比较简单的问题。直接刚度法就是其典型代表。

变分法——应用变分原理，把有限单元法归结为求泛函的极值问题。对于固体力学来讲，就是应用最小能量原理来求整个物体的方程组。变分原理的应用，使有限单元法建立在更加坚实的数学基础上,并扩大了其应用范围。

加权余数法——即迦辽金法。这种方法可以直接从基本微分方程导出有限元列式,而不需要利用泛函的概念。因此,对于不存在泛函的工程领域也可采用,从而进一步扩大了有限单元法的应用范围。

4.1.3 有限元法在现代设计过程中的作用

4.1.3.1 应力和变形的计算,有利于提高产品的安全可靠性

传统设计方法中,一般采用安全系数法来保证结构使用的安全性,这样做的原因有三个:设计时对象的真实载荷无法准确把握;由于问题的复杂性,传统设计解析法无法对给定载荷条件下的应力分布及水平进行准确计算;真实结构的材料物理性能可能跟设计计算值有出入。传统安全系数法的不足在于,一方面计算误差大,造成浪费;另一方面又不能确保安全。

有限单元法的最初应用,主要解决的是给定载荷条件下求取结构的应力场及应力水平的问题。显然,有限元法的应用,一方面消除了设计过程中的一个不确定环节,另一方面,在准确把握载荷与应力应变关系的基础上,又可以适当地采用小的安全系数来进行设计,从而有效降低成本。

4.1.3.2 产品性能与结构优化仿真分析,缩短新产品开发周期与研制费用

一般地,新产品的开发过程,都有样机试制及样机性能实验环节,而且需要进行多次试制才能找到最佳方案。而采用有限单元法进行产品性能、结构优化仿真研究并与物理仿真相结合的方法则可有效减少性能测试样品的数量以及方案寻优的次数,从而有效缩短新产品开发周期与研制费用。如汽车的碰撞性能模拟等。

4.1.3.3 工程问题的理论性研究,为产品的设计与产品使用提供理论依据

有限单元法适用于各种物理问题仿真的强大功能,使其成为到目前为止工程问题理论研究最强大的工具之一,也是现代设计过程及产品使用获得理论依据的最重要的手段之一。例如,轧钢过程的仿真研究(图4-5),一方面是轧机设计过程载荷及工艺参数确定的基础,另一方面又是设备运行的工艺参数优化的基础。

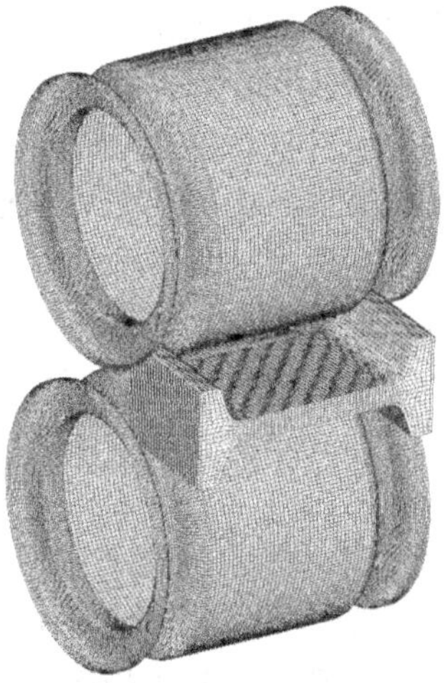

图4-5 H型钢轧制过程仿真分析

4.1.4 有限单元法的发展历史与前沿技术

4.1.4.1 有限单元法的发展历史

运用固体力学理论(包括结构力学、弹性力学、塑性力学等)对结构进行强度和刚度分析,是工程设计的重要内容之一。随着科学技术的进步和生产的发展,工程结构的几何形状和载荷情况日益复杂,加上新材料不断出现,使得寻找结构分析的解析解十分困难,甚至不可能。因此,人们转向寻求它的近似解。

1908年,里兹(W. Ritz)提出一种近似解法,具有重要意义。它利用带未知量的试探函

数将势能泛函近似,对每一个未知量求势能泛函的极小值,得到求解未知量的方程组。里兹法大大促进了弹性力学在工程中的应用。里兹法的限制是试探函数必须满足边界条件。对于几何形状比较复杂的结构来说,寻找满足整个边界条件的试探函数也非易事。

1943 年,库兰特(R. Courant)对里兹法作了极重要的推广。他在求解扭转问题时,将整个截面划分成若干个三角形区域。假设翘曲函数在各个三角形区域内近似线性分布,从而克服了以前里兹法要求整个近似函数满足全部边界条件的困难。库兰特这样应用里兹法与有限单元法的初期思想是一致的。但是这种近似解法要进行大量数值计算,在当时还是个难题,因此未能得到发展。

在 1946 年电子计算机诞生以后,首先采用它来进行数值计算的是杆系结构力学。其理论依据是由结构力学位移法和力法演变成的矩阵位移法和矩阵力法,统称结构矩阵法。它采用矩阵代数运算,不仅能使算式书写简明,而且编制计算机程序非常方便。结构矩阵法的力学概念清楚,全部理论公式按结构力学观点讲都是准确的。仅在数值运算过程中,由于计算机实数存贮位数有限,造成舍入误差。

1956 年,特纳(M. J. Turner)、克劳夫(R. W. Clough)、马丁(H. C. Martin)和托普(L. J. Topp)在纽约举行的航空学会年会上介绍一种新的计算方法,将矩阵位移法推广到求解平面应力问题。他们把结构划分成一个个三角形和矩形的"单元",利用单元中近似位移函数,求得单元节点力与节点位移关系的单元刚度矩阵。同期,阿吉里斯(J. H. Argyris)在航空工程杂志上发表了一组能量原理和结构分析论文(1954 ~ 1955 年),他将弹性结构的基本能量原理作了概括、推广并予以统一,发展了矩阵方法,还导出由平面应力板和四个边缘件组成的矩形板格的单元刚度矩阵。他们对连续体有限单元法的形成做了开创性工作。1960 年克劳夫在论文"平面应力分析的有限单元法"中首次提出有限单元法这一术语。有限单元法开始成为连续体离散化的一种标准研究法。在有限单元法的初期发展阶段,人们是从直观概念出发进行探索,缺乏足够的理论基础,解决实际问题的范围比较窄,而且有时用得并不成功。

大概在 1963 年前后,经过贝塞林(J. F. Besseling,1963)、梅荣歇(R. J. Melosh,1963)、约内士(R. E. Jones,1964)、格拉菲尔(R. H. Gallagher,1964)、卞学璜(T. H. H. Pian,1964)、维别克(B. Fraeijs de Veubeke,1964)等许多人的工作,认识到有限单元法就是变分原理里兹近似法的一种变态,发展了用各种不同变化原理导出的有限单元计算公式。

1965 年,监凯维奇(O. C. Zienkiewicz)和张佑启(Y. K. Cheung)在求解拉普拉斯和泊松方程时发现只要能写成变分形式的所有场问题,都可以用和固体力学有限单元法的同样步骤求解。

然而有限单元法的公式不一定要求建立在变分原理的基础上。1969 年,斯查白(B. A. Szabo)和李(G. C. Lee)指出可以用加权余量法特别是迦辽金(Galerkin)法,导出标准的有限元过程来求解非结构问题。

由于人们可以自觉地依据各种变分原理建立有限单元法的算式,各种结构分析用的单元模式纷纷出现。与此同时,有限单元法的数学基础受到很大重视。求解大型线性方程组的数值方法和特征值问题的解法得到发展,子结构技术和模态综合技术得到采用,有限单元法的收敛性和误差分析也开始得到研究。

随着计算机功能日益增强和有限单元法显示出解决工程实际问题的巨大威力,许多高等学校、研究机构和软件公司得到各工业部门（如航空、宇航、建筑、造船、汽车、石油等）的大量资助，陆续研制出各种通用有限元程序，进一步推动有限单元法的理论研究和实际应用。这些有限元通用软件一般采用 FORTRAN 语言编写，规模从几万条到几十万条语句，由几百到几千个子程序组成，数据文件结构和数据传递方式都较复杂，研制周期达几年，程序功能非常强。例如，可以对飞机、汽车、船舶整体结构进行静动力分析和稳定性分析，并考虑温度影响。可以对海洋平台整体进行大变形非线性分析。这些有限元通用软件大都带有前后处理程序包，能够自动剖分单元网格，显示和绘制网格结构图、变形图和应力图。这些功能使有限单元计算前的数据准备和查错、计算后的数据处理比较方便。

随着有限单元法理论基础研究的深入，计算机技术的发展及通用程序的研究、开发，有限单元法已经日益成熟、应用范围也不断扩大：

（1）由弹性力学平面问题扩展到空间问题和板壳问题。可对拱坝、涡轮叶片、飞机、船体、冶金机械等复杂结构进行应力分析。

（2）由平衡问题扩展到稳定性问题与动力问题。可对结构在地震力与波浪力作用下的动力响应进行分析。

（3）由弹性问题扩展到弹塑性与黏弹性问题，土力学与岩石力学问题、疲劳与脆性断裂问题。

（4）由结构计算问题扩展到结构优化设计问题。

（5）由固体力学扩展到流体力学、渗流与固结理论、热传导与热应力问题、磁场问题（例如感应电动机的磁场分析）以及建筑声学与噪声问题。

（6）由工程力学扩展到力学的其他领域，例如冰川与地质力学、血管与眼球力学等。

从 20 世纪 50 年代开始，我国力学工作者就对结构分析的近似计算方法很重视，为有限单元法的初期发展做出很多贡献，其中著名的有：陈伯屏（结构矩阵方法）、钱令希（余能原理）、钱伟长（广义变分原理）、胡海昌（广义变分原理）、冯康（有限单元法理论）等。60 年代中后期，我国的研究工作受到阻碍。70 年代初期各单位根据工作的需要陆续编制过一些中小型有限元程序。1976 年以后有限单元法的学习、使用和研究工作得到迅速发展。不少单位组织力量编制大中型通用有限元程序。著名的大型程序有：JIGFEX（结构分析程序，大连工学院工程力学研究所）和 HAJIF－Ⅰ、Ⅱ、Ⅲ（航空结构静力、动力、非线性分析程序系统，航空工业部 623 研究所等）。1979 年后我国从国外引进各种大中型通用程序，如 SAP5、SAP6、SAP7、NONSAP、NFAP、ADINA、ASKA、MARC、ANSYS、ABAQUS、FEAP 等，经过消化、推广和应用，在国家的经济建设中已经发挥很大作用。有的经过改进提高后，形成新的功能更强的通用程序，如 LISA 程序、GAD 程序系统、SAP5 和 SAP6 微机程序、SAP84 微机程序等。现在国内外学术交流频繁，各种先进的电子计算机比较普及，我国的有限单元法理论研究和结构分析程序研制应用正处于蓬勃发展的新时期。

4.1.4.2 有限元技术的发展趋势

由于有限单元法的科学性、实用性，其使用范围的不断扩大、使用群体日益普及，处理对象也不断增加，这就要求其软件功能、运行性能等不断提高以适应科学技术的发展及用户高效、精准、便利的使用要求。总的来说有限元分析软件正朝集成化、网络化和智能化方向发展。主要表现在如下几个方面。

A 分析功能不断丰富

有限单元法原来主要用于单个对象单一物理问题的研究分析，现已能进行可变形体与多体耦合分析、多相多态介质耦合分析、多物理场耦合分析、多尺度耦合分析、集仿真与优化于一体的从材料设计到工程/产品设计系统研究及微机电系统分析等。

(1) 可变形体系与多体耦合分析　形体变化与荷载并发状态下可变形体系的动力与振动分析。例如，卫星天线、机器人、起落架等。

多体耦合状态下的静力、动力与振动分析：多体接触分析，多体耦合动力分析与多体耦合振动分析。例如，车辆与路轨，车辆与桥梁等。

(2) 多相多态介质耦合与多物理场耦合分析　复杂的工程/产品大都是处在多物理场与多相多态介质非线性耦合状态下工作，其行为绝非是多个单一问题的简单迭加。它涉及多物理场（力场、渗流场、温度场、电磁场等）非线性耦合分析和多相与多态（液、固、气）介质耦合分析等。

(3) 多尺度耦合分析　从基本材料的组分与构造到复合材料，从复合材料做成构件，再由构件装配成工程/产品，存在着从微观、介观到宏观的多尺度现象；不同的尺度服从于不同的物理、力学模型；通过对宏观模型的细分，不能导致介观和微观模型；相反，通过微观和介观模型的无限迭加，也难导致宏观模型。因此，在工程/产品的精细分析中，客观地会遇到多尺度模型的耦合问题。目前的 CAE 软件，都是仅限于宏观物理、力学模型的工程/产品分析。

(4) 多重强耦合　对于多物理场的强耦合问题、多相多态介质耦合问题，特别是多尺度耦合问题，目前还没有成熟可靠的理论，尚处于基础性前沿研究，它们已经成为国内外科学家主攻的目标。

由于其强烈的工业背景，基础研究的任何突破，都会被迅速纳入 CAE 软件，以支持新兴工程/工业产品的技术创新。

(5) 从材料设计到工程/产品设计、集仿真、优化于一体的 CAE 系统　随着计算材料科学的发展，不远的将来，计算机辅助于材料设计将会纳入 CAE 软件，实现从材料性能的预测、仿真，到构件与整个产品的设计、性能预测、系统仿真，形成集计算机辅助于材料设计、制备，到工程或产品的设计、仿真、优化于一体的新一代 CAE 系统。

(6) 微机电系统分析　随着多物理场、多相多态介质耦合理论与亚微米、纳米科学的发展，以及微机电系统开发的强烈需求，专门用于微机电系统设计计算和系统仿真的 CAE 软件正在开发，不久将会问世。

B 性能不断增强

(1) 适应于超级计算机和机群并行计算的 CAE 系统　每秒千万亿次的计算机与机群系统的诞生为提高有限单元法软件的性能提供了物质基础，适应这些大规模并行计算平台的新型高精度和高效率算法正迅速发展。新一代的 CAE 系统将能够解算上千万阶方程组，能够实现对复杂工程/产品的实时和真三维仿真。

(2) 基于网格计算的 CAE 系统　互联网已经将千万台各类计算机连接在一起，人们正在开发将互联网上所有计算机硬件、软件、数据库以及连接的实验设备统一和有效使用的网格计算技术。随着这一技术的成熟，将会出现基于网格计算的 CAE 系统。

(3) 基于互联网的集成化与支持协同工作的 CAE 系统　随着分布式对象集成技术和

网格计算技术的发展,大型工程和复杂产品开发中实施并行工程,以及研究集团的联合攻关,未来的用户将不再需要单一的CAD、CAE、CAM、CAPP、PDM和ERP产品,它们需要基于互联网(JAVA)的、具有行业特色的、集成化与支持协同工作的套装系统。

(4) 基于互联网的集成化与支持协同工作的CAE系统　大型工程和复杂产品,例如发电厂、化工厂、飞机、轮船及机车车辆等,它们由数万到数百万个构件和数以千计的设备组成,其设计、分析、安装模拟和运行过程仿真,都要涉及数个到数十个专业领域的专业技术人员。因此,基于Internet和Grid computing的异地、异构系统下的计算分析,实现对大型工程/复杂产品的全面分析和运行仿真,将成为CAE的另一个重要发展方向。

C　最新软件技术得到应用

(1) 真三维图形处理与虚拟现实　随着DSP芯片的发展,计算机图形处理能力近年来有了上百倍的提高,再加上三维图形算法、图形运算和参数化建模的发展,快速真三维的虚拟现实技术已经成熟。

因此,CAE软件的三维实体建模,复杂的静态、动态物理场的虚拟现实技术亦得到快速发展。

(2) 基于Internet和Grid computing的面向对象的工程数据库管理系统及工程数据库
高性能/价格比的大容量的存贮器及其高速存取技术在迅速发展,PC机的硬盘容量很快将由GB达到TB量级。

用户将要求把更多的计算模型、设计方案、标准规范和知识性信息纳入CAE软件的数据库中。Internet和Grid computing环境下的数据库管理系统,必须能够管理多用户并发存/取的、与时间/空间相关的、大量非结构化的、各种类型的数据。

高性能的、基于网格环境的、面向对象的工程数据库管理系统将会出现在新一代的CAE软件中。Internet和Grid computing环境下的数据库管理系统应该具有关系型数据库,面向对象数据库及其管理技术的优点,支持抽象数据模型定义,分布式、异构、虚拟计算环境与多用户并发I/O状态下的数据管理,Internet和Grid computing环境下的高级存储与查询语言,访问权限与数据所有权的保护,异构数据库的时/空一致性和有效性检验,系统异常状态下的数据一致性恢复等。

D　用户界面更加友好

(1) 多媒体用户界面　计算机图形技术正在迅猛发展,狭义的语音输入/输出已成现实,计算机视觉系统已能在一定范围内分析体态、眼神和手势,隐含信息请求的数据发掘技术也已冒泡,会听、看、说、写和学习的计算机即将问世,这些多媒体技术一定会使未来CAE软件的用户界面具有更强的直观、直感和直觉性,给用户带来极大便利。

(2) 智能化用户界面　CAE软件是一个多学科交叉的、综合性的知识密集型产品,它由数百到数千个算法模块组成,其数据库存放着众多的设计方案、标准构件,行业性的标准、规范,以及判定设计和计算结果正确与否的知识性规则。

怎么使用软件,怎么判定计算结果,支持用户有效地使用这些软件的专家系统,将成为用户界面的重要组成部分。

E　集成化、专业化与属地化

随着实施并行工程,加入WTO和互联网的发展,科研人员和中、小企业用户将不再需要单一的 CAD、CAE、CAM、PDM 产品。他们需要具有专业特色的、集成化的套装支持系统。满足专业化属地用户的需求,即国外 CAD/CAE/CAM/PDM 软件中国化,以及中国出口软件的属地化,应该成为 CAE 软件开发商的经营之道。

4.1.4.3 有限元法的前沿技术

有限单元法发展要依靠基础科学的突破、工程技术进步和计算机技术的发展。就目前来讲,上述发展趋势中,最为突出和重要的集中表现为如下几项核心技术:

(1) 协同与集成技术 随着 CAX 技术的发展,作为其中一部分的 CAE 程序,必须不断发展与其他模块的协同。同时,多场耦合的问题越来越多地出现,要求 CAE 程序必须有强大的耦合功能。主要包括:CAE 贯穿于产品整个设计开发流程;多种 CAD、CAE 或其他信息管理系统之间的整合。在这些技术中最重要最关键的是与 CAD 软件的无缝集成。

当今有限元分析软件的一个最大发展趋势就是与通用 CAD 软件的集成使用,即在用 CAD 软件完成部件和零件的造型设计后,能直接将模型传送到 CAE 软件中进行有限元网格划分并进行分析计算,如果分析的结果不满足设计要求则重新进行设计和分析,直到满意为止,从而极大地提高了设计水平和效率。为了满足工程师快捷地解决复杂工程问题的要求,许多商业化有限元分析软件都开发了和著名的 CAD 软件(例如 Pro/ENGINEER、Unigraphics、SolidEdge、SolidWorks、IDEAS、Bentley 和 AutoCAD 等)的接口。有些 CAE 软件为了实现和 CAD 软件的无缝集成而采用了 CAD 的建模技术,如 ADINA 软件由于采用了基于 Parasolid 内核的实体建模技术,能和以 Parasolid 为核心的 CAD 软件(如 Unigraphics、SolidEdge、SolidWorks)实现真正无缝的双向数据交换。

另外,多种企业数据和信息的整合、交换和共享;整个设计研发过程中不同人员与业务的协同;设计与仿真数据共享和协同,设计优化技术的融合等,也是有限元分析软件发展上的重点。

(2) 复杂非线性问题的求解技术 随着科学技术的发展,线性理论已经远远不能满足设计的要求,许多工程问题如材料的破坏与失效、裂纹扩展等仅靠线性理论根本不能解决,必须进行非线性分析求解,例如薄板成形就要求同时考虑结构的大位移、大应变(几何非线性)和塑性(材料非线性);而对塑料、橡胶、陶瓷、混凝土及岩土等材料进行分析或需考虑材料的塑性、蠕变效应时则必须考虑材料非线性。众所周知,非线性问题的求解是很复杂的,它不仅涉及到很多专门的数学问题,还必须掌握一定的理论知识和求解技巧,学习起来也较为困难。为此国外一些公司花费了大量的人力和物力开发非线性求解分析软件,如 ADINA、ABAQUS 等。它们的共同特点是具有高效的非线性求解器、丰富而实用的非线性材料库,ADINA 还同时具有隐式和显式两种时间积分方法。

(3) 耦合场问题的求解技术 有限元分析方法最早应用于航空航天领域,主要用来求解线性结构问题,实践证明这是一种非常有效的数值分析方法。而且从理论上也已经证明,只要用于离散求解对象的单元足够小,所得的解就可足够逼近于精确值。现在用于求解结构线性问题的有限元方法和软件已经比较成熟,当前在此方面的发展方向除进一步提高和加强单一场分析功能的性能和覆盖范围外,就是结构非线性、流体动力学和耦合场的分析求解等问题,以不断逼近真实工程问题等等。

例如由于摩擦接触而产生的热问题,金属成形时由于塑性功而产生的热问题,需要结构场和温度场的有限元分析结果交叉迭代求解,即"热力耦合"的问题。当流体在弯管中流动时，流体压力会使弯管产生变形，而管的变形又反过来影响到流体的流动，这就需要对结构场和流场的有限元分析结果交叉迭代求解，即所谓“流固耦合”的问题。由于有限元的应用越来越深入，人们关注的问题越来越复杂，耦合场的求解必定成为 CAE 软件的发展方向。

(4) 更为强大的网格处理能力　有限元法求解问题的基本过程主要包括：分析对象的离散化、有限元求解、计算结果的后处理三部分。由于结构离散后的网格质量直接影响到求解时间及求解结果的正确性与否，近年来各软件开发商都加大了其在网格处理方面的投入，使网格生成的质量和效率都有了很大的提高，但在有些方面却一直没有得到改进，如对三维实体模型进行自动六面体网格划分和根据求解结果对模型进行自适应网格划分，除了个别商业软件做得较好外，大多数分析软件仍然没有此功能。自动六面体网格划分是指对三维实体模型程序能自动地划分出六面体网格单元，现在大多数软件都能采用映射、拖拉、扫略等功能生成六面体单元，但这些功能都只能对简单规则模型适用，对于复杂的三维模型则只能采用自动四面体网格划分技术生成四面体单元。对于四面体单元，如果不使用中间节点，在很多问题中将会产生不正确的结果，如果使用中间节点将会引起求解时间、收敛速度等方面的一系列问题，因此人们迫切地希望自动六面体网格功能的出现。

自适应性网格划分是指在现有网格基础上，根据有限元计算结果估计计算误差、重新划分网格和再计算的一个循环过程。对于许多工程实际问题，在整个求解过程中，模型的某些区域将会产生很大的应变，引起单元畸变，从而导致求解不能进行下去或求解结果不正确，因此必须进行网格自动重划分。自适应网格往往是许多工程问题如裂纹扩展、薄板成形等大应变分析的必要条件。

(5) 适应新材料的有限元程序　结构工程学科既古老又年轻，还在不断地、迅速地提出新的课题。例如新的结构材料的不断涌现，像处在突破边缘的陶瓷材料、耐高温材料、纤维复合材料等，将提出不同于当今材料的本构关系、损伤准则和力学假设。这将促使未来结构软件扩大其材料库及增添新的损伤判断功能。

随机分析是结构分析软件应发展的一种能力。大多数结构的载荷与材料数据以及损伤形式并非是确定值而是概率形式，尤其是未来航空航天结构工作环境与高性能材料特性的分散度均比目前宽，当前所采用的定量分析法实际上是取偏于保守的办法。未来计算技术的进展，以及结构工程可靠性要求使随机分析成为可能，这也是一个重要的发展方向。

(6) 并行有限元程序　由于现代工程和科学计算的规模愈来愈大，基于单个 CPU 的串行有限元分析软件也愈来愈难于满足大规模精细计算的要求。因此随着计算机硬件和软件的快速发展，近十多年来，工程技术界大力发展基于并行计算机技术的并行有限元分析计算软件。因为它可以突破单个 CPU 串行计算的限制，利用多个 CPU 并行处理大型复杂工程的计算问题。

(7) 界面友好、方便使用的有限元程序　发展与用户友善的能力是一个程序能否商用化的重要一环。进一步改善软件的前后处理模块，使之成为用户—程序界面良好的，甚至具有人工智能效率的用户语言的、功能全面、非常直观的交互图形显示与绘图功能的商品。

同时还要进一步减少用户数据准备工作量，包括功能极强的自动划分网格，自动选择优化的计算模型，节点编号优化等。

大力改进程序的自适应能力，像非线性分析中时间步(加载步)长的自动控制(这一功能已为某些新程序如 ABAQUS、MARC 所具有并得到好评)；在解非线性问题时自动选择解法;根据收敛准则自适应网格生成及单元类型选择。以在保证足够精度的基础上尽量降低分析问题的阶数等。

合理利用其他 CAD 软件的图形显示功能,也是发展的一个方面。

(8) 程序面向用户的开放性　为满足用户的需求,各软件开发商在软件的功能、易用性等方面花费了大量的投资,但由于用户的要求千差万别,不管他们怎样努力也不可能满足所有用户的要求,因此必须给用户一个开放的环境,允许用户根据自己的实际情况对软件进行扩充,包括用户自定义单元特性、用户自定义材料本构(结构本构、热本构、流体本构)、用户自定义流场边界条件、用户自定义结构断裂判据和裂纹扩展规律等等。

总而言之,关注有限元的理论发展,采用最先进的算法技术,扩充软件的能力,提高软件性能以满足用户不断增长的需求,是 CAE 软件开发商的主攻目标,也是其产品持续占有市场,求得生存和发展的根本之道。

4.2 有限单元法的分析步骤

4.2.1 概述

一般来讲,有限单元法的分析计算可按结构离散化、单元分析和整体分析三个步骤进行,其过程概述于下。

4.2.1.1 结构的离散化

这是有限单元法的基础,就是用由有限个方位不同但几何性质及物理性质均相似的单元组成的集合体来代替原来的连续体或结构。每个单元仅在节点处和其他单元及外部有联系。对于不同的问题,根据其自身特点及要求,可选用不同类型的单元。对同一问题也可分别或同时选用多种单元。

4.2.1.2 单元分析

这是有限单元法的实质性内容,包括如下几步:

(1) 选取位移模式。为了能用节点位移分量来表示单元内任一点的位移、应变和应力,根据单元的几何特性及变形特点,假定位移是坐标的某种简单函数。这种函数称为位移函数或位移模式。

选定位移模式后,单元内任一点的位移均可用节点位移表示,其矩阵形式是:

$$\{\boldsymbol{f}\} = [\boldsymbol{N}]\{\boldsymbol{\delta}\}^e \tag{4-4}$$

式中,$\{\boldsymbol{f}\}$为单元内任一点的位移分量列阵;$\{\boldsymbol{\delta}\}^e$是单元的节点位移列阵;$[\boldsymbol{N}]$称为形函数矩阵,其元素是坐标的函数。

(2) 利用几何方程,由式(4-1)导出单元的应变表达式:

$$\{\boldsymbol{\varepsilon}\} = [\boldsymbol{B}]\{\boldsymbol{\delta}\}^e \tag{4-5}$$

式中,$\{\boldsymbol{\varepsilon}\}$为单元内任一点的应变分量列阵;$[\boldsymbol{B}]$称为应变矩阵或几何矩阵。

(3) 利用物理方程,由式(4-2)导出用节点位移表示的单元应力表达式:

$$\{\boldsymbol{\sigma}\} = [\boldsymbol{S}]\{\boldsymbol{\delta}\}^e \tag{4-6}$$

式中,$\{\boldsymbol{\sigma}\}$为单元内任一点的应力分量列阵;$[\boldsymbol{S}]$称为应力矩阵。

(4) 利用平衡条件(方程)或虚功方程建立作用于单元上的节点力和节点位移之间的

关系式,即:

$$\{\boldsymbol{F}\}^e=[\boldsymbol{K}]^e\{\boldsymbol{\delta}\}^e \tag{4-7}$$

这里$\{\boldsymbol{F}\}^e$为单元的节点力分量列阵;$[\boldsymbol{K}]^e$称为单元刚度矩阵。

以上四步中,导出单元刚度矩阵是单元分析的核心内容。

4.2.1.3 整体分析

主要包括以下内容:

(1) 根据节点平衡方程,建立以整体刚度矩阵$[\boldsymbol{K}]$为系数的,整体节点位移$\{\boldsymbol{\delta}\}$和外载$\{\boldsymbol{R}\}$的关系式——总体平衡方程:

$$\{\boldsymbol{R}\}=[\boldsymbol{K}]\{\boldsymbol{\delta}\} \tag{4-8}$$

(2) 考虑外载及几何边界条件,求解总体平衡方程,得到基本未知量(节点位移)的值。最后计算并整理所要求的结果。

为简单起见,在此以平面结构问题为例对有限单元法的分析步骤加以详细介绍。平面问题不仅具有一定的典型性,而且在工程上具有实际意义。工程实际问题中有许多问题可简化为平面应力问题或平面应变问题,如弯曲梁、水库大坝等等。

4.2.2 有限单元法模型结构的离散化

结构的离散化就是将任意形状的,受各种载荷和约束的连续体或结构划分成由有限个方位不同但形状相似,仅在节点处相连,仅在节点处受力和约束的单元的组合体,并提取有限单元法分析所用的数据,为后续工作做准备。

有限单元计算所需用的数据包括:

(1) 节点的个数、单元个数、受力点数、约束点数;

(2) 节点坐标;

(3) 单元组成及其物理性质;

(4) 受力点号及受力值;

(5) 约束点号及约束类型。

实际上,结构的离散化过程,就是对真实结构的近似过程。为保证计算精度,要求离散体和真实结构应尽可能地达到几何近似和物理近似:

(1) 几何近似:离散体的几何形状近似于真实结构。

(2) 物理近似:离散体内单元的物理特性(如受力、变形、材料等)近似于真实结构相应区域的物理性质。

具体实施时,大致可分为两个步骤:1) 建立几何模型;2) 单元的划分。

4.2.2.1 建立几何模型

建立几何模型是通过简化实际结构,并将其置于一定的坐标系内的过程,它是各种实际问题分析工作的基础。

结构的简化,就是保留几何形状、受力和约束的主要特征,而忽略次要的细节,使之既利于计算,又不失其主要特性,并满足一定的精度要求。通过简化的模型,可使同一问题采用相同单元数时所得解的精度提高;或满足同一精度要求时,减少单元总数,节省机时。

主要的简化方法包括以下三类。

A　三维问题的平面简化

主要又包括平面应力问题与平面应变问题简化两种。

一般地,现实中的结构都是三维结构,其应力应变也处于三维应力应变状态:x、y、z 三个方向都有应力与变形。

平面应力问题是指当受力物体在某个方向上的应力可以忽略不计时,则其应力分布只在余下的两个方向存在,并组成平面,这时可以将现实中的三维应力应变问题简化为平面应力问题。例如,受到简单拉伸力作用的薄板(图 4-6a)。

平面应变问题是指当受力物体在某个方向上的应变可以忽略不计时,则其应变分布只在余下的两个方向存在,并组成平面,这时可以将现实中的三维应力应变问题简化为平面应变问题。平面应变问题在现实中又分为两种情况:(1)瘦长件在轴线方向受到约束而无法发生沿轴线方向的变形,如重力坝问题(图 4-6b);(2)界面受力区域相对于整个截面很小,截面本体限制了轴线方向的变形,如轧辊接触点变形问题、齿轮传动接触点变形问题等。

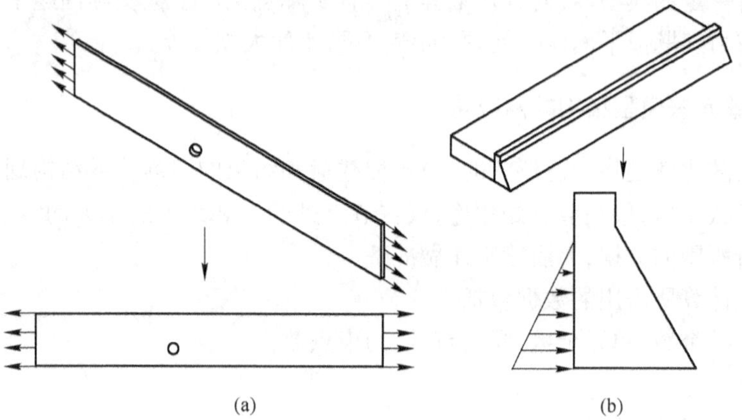

图 4-6　工程问题的平面简化
(a) 简单受载薄板的平面应力简化;(b) 水库重力坝的平面应变简化

B　对称性简化

对称性简化又分为轴对称、镜像对称、旋转对称简化三种。

轴对称简化:当分析对象在结构与受载特征上同时存在轴对称特性时,可以进行轴对称简化,典型结构如液压油缸。

镜像对称简化:当分析对象在结构与受载特征上同时存在镜像对称特性时,可以进行镜像对称简化,典型结构有轧钢机牌坊(图 4-7)、万向接轴十字轴等。

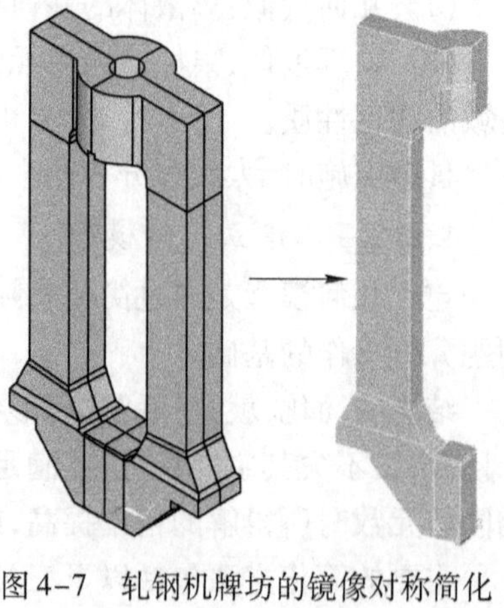

图 4-7　轧钢机牌坊的镜像对称简化

旋转对称简化:当分析对象在结构与受载特征上同时存在旋转对称特性时,可以进行旋转对称简化,典型结构有弧形齿接轴、花键轴等。

进行对称性简化时需要注意的是,分析对象必须在结构与载荷特征上同时存在对称性。实际工程问题中，往往结构上存在对称性的对象很多，但是由于载荷特征没有对称性，有限元分析时不能进行对称性简化。如大多数轴类零件，结构上既可以看成是轴对称，也可以看成是镜像或旋转对称，但是由于轴类零件工作中一般用于传递扭矩，其应力应变状态往往为弯扭组合应力应变状态，不存在任何对称性规律，所以有限元分析时必须进行整体建模分析。

C　不重要细节的简化

常见的有油孔、螺纹孔、吊装结构、倒角等。

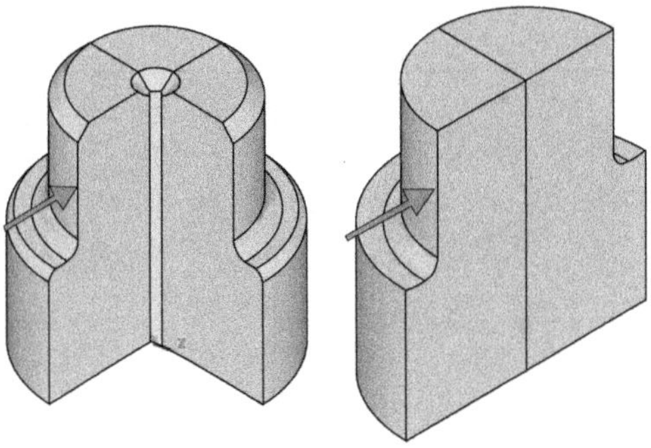

图 4-8　不重要细节的简化

对于结构强度问题，一般在设计的时候就会考虑到，润滑油孔、螺纹孔等应避开高应力位置，而对于三维复杂结构问题，如果过多地考虑小圆孔结构会造成模型的过度复杂化，因此，往往可以将润滑油孔、螺纹孔、倒角等结构忽略（见图 4-8）。

与之相对的是，过渡圆角虽然也属于细节结构，在强度分析时不但不能简化，多数情况下反而需要重点关注，原因在于过渡圆角往往处于高应力地带，其作用就是用来缓解应力集中的。只有在结构刚度、模态分析等不关心结构应力水平的场合，过渡圆角才可以被简化。

4.2.2.2　单元划分

单元划分即绘制网格图。包括单元的选择与单元划分两个方面的工作。

表 4-1 列出了当前常用的单元类型。使用时应根据问题的具体类型、计算精度要求、手头程序等条件决定。一般地，三维问题既可以用四面体单元，也可以用六面体单元来进行网格划分，但应优先选用六面体单元，因为在相同的计算精度下，选用六面体单元可以起到减少单元数量、简化模型的作用，只有当分析对象结构过于复杂，无法用六面体进行网格划分时，才可考虑选用四面体单元。而为了提高四面体单元的计算精度，可以考虑使用高次四面体单元（10 节点四面体单元）。

表 4-1　有限单元法典型的单元种类

单　元	节点数	每个节点的自由度数	典型应用
杆单元 	2	1	桁　架
平面梁单元 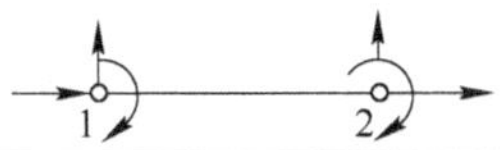	2	3	平面刚架
平面三角形单元：常应变 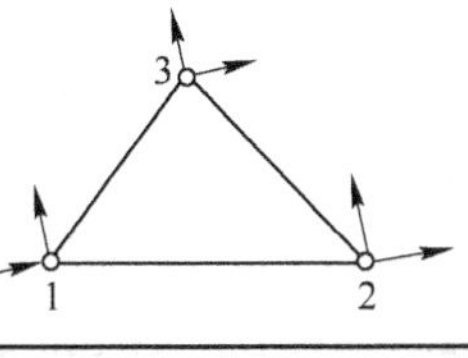	3	2	平面问题

续表 4-1

单　元	节点数	每个节点的自由度数	典型应用
六节点三角形单元:线性应变 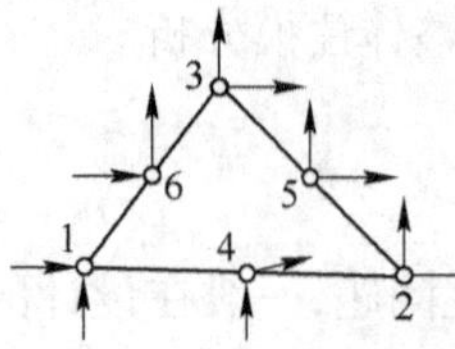	6	2	平面问题
四节点四边形单元 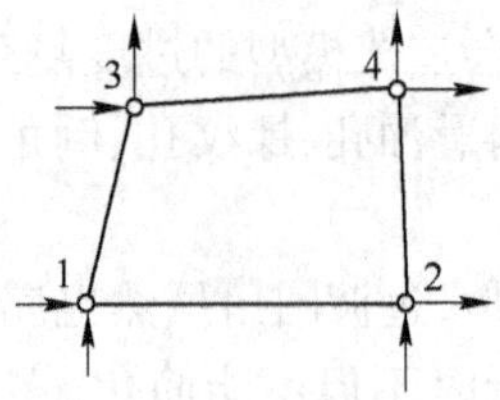	4	2	平面问题
矩形弯曲单元 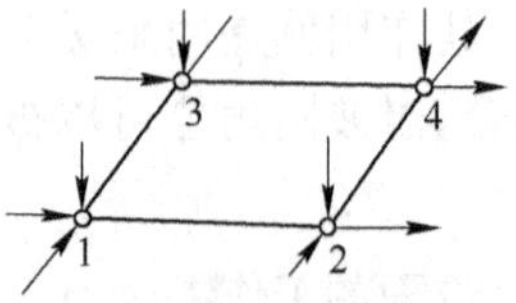	4	3	平板弯曲
三角形弯曲单元 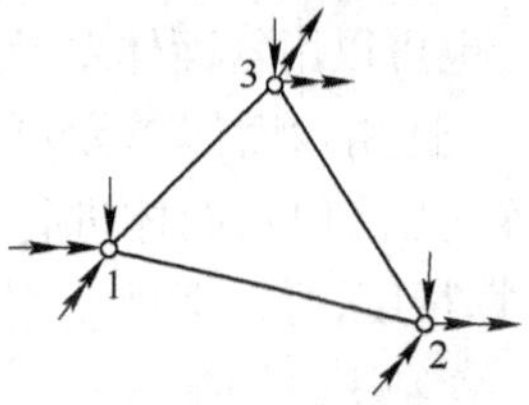	3	3	平板弯曲
四面体单元 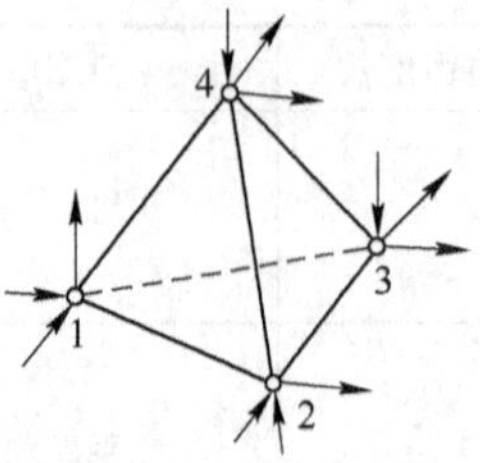	4	3	三维问题
六面体单元 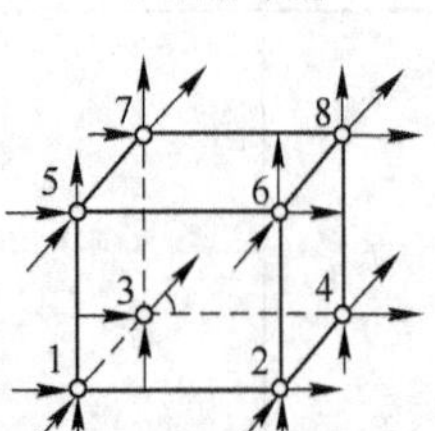	8	3	三维问题

续表 4-1

单　元	节点数	每个节点的自由度数	典型应用
矩形壳单元 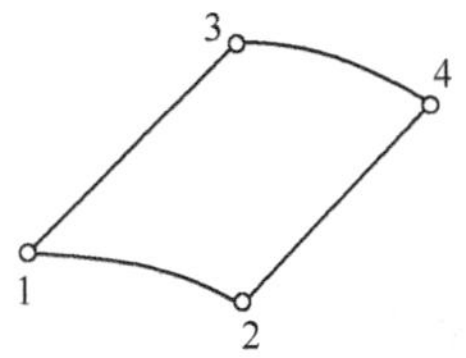	4	5 ~6	壳的弯曲
截头圆锥体单元 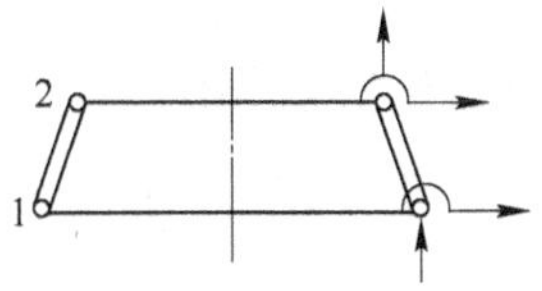	2	3	轴对称壳体
环三角形单元 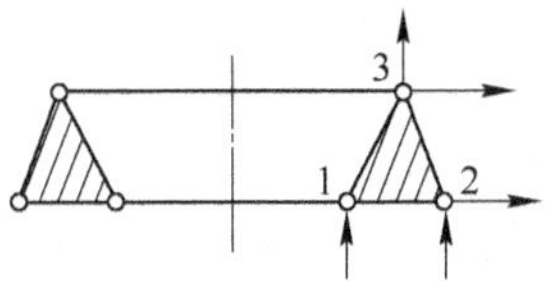	3	3	轴对称实体

为保证计算的顺利进行并保证一定的精度，在单元划分时应注意以下几个问题：

(1) 在划分单元时，就整体来说，单元的大小(网格的疏密)应根据计算精度的要求和计算机的容量与速度来确定。根据误差分析，应力的误差与单元的尺寸成正比，位移的误差与单元的尺寸的平方成正比，可见单元划分的越小越多计算结果越精确。但是单元越多，要求计算机容量也越大，计算时间也越长。因此，在计算机容量的允许范围内，单元划分得越多越好。

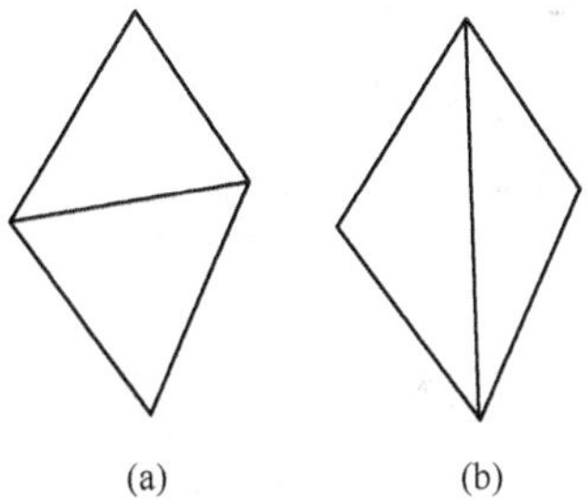

图 4-9　单元划分方式

(a) 合适的单元划分；(b) 不合适的单元划分

(2) 应使每个三角形单元的三个边长(或三个顶角)之间不要相差太大。根据误差分析，应力及位移的误差都和单元的最小内角的正弦成反比。据此，最好采用等边三角形单元。但是，一般情况下，为了适应弹性体的边界及不同部位的单元由大到小的过渡，不可能使所有的单元都接近于等边三角形，但应尽量使单元三个边边长之差较小，如图 4-9 所示(a)、(b)两种分割方式。虽然涉及同样的四个节点，应当采用方式(a)，因为每个三角形的三个顶角相差较小。

(3) 对于具有不同厚度或几种材料组合而成的构件，在单元划分时，应当把不同厚度或不同材料的分界线附近的单元划分得较小些，同时必须把分界线作为单元的边界线。

(4) 如果构件受有突变的分布载荷(见图 4-10(a))，或受有集中载荷(见图 4-10(b))，也应当把这种部位的单元取得小一些，并在载荷突变或集中之处设置节点，以使应力的突变得到一定程度的反映。

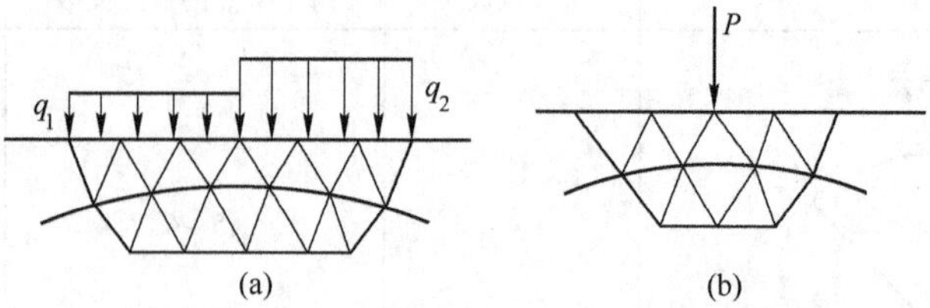

图 4-10 具有突变的分布载荷或集中载荷时单元划分方式

(a) 具有突变分布载荷时的单元划分;(b) 具有集中载荷时的单元划分

(5) 根据对构件不同部位的要求,应当采用不同大小的单元。对于需要比较详细了解应力及位移的重要部位,单元应当划分得小一点,网格密一些;对于次要部位,单元可大一点,网格稀一些。对于应力和位移变化比较激烈的部位,单元应小一点,在应力和位移较平缓的部位,单元可大一点。网格的疏密要逐步过渡。

(6) 当构件具有凹槽或孔洞时,在凹槽或孔洞附近将产生应力集中,即该处的应力很大且变化激烈。为了正确反映此项应力,必须把该处的单元划分得很小,网格很密。

(7) 逐步加密多次计算。对于构件不同部位的应力及位移的变化情况事先难以估计,需先用稀而均匀的网格进行第一次计算,然后根据第一次计算结果,重新划分单元使网格疏密得当,再进行第二次计算。另外,如果为了求解应力集中处的应力,在该处网格划分得很密单元边长相差又不能太大,这样就很可能超出计算机的容量,这时应当采用逐步加密多次计算的方法。第一次计算时,把应力集中处的网格划分得稍密一些,以约略反映应力分布的影响,如图 4-11(a)所示的 *ABCD* 部分,这时主要的目的在于算出别处的应力,并算出 *ABCD* 线上的节点位移。第二次计算时,把应力集中处附近的网格划分很细密,图 4-11(b)就以 *ABCD* 部分为计算简图,而将前一次计算所得的 *ABCD* 线上各节点位移作为已知量输入,即可将应力集中处附近的局部应力算得比较精确。

(8) 在网格中,任一三角形的单元的顶点,必须同时也是相邻单元的顶点。否则,就破坏了单元只在顶点(节点)受力的约定,违反规则点的受力就无法平衡。如图 4-12 所示,(a)和(b)所表示的分割方式是正确的,而(c)和(d)的分割方式是错误的。

(9) 网格划分完毕后,要将每个单元、节点编号。编号应保证不重、不漏、连续,并使各个单元上节点的点号差尽量小,以压缩总体刚度矩阵的体积,减小机器内存占用量及计算时间。

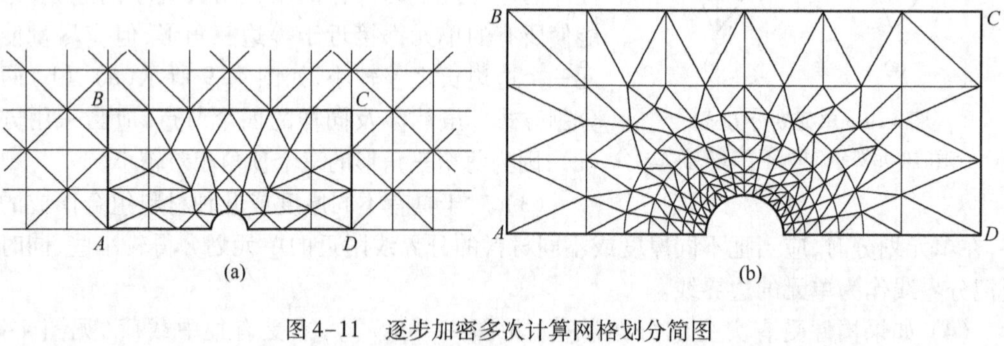

图 4-11 逐步加密多次计算网格划分简图

(a) 第一次计算单元划分;(b) 第二次加密计算时单元划分

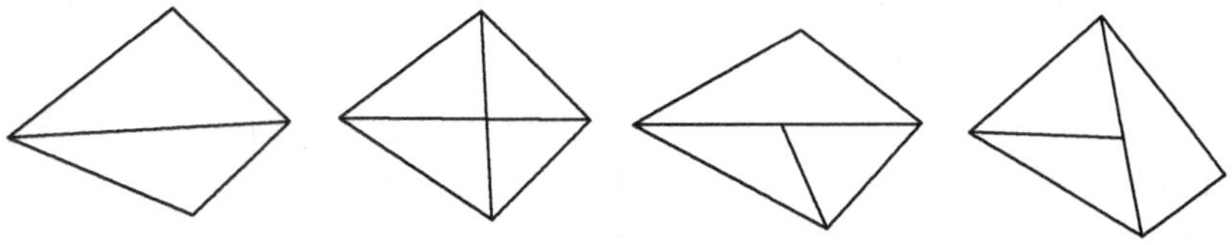

图 4-12　单元节点的选取
(a),(b) 正确的单元划分;(c),(d) 错误的单元划分

4.2.3　有限单元法单元特性的导出

4.2.3.1　单元位移函数

由固体力学知,如果连续体的位移分量是坐标的已知函数,就可由几何方程求得应变分量,再由本构方程求得应力分量。但是,如果仅知道连续体(或单元)中几个点(例如节点)的位移分量的数值是不能直接求得其应变分量和应力分量的。为了能用节点位移分量表示单元上的应变、应力,首先必须把单元上任一点的位移分量表示为坐标的某种函数。当然,这些函数在上述几个节点上的数值,应当等于其已知值。这种做法,实际上是假定单元上各点按某种模式变形,各点的位移值则是由已知点(节点)的数值按这种模式插值取得。这里所采用的函数称为位移函数或位移模式。

位移模式的选取,实质上是选一个假想的坐标函数来近似地描述实际的位移的变化规律,它必须具备两个条件:一是应满足收敛条件;二是既能较好地反映单元实际位移,又便于数学处理。

A　收敛准则

有限单元法作为一种数值方法,其解答应随着网格的逐步细分,收敛于问题的精确解。理论分析表明,在单元形状确定之后,位移模式的选取是关键。因为载荷的移置、应力矩阵及刚度矩阵的建立等等都依赖于位移模式。研究表明,在给定载荷之下,有限单元法计算模型的变形要比实际变形小;当单元网格逐步细化时,位移的近似解将由下方收敛于精确解,得到真实解的下界。这是因为人为地给定位移模式,相当于对结构多加了约束,限制了其变形,提高了结构的刚度。

为了保证解答的收敛性,要求位移模式必须满足以下三个条件:

(1) 位移模式必须包含单元的刚体位移。即当节点位移是由某个刚体位移引起时,单元内不会有应变。这样,单元就不但具有描述单元自身变形的能力,而且具备了描述由于其他单元变形而连带引起的刚体位移的能力。这种能力是必要的,因为多数单元的刚体位移成分是很大的,甚至是主要的。例如,在靠近悬臂梁的自由端处,单元的应变很小,其位移主要是由于其他单元变形而引起的刚体位移。

(2) 位移模式必须能反映单元的常应变。每个单元的实际应变一般包含两个部分:一部分是与该单元中各点的位置坐标有关的变应变;另一部分则是与位置坐标无关的常应变。当单元尺寸较小时,单元应变趋于均匀,常应变就成为应变的主要部分。如位移模式中不包含常应变,就不可能正确反映单元的位移形态。

(3) 单元的位移模式应保证结构位移的连续协调。即单元内位移是连续的,单元间变形是协调的，不会出现两部分相互叠合或相互脱离。对于在以后讨论的梁，板和壳单元等，还要求单元之间有斜率的连续性。

单元内变形的连续性是容易保证的，只需将位移函数取为坐标的单值连续函数即可。而在单元之间保证连续性较困难。但可以证明，当单元界面（或边界）上的位移仅由该界面上的节点位移唯一确定时，单元间的变形协调性要求即可满足。

在有限单元法中，满足条件（1）和条件（2）的单元称为完备单元；满足条件（3）的单元称为协调单元或保续单元。同时满足三个条件的单元为完备协调单元。但在某些梁、板壳分析中，要使单元满足条件(3)比较困难，实践中有使用只满足条件（1）、（2）的单元，其收敛性也是令人满意的。

B　多项式位移模式的选取

在有限单元法的实际应用中，普遍选择多项式作为位移模式。这主要是基于两方面的考虑：一是根据数学理论，任一闭区间上的光滑函数，都可以用多项式逼近，项数愈多愈精确。二是多项式便于数学处理（微分和积分），最重要的是很容易满足收敛条件。

在多项式位移模式的具体选取时，还应注意下面两个问题：

（1）位移模式应该与局部坐标系的方位无关。这一性质称为几何各向同性，其等价于位移模式不应偏惠于任意坐标方向，也就是位移形式不应随局部坐标的更换而改变。经验证明，实现几何各项同性的一种方法是，根据如下巴斯卡三角形（图 4-13）来选择二维多项式各项。

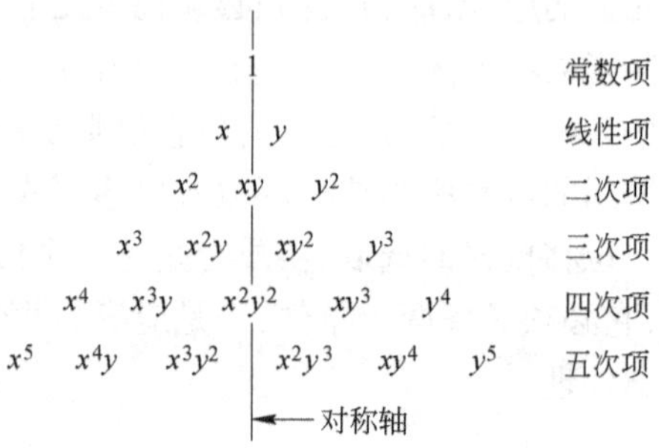

图 4-13　巴斯卡三角形

在二维多项式中，若包含有巴斯卡三角形对称轴一边的任一项，则其亦应同时包含有另一边的对称项。当然，为了满足收敛准则（1）、（2），常数项和一次项总是要有的（具体说明见后）。例如，要构成一个有八项的三次模式，则由以下各项构成的模式是满足几何各项同性的：

1）包含常数项、线性项、二次项及 x^2、y^2项；

2）包含常数项、线性项、二次项，再加上 x^2y 和 xy^2项。

（2）待定系数的个数等于单元的自由度数。位移模式的项数愈多，所表达的解和真实位移分布愈接近。但位移模式中各项的待定系数要由节点位移来确定。若把节点数与每一节点的位移分量的个数的乘积称为单元自由度，那么待定系数的个数一般应当等于单元的自由度数。

C　三节点三角形单元的位移模式

三节点三角形单元共有三个节点，六个位移分量，其自由度等于6。单元位移分量可用列阵表示为：

$$\{\boldsymbol{\delta}\}^e = [\boldsymbol{\delta}_i^{\mathrm{T}} \quad \boldsymbol{\delta}_j^{\mathrm{T}} \quad \boldsymbol{\delta}_m^{\mathrm{T}}]^{\mathrm{T}} = [u_i \quad v_i \quad u_j \quad v_j \quad u_m \quad v_m]^{\mathrm{T}} \tag{4-9}$$

其中子矩阵：
$$\{\boldsymbol{\delta}_i\} = [u_i \quad v_i]^{\mathrm{T}}$$

式中，u_i、v_i分别为节点 i 在 x 轴和 y 轴方向的位移。

根据位移模式的选取方法和原则，三节点三角形单元的位移模式可取为坐标的线性函

数,即:

$$\left.\begin{aligned}u(x,y)&=\alpha_1+\alpha_2x+\alpha_3y\\v(x,y)&=\alpha_4+\alpha_5x+\alpha_6y\end{aligned}\right\}\tag{4-10}$$

式中,$\alpha_1,\alpha_2,\cdots,\alpha_6$为待定系数;$u$、$v$ 分别为单元中任意一点在 x、y 方向的位移分量。

可以证明,式(4-10)设定的位移模式满足收敛准则。

设节点 i、j、m 的坐标分别为(x_i,y_i)、(x_j,y_j)、(x_m,y_m),则应有:

$$\left.\begin{aligned}u_i&=\alpha_1+\alpha_2x_i+\alpha_3y_i; & v_i&=\alpha_4+\alpha_5x_i+\alpha_6y_i\\u_j&=\alpha_1+\alpha_2x_j+\alpha_3y_j; & v_j&=\alpha_4+\alpha_5x_j+\alpha_6y_j\\u_m&=\alpha_1+\alpha_2x_m+\alpha_3y_m; & v_m&=\alpha_4+\alpha_5x_m+\alpha_6y_m\end{aligned}\right\}\tag{4-11}$$

应用克莱姆法则求解上面左面的三个方程及右边的三个方程,可得:

$$\left.\begin{aligned}\alpha_1&=\frac{1}{2\Delta}(a_iu_i+a_ju_j+a_mu_m)=\frac{1}{2\Delta}\sum_{i,j,m}a_iu_i\\\alpha_2&=\frac{1}{2\Delta}(b_iu_i+b_ju_j+b_mu_m)=\frac{1}{2\Delta}\sum_{i,j,m}b_iu_i\\\alpha_3&=\frac{1}{2\Delta}(c_iu_i+c_ju_j+c_mu_m)=\frac{1}{2\Delta}\sum_{i,j,m}c_iu_i\\\alpha_4&=\frac{1}{2\Delta}(a_iv_i+a_jv_j+a_mv_m)=\frac{1}{2\Delta}\sum_{i,j,m}a_iv_i\\\alpha_5&=\frac{1}{2\Delta}(b_iv_i+b_jv_j+b_mv_m)=\frac{1}{2\Delta}\sum_{i,j,m}b_iv_i\\\alpha_6&=\frac{1}{2\Delta}(c_iv_i+c_jv_j+c_mv_m)=\frac{1}{2\Delta}\sum_{i,j,m}c_iv_i\end{aligned}\right\}\tag{4-12}$$

其中:

$$\left.\begin{aligned}a_i&=x_jy_m-x_my_j\\b_i&=y_j-y_m\\c_i&=-(x_j-x_m)\end{aligned}\right\}\quad(i,j,m)$$

$$\Delta=\frac{1}{2}\begin{vmatrix}1&x_i&y_i\\1&x_j&y_j\\1&x_m&y_m\end{vmatrix}$$

由解析几何知,上式中的 Δ 就是三角形 ijm 的面积,为使求得的面积值不致为负值,节点 ijm 的次序必须逆时针排列。

将式(4-12)代入式(4-10),整理后得:

$$\left.\begin{aligned}u&=\frac{1}{2\Delta}\sum_{i,j,m}(a_i+b_ix+c_iy)u_i\\v&=\frac{1}{2\Delta}\sum_{i,j,m}(a_i+b_ix+c_iy)v_i\end{aligned}\right\}\tag{4-13}$$

令

$$N_i=\frac{1}{2\Delta}(a_i+b_ix+c_iy)\quad(i,j,m)\tag{4-14}$$

式(4-13)可写为:

$$\left.\begin{aligned} u &= N_i u_i + N_j u_j + N_m u_m \\ v &= N_i v_i + N_j v_j + N_m v_m \end{aligned}\right\} \tag{4-15}$$

合并写成矩阵形式，为：

$$\{\boldsymbol{f}\} = \begin{Bmatrix} \boldsymbol{u} \\ \boldsymbol{v} \end{Bmatrix} = \begin{bmatrix} N_i & 0 & N_j & 0 & N_m & 0 \\ 0 & N_i & 0 & N_j & 0 & N_m \end{bmatrix} \{\boldsymbol{\delta}\}^e \tag{4-16}$$

如记：

$$[\boldsymbol{N}] = \begin{bmatrix} N_i & 0 & N_j & 0 & N_m & 0 \\ 0 & N_i & 0 & N_j & 0 & N_m \end{bmatrix} \tag{4-17}$$

最后有：

$$\{\boldsymbol{f}\} = [\boldsymbol{N}]\{\boldsymbol{\delta}\}^e \tag{4-18}$$

其中，$N_i(i,j,m)$是坐标的线性函数，它反映了单元的位移形态，因此称为形态函数，而矩阵$[N]$则称为形态矩阵。

4.2.3.2　单元的应变和应力

当选取了单元位移函数，并用节点位移确定待定系数之后，就可以通过几何方程和弹性方程求得用节点位移表示的单元应变和应力。

A　单元应变矩阵

将式(4-13)代入几何方程，经整理后可以得出用节点位移表示的单元内任一点的应变表达式：

$$\{\boldsymbol{\varepsilon}\} = \begin{Bmatrix} \boldsymbol{\varepsilon}_x \\ \boldsymbol{\varepsilon}_y \\ \boldsymbol{\gamma}_{xy} \end{Bmatrix} = \begin{Bmatrix} \dfrac{\partial u}{\partial x} \\ \dfrac{\partial v}{\partial y} \\ \dfrac{\partial u}{\partial y} + \dfrac{\partial v}{\partial x} \end{Bmatrix} = \frac{1}{2\Delta} \begin{bmatrix} b_i & 0 & b_j & 0 & b_m & 0 \\ 0 & c_i & 0 & c_j & 0 & c_m \\ c_i & b_i & c_j & b_j & c_m & b_m \end{bmatrix} \{\boldsymbol{\delta}\}^e \tag{4-19}$$

简写成矩阵形式：

$$\{\boldsymbol{\varepsilon}\} = [\boldsymbol{B}]\{\boldsymbol{\delta}\}^e \tag{4-20}$$

其中，矩阵$[\boldsymbol{B}]$可写成分块形式：

$$[\boldsymbol{B}] = [\boldsymbol{B}_i \quad \boldsymbol{B}_j \quad \boldsymbol{B}_m] \tag{4-21}$$

而其子矩阵为：

$$[\boldsymbol{B}_i] = \frac{1}{2\Delta} \begin{bmatrix} b_i & 0 \\ 0 & c_i \\ c_i & b_i \end{bmatrix} \quad (i,j,m) \tag{4-22}$$

矩阵$[\boldsymbol{B}]$称为几何矩阵或应变矩阵。由于其元素均是仅与单元几何性质有关的常量，所以在每一个单元中，各个应变分量为一常数。因此，这里取用的简单三角形单元，也称为常应变单元。

B　单元应力矩阵

对于弹性问题，将单元应变代入弹性方程，就可得到用节点位移表示的单元应力表达式：

$$\{\boldsymbol{\sigma}\} = [\boldsymbol{D}]\{\boldsymbol{\varepsilon}\} = [\boldsymbol{D}][\boldsymbol{B}]\{\boldsymbol{\delta}\}^e \tag{4-23}$$

令：

$$[\boldsymbol{S}] = [\boldsymbol{D}][\boldsymbol{B}] = [\boldsymbol{S}_i \quad \boldsymbol{S}_j \quad \boldsymbol{S}_m] \tag{4-24}$$

则有：
$$\{\boldsymbol{\sigma}\} = [\boldsymbol{S}]\{\boldsymbol{\delta}\}^e \tag{4-25}$$

对于平面应力问题，有：

$$[\boldsymbol{D}] = \frac{E}{1-\mu^2}\begin{bmatrix} 1 & \text{对} & \\ \mu & 1 & \text{称} \\ 0 & 0 & \frac{1-\mu}{2} \end{bmatrix} \tag{4-26}$$

$$[\boldsymbol{S}_i] = \frac{E}{2(1-\mu^2)\Delta}\begin{bmatrix} b_i & \mu c_i \\ \mu b_i & c_i \\ \frac{1-\mu}{2}c_i & \frac{1-\mu}{2}b_i \end{bmatrix} \quad (i,j,m) \tag{4-27}$$

对于平面应变问题，只需将上式中的 E 换成$\frac{E}{1-\mu^2}$，μ 换成$\frac{1-\mu}{2}$即可。

矩阵$[\boldsymbol{S}]$是一个 3×6 的矩阵，它反映了单元应力与节点位移之间的关系，称为单元应力矩阵。由以上诸式可以看出单元应力只与单元材料性能和几何参数有关，而与单元上点的位置坐标无关，所以单元应力在一个单元的内部也是常量。当然，相邻单元一般将具有不同的应力，所以在它们的共用边界上，应力将不连续而有突变。不过，随着单元尺寸逐步取小，这种应力突变将会减小，最终收敛于正确解。

4.2.3.3 单元刚度矩阵

A 节点力和节点位移间的关系

节点力是指连续体离散化之后，外载、约束和其他单元通过节点作用在某一单元上的力。对于已从整体结构中取出来的单元来说，作用在其上的节点力就是外力。这些节点力在单元内部会引起相应的应力。当整体处于平衡状态时，单元在节点力作用下也处于平衡状态。

在平面问题中节点力有两个分量，分别用 U 和 V 加节点号下标表示该节点水平和垂直节点力分量（有时还再加单元号上标表示该单元上的节点力）。节点力以节点对单元的力沿坐标正方向为正，反之为负。对三节点三角形单元来讲，共有六个节点力分量，用列阵表示为：

$$\{\boldsymbol{F}\}^e = [\boldsymbol{F}_i^{\mathrm{T}} \quad \boldsymbol{F}_j^{\mathrm{T}} \quad \boldsymbol{F}_m^{\mathrm{T}}]^{\mathrm{T}} = [U_i \quad V_i \quad U_j \quad V_j \quad U_m \quad V_m]^{\mathrm{T}};\{\boldsymbol{F}_i\} = [U_i \quad V_i]^{\mathrm{T}}(i,j,m) \tag{4-28}$$

根据虚功原理，处于平衡状态的单元上的节点力（外力）在某一虚位移上所作的虚功应等于单元应力（内力）在相应虚应变上所作的虚功。设单元节点处的虚位移为$\{\boldsymbol{\delta}^*\}^e$，采用和真实位移相同的位移模式，则单元内各点的虚位移为$\{\boldsymbol{f}^*\} = [\boldsymbol{u}^* \quad \boldsymbol{v}^*]^{\mathrm{T}} = [\boldsymbol{N}]\{\boldsymbol{\delta}^*\}^e$，相应的虚应变为$\{\boldsymbol{\varepsilon}^*\} = [\boldsymbol{B}]\{\boldsymbol{\delta}^*\}^e$。于是虚功原理可以写成：

$$(\{\boldsymbol{\delta}^*\}^e)^{\mathrm{T}}\{\boldsymbol{F}\}^e = \iint_e \{\boldsymbol{\varepsilon}^*\}^{\mathrm{T}}\{\boldsymbol{\sigma}\}\,\mathrm{d}x\mathrm{d}yt \tag{4-29}$$

将$\{\boldsymbol{\varepsilon}^*\} = [\boldsymbol{B}]\{\boldsymbol{\delta}^*\}^e$ 及$\{\boldsymbol{\sigma}\} = [\boldsymbol{D}][\boldsymbol{B}]\{\boldsymbol{\delta}\}^e$ 代入上式，得：

$$(\{\boldsymbol{\delta}^*\}^e)^{\mathrm{T}}\{\boldsymbol{F}\}^e = \iint_e ([\boldsymbol{B}]\{\boldsymbol{\delta}^*\}^e)^{\mathrm{T}}[\boldsymbol{D}][\boldsymbol{B}]\{\boldsymbol{\delta}\}^e\mathrm{d}x\mathrm{d}yt$$

根据矩阵乘法逆序法则，上式可以写成：

$$(\{\boldsymbol{\delta}^*\}^e)^{\mathrm{T}}\{\boldsymbol{F}\}^e = \iint_e (\{\boldsymbol{\delta}^*\}^e)^{\mathrm{T}}[\boldsymbol{B}]^{\mathrm{T}}[\boldsymbol{D}][\boldsymbol{B}]\{\boldsymbol{\delta}\}^e\mathrm{d}x\mathrm{d}yt$$

由于列阵 $\{\boldsymbol{\delta}^*\}^e$、$\{\boldsymbol{\delta}\}^e$ 中的元素是常量，即与单元内点的位置坐标 x,y 无关，上式右边的 $(\{\boldsymbol{\delta}^*\}^e)^{\mathrm{T}}$、$\{\boldsymbol{\delta}\}^e$ 可以分别提到积分号前面和后面。又由于虚位移 $\{\boldsymbol{\delta}^*\}^e$ 是任意的，因此等式两边与它相乘的矩阵应当相等，于是得：

$$\{\boldsymbol{F}\}^e = \iint_e [\boldsymbol{B}]^{\mathrm{T}}[\boldsymbol{D}][\boldsymbol{B}]\,\mathrm{d}x\mathrm{d}yt\{\boldsymbol{\delta}\}^e \tag{4-30}$$

令：

$$[\boldsymbol{K}]^e = \iint_e [\boldsymbol{B}]^{\mathrm{T}}[\boldsymbol{D}][\boldsymbol{B}]\,\mathrm{d}x\mathrm{d}yt \tag{4-31}$$

最后有：

$$\{\boldsymbol{F}\}^e = [\boldsymbol{K}]^e\{\boldsymbol{\delta}\}^e \tag{4-32}$$

这就是具有普遍意义的平面问题单元的节点力和节点位移关系式。

对于三角形三节点单元，在线性位移模式时，因 $[\boldsymbol{D}]$ 和 $[\boldsymbol{B}]$ 中的元素均是常量，同时 $\iint_e \mathrm{d}x\mathrm{d}y = \Delta$ 为单元面积，有：

$$[\boldsymbol{K}]^e = [\boldsymbol{B}]^{\mathrm{T}}[\boldsymbol{D}][\boldsymbol{B}]\Delta t \tag{4-33}$$

式中，矩阵 $[\boldsymbol{K}]^e$ 称为单元的刚度矩阵，其元素决定于单元的形状、大小、方位和弹性常数，而与单元的位置无关，即不随单元或坐标轴的平行移动而改变。

B　单元刚度矩阵的计算

为了计算单元刚度矩阵 $[K]^e$ 的值，将式(4-32)展开可得：

$$[\boldsymbol{K}]^e = \begin{bmatrix} [\boldsymbol{k}_{ii}] & [\boldsymbol{k}_{ij}] & [\boldsymbol{k}_{im}] \\ [\boldsymbol{k}_{ji}] & [\boldsymbol{k}_{jj}] & [\boldsymbol{k}_{jm}] \\ [\boldsymbol{k}_{mi}] & [\boldsymbol{k}_{mj}] & [\boldsymbol{k}_{mm}] \end{bmatrix} \tag{4-34}$$

式中，子矩阵 $[\boldsymbol{k}_{rs}]$ $(r,s=i,j,m)$ 是九个 2×2 阶方阵，将各 $[\boldsymbol{B}]$、$[\boldsymbol{D}]$ 等参数代入可得 $[\boldsymbol{k}_{rs}]$ 的算式。如对于平面应力问题的三角形三节点单元，有：

$$[\boldsymbol{k}_{rs}] = \begin{bmatrix} k_{\bar{r}\bar{s}} & k_{\bar{r}s} \\ k_{r\bar{s}} & k_{rs} \end{bmatrix} = \frac{Et}{4(1-\mu^2)\Delta}\begin{bmatrix} b_r b_s + \dfrac{1-\mu}{2}c_r c_s & \mu b_r c_s + \dfrac{1-\mu}{2}c_r b_s \\ \mu c_r b_s + \dfrac{1-\mu}{2}b_r c_s & c_r c_s + \dfrac{1-\mu}{2}b_r b_s \end{bmatrix} \quad (r,s=i,j,m) \tag{4-35}$$

C　单元刚度矩阵的物理意义

单元刚度矩阵 $[\boldsymbol{K}]^e$ 表示了单元抵抗变形的能力，即表示了节点位移 $\{\delta\}^e$ 与节点力 $\{F\}^e$ 之间的关系。将式(4-32)展开成方程组形式，不难看出，单元刚度矩阵上的每个子矩阵和元素均有明显的物理意义。如

$[k_{rs}]$ 表示节点 s 发生单位位移时，在节点 r 上产生的节点力；

$k_{\bar{r}\bar{s}}$ 表示节点 s 水平方向发生单位位移时，在节点 r 的水平方向产生的节点力；

$k_{\bar{r}s}$ 表示节点 s 垂直方向发生单位位移时，在节点 r 的水平方向产生的节点力；

$k_{r\bar{s}}$ 表示节点 s 水平方向发生单位位移时，在节点 r 的垂直方向产生的节点力；

k_{rs} 表示节点 s 垂直方向发生单位位移时，在节点 r 的垂直方向产生的节点力。

其中元素的后一个下标表示发生单位位移的节点，前一个下标则表示产生节点力的点。下标上有“-”的表示水平方向，没有“-”的表示垂直方向。

同时可以得出：单元一个节点上的节点力分量是本单元上三个节点六个位移分量对其

提供贡献的总和,即:

$$\left.\begin{aligned} U_r &= \sum_{s=i,j,m} (k_{\bar{r}\bar{s}} u_s + k_{\bar{r}s} v_s) \\ V_r &= \sum_{s=i,j,m} (k_{r\bar{s}} u_s + k_{rs} v_s) \end{aligned}\right\} \tag{4-36}$$

通过分析还可以得出单元刚度矩阵的一些重要性质:

(1) 对称性,就是说单元刚度矩阵是一个对称矩阵。

(2) 奇异性,就是说单元刚度矩阵是一个奇异矩阵,即$|[\boldsymbol{K}]^e|=0$,这表明其逆矩阵不存在。也就是说,如果给定了单元节点位移,由式(4-32)可以得出唯一节点力。反之,如给出一节点力,却无法求出确定的节点位移。这是因为单一单元未考虑所受约束时,可能存在不引起单元应变和节点力的刚性位移。

(3) 分块性质,单元刚度矩阵可以分块运算。

4.2.4 整体分析

对典型单元进行单元分析之后,得出了单元刚度矩阵$[K]^e$,知道了每个单元抵抗变形的能力。但如何从单个单元抵抗变形的能力得到整个结构抵抗变形的能力——总体刚度,这关系到如何将单元刚度矩阵组合成总体刚度矩阵的问题。我们注意到,首先,在单元节点力与节点位移关系中,节点力对单元来讲是外力,但是对整个结构来讲是内力,而整个结构要抵抗的是结构外力作用下的变形;其次,离散模型中,单个节点可能受到很多单元的共同作用,同时还有可能受到外载或外来的约束,显然,节点在多个单元、外载及外来约束的作用下必须平衡,而通过这种节点的平衡,也就建立了单元与单元之间、单元与外界之间的关系。节点平衡方程正是从单元刚度矩阵建立总体刚度矩阵的途径。

4.2.4.1 节点平衡方程与总体刚度矩阵的建立

单元组合体在外力的作用下处于平衡状态,则每个节点在节点载荷(如果有的话,由外力离散而得)和单元给节点的节点力(和上节研究的节点给单元的节点力互为反作用力,其正向和坐标正向相反)共同作用下,也处于平衡状态。对任意节点I,如果其上受有等效节点载荷$\{\boldsymbol{R}_I\}=[R_{Ix} \quad R_{Iy}]^{\mathrm{T}}$,并被$z$个单元共有,则其平衡方程为:

$$\left.\begin{aligned} R_{Ix} &= \sum_{e=1}^{z} U_I^e \\ R_{Iy} &= \sum_{e=1}^{z} V_I^e \end{aligned}\right\} \tag{4-37}$$

式中,U_I^e、V_I^e分别表示单元e对节点I的水平节点力和垂直节点力,其大小和节点I给单元e的节点力相同。据式(4-36),有:

$$\left.\begin{aligned} U_I^e &= \sum_{\substack{r=I \\ s=i,j,m}} (k_{\bar{r}\bar{s}}^e u_s + k_{\bar{r}s}^e v_s) \\ V_I^e &= \sum_{\substack{r=I \\ s=i,j,m}} (k_{r\bar{s}}^e u_s + k_{rs}^e v_s) \end{aligned}\right\} \tag{4-38}$$

将式(4-38)代入式(4-37),得:

$$
\left.\begin{aligned}
R_{Ix} &= \sum_{e=1}^{z} \sum_{\substack{r=I \\ s=i,j,m}} \left(k^e_{\bar r \bar s} u_s + k^e_{\bar r s} v_s \right) \\
R_{Iy} &= \sum_{e=1}^{z} \sum_{\substack{r=I \\ s=i,j,m}} \left(k^e_{r \bar s} u_s + k^e_{rs} v_s \right)
\end{aligned}\right\} \tag{4-39}
$$

对于 NP 个节点,共可建立起 NP 个如上所示之方程组。在这总计 $2\times NP$ 个方程中,左端为每个节点所受等效节点载荷,右端是各节点位移分量和相应单元刚度矩阵元素的乘积。将上述 $2\times NP$ 个方程按节点序号排列,并将每个方程右端扩展为所有节点位移分量和相应系数的乘积(原来没有的系数取零)。则有:

$$
\left.\begin{aligned}
R_{Ix} &= \sum_{J=1}^{NP} \left(K_{\bar I \bar J} u_J + K_{\bar I J} v_J \right) \\
R_{Iy} &= \sum_{J=1}^{NP} \left(K_{I \bar J} u_J + K_{IJ} v_J \right)
\end{aligned}\right\} \quad (I = 1,2,\cdots,NP) \tag{4-40}
$$

即

$$
\{R\} = [\boldsymbol{K}]\{\boldsymbol{\delta}\} \tag{4-41}
$$

我们把上式称为总体平衡方程,其中 $\{\boldsymbol{R}\}$ 和 $\{\boldsymbol{\delta}\}$ 分别为按节点序号排列的节点等效载荷分量列阵和总的节点位移分量列阵。$[\boldsymbol{K}]$ 为总体刚度矩阵,是一个 $2NP$ 阶方阵,用符号表示,有:

$$
[\boldsymbol{K}] = \begin{bmatrix}
[\boldsymbol{K}_{11}] & [\boldsymbol{K}_{12}] & \cdots & [\boldsymbol{K}_{1NP}] \\
[\boldsymbol{K}_{21}] & [\boldsymbol{K}_{22}] & \cdots & [\boldsymbol{K}_{2NP}] \\
\vdots & \vdots & \vdots & \vdots \\
[\boldsymbol{K}_{NP1}] & [\boldsymbol{K}_{NP2}] & \cdots & [\boldsymbol{K}_{NPNP}]
\end{bmatrix} \tag{4-42}
$$

其中子矩阵为:

$$
[\boldsymbol{K}_{IJ}] = \begin{bmatrix} \boldsymbol{K}_{\bar I \bar J} & \boldsymbol{K}_{\bar I J} \\ \boldsymbol{K}_{I \bar J} & \boldsymbol{K}_{IJ} \end{bmatrix} \quad (I,J=1,2,\cdots,NP) \tag{4-43}
$$

由推导过程可以看出,总体刚度矩阵子矩阵 $[\boldsymbol{K}_{IJ}]$ 是单元刚度矩阵相关子矩阵 $[\boldsymbol{k}_{rs}]$ 的迭加,这里 I、J 是节点的总体编号,r、s 是单元内节点编号。为进一步明确 $[\boldsymbol{K}_{IJ}]$ 和 $[\boldsymbol{k}_{rs}]$ 的关系,下面举例说明。

设有一单元组合体如图 4-14 所示。现解除单元组合体的约束代之以约束反力,各节点的受力情况如图 4-15 所示。它们的平衡方程为:

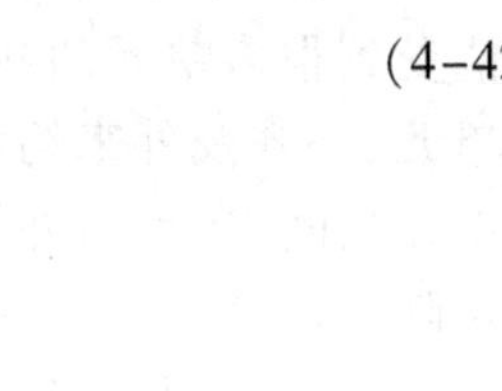

图 4-14　单元组合体

节点 1: $U_1^{(1)} = R_{1x}$

$V_1^{(1)} = -R_{1y}$

节点 2: $U_2^{(1)} + U_2^{(2)} + U_2^{(3)} = R_{2x}$

$V_2^{(1)} + V_2^{(2)} + V_2^{(3)} = 0$

节点 3: $U_3^{(1)} + U_3^{(3)} + U_3^{(4)} = 0$

$V_3^{(1)} + V_3^{(3)} + V_3^{(4)} = 0$

节点 4: $U_4^{(2)} = R_{4x}$

$V_4^{(2)} = R_{4y}$

节点 5: $U_5^{(2)} + U_5^{(3)} + U_5^{(4)} = 0$

$V_5^{(2)} + V_5^{(3)} + V_5^{(4)} = R_{5y}$

节点 6: $U_6^{(4)} = 0$

$V_6^{(4)} = R_{6y}$

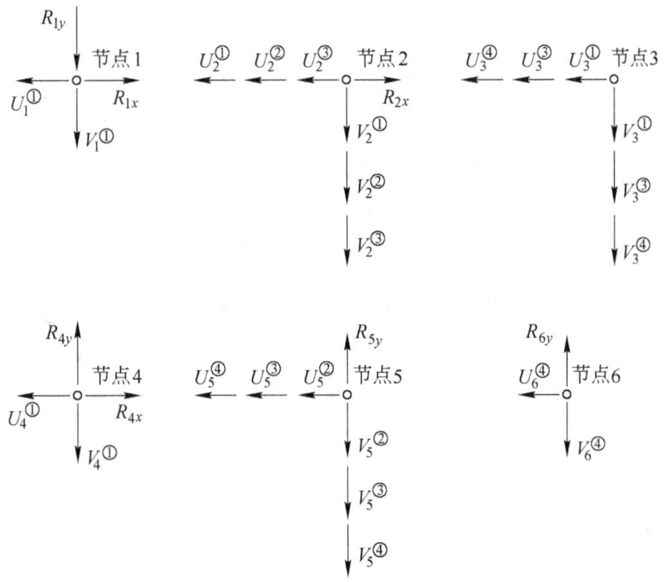

图 4-15 节点受力分析

将各节点平衡方程按节点及单元顺序写成分块矩阵形式，即：

$$\begin{Bmatrix}\{\boldsymbol{F}_1\}\\\{\boldsymbol{F}_2\}\\\{\boldsymbol{F}_3\}\\0\\0\\0\end{Bmatrix}^{(1)}+\begin{Bmatrix}0\\\{\boldsymbol{F}_2\}\\0\\\{\boldsymbol{F}_4\}\\\{\boldsymbol{F}_5\}\\0\end{Bmatrix}^{(2)}+\begin{Bmatrix}0\\\{\boldsymbol{F}_2\}\\\{\boldsymbol{F}_3\}\\0\\\{\boldsymbol{F}_5\}\\0\end{Bmatrix}^{(3)}+\begin{Bmatrix}0\\0\\\{\boldsymbol{F}_3\}\\0\\\{\boldsymbol{F}_5\}\\\{\boldsymbol{F}_6\}\end{Bmatrix}^{(4)}=\begin{Bmatrix}\{\boldsymbol{R}_1\}\\\{\boldsymbol{R}_2\}\\\{\boldsymbol{R}_3\}\\\{\boldsymbol{R}_4\}\\\{\boldsymbol{R}_5\}\\\{\boldsymbol{R}_6\}\end{Bmatrix} \tag{4-44}$$

将上面方程组中各单元的节点力列阵用单元刚度矩阵与节点位移分量列阵的乘积来表示，用补零的办法相应升阶，并按节点编号顺序重新排列。以单元1为例有：

$$\begin{Bmatrix}\{\boldsymbol{F}_1\}\\\{\boldsymbol{F}_2\}\\\{\boldsymbol{F}_3\}\\0\\0\\0\end{Bmatrix}^{(1)}=\begin{bmatrix}[\boldsymbol{k}_{11}]^{(1)} & [\boldsymbol{k}_{12}]^{(1)} & [\boldsymbol{k}_{13}]^{(1)} & 0 & 0 & 0\\ [\boldsymbol{k}_{21}]^{(1)} & [\boldsymbol{k}_{22}]^{(1)} & [\boldsymbol{k}_{23}]^{(1)} & 0 & 0 & 0\\ [\boldsymbol{k}_{31}]^{(1)} & [\boldsymbol{k}_{32}]^{(1)} & [\boldsymbol{k}_{33}]^{(1)} & 0 & 0 & 0\\ 0&0&0&0&0&0\\0&0&0&0&0&0\\0&0&0&0&0&0\end{bmatrix}\begin{Bmatrix}\{\boldsymbol{\delta}_1\}\\\{\boldsymbol{\delta}_2\}\\\{\boldsymbol{\delta}_3\}\\\{\boldsymbol{\delta}_4\}\\\{\boldsymbol{\delta}_5\}\\\{\boldsymbol{\delta}_6\}\end{Bmatrix} \tag{4-45}$$

如果将各单元的贡献矩阵记为 $[\boldsymbol{K}]^e$，则有：

$$[[\boldsymbol{K}]^{(1)}+[\boldsymbol{K}]^{(2)}+[\boldsymbol{K}]^{(3)}+[\boldsymbol{K}]^{(4)}]\{\boldsymbol{\delta}\}=\{\boldsymbol{R}\} \tag{4-46}$$

令：

$$[\boldsymbol{K}]=[\boldsymbol{K}]^{(1)}+[\boldsymbol{K}]^{(2)}+[\boldsymbol{K}]^{(3)}+[\boldsymbol{K}]^{(4)} \tag{4-47}$$

最后有：

$$\{\boldsymbol{R}\}=[\boldsymbol{K}]\{\boldsymbol{\delta}\} \tag{4-48}$$

式中，$[\boldsymbol{K}]$ 即总体刚度矩阵，且：

$$[\boldsymbol{K}] = \sum_{e=1}^{NE} [\boldsymbol{K}]^e$$

整体节点编号	1	2	3	4	5	6
1	$[\boldsymbol{k}_{11}]^{(1)}$	$[\boldsymbol{k}_{12}]^{(1)}$	$[\boldsymbol{k}_{13}]^{(1)}$	0	0	0
2	$[\boldsymbol{k}_{21}]^{(1)}$	$[\boldsymbol{k}_{22}]^{(1)}+$ $[\boldsymbol{k}_{22}]^{(2)}+$ $[\boldsymbol{k}_{22}]^{(3)}$	$[\boldsymbol{k}_{23}]^{(1)}+$ $[\boldsymbol{k}_{23}]^{(3)}$	$[\boldsymbol{k}_{24}]^{(2)}$	$[\boldsymbol{k}_{25}]^{(2)}+$ $[\boldsymbol{k}_{25}]^{(3)}$	0
3	$[\boldsymbol{k}_{31}]^{(1)}$	$[\boldsymbol{k}_{32}]^{(1)}+$ $[\boldsymbol{k}_{32}]^{(3)}$	$[\boldsymbol{k}_{33}]^{(1)}+$ $[\boldsymbol{k}_{33}]^{(3)}+$ $[\boldsymbol{k}_{33}]^{(4)}$	0	$[\boldsymbol{k}_{35}]^{(3)}+$ $[\boldsymbol{k}_{35}]^{(4)}$	$[\boldsymbol{k}_{36}]^{(4)}$
4	0	$[\boldsymbol{k}_{42}]^{(2)}$	0	$[\boldsymbol{k}_{44}]^{(2)}$	$[\boldsymbol{k}_{45}]^{(2)}$	0
5	0	$[\boldsymbol{k}_{52}]^{(2)}+$ $[\boldsymbol{k}_{52}]^{(3)}$	$[\boldsymbol{k}_{53}]^{(3)}+$ $[\boldsymbol{k}_{53}]^{(4)}$	$[\boldsymbol{k}_{54}]^{(2)}$	$[\boldsymbol{k}_{55}]^{(2)}+$ $[\boldsymbol{k}_{55}]^{(3)}+$ $[\boldsymbol{k}_{55}]^{(4)}$	$[\boldsymbol{k}_{56}]^{(4)}$
6	0	0	$[\boldsymbol{k}_{63}]^{(4)}$	0	$[\boldsymbol{k}_{64}]^{(4)}$	$[\boldsymbol{k}_{66}]^{(4)}$

从上例知,单元组合体的总体刚度矩阵是由各单元刚度矩阵升阶后迭加而成。总体刚度矩阵的子矩阵$[\boldsymbol{K}_{IJ}]$就是某个单元刚度矩阵的子矩阵$[\boldsymbol{k}_{rs}]^e$,或某几个单元刚度子矩阵$[\boldsymbol{k}_{rs}]^e$的迭加。

从上例可以看出总体刚度矩阵的子矩阵的构成有以下几点规律性:

(1) 当$[\boldsymbol{K}_{IJ}]$中$I=J$时,总体刚度子矩阵$[\boldsymbol{K}_{IJ}]$由共有此节点的单元刚度矩阵子矩阵$[\boldsymbol{k}_{rs}]^e$迭加。例如$[\boldsymbol{K}_{22}]=[\boldsymbol{k}_{22}]^{(1)}+[\boldsymbol{k}_{22}]^{(2)}+[\boldsymbol{k}_{22}]^{(3)}$。

(2) 当$[\boldsymbol{K}_{IJ}]$中$I\neq J$,但两点共边时,若IJ边是单元组合体的内边,为两个单元共有,总体刚度矩阵子矩阵$[\boldsymbol{K}_{IJ}]$为共有该边的两相邻单元的刚度矩阵子矩阵$[\boldsymbol{k}_{rs}]^e$的迭加。例如$[\boldsymbol{K}_{52}]=[\boldsymbol{k}_{52}]^{(2)}+[\boldsymbol{k}_{52}]^{(3)}$。若$IJ$边为组合体的边界边,只为一个单元所有,则总体刚度矩阵子矩阵$[\boldsymbol{K}_{IJ}]$就是该边所在单元的子矩阵$[\boldsymbol{k}_{rs}]^e$。例如$[\boldsymbol{K}_{21}]=[\boldsymbol{k}_{21}]^{(1)}$。

(3) 当$[\boldsymbol{K}_{IJ}]$中I,J两点不同属于任何单元时,总体刚度矩阵子矩阵$[\boldsymbol{K}_{IJ}]=[0]$。例如$[\boldsymbol{K}_{41}]=[0]$。

上面几点规律都具有明显的物理意义。总体刚度矩阵的子矩阵$[\boldsymbol{K}_{IJ}]$表示仅在节点J发生单位位移时应在I点作用的外载,这一外载要和周边单元对该节点施加的节点力平衡。当$I=J$时,该点的位移要受到周边拥有它的所有单元限制,其上的外载要克服所有这些单元作用于该点上节点力的合力。当$I\neq J$时,只有当I、J两点共用单元时,J点的位移才会牵动I点,也才要在I点作用以外载以平衡包含这两点的单元对I点的节点力(IJ为边界边时单元数为1,为内边时单元数为2)。当I、J点不共边时,在J点发生的位移对I点没有影响。

4.2.4.2 总体刚度矩阵的特性及存储

在有限单元法中,总体刚度矩阵的阶数通常是很高的,而计算机的存储容量总是有限的。这往往会造成解题困难。不过这个问题可利用总体刚度矩阵的特性而得到解决。

A 总体刚度矩阵的特性

(1) 对称性。总体刚度矩阵是一个对称矩阵。因单元刚度矩阵升阶后对称性不变,由之合成的总体刚度矩阵自然是对称矩阵。

(2) 奇异性。总体刚度矩阵行列式的值$|[\boldsymbol{K}]|=0$。升阶后的单元刚度矩阵虽经调整和补零,但各行(列)内不为零元素的个数和内容与原来单元刚度矩阵中对应行(列)是相同的。所以,升阶后的每个单元刚度矩阵的每行(列)元素的总和仍为零,由它们合成的总体刚度矩阵的每行(列)元素的总和为零。根据行列式的性质,总体刚度矩阵的行列式值等于零,总刚矩阵是奇异矩阵。

(3) 稀疏性。总体刚度矩阵是一个稀疏矩阵,即矩阵中绝大多数元素为零,非零元素只占元素总数的很小一部分。这是因为只有当节点I、J相关时,$[\boldsymbol{K}_{IJ}]$才不为$[0]$。一般来说,和节点总数相比,与一个节点相关的节点数是很少的,所以总刚矩阵中非零元素很少,绝大部分都是零元素。而且节点数愈多,总体刚度矩阵的这种稀疏性就愈明显。

(4) 带状分布规律。总体刚度矩阵中的非零元素很少,而且都分布在以主对角线为中心的带状区域内。单元划分得愈细,同一单元内节点的点号差愈小,此一规律表现得愈明显。

B 总体刚度矩阵的存储

总体刚度矩阵$[\boldsymbol{K}]$的存储问题往往是上机计算能否成功的关键之一。根据总刚的特性通常采用半带宽方式存储,其中又可分为等带宽存储方式和变带宽存储方式。这里把一行从最左边的第一个非零元素到该行主对角线所含元素的个数称为该行的半带宽,一般用LBD表示。所谓等带宽存储,就是先找到$[\boldsymbol{K}]$阵的最大半带宽LBDmax,各行均按此最大半带宽存储。而变带宽存储方式则是按各行的实际带宽存储。为了取用准确,采用变带宽存储方式时,需要记录每行的半带宽。由于剔除了第一个非零元素前的零元素,采用变带宽存储方式时显然要较采用等带宽存储方式节省存储空间,特别是在各行半带宽相差较大时,此点更为明显。

不论是等带宽存储方式还是变带宽存储方式,为减少存储量,都希望$[\boldsymbol{K}]$阵各行的半带宽,特别是最大半带宽LBDmax尽量地小。单元组合体的最大半带宽与各单元的最大点号差有关,计算公式为LBDmax =(相邻节点号的最大差值+1)×2。

4.2.5 载荷移置和约束处理

在总体平衡方程中,外界的作用包括外载的作用与约束,其中外载的作用在分析问题时往往是已知的,但作用形式往往不符合有限单元法的载荷作用方式:只在节点位置受到载荷的作用。因此,在求解总体平衡方程之前,首先应将外载的作用转化为作用于节点的外力,这就是载荷移置。

4.2.5.1 载荷移置

载荷移置是逐个单元进行的,即先将各个单元上的真实载荷移到单元节点上成为等将近载荷$\{\boldsymbol{R}\}^e$,然后将所有单元上的等效节点载荷$\{\boldsymbol{R}\}^e$集合即得到结构的载荷列阵$\{\boldsymbol{R}\}$,即:

$$\{\boldsymbol{R}\}=\sum_{e=1}^{NE}\{\boldsymbol{R}\}^e=\{\{\boldsymbol{R}_1\}^{\mathrm{T}}\{\boldsymbol{R}_2\}^{\mathrm{T}}\cdots\{\boldsymbol{R}_{NP}\}^{\mathrm{T}}\}^{\mathrm{T}}$$

A 载荷移置原则

将单元载荷向其节点处移置时,必须按静力等效原则进行,只有这样,才能使由于载荷移置所引起的误差仅是局部的,而不影响整体(圣维南原理)。对于变形体,所谓静力等效,即是指原载荷和等效节点载荷在任何虚位移上所做的虚功均相等。在一定的位移模式下，这样移置的结果是唯一的，而且总能符合通常所理解的、对刚体而言的静力等效原则，即等效载荷在任一轴上的投影之和及对任一轴的力矩之和与原载荷的相等。应当注意的是，在单元载荷移置时，单元虚位移与位移应采用同一位移模式，以保证解的正确性和唯一性。

B 载荷移置公式

a 集中力

设单元 ijm 中任一点 $M(x、y)$ 处受有集中力 $\{\boldsymbol{P}\}=[P_x \quad P_y]^{\mathrm{T}}$。移置到该单元各节点处的节点载荷列阵为：

$$\{\boldsymbol{R}\}^e=[X_i \quad Y_i \quad X_j \quad Y_j \quad X_m \quad Y_m]^{\mathrm{T}} \tag{4-49}$$

现假想该单元发生一微小虚位移，其中，M 点相应的虚位移为 $\{\boldsymbol{f}^*\}$。该单元各节点处相应虚位移为 $\{\boldsymbol{\delta}^*\}$。按照静力等效原则，原载荷与节点等效载荷在上述虚位移上所作的虚功相等，则有：

$$(\{\boldsymbol{\delta}^*\}^e)^{\mathrm{T}}\{\boldsymbol{R}\}^e=\{\boldsymbol{f}^*\}^{\mathrm{T}}\{\boldsymbol{P}\} \tag{4-50}$$

将 $\{\boldsymbol{f}^*\}=[\boldsymbol{N}]\{\boldsymbol{\delta}^*\}^e$ 代入上式得：

$$\{\boldsymbol{R}\}^e=[\boldsymbol{N}]^{\mathrm{T}}\{\boldsymbol{P}\} \tag{4-51}$$

即 $\{\boldsymbol{R}\}^e=[X_i \quad Y_i \quad X_j \quad Y_j \quad X_m \quad Y_m]^{\mathrm{T}}=[N_iP_x \quad N_iP_y \quad N_jP_x \quad N_jP_y \quad N_mP_x \quad N_mP_y]^{\mathrm{T}}$

b 面力

设单元 ijm 的一边受有分布的面力 $\{\overline{P}\}=[\overline{P}_x \quad \overline{P}_y]^{\mathrm{T}}$。将微分面积 $t\mathrm{d}s$ 上的面力合力 $\{\overline{P}\}t\mathrm{d}s$ 当作集中载荷 $\mathrm{d}\{\boldsymbol{P}\}$，利用式(4-36)的积分可得面力的移置公式：

$$\{R\}^e=t\int_s[N]^{\mathrm{T}}\{\overline{P}\}\mathrm{d}s \tag{4-52}$$

c 体力

设单元 ijm 受有分布的体力 $\{\boldsymbol{p}\}=[p_x \quad p_y]^{\mathrm{T}}$。将微分体积 $t\mathrm{d}x\mathrm{d}y$ 上的体力合力 $\{p\}t\mathrm{d}x\mathrm{d}y$ 当作集中载荷 $\mathrm{d}\{\boldsymbol{P}\}$，利用式(4-36)的积分同样可得体力的移置公式：

$$\{\boldsymbol{R}\}^e=t\iint_e[\boldsymbol{N}]^{\mathrm{T}}\{\boldsymbol{p}\}\mathrm{d}x\mathrm{d}y \tag{4-53}$$

由上述分析可知，若利用公式计算单元载荷移置后的节点载荷，需要计算形态函数或形态函数与载荷分量乘积的积分，是比较繁琐的。在单元位移函数为线性模式的情况下，对于常见的一些载荷，可以通过简单的虚功计算，得出等效节点载荷列阵。表 4-2 为采用线性位移模式的三角形三节点单元常见载荷的移置结果。从中可以看出，线性位移模式的单元的载荷移置完全符合刚体的静力等效原则，也符合一般工程上最简单的处理结果。但应注意的是，在单元位移函数采用非线性模式时，其结果和常规理解不尽相同，这时必须利用一般公式进行计算。

4.2.5.2 边界约束的处理与求解

由于总体刚度矩阵是一个奇异矩阵，在求得总刚矩阵和总体载荷列阵之后，还不能立即求解出未知节点位移。从数学上讲，此时的总刚矩阵无逆矩阵，方程组无确定的解。就其物理意义来说，由于整个结构未引入边界约束，为一自由结构，对于一个定常力系的作用，没有定常的位移。因此，必须引入足够的几何边界约束，以消除结构的刚体位移。

表 4-2　三角形三节点单元常见载荷的移置结果

载荷类型 / 单元等效节点载荷	集中力 P	均布力 q	三角形分布力 q	梯形分布力 q	体积力 W
	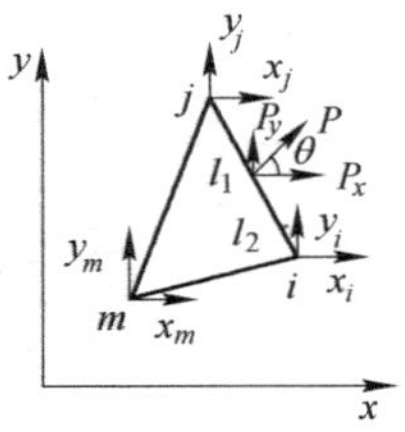 $l_1+l_2=l=\overline{ij}$	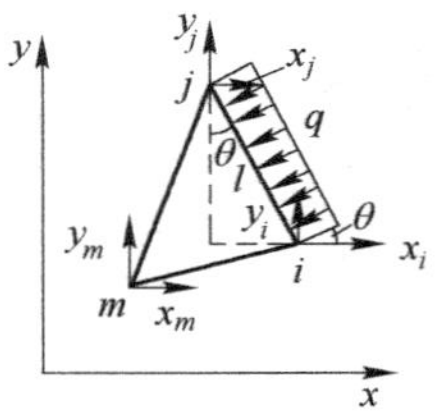 $l=\overline{ij}$	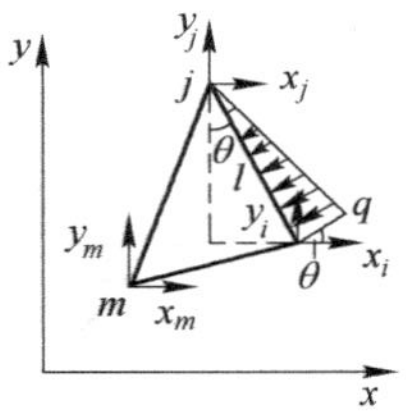 $l=\overline{ij}$	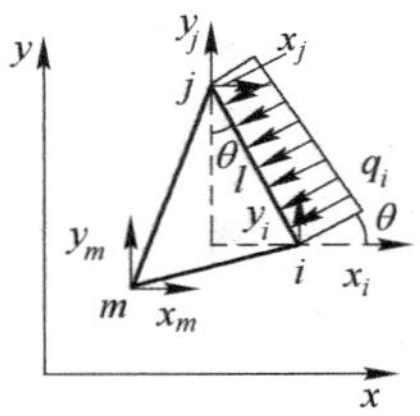 $l=\overline{ij}$	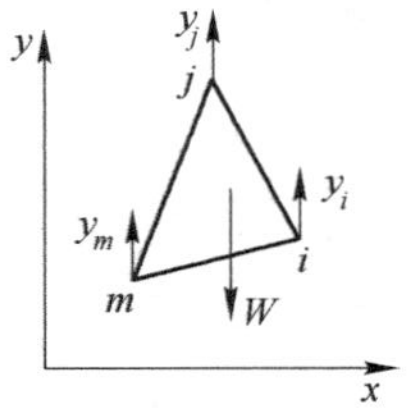
X_i	$P\frac{l_j}{l}\cos\theta$	$\frac{ql}{2}\cos\theta$	$\frac{ql}{3}\cos\theta$	$\frac{1}{6}(2q_i+q_j)\cos\theta$	0
Y_i	$P\frac{l_j}{l}\sin\theta$	$\frac{ql}{2}\sin\theta$	$\frac{ql}{3}\sin\theta$	$\frac{1}{6}(2q_i+q_j)\sin\theta$	$-\frac{W}{3}$
X_j	$P\frac{l_i}{l}\cos\theta$	$\frac{ql}{2}\cos\theta$	$\frac{ql}{6}\cos\theta$	$\frac{1}{6}(q_i+2q_j)\cos\theta$	0
Y_j	$P\frac{l_i}{l}\sin\theta$	$\frac{ql}{2}\sin\theta$	$\frac{ql}{6}\sin\theta$	$\frac{1}{6}(q_i+2q_j)\sin\theta$	$-\frac{W}{3}$
X_m	0	0	0	0	0
Y_m	0	0	0	0	$-\frac{W}{3}$

A　约束简化

约束简化就是把弹性体所受的各种形式的约束条件简化到约束处的节点上，使其成为约束点。在约束点处，至少有一个方向的位移是已知的。之所以要进行约束简化，也是为方便后续的分析处理。实际上，约束简化也可以看作是一种载荷移置，因为从受力的角度看，约束的简化就是把约束反力移置到节点上。

实际结构的边界约束大致可分为如下三种：

(1) 基础刚性支承　大多数结构要支承在基础上。当基础的刚性很大时，根据不同的支承类型，可以认为结构和基础相连的节点的一个或几个方向的自由度受到了限制，即位移分量为零。如一简支梁，可以认为其支承点处的一个或两个方向的位移分量为零。

(2) 对称结构的对称部分支承　当结构和外载荷均对称于某些轴线时，为减少工作量或提高计算精度，可只计算结构的1/2或1/4。此时，为保持原有结构特性，要在对称剖分面的节点上施加垂直于剖分面的刚性约束，以限制该方向的位移。

(3) 允许产生给定位移的支承　由于结构本身或安装的需要，在支承和结构之间存在给定的间隙，在结构受到实际约束之前，此节点处允许产生该一距离的位移。

从数学意义上来讲，上述三种支承(几何约束)可以归纳为零位移约束和给定位移约束两种，而前者又是后者的一个特例。

B　约束处理方法

根据边界约束的类型及后续处理方法和要求的不同，常采用的边界约束处理方法有如下几种：

(1) 划行划列法。

这种方法适用于预定边界位移为零的约束条件。具体做法是，在用矩阵形式表示的线性方程组中，划去相应于节点位移分量为零的行和列。这里的“行”包括总刚矩阵、载荷列阵和位移列阵中的所有元素，而“列”则只是指总刚矩阵的元素。

这样处理是必要的。一是因为总体刚度矩阵在约束处理前是一个奇异矩阵，必须经过约束处理后使之变为非奇异矩阵(在约束足够的前提下)。另外，原包含在总体节点载荷列矩阵中的约束反力是未知的，对于多数结构很难求出。采用上述方法在划去总体节点位移列矩阵与总体刚度矩阵中相应于已知节点位移分量为零的行与列的同时，节点载荷列矩阵中未知的约束反力也都被划掉，因而不必事先求出。

这种约束处理也是可行的。因为线性方程组是由各节点平衡方程构成的，而方程组的未知量就是节点位移分量，当位移分量已知为零时，相应的方程可暂时不列(划行)。同时，在其他方程中，与已知零位移相应的刚度矩阵元素(列)不起作用，亦可划去。

划行划列处理使总体刚度矩阵发生了两个变化：第一，总体刚度矩阵的阶数下降。若单元组合体有 n 个节点和 r 个约束，则总体刚度矩阵在约束处理前为 $2n \times 2n$ 阶，约束处理后变为 $(2n-r)(2n-r)$ 阶。第二，总体刚度矩阵的奇异性发生变化。约束处理前是奇异矩阵；约束处理后变为非奇异性矩阵。而对总体刚度矩阵的对称性，稀疏性和带形分布等特性并无影响。

这种处理方法，由于舍弃了相应于已知位移分量为零的行与列，这样就改变了各方程及元素的编排序号；另外，若是求出各节点位移 $\{\delta\}$ 之后，要计算约束反力，需重新计算划掉的元素。

（2）划0置1法。

这种方法适用于边界节点位移分量为已知（含为0）的各种约束。这种方法对用矩阵形式表示的节点平衡方程组作如下修改：

1）将总刚矩阵[K]中相应于已知位移行主对角线元素改为1，其他元素改为零；同时将载荷列阵{$\boldsymbol{R}$}中相应元素用已知位移置换。这样，由该方程求得的位移值一定等于已知量。

2）将[$\boldsymbol{K}$]中已知位移相应的列的非主对角线元素也置0，以保持[$\boldsymbol{K}$]的对称性。但在已知位移分量不为零时，这样做就改变了各方程左端的数值，为保证方程成立，须在各方程右端减去已知位移对该方程的贡献——已知位移和相应总刚元素的乘积。若已知位移为零，此步可省略。

经以上处理同样可以消除刚性位移（约束足够的前提下），去掉未知约束反力。这种方法不改变方程阶数，利于存储。不过，若是要求约束反力，仍要重新计算划去的总刚元素。

（3）乘大数法。

这种方法是将整体刚度矩阵中给定节点位移相应的主对角线元素乘上一个大数；再将方程右端载荷列阵中的相应元素用已知位移和该大数及原主对角线元素的乘积来置换。其余各项均保持不变。只要大数选得足够大，就可保证求得的位移有足够的精度。由于在处理过程中，不失去总刚矩阵的任何元素，便于进行程序处理及约束反力计算。

C　方程求解及分析结果的获取

经过约束处理，最终建立了系数矩阵正定的方程组。求解此方程组，可最终获得所有的未知位移分量。线性方程组的解法有直接法和迭代法两大类。直接法中常用的有消元法和矩阵分解法；直接法的优点是计算量比较小，所需机时短，但累积误差较大。迭代法具有算法简单，易编制程序等优点，适用于求解大题目，但计算时间较长，这种方法要求方程组的系数矩阵在主对角线上占优势。

求得节点位移分量后，将其回代，可求得单元的应力应变，节点受力等参数。至此完成了有限单元法分析的全部过程。

4.2.6 有限单元法的分析步骤

对于弹性结构力学问题，有限单元法的分析过程可归纳如下（以位移法为例）：

（1）基本原理是把连续弹性体离散为有限个在节点处连接起来的单元的组合体，以代替原来的弹性体，然后通过弹性力学基本方程与虚功原理建立并求解以节点位移{$\boldsymbol{\delta}$}为未知量的、以总体刚度矩阵[$\boldsymbol{K}$]为系数的线性方程组。

（2）得到的解答为近似数值解。误差主要反映在连续弹性体的离散化和单元位移函数的选取上，但当单元尺寸逐步取小时，有限单元法解答将收敛于正确解答。

（3）解题步骤：根据有限单元法基本原理和实际操作，可概括地分为两大步骤。一是连续弹性体的离散化，其中包括建立几何模型，单元划分，载荷移置和约束（边界条件）简化等，这些工作都需解题人员在计算前完成，所以可称为上机前的准备工作。二是根据基本原理建立和求解线性方程组[$\boldsymbol{K}$]{$\boldsymbol{\delta}$} = {$\boldsymbol{R}$}，并利用节点位移进一步求得其他参数。这一过程可以概括为两次迭代十一步循环。这些工作是按已编制好的程序通过上机完成的，又称上机计算。

同时，有限单元法的分析步骤也可以归纳起来用框图表示于图4-16。

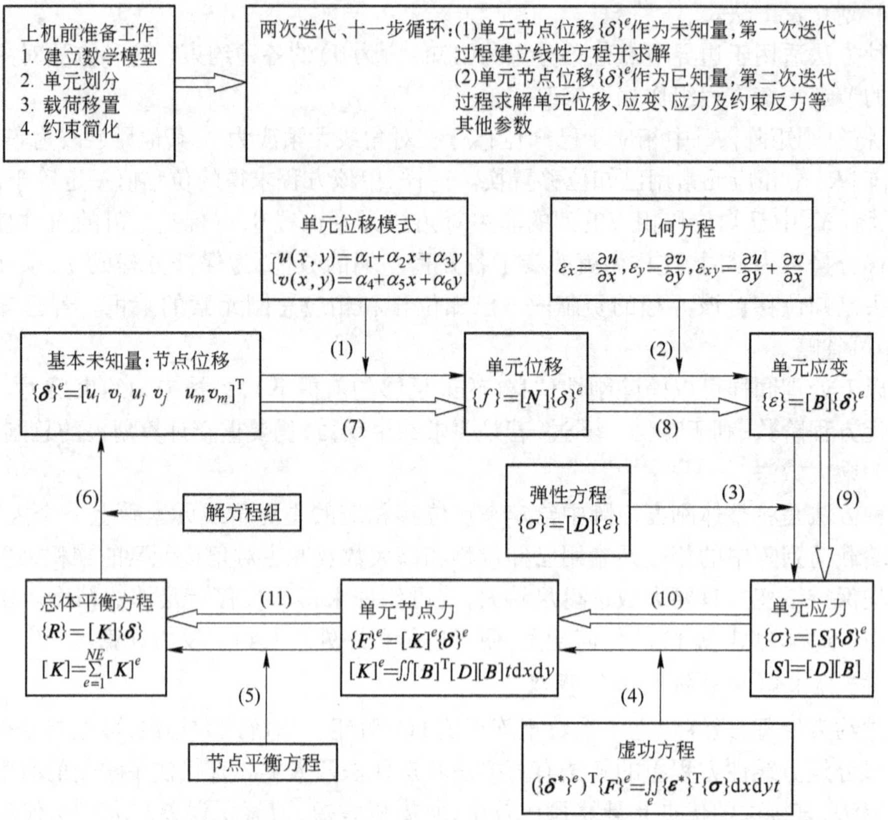

图 4-16 有限单元法的分析步骤

以上介绍的是弹性力学平面问题的有限单元法。其他问题的有限单元法,除物理方程和几何方程不同外,分析方法和步骤基本相同。

4.3 有限单元法的工程应用

4.3.1 常用有限元软件简介

随着计算机功能日益增强和有限单元法显示出解决工程实际问题的巨大威力,许多高等学校、研究机构和软件公司得到各工业部门(如航空、宇航、建筑、造船、汽车、石油等)的大量资助,陆续研制出各种通用有限元程序,进一步推动有限单元法的理论研究和实际应用。

目前,国际上商用的有限元软件不下几百种,其中著名的大型通用有限元软件有 ANSYS、ABAQUS、NASTRAN、MARC、ADINA 等,这些软件的特点是:单元类型齐全;功能模块多样,应用范围广泛,可解决静力问题、动力问题、连续体问题、流体问题、热问题、线性与非线性等多种问题;而且一般都有方便的前后处理功能便于模型的建立与计算结果的处理。

另外,有些有限元商用软件则是为了解决某一类学科或某些专门问题而开发的,比较著名的包括:CFD 软件 Fluent、铸造分析软件 ProCAST、动力学分析软件 LS-DYNA、疲劳分析软件 MSC. Fatigue、金属塑性加工分析软件 DEFORM 等。

4.3.1.1 ANSYS

ANSYS 是大型通用有限元软件，进入中国时间较早，并拥有广泛的客户群。ANSYS 公司成立于 1970 年，是由美国匹兹堡大学的 John Swanson 博士创建的，其总部位于美国宾夕法尼亚州的匹兹堡，是目前世界上 CAE 行业最大的公司之一。

ANSYS 程序早期的产品只提供热分析和线性结构分析功能，只能运行在大型计算机上，必须通过编写分析代码按照批处理方式执行。20 世纪 70 年代后，逐步增加了非线性计算功能、更多的单元类型以及子结构等技术。随着小型机和 PC 机的出现，操作系统进入图形交互方式以后，ANSYS 程序建立了交互式操作菜单环境，极大地简化了分析过程的操作性，使设计分析更加直观和可视化，程序不再仅仅是求解器，同时提供前后处理器，对模型的创建和结果的处理更加方便。

目前 ANSYS 程序是能够同时分析结构、热、流体、电磁、声学的高级多物理场耦合分析程序。各独立物理场的分析功能包括各种结构的静动力线性或非线性分析、温度场的稳态或瞬态分析以及相变、计算流体动力学分析、声学分析和电磁分析。另外，ANSYS 还提供目标设计优化、拓扑优化、概率有限元设计、二次开发技术（参数设计语言 APDL、用户图形界面设计语言 U1DL 以及用户可编程特性 UPFs）、子结构、子模型、单元生死、疲劳断裂计算等先进技术。并提供大部分流行 CAD 软件的模型输入输出接口，如 Pro/Engineer、CADDS、UG、SolidEdge 等。

近来，通过合作与收购的方式，ANSYS 软件又集成了 LS-DYNA 的动力学分析模块以及 FLUENT 的 CFD 分析功能，其功能更加强大。

4.3.1.2 ABAQUS

ABAQUS 是美国 ABAQUS 公司开发的著名的非线性有限元通用分析软件。

ABAQUS 是一家以提供强大的非线性有限元分析解决方案而闻名的 CAE 软件公司，目前已成为达索系统公司的一部分。ABAQUS 总部大楼位于美国罗得岛的州府 Providence。ABAQUS 公司成立于 1978 年，创始人是 David Hibbitt, Bengt Karlsson and Paul Sorenson，前身名叫 HKS，后改名为 ABAQUS，之后又被法国达索 SIMULIA 公司并购。

ABAQUS 的功能非常强大，其解决问题的范围从相对简单的线性分析到许多复杂的非线性问题。ABAQUS 包括一个丰富的、可模拟任意几何形状的单元库。并拥有各种类型的材料模型库，可以模拟典型工程材料的性能，其中包括金属、橡胶、高分子材料、复合材料、钢筋混凝土、可压缩超弹性泡沫材料以及土壤和岩石等地质材料。作为通用的模拟工具，ABAQUS 除了能解决大量结构（应力 / 位移）问题，还可以模拟其他工程领域的许多问题，例如热传导、质量扩散、热电耦合分析、声学分析、岩土力学分析（流体渗透/应力耦合分析）及压电介质分析。

ABAQUS 有两个主求解器模块——ABAQUS/Standard 和 ABAQUS/Explicit。ABAQUS 还包含一个全面支持求解器的图形用户界面，即人机交互前后处理模块——ABAQUS/CAE。ABAQUS 对某些特殊问题还提供了专用模块来加以解决。

ABAQUS 因其着重复杂的求解技术而在高校应用中赢得了广泛的声誉。

4.3.1.3 MSC. NASTRAN

在 1966 年，美国国家航空航天局（NASA）为了满足当时航空航天工业对结构分析的迫切需求,招标开发大型有限元应用程序,MSC. Software 一举中标,负责了整个 Nastran 的开发过程。经过 40 多年的发展,MSC. Nastran 已成为 MSC 倡导的虚拟产品开发(VPD)整体环境最主要的核心产品,MSC. Nastran 与 MSC 的全系列 CAE 软件进行了有机的集成,为用户提供功能全面、多学科集成的 VPD 解决方案。

MSC. NASTRAN 可在 Windows 平台上使用,有近 70 余种单元独特的单元库,可进行静力分析、屈曲分析、动力分析、非线性分析、热传导分析、空气动力弹性及颤振分析、气 - 固耦合分析、多级超单元分析、高级轴对称分析、设计灵敏度及优化分析、复合材料分析等。在计算流体动力学方面不但能进行一般的热传导分析,而且还包括压力容器 ASME 模块,可对压力容器进行应力线性化分析和疲劳分析。MSC. NASTRAN2001 增加的焊接单元 CWELD,可以模拟电焊、螺栓、铆钉等。

MSC Nastran 是 MSC. Software 公司的旗舰产品,经过 40 余年的发展,用户从最初的航空航天领域,逐步发展到国防、汽车、造船、机械制造、兵器、铁道、电子、石化、能源材料工程、科研教育等各个领域,是目前世界上用户群最多、应用最为广泛的有限元分析软件。

4. 3. 1. 4 MARC

MARC 软件原为美国 MARC 公司的产品,该公司始创于 1967 年,是全球首家非线性有限元软件公司。经过数十年的不懈努力,MARC 软件得到学术界和工业界的大力推崇和广泛应用,建立了它在全球非线性有限元软件行业的领导者地位。1999 年 6 月,美国 MSC 公司收购了 MARC 公司,相应地,将该软件更名为 MSC. MARC 软件。

MARC 软件的优势在于非线性问题求解,但 MARC 被 MSC 收购后,发展与更新相对较慢。

在中国,MARC 软件通过了全国压力容器标准化技术委员会的严格考核和认证,成为与压力容器分析设计标准 GB4732—95 相适应的有限元分析软件。

4. 3. 1. 5 ADINA

ADINA 软件是由美国 ADINA R&D 公司(ADINA R & D, Inc.)研究开发的完全商品化的工程有限元分析软件。ADINA R & D, Inc. 由 K. J. Bathe 博士及其合伙人创建于 1986 年,公司的创始人以及软件的领导者之一 K. J. Bathe 博士是美国麻省理工学院的教授,他也是国际有限元界著名科学家。

ADINA 软件是 ADINA 公司唯一的产品,是基于有限元技术的大型通用分析仿真平台。已推向市场三十多年,可进行线性,非线性、静力、动力、屈曲、热传导、压缩与不可压缩流体动力学分析、流 - 固耦合分析。

4. 3. 1. 6 Fluent

Fluent 是由原 Fluent 公司(Fluent Inc.)开发的专用计算流体力学(Computational fluid dynamics, CFD)软件。Fluent 公司成立于 1988 年,总部设在美国新汉普郡州(New Hampshire)的黎巴嫩(Lebanon)。2006 年 2 月 16 日 Fluent 公司被 ANSYS 公司收购。

Fluent 是目前国际上最流行的商用 CFD(计算流体力学)软件,在美国的市场占有率为 60%,只要涉及流体、热传递及化学反应等的工程问题,都可以用 Fluent 进行仿真。它具有丰富的物理模型、先进的数值方法以及强大的前后处理功能,在航空航天、汽车设计、石油天然气、涡轮机设计等方面都有着广泛的应用。

Fluent 可解决的典型问题包括:流动问题(可压缩与不可压缩、稳态与瞬态、无黏流、层流及湍流、牛顿流体、非牛顿流体)、对流换热问题(自然对流、混合对流)、导热与对流换热耦合问题、辐射换热问题、化学组分混合与反应问题、稀疏相问题(颗粒、水滴、气泡等)、多孔介质流动问题、两相流问题、复杂表面形状下的自由面流动问题等。

4.3.1.7 DEFORM

DEFORM 系统由美国 Scientific Forming Technology Corporation (SFTC, USA,1991 年成立于美国俄亥俄州)开发,是专门用来模拟锻造、拉拔、压延、挤压、顶锻、镦锻、滚碾等多种成型加工过程中的材料流动、填充模过程、锻造负荷、冲模应力和缺陷成因分析的有限元软件。

DEFORM 软件不但可以分析塑性加工过程中材料的大变形、材料与模具之间的接触等高度非线性问题,而且可以考虑变形过程中的各种耦合现象,包括:由于塑性变形功引起的升温、加热软化、相变控制温度、相变内能、相变塑性、相变应变、应力对相变的影响以及含碳量对各种材料属性产生的影响等。

其具体应用主要包括两类:

(1) 成形分析　用于冷、温、热锻的成形和热传导耦合分析。具有丰富的材料数据库,包括各种钢、铝合金、钛合金和超合金。提供材料流动、模具充填、成形载荷、模具应力、纤维流向、缺陷形成和韧性破裂等信息。其刚性、弹性和热黏塑性材料模型特别适用于大变形成形分析;弹塑性材料模型则适用于分析残余应力和回弹问题;烧结体材料模型适用于分析粉末冶金成形。基于损伤因子的裂纹萌生及扩展模型可以分析剪切、冲裁和机加工过程。

(2) 热处理　用于模拟正火、退火、淬火、回火、渗碳等工艺过程。分析结果可以预测硬度、晶粒组织成分、扭曲和含碳量。有专门的材料模型用于蠕变、相变、硬度和扩散。可以分析各种材料晶相,每种晶相都有自己的弹性、塑性、热和硬度属性。

4.3.1.8 ProCAST

ProCAST 软件是由美国 USE 公司开发的铸造过程的模拟软件,采用基于有限元的数值计算与综合求解的方法,对铸件充型、凝固和冷却过程中的流场、温度场、应力场、电磁场进行模拟分析。

ProCAST 适用于砂型铸造、消失模型铸造;高压、低压铸造;重力铸造、倾斜浇铸、熔模铸造、壳型铸造、挤压铸造;触变铸造、触变成型、流变铸造等过程的仿真。

由于采用了标准化的、通用的用户界面,任何一种铸造过程都可以用同一软件包 ProCAST TM 进行分析与优化。它可以用来研究设计结果,例如浇铸系统、通气孔和溢流孔的位置,冒口的位置和大小等。实践证明 ProCAST TM 可以准确地模拟型腔的浇注过程,精确地描述凝固过程。可以精确地计算冷却或加热通道的位置以及加热冒口的使用。

ProCAST TM 可以用来模拟任何合金,从钢和铁到铝基、铜基、镁基等合金,以及非传统合金及聚合体。

另外 ProCAST—ACE 是用于冶金熔炼及燃烧、化学反应的等离子、电磁感应、流体处理等专家系统。ProCAST—Sysweld 则是包括马氏体、奥氏体不锈钢等在内的焊接与热处理专家系统。以铸锻件、焊接结构件热处理过程为研究对象,研究温度场、应力场、相变关系,并用于优化热处理工艺。

4.3.1.9 LS-DYNA

DYNA 系列程序最初是 1976 年在美国 Lawrence Livermore National Lab. 由

J. O. Hallquist 博士主持开发完成的。主要目的是为武器设计提供分析工具，后经多个版本的功能扩充和改进，成为著名的非线性动力分析软件，在武器结构设计、内弹道和终点弹道、军用材料研究等方面得到了广泛的应用。

LS-DYNA 是一个程序系列，主要包括显式 LS-DYNA2D、LS-DYNA3D、隐式 LS-NIKE2D、LS-NIKE3D、热分析 LS-TOPAZ2D、LS-TOPAZ3D 以及相应的前后处理软件等商用程序。通过 930 至 940 等版本的进一步完善，增加了汽车安全性分析（汽车碰撞、气囊、安全带、假人）、薄板冲压成型过程模拟，流体与固体耦合等新功能，使得 LS-DYNA 程序系统在国防和民用领域的应用范围进一步扩大，并建立了完备的质量保证体系。

4.3.1.10 MSC. Fatigue

MSC Fatigue 是 MSC. Software 公司与英国谢菲尔德 nCode 国际公司（nCode International）紧密合作的基础上发展起来的高级疲劳分析软件。

在产品设计阶段使用 MSC Fatigue，可在设计制造过程之前进行疲劳分析，并为集成的寿命管理创造一个 MCAE 环境，真实地预测产品的寿命，极大地降低生产原型机和进行疲劳寿命测试所带来的巨额开销。MSC Fatigue 已经使世界众多的知名公司和企业从中获得巨大的经济效益。涉及从空间站、飞机发动机到汽车、铁路，从空调、洗衣机等家电产品到电子通信系统，从舰船到石油化工，从内燃机、核能、电站设备到通用机械制造等各个领域。早期疲劳分析可提高产品的可靠性，增强客户对产品性能的信心，同时也可减少售后保修维护等费用，避免产品召回等难以预计的严重后果。

4.3.2 有限单元法工程问题的分类

随着计算机技术及有限元技术本身的不断发展，有限元法正不断在工程及科研的各个领域得到了越来越广泛的应用。其应用成果已经遍布机械、冶金、电子、建筑、航空航天、核工业、生物医疗等各个领域。

根据分类标准不同可以对有限单元法的工程问题进行简单的分类。

首先，根据时间在物理系统内的作用不同，可以将有限元问题归结为三类：

(1) 独立于时间的平衡问题（稳静态问题）；

(2) 特征值问题（固有频率及振型）；

(3) 依赖于时间的瞬态问题（动态响应分析）。

其次，根据物理系统的性质不同可以将有限元问题分为：

(1) 结构问题，又包括：

结构静力学：线性与非线性，弹性、塑性、黏弹性、脆性、接触。

结构模态：模态分析、谐响应分析。

瞬态结构问题：动态响应、碰撞、爆炸、蠕变等。

(2) 热问题：稳定温度场、瞬态温度场。

(3) 流场问题：稳定流场、流场模态、瞬态流场、两相流等。

(4) 电磁场问题：稳态电磁场、非稳态电磁场。

(5) 耦合场问题：热 - 机耦合、磁 - 机耦合等。

另外，还可以根据系统对外界作用的响应性质不同分为线性与非线性问题，其中非线性问题又分为几何非线性、材料非线性与边界非线性等。

4.3.3 有限单元法的工程应用实例

为了进一步加深对有限元工程应用方面的认识，下面以工程实际问题为例加以简要说明。

4.3.3.1 十字式万向接轴叉头强度分析

结构领域是有限元法应用最早同时也是目前应用最广的领域。应用方式涉及从最简单最基本的稳静态结构线性问题到多体接触、材料非线性、时间瞬态的碰撞问题的多种形式。

由于受工作辊直径大小的限制，轧机主传动系统万向接轴的外径不能随意增大，因此万向接轴结构往往成为主传动系统的薄弱环节。

如图 4-17 所示，十字式万向接轴叉头强度分析案例的特点如下：

(1) 问题的类型为稳静态、三维结构、线弹性问题；

(2) 结构上存在 1/4 对称性，但传递扭矩，载荷不对称，因此采用三维整体模型进行分析；

(3) 模型高度不规则，只能采用三维四面体单元进行网格划分，为提高计算精度采用高阶的 10 节点四面体单元进行网格划分；

(4) 叉头材料为合金钢，按第四强度理论进行强度考核，所以结果分析时提取 Von Mises 应力结果；

(5) 仿真分析作用：了解当前强度现状，确定安全裕量，如果强度裕量不够，则针对强度薄弱位置提出结构优化方案并进行进一步分析；

(6) 分析软件 ANSYS。

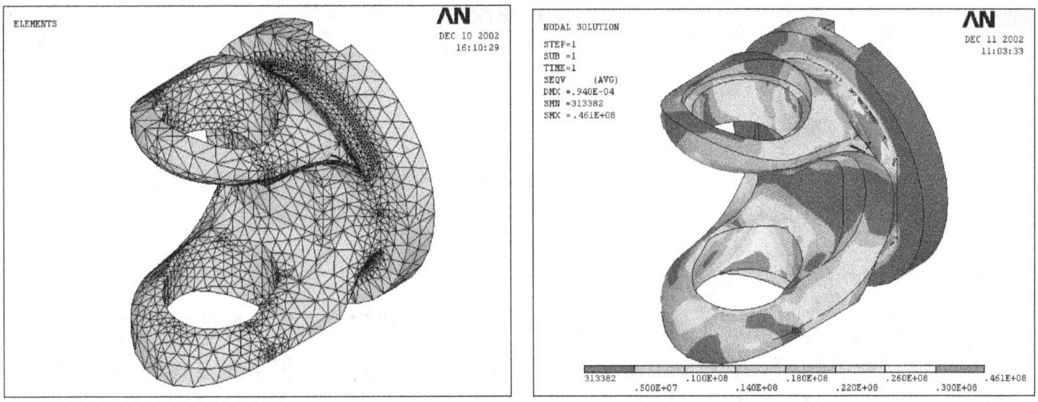

(a) (b)

图 4-17 十字式万向接轴叉头强度分析

(a) 网格模型；(b) 等效应力仿真结果

4.3.3.2 预应力式万能轧机刚度分析

轧钢机的刚度是轧钢生产时辊缝设定的重要依据，是生产高尺寸精度产品的保障，同时也是体现轧钢机能力的一个重要参数。在轧钢机设计过程中一般通过仿真与经典计算的方法对轧机刚度进行设计计算，安装调试时则一般采用实验的手段对轧机刚度进行实测。

如图 4-18 所示，预应力式万能轧机刚度分析案例的特点如下：

（1）问题的类型为稳静态、三维结构、多体接触非线性问题；

（2）结构上存在 1/4 对称性，载荷上也存在 1/4 对称性，因此实际建模分析时仅建立 1/4有限元模型；

（3）各接触界面通过面—面弹性接触单元来模拟其接触行为；

（4）模型关心的是结构的刚度，即结构的变形，因此对于许多对刚度大小影响很小的因素如螺纹孔、倒角、油孔、过渡圆角（过渡圆角主要影响应力水平的高低，对变形量的影响很小）等均予以忽略；

（5）变形分析，网格大小可以相对较粗，有效降低模型规模，缩短非线性收敛搜索计算过程的时间，节约计算成本；

（6）仿真分析作用：获得轧机刚度的具体数值，找到一定预应力条件下，轧机能保持正常工作状态（预应力效果保留）的轧制力门槛值，确定轧机的极限工作能力，为现场工艺参数的制订提供理论参考；

（7）分析软件 ANSYS。

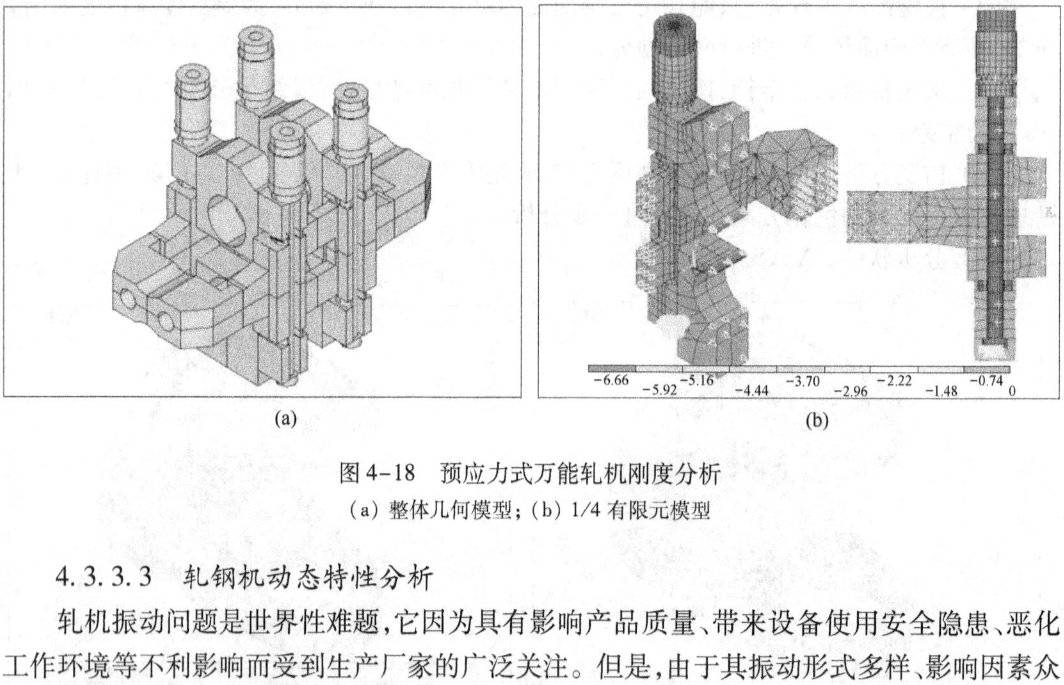

图 4-18　预应力式万能轧机刚度分析

（a）整体几何模型；（b）1/4 有限元模型

4.3.3.3　轧钢机动态特性分析

轧机振动问题是世界性难题，它因为具有影响产品质量、带来设备使用安全隐患、恶化工作环境等不利影响而受到生产厂家的广泛关注。但是，由于其振动形式多样、影响因素众多、多系统耦合、界面非线性、材料非线性等特征的存在，给轧机振动问题的解决带来了巨大的困难，成了至今困扰工程领域及学术界的世界性难题。

分析轧机系统的固有特性（固有频率与振型）、计算系统对特定的外界输入条件下的响应是研究轧机振动问题的常见手段，有限元分析则是以上工作的实现途径之一。

如图 4-19 所示，轧钢机动态特性分析案例的特点如下：

（1）问题的类型为三维结构、特征值问题；

（2）特征值问题，不允许对结构进行对称性简化，因此建立三维整体有限元模型；

（3）特征值问题，影响计算结果的是质量分布与刚度分布，因此对于许多不影响特征值计算结果的细节如螺纹孔、倒角、油孔、过渡圆角等均予以忽略；

(4) 简化后整个结构比较规则,采用六面体等参数单元来进行网格划分;

(5) 仿真分析作用:获得轧机各阶固有频率和振型,得到影响轧机固有特定的因素及影响规律,同一个模型还可以用来分析系统对外界特定输入的响应,包括频域响应、时域响应;

(6) 分析软件 ANSYS。

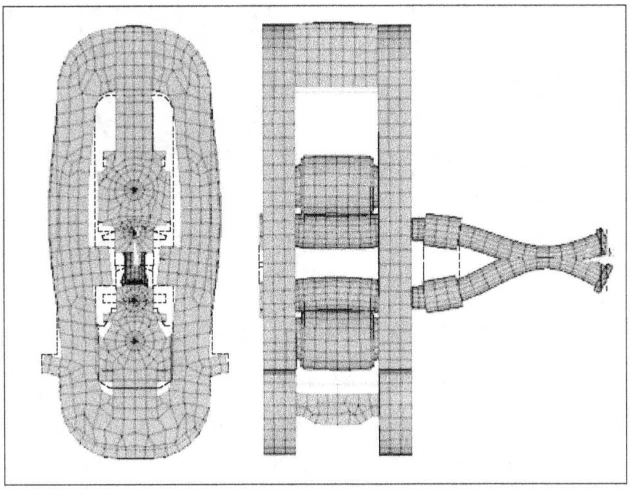

图 4-19 轧钢机动态特性分析

4.3.3.4 转炉炉体热机耦合应力应变状态分析

转炉炉体是炼钢厂的关键设备,其金属—耐材复合结构的结构特征与热机耦合的应力应变状态特征在钢铁生产中都具有非常典型的代表性。

转炉炉体的载荷特征具体表现为机械重载(炉体及钢水自重、倾动力矩、冲击载荷)、高热应力(炉衬膨胀应力、温度分布不均应力)、本身温度较高。以上载荷特征带来的后果就是炉壳长期处于高温高应力状态,实际工作中容易出现炉壳开裂(安全隐患)与炉壳蠕变变形(使用寿命缩短)现象。

如图 4-20 所示,转炉炉体热机耦合应力应变状态分析案例的特点如下:

(1) 问题的类型为稳静态、三维结构、热机耦合场、材料非线性问题;

(2) 由于出钢口、支撑等结构破坏了转炉结构的对称性,建立三维整体模型进行分析;

(3) 耐材与钢结构之间处理成节点直接相连的方式;

(4) 为简化结构将所有立式筋板均采用三维壳单元来构建,法兰及炉壳本体则用三维六面体单元构建;

(5) 先进行温度场仿真分析:内表面施加温度约束,外表面规定对流换热边界条件,计算炉体的温度分布及温度变化规律,同时研究炉衬厚度对炉壳温度的影响;

(6) 然后分别进行机械应力、热应力、热机耦合应力分析,确定炉壳的热机耦合应力水平以及机械应力、热应力各自的贡献;

(7) 仿真分析作用:获得炉壳的温度及应力水平,找到影响炉壳温度及应力水平的因素及影响规律,根据温度和应力水平进行炉体安全性及使用寿命(蠕变)评估,提出控制炉壳温度及应力水平的措施,进行炉壳结构优化设计,有效降低应力水平提高使用寿命;

(8) 分析软件 ANSYS。

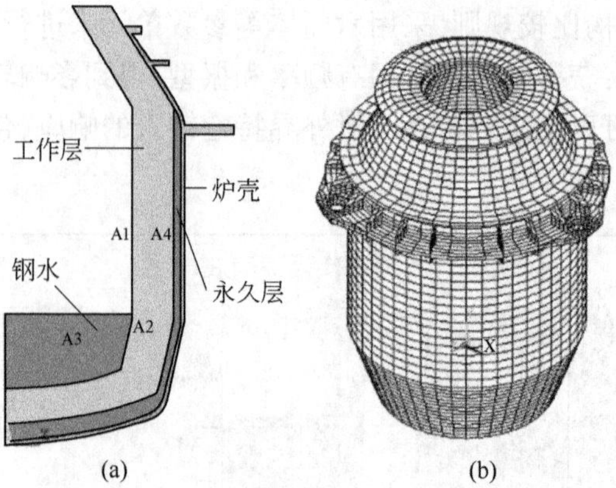

图 4-20 转炉炉体热机耦合应力应变状态分析

(a) 转炉结构截面示意图；(b) 三维有限元模型

4.3.3.5 铜管生产三辊行星轧制过程仿真分析

用三辊行星轧制方法生产空调用铜管管坯具有生产效率高、无需额外加热就能获得热加工变形效果等优点。锥形轧辊辊面形状、轧辊偏斜角度、轧辊表面摩擦条件、压下率等参数是关系到轧制过程能否顺利进行的关键因素，而这些参数的设定方法目前为止没有相关、系统的理论可以参考，因此有必要进行系统的仿真研究。

如图 4-21 所示，铜管生产三辊行星轧制过程仿真分析案例的特点如下：

(1) 问题的类型为瞬态、三维结构、热机耦合场、接触、大塑性变形材料非线性问题；

(2) 变形过程不具有对称性，必须针对轧件、轧辊、芯棒进行三维完整建模，用六面体单元对各对象进行网格划分；

(3) 材料模型：涉及不同温度条件下的变形抗力、材料塑性变形功的热转换、摩擦系数等；

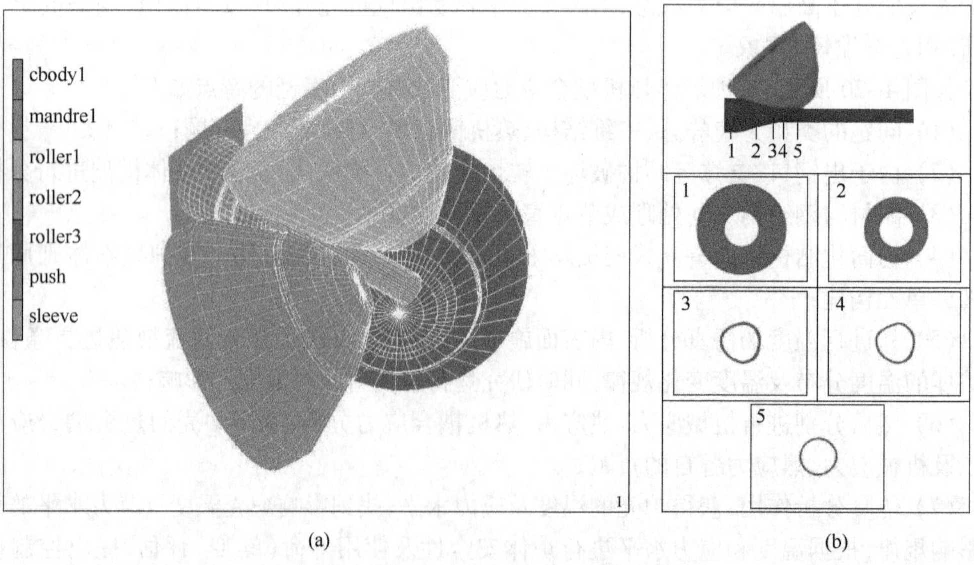

图 4-21 铜管生产三辊行星轧制过程仿真分析

(a) 仿真分析模型；(b) 管坯断面变化过程仿真分析结果

（4）对轧件与轧辊之间、轧件与芯棒之间的接触行为进行定义；

（5）轧制过程轧辊自转的同时还绕着轧件公转；

（6）仿真分析作用：获得三辊行星轧制过程材料的流动及变形规律、温升规律以及轧制力的大小等，分析轧辊表面形状、摩擦系数、偏斜角等工艺参数对成型过程的影响，指导生产现场工艺参数的优化以及设计过程新产品的开发；

（7）分析软件 MARC。

4.3.3.6 汽车碰撞问题分析

汽车碰撞过程仿真分析可以在汽车的设计阶段就为设计者提供对未来产品的性能评价，有效减少实际物理碰撞试验的次数，从而缩短新产品的开发周期，有效节约新产品的开发成本。

但是，汽车碰撞过程仿真却是一个颇具难度的仿真问题。原因主要包括两个方面，首先，模型的几何形状复杂，从车体、底盘到发动机，模型中需要考虑的零件成百上千个，有时还需要考虑碰撞过程对车内乘客的影响情况；其次，碰撞过程是一个强烈非线性过程，仿真过程不但涉及到几十个零件之间的接触，同时碰撞过程中材料会发生塑性变形甚至断裂。

由于强烈的非线性特性，汽车碰撞问题的求解一般需要采用显式动力学方法来进行。

本案例分析软件为 ABAQUS。汽车碰撞问题分析的仿真结果见图 4-22。

图 4-22　汽车碰撞问题分析

习题和思考题

4-1　试简述有限单元法的主要思路、具体步骤及其依据。

4-2　有一 2 m × 1 m 矩形板，在两短边沿长轴方向受有强度为 q 的均布拉力，已知其弹性模量为 E，泊松比为 0。试用有限单元法求解其变形和应力（2 ~ 4 个单元）。

4-3　有限单元法作为一种数值方法，为保证其解答收敛于正确解，单元的位移模式应满足哪些条件？

4-4　单元刚度矩阵的物理意义是什么，具有哪些主要特性？

4-5　整体刚度矩阵的主要特性有哪些？

4-6　单元载荷移置的原则是什么？

4-7　有限单元法有哪些发展趋势和前沿技术？

5 最优化设计

5.1 概　　述

5.1.1 最优化设计的基本概念

无论做什么工作，人们总是力求从一切可能方案中选择最好的方案，这就是最优化问题。

最优化设计(optimal design)是20世纪60年代随着计算机的广泛使用而迅速发展起来的一种科学设计方法，是根据最优化原理和方法，综合多方面的因素，在计算机上进行的半自动或自动设计，以使得在解决复杂设计问题时，能从众多的设计方案中寻得尽可能完善的或最适宜的设计方案，极大地提高设计质量和设计效率。最优化设计反映出人们对于设计规律这一客观世界认识的深化。它是人们长期生产实践和理论研究中一直不断探索的一个课题。

最优化技术发展的重要条件是计算机技术的飞速发展。如同各种数学方法一样，最优化方法包括了解析方法和数值方法两个方面。利用微分学和变分学的解析优化方法，具有概念清晰和计算精确的特点，但只能解决小型的和特殊的问题，在处理大多数工程实际问题时遇到了很大的困难。数值优化方法是利用已知的信息，通过迭代过程来逼近最优化问题的解。这种方法的思想古已有之，但因其计算量大，从前无法实现。计算机的出现和发展，为数值优化方法的发展提供了有效的手段。

目前，最优化设计方法在机械、电子电气、化工、纺织、冶金、石油、航空航天、航海、道路交通及建筑等设计领域都得到了广泛的应用，而且取得了显著的技术、经济效果。特别是在机械设计中，对于机构、零件、部件、工艺设备等的基本参数，以及一个分系统的设计，都有许多优化设计方法取得良好的经济效果的实例。实践证明，在机械设计中采用最优化设计方法，不仅可以减轻机械设备自重，降低材料消耗与制造成本，而且可以提高产品的质量与工作性能，同时还能大大缩短产品设计周期。因此，最优化设计已成为现代设计理论和方法中的一个重要领域，并且愈来愈受到广大设计人员和工程技术人员的重视。

所谓最优化设计，就是借助最优化数值计算方法和计算机技术，求取工程问题的最优设计方案。进行最优化设计时，首先必须将实际问题加以数学描述，形成一组有数学表达式组成的数学模型；然后选择一种最优化数值计算方法和计算机程序，在计算机上运算求解，得到一组最佳的设计参数。这组设计参数就是设计的最优解。

最优化设计一般可分为：

(1) 设计问题分析　首先确定设计目标，它可以是单项指标，也可以是多项设计指标的组合。从技术经济观点出发，就机械设计而言，机器的运动学和动力学性能、体积与总量、效率、成本、可靠性等，都可以作为设计所追求的目标。然后分析设计应满足的要求，主要有：某些参数的取值范围；某种设计性能或指标按设计规范推导出的技术性能；还有工艺条件对设计参数的限制等。

（2）建立数学模型　最优化设计的数学模型是设计问题的数学表达形式，反映了设计问题中各主要因素间内在联系的一种数学关系。工程设计人员进行最优化设计的主要任务就是将实际设计问题用数学方程的形式予以全面、准确的描述，其中包括：确定设计变量，即哪些设计参数参与优选；构造目标函数，即评价设计方案优劣的设计指标；选择约束函数，即把设计应满足的各类条件以等式或不等式的形式表达。建立数学模型时要尽可能简单，而且要能完整地描述所研究的系统，但要注意到，过于简单的数学模型所得到的结果可能不符合实际情况，而过于详细复杂的模型又给分析计算带来困难。因此，具体建立怎样的数学模型需要丰富的经验和熟练的技巧。即使在建立了问题的数学模型之后，通常也必须对模型进行必要的数学简化以便于分析、计算。

（3）选择最优化方法　根据数学模型的函数性态、设计精度要求等选择使用的最优化方法，并编制出相应的计算机程序。

（4）上机计算择优　将所编程序及有关数据输入计算机，进行运算，求解得最优值，然后对所算结果作出分析、判断，得到设计问题的最优设计方案。

上述最优化设计过程的核心是进行如下两项工作：一是分析设计任务，将实际问题转化为一个最优化问题，即建立最优化问题的数学模型；二是选用适用的最优化方法在计算机上求解数学模型，寻求最优化设计方案。

5.1.2　最优化设计的基本要素和数学模型

下面通过三个简单的最优化设计实例，说明最优化数学模型的一般形式及其有关概念。

例 5-1　如图 5-1 所示，有一圆形等截面的销轴，一端固定，一端作用着集中载荷 $P=10000\,\mathrm{N}$ 和转矩 $M=100\,\mathrm{N\cdot m}$。由于结构需要，轴的长度 l 不得小于 80 mm，已知销轴材料的许用弯曲应力 $[\sigma_w]=120\,\mathrm{MPa}$，许用扭转切应力 $[\tau]=80\,\mathrm{MPa}$，允许挠度 $[f]=0.1\,\mathrm{mm}$，弹性模量 $E=2\times10^5\,\mathrm{MPa}$。求在满足使用要求的条件下，设计一个用料最省的方案。

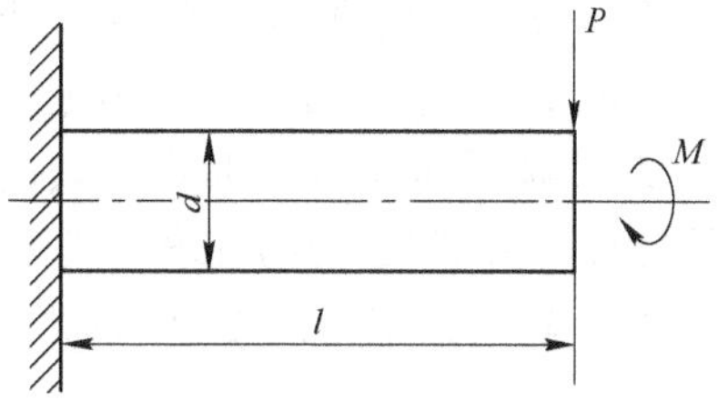

图 5-1　圆形等截面的销轴

解：

（1）问题分析：根据上述问题，该销轴的力学模型是一个悬臂梁。设销轴直径为 d，长度为 l，体积为 V，则该问题的物理表达式如下：

销轴用料最省（即体积最小）：

$$V=\frac{1}{4}\pi d^2 l\rightarrow \min$$

可见销轴用料取决于其直径 d 和长度 l。这是一个合理选择 d 和 l 而使体积 V 最小的优化设计问题。

（2）满足的条件：

1）强度条件

弯曲强度式：

$$\sigma_{\max}=\frac{Pl}{0.1d^3}\leqslant[\sigma_w]$$

扭转强度式：

$$\tau=\frac{M}{0.2d^3}\leqslant[\tau]$$

2)刚度条件

挠度表达式：

$$f=\frac{Pl^3}{3EJ}=\frac{64Pl^3}{3E\pi d^4}\leqslant[f]$$

3)结构尺寸边界条件

$$l\geqslant l_{\min}=80\,\mathrm{mm}$$

将题意的有关已知数值代入，按最优化数学模型的规范形式，可归纳为如下数学模型：

设：

$$x_1=d,x_2=l$$

设计变量：

$$\boldsymbol{X}=[d\quad l]^{\mathrm{T}}=[x_1\quad x_2]^{\mathrm{T}}$$

目标函数的极小化：

$$\min f(\boldsymbol{X})=V=\frac{1}{4}\pi d^2 l=\frac{1}{4}\pi x_1^2x_2=0.785x_1^2x_2$$

约束条件：

$$g_1(\boldsymbol{X})=10000l-12d^3=10000x_2-12x_1^3\leqslant 0\text{（弯曲强度条件）}$$

$$g_2(\boldsymbol{X})=6250-d^3=6250-x_1^3\leqslant 0\text{（扭转强度条件）}$$

$$g_3(\boldsymbol{X})=3.40l^3-d^4=3.40x_2^3-x_1^4\leqslant 0\text{（刚度条件）}$$

$$g_4(\boldsymbol{X})=80-l=80-x_2\leqslant 0\text{（长度的边界条件）}$$

综上所述，这是一个具有4个约束条件的二元非线性的约束最优化问题。

例5-2 现用薄钢板制造一体积为$5\,\mathrm{m}^3$，长度不小于$4\,\mathrm{m}$的无上盖的立方体货箱。要求该货箱的钢板耗费量最少，试确定货箱的长、宽和高的尺寸。

解：钢板的耗费量与货箱的表面积成正比。设货箱的长宽高分别为x_1、x_2、x_3，货箱的表面积为S，则该问题的物理表达式为：

(1) 货箱的钢板耗费量（即货箱的表面积用料）最少。

$$S=x_1x_2+2(x_1x_2+x_2x_3)\rightarrow\min$$

可见货箱的表面积取决于货箱的长度x_1、宽度x_2和高度x_3。

(2)满足的条件：

$$x_1\geqslant 4,\ x_2\geqslant 0,\ x_3\geqslant 0$$

按最优化数学模型的规范形式，可归纳为如下数学模型：

设计变量：

$$\boldsymbol{X}=[x_1\ x_2\ x_3]^{\mathrm{T}}$$

目标函数的极小化：

$$\min f(\boldsymbol{X})=x_1x_2+2(x_1x_2+\ x_2x_3)$$

约束条件：

$$g_1(\boldsymbol{X})=4-x_1\leqslant 0$$
$$g_2(\boldsymbol{X})=-x_2\leqslant 0$$
$$g_3(\boldsymbol{X})=-x_3\leqslant 0$$
$$h(\boldsymbol{X})=5-x_1x_2x_3=0$$

由等式约束条件可知，三个设计变量中 x_3 不是独立变量，即 $x_3=\dfrac{5}{x_1x_2}$。所以，该问题的最优化数学模型也可写为：

$$\boldsymbol{X}=[x_1\quad x_2]^{\mathrm{T}}$$
$$\min f(\boldsymbol{X})=x_1x_2+2(x_1x_3+x_2x_3)=x_1x_2+10\left(\frac{1}{x_2}+\frac{1}{x_1}\right)$$
$$g_1(\boldsymbol{X})=4-x_1\leqslant 0$$
$$g_2(\boldsymbol{X})=-x_2\leqslant 0$$

例 5-3 某车间生产甲乙两种产品。生产甲种产品每件需使用 9 kg 材料、3 个工时、4 kW · h 电，可获利润 60 元。生产乙种产品每件需要 4 kg 材料、10 个工时、5 kW · h 电，可获利 120 元。若每天能供应 360 kg 材料、300 个工时、200 kW · h 电，试确定两种产品每天的产量，以使每天可能获得的利润最大。

解：这是一个生产计划问题，可归结为既满足各项生产条件，又使每天所能获得的利润达到最大的优化设计问题。

设每天生产的甲乙两种产品分别为 x_1，x_2 件，每天获得的利润可用函数 $f(x_1,x_2)$ 表示，即：

$$f(x_1,x_2)=60x_1+120x_2\rightarrow\max$$

每天实际消耗的材料、工时和电力可分别用以下约束函数表示：

$$g_1(\boldsymbol{X})=9x_1+4x_2$$
$$g_2(\boldsymbol{X})=3x_1+10x_2$$
$$g_3(\boldsymbol{X})=4x_1+5x_2$$

于是上述生产计划问题的最优化数学模型应写为：

$$\boldsymbol{X}=[x_1\quad x_2]^{\mathrm{T}}$$
$$\min f(\boldsymbol{X})=f(x_1,x_2)=-60x_1-120x_2$$
$$g_1(\boldsymbol{X})=9x_1+4x_2-360\leqslant 0\text{（材料约束）}$$
$$g_2(\boldsymbol{X})=3x_1+10x_2-300\leqslant 0\text{（工时约束）}$$
$$g_3(\boldsymbol{X})=4x_1+5x_2-200\leqslant 0\text{（电力约束）}$$
$$g_4(\boldsymbol{X})=-x_1\leqslant 0$$
$$g_5(\boldsymbol{X})=-x_2\leqslant 0$$

由于目标函数和所有约束函数均为设计变量的线性函数，故此问题属线性约束最优化问题。

从以上三个实例可以看出，最优化设计的数学模型需要用设计变量、目标函数和约束条件等基本概念才能予以完整的描述，可以写成以下统一形式：

求设计变量：

$$X=[x_1,x_2,\cdots,x_n]^{\mathrm{T}} \tag{5-1}$$

使目标函数极小化：

$$f(X)=f(x_1,x_2,\cdots,x_n) \tag{5-2}$$

满足约束条件：

$$g_u(X)\leqslant 0\ (u=1,2,\cdots,m)$$
$$h_v(X)=0\ (v=1,2,\cdots,p;p<n)$$

其中，$g_u(X)\leqslant 0$ 称为不等式约束条件，$h_v(X)=0$ 称为等式约束条件。

用向量 $X=[x_1,x_2,\cdots,x_n]^{\mathrm{T}}$ 表示设计变量，$X\in R^n$ 表示向量 X 属于 n 维实欧氏空间，用 min、max 表示极小化和极大化，s. t.（subjected to 的英文缩写）表示"满足于"，m、p 分别表示不等式约束和等式约束的个数。最优化数学模型可以写成以下向量形式：

$$\begin{aligned}&\min f(X),\ X\in R^n\\ &\text{s. t.}\quad g_u(X)\leqslant 0\ (u=1,2,\cdots,m)\\ &\qquad\ \ h_v(X)=0\ (v=1,2,\cdots,p;p<n)\end{aligned} \tag{5-3}$$

式(5-3)就是最优化数学模型的一般表达式。这一最优化数学模型，称为约束最优化设计问题。若式(5-3)所列数学模型内 $m=p=0$，则成为：

$$\min f(X),\ X\in R^n \tag{5-4}$$

这一最优化问题不受任何约束，称为无约束最优化设计问题。式(5-4)即为无约束最优化问题的数学模型表达式。

当涉及问题要求极大化 $f(X)$ 目标函数时，只要将式中目标函数改写为 $-f(X)$ 即可。因为 $\min f(X)$ 和 $\max[-f(X)]$ 具有相同的解。同样，当不等式约束为"$\geqslant 0$"时，只要将不等式两端同乘以"-1"，即可得到"$\leqslant$"的一般形式。

一个完整的、规格化的最优化数学模型，包含三部分内容：即设计变量 X、目标函数 $f(X)$、约束条件 $g_u(X)\leqslant 0$ 和 $h_v(X)=0$。它们又称为最优化数学模型的三要素。

建立的最优化数学模型，在计算机上求得的解称为最优化问题的最优解，它包括：

最优方案：

$$X^*=[x_1^*,x_2^*,\cdots,x_n^*]^{\mathrm{T}}$$

最优目标函数值：

$$f(X^*)$$

即最优化问题的最优解由最优化设计方案 X^*（或称最优点）和最优目标函数值 $f(X^*)$ 两部分组成，最优目标函数 $f(X^*)$ 是最优点 X^* 代入目标函数 $f(X)$ 所求得的最优函数值，它是评价设计方案优劣程度的一个标量值。

5.1.2.1 设计变量

在最优化设计过程中需要调整和优选的参数，称为设计变量。如在工程及工业产品设计中，一个零部件或一台机器的设计方案，常用一组基本参数来表示。概括起来参数可分为两类：一类是按照具体的设计要求事先给定，且在设计过程中保持不变的参数，称为设计常量；另一类是在设计过程中须经不断调整，以确定其最优值的参数，则为设计变量。也就是说，设计变量是最优化设计要优选的量。最优化设计的任务，就是确定设计变量的最优值以得到最优设计方案。

由于设计对象不同，选取的设计变量也不同。它可以是几何参数，如零件外形尺寸、截面尺寸、机构的运动尺寸等;也可以是某些物理量,如零部件的重量、体积、力与力矩、惯性矩等;还可以是代表工作性能的导出量,如应力、变形等。总之,设计变量必须是对该项设计性能指标优劣有影响的参数。

设计变量是一组相互独立的基本参数。一般用向量 $\boldsymbol{X}$ 来表示。设计变量的每一个分量都是互相独立的。以 n 个设计变量为坐标轴所构成的实数空间称为设计空间,或称 n 维实欧氏空间,用 R^n 表示。当 $n=2$ 时,$\boldsymbol{X}=[x_1,x_2]^{\mathrm{T}}$ 是二维设计向量;当 $n=3$ 时,$\boldsymbol{X}=[x_1,x_2,x_3]^{\mathrm{T}}$ 为三维设计向量,设计变量 x_1,x_2,x_3 组成一个三维空间;当 $n>3$ 时,设计空间是一个想象的超越空间,称 n 维实数空间。其中二维和三维设计空间如图 5-2 所示。

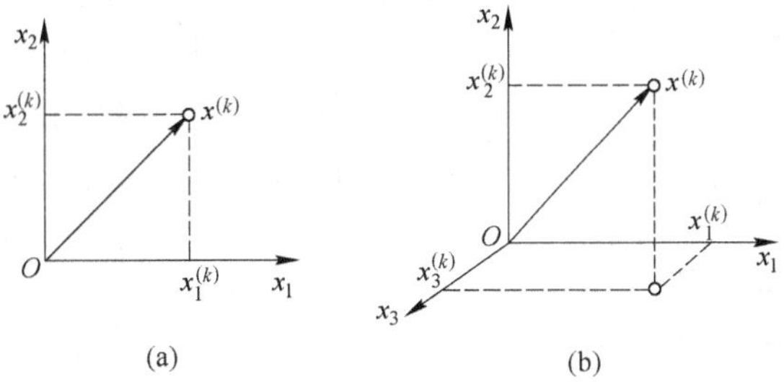

图 5-2 设计空间

(a) 二维设计空间;(b) 三维设计空间

设计空间是所有设计方案的集合,用符号 $\boldsymbol{X}\in R^n$ 表示。任何一个设计方案,都可以看作是从设计空间原点出发的一个设计向量 $\boldsymbol{X}^{(k)}$,该向量端点的坐标值就是这一组设计变量 $\boldsymbol{X}^{(k)}=[x_1^{(k)},x_2^{(k)},\cdots,x_n^{(k)}]^{\mathrm{T}}$。因此,一组设计变量表示一个设计方案,它与一向量的端点相对应,也称设计点。而设计点的集合即构成了设计空间。

根据设计变量的多少,一般将最优化设计问题分为三种类型:设计变量数目 $n<10$ 的称为小型最优化问题;$n=10\sim50$ 的称为中型最优化问题;$n>50$ 的称为大型最优化问题。

在工程优化设计中,根据设计要求,设计变量常有连续量和离散量之分。大多数情况下,设计变量是有界连续变化型量,称为连续设计变量。但在一些情况下,有些设计变量是离散型量,则称离散设计变量,如齿轮的齿数、模数、钢管的直径、钢板的厚度等。对于离散设计变量,在优化设计过程中常是先把它视为连续量,再求得连续量的优化结果后再进行圆整或标准化,以求得一个实用最优化设计方案。

5.1.2.2 目标函数

目标函数又称评价函数,是用来评价设计方案优劣的指标。任何一项机械设计方案的好坏,总可以用一些设计指标来衡量,这些设计指标可表示为设计变量的函数,该函数就称为优化设计的目标函数。n 维设计变量最优化问题的目标函数记为 $f(\boldsymbol{X})=f(x_1,x_2,\cdots,x_n)$。它代表设计中某项最重要的特征,如机械零件设计中的重量、体积、效率、可靠性、承载能力,机械设计中的运动误差、动力特性,产品设计中的成本、寿命等。

目标函数是一个标量函数。目标函数值的大小,是评价设计质量优劣的标准。最优化设计就是要寻求一个最优化设计方案,即最优点 $\boldsymbol{X}^*$,从而使目标函数达到最优值 $f(\boldsymbol{X}^*)$。在最优化设计中,一般取最优值为目标函数的最小值。

确定目标函数,是最优化设计中最重要的决策之一。因为这不仅直接影响最优化方案的质量,而且还影响到最优化过程。目标函数可以根据工程问题的要求从不同角度来建立,例如:成本、重量、几何尺寸、运动轨迹、功率、应力、动力特性等。

一个最优化问题,可以用一个目标函数来衡量,称之为单目标最优化问题;也可以用多个目标函数来衡量,称之为多目标最优化问题。单目标最优化问题,由于指标单一,易于衡量设计方案的优劣,求解过程比较简单明确;而多目标最优化问题求解比较复杂,但可获得最佳的最优设计方案。

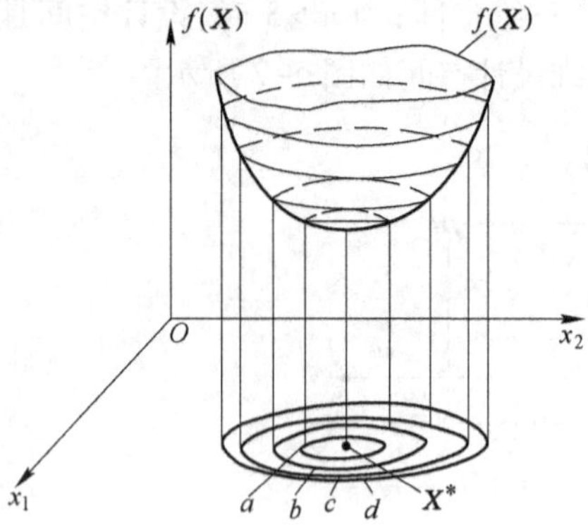

图 5-3 二维目标函数的等值线

目标函数可以通过等值线(面)在设计空间中表现出来。所谓目标函数的等值线(面),就是当目标函数$f(\boldsymbol{X})$的值依次等于一系列常数$c_i(i=1,2,\cdots)$时,设计变量$\boldsymbol{X}$取得一系列值的集合。现以二维最优化问题为例,来说明目标函数的等值线(面)的几何意义。如图 5-3 所示,二维变量的目标函数$f(x_1,x_2)$图形可以用三维空间描述出来。令目标函数$f(x_1,x_2)$的值分别等于$c_1,c_2,\cdots$,则对应这些设计点的集合在x_1Ox_2坐标平面内的一族曲线,每一条曲线上的各点都具有相等的目标函数值,所以这些曲线称为目标函数的等值线。由图可见,等值线族反映了目标函数的变化规律,等值线越向里面,目标函数值越小。对于有中心的曲线族来说,等值线族的共同中心就是目标函数的无约束极小点$\boldsymbol{X}^*$。故从几何意义上来说,求目标函数无约束极小点也就是求其等值线族的共同中心。当目标函数值的变化范围一定时,等值线愈稀疏说明目标函数值的变化愈平缓。利用等值线的概念可用几何图像形象地表现出目标函数的变化规律。另外,在许多最优化问题中,最优点周围的等值线往往是一族近似的共心椭圆族,而每一个近似椭圆就是一条目标函数的等值线。这时,求最优点即是求目标函数的极值问题,可归结为求其等值线同心椭圆族的中心。根据求椭圆族中心的不同途径,存在着多种最优化方法。

以上二维目标函数等值线的讨论,可以推广到多维问题的分析中去。对于三维问题在设计空间中是等值面问题;高于三维问题在设计空间中是超等值面问题。

5.1.2.3 约束条件

设计空间是一切设计方案的集合,只要在设计空间确定一个点,就确定了一个设计方案。但是,实际上并不是任何一个设计方案都可行,因为设计变量的取值范围有限制或必须满足一定的条件。在最优化设计中,这种对设计变量取值时的限制条件,称为约束条件(或称设计约束)。如前述销轴直径d和长度l的选取,就是约束的例子。

按照约束条件的形式不同,约束有不等式和等式约束两类,一般表达式为:

$$g_u(\boldsymbol{X})\leqslant 0(u=1,2\cdots,m)$$

$$h_v(\boldsymbol{X})=0(v=1,2,\cdots,p;p<n)$$

式中,$g_u(\boldsymbol{X})$和$h_v(\boldsymbol{X})$都是设计变量的函数;m为不等式约束的数目;p为等式约束的数目,而且等式约束的个数必须小于设计变量的个数n。因为一个等式约束可以消去一个设计变量,当$p=n$时,即可有p个方程组解得唯一的一组设计变量$x_1,x_2,\cdots,x_n$。这样,只有唯一确定的方案,无最优化可言。

当不等式约束条件为 $g_u(\boldsymbol{X}) \geqslant 0$ 时，可以用 $-g_u(\boldsymbol{X}) \leqslant 0$ 的等价形式来代替。

按照设计约束的性质不同，约束有性能约束和边界约束两类。性能约束是根据设计性能或指标要求而确定的一种约束条件，例如零件的工作应力、变形的限制条件以及对运动学参数如位移、速度、加速度值的限制条件均属于性能约束。边界约束则是对设计变量取值范围的限制，例如对齿轮的模数、齿数的上、下限的限制以及对构件长度尺寸的限制都是边界约束。

任何一个不等式约束条件，若将不等号换成等号，即形成一个约束方程式。该方程的图形将设计空间划分为两部分：一部分满足约束，即 $g_u(\boldsymbol{X})<0$；另一部分则不满足约束，即 $g_u(\boldsymbol{X})>0$。故将该分界线或分界面称为约束边界（或约束面）。等式约束本身也是约束边界，不过此时只有约束边界上的点满足约束，而边界两边的所有部分都不满足约束。以二维问题为例，如图 5-4 所示，其中阴影方向部分表示不满足约束的区域。

约束的几何意义是它将设计空间一分为二，形成了可行域和非可行域。每一个不等式约束或等式约束都将设计空间分为两部分，满足所有约束的部分形成一个交集，该交集称为此**约束问题的可行域**，记做 D，见图 5-5。不满足约束条件的设计点构成该最优化问题的不可行域。可行域也可看作满足所有约束条件的设计点的集合，因此，可用集合表示如下：

$$D=\{\boldsymbol{X} \mid g_u(\boldsymbol{X}) \leqslant 0, h_v(\boldsymbol{X})=0(u=1,2,\cdots,m;v=1,2,\cdots,p;p<n)\} \tag{5-5}$$

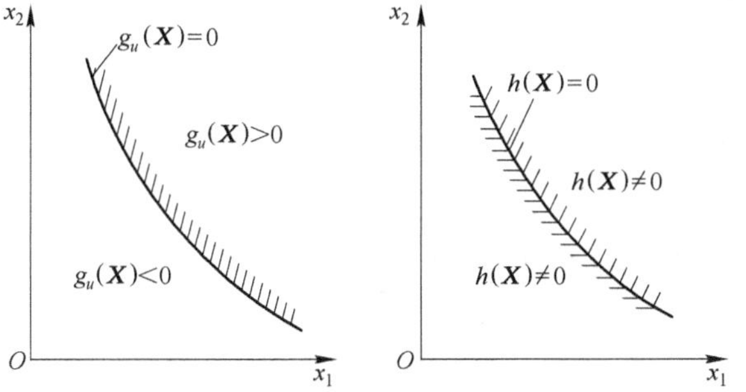

图 5-4　约束边界

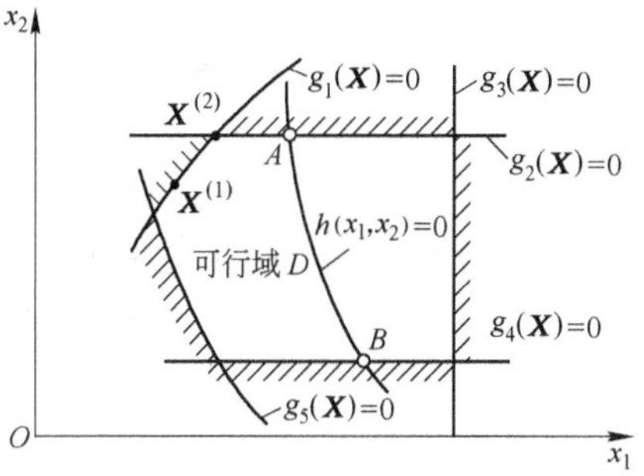

图 5-5　二维问题的可行域

根据是否满足约束条件可以把设计点分为可行点（或称内点）和非可行点（或称外点）。处于不等式约束边界上（即不等式约束的极值条件 $g_u(\boldsymbol{X})=0$）的设计点，称为边界设计点。边界设计点也是可行点，不过它是一个为该项约束所允许的极限设计方案。当最优化设计问题除有 m 个不等式约束条件外，还应满足 p 个等式约束条件时，即对设计变量的选择又增加了限制。如图 5-5 所示，当有一个等式约束条件 $h(x_1,x_2)=0$ 时，这时的可行点（可行设计方案）只允许在 D 域内的等式约束函数曲线的 AB 段上选择。

根据设计点是否在约束边界上，又可将约束条件分为起作用和不起作用约束。所谓起作用约束就是对某个设计点特别敏感的约束，即该约束的微小变化可能使设计点由边界点变成可行域的内点，也可能由边界点变成可行域的外点。如图 5-5 所示，其中 $\boldsymbol{X}^{(1)}$ 位于约束边界 $g_1(\boldsymbol{X})=0$ 上，故 $g_1(\boldsymbol{X}) \leqslant 0$ 是 $\boldsymbol{X}^{(1)}$ 的起作用约束。点 $\boldsymbol{X}^{(2)}$ 位于两个约束边界 $g_1(\boldsymbol{X})=0$ 和 $g_2(\boldsymbol{X})=0$ 的交点上，因此点 $\boldsymbol{X}^{(2)}$ 的起作用约束有两个，它们是 $g_1(\boldsymbol{X}) \leqslant 0$ 和 $g_2(\boldsymbol{X}) \leqslant 0$。

$\boldsymbol{X}^{(k)}$ 点的起作用的不等式约束的个数可以用集合的形式表示如下：

$$I_k=\{u \mid g_u(X^k)=0(u=1,2,\cdots,m)\}$$

起作用约束集的概念，对于工程优化设计也是非常重要的，常常可以对已有的数学模型进行优化，然后进行结果分析：

（1）检查在最优点 X^* 周围起作用约束条件的性态，考察是否可以适当放松某些约束，以进一步优化这个设计；

（2）检查目标函数在 X^* 附近的性态，考虑是否需要增加某些约束以强化设计。

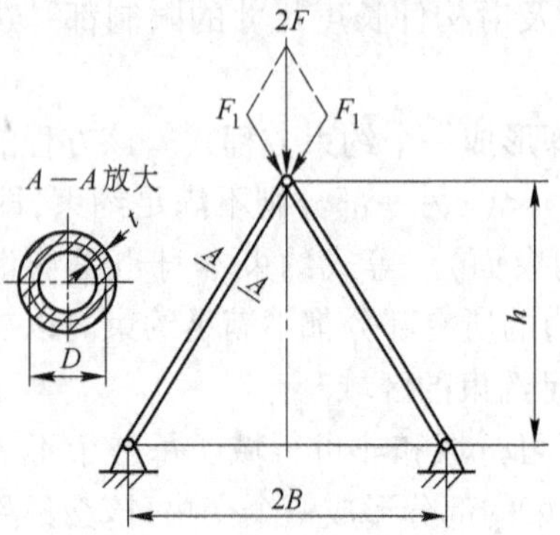

图 5-6 对称双杆钢支架

例 5-4 如图 5-6 所示的对称双杆钢支架，承受负荷 $2F=29400$ N，跨距 $2B=152$ cm，钢管壁厚 $t=0.25$ cm。要求在满足钢管的强度条件和压杆稳定性条件下，设计重量最轻的支架，试选择合适的钢管中径 D 和支架高度 h（钢管材料的弹性模量 $E=2.12\times10^7\,\mathrm{N/cm^2}$，重度 $\rho=8.13\times10^{-2}\,\mathrm{N/cm^3}$）。

解：令设计变量 $X=[D,h]^{\mathrm T}=[x_1,x_2]^{\mathrm T}$，则这个问题的数学模型可表示为：

$$\min f(X)=2\rho t\pi x_1(B^2+x_2^2)^{0.5}=0.1277x_1(5776+x_2^2)^{0.5}$$

$$\begin{aligned}\text{s.t.}\quad & g_1(X)=\sigma-\sigma_c\leqslant0\\ & g_2(X)=\sigma-[\sigma]\leqslant0\\ & g_3(X)=-x_1\leqslant0\\ & g_4(X)=-x_2\leqslant0\end{aligned}$$

式中，σ_c 为钢管的压杆稳定临界应力：

$$\sigma_c=\frac{\pi^2E(x_1^2+t^2)}{8(B^2+x_2^2)}=\frac{2.61\times10^7(x_1^2+0.0625)}{(5776+x_2^2)}$$

σ 为钢管的压应力：

$$\sigma=\frac{F(B^2+x_2^2)^{0.5}}{\pi t x_1 x_2}=\frac{1.87\times10^5(5776+x_2^2)^{0.5}}{x_1x_2}$$

$[\sigma]$为钢管材料的许用压应力。

当$[\sigma]=41340\,\mathrm{N/cm^2}$ 时，问题的等值线如图 5-7(a)所示，这时，最优点 X^* 在曲线 $g_2(X)=0$ 上，即约束条件 $g_2(X)\leqslant0$ 对 X^* 起作用。

而当$[\sigma]=68890\,\mathrm{N/cm^2}$ 时，问题的等值线如图 5-7(b)所示。由于函数的等值线和约束$[\sigma]$的改变，曲线 $g_2(X)=0$ 的形状与图 5-7(a)所示的不同了。可以看到，最优点 X^* 在曲线 $g_1(X)=0$ 和 $g_2(X)=0$ 的交点上，即约束条件 g_1 和 g_2 对 X^* 都起作用，组成了问题起作用约束集。这时，两个方程决定两个设计变量，已不存在优化的“自由度”了。而在$[\sigma]=41340\,\mathrm{N/cm^2}$ 时，只有一个起作用约束，还存在一个“优化自由度”。

近年来，起作用约束集的概念已受到普遍的重视。利用起作用约束集来处理问题的实质，就是在将不等式约束问题转化为等式约束子问题时，仅仅考虑起作用的约束条件，而暂时忽略不起作用的不等式约束条件。采用这个方法，将使问题的维数大大减少，解题上的困难也随之减少。当然，利用起作用约束集的方法，也存在一定的困难，那就是如何确定起作用约束集的问题。当前，这方面的研究工作相当活跃。

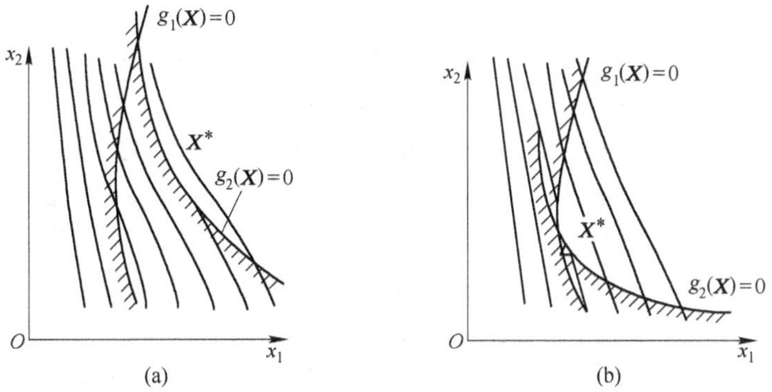

图 5-7　钢支架优化设计目标函数等值线和约束

(a) $[\sigma]=41340\ \mathrm{N/cm^2}$；(b) $[\sigma]=68890\ \mathrm{N/cm^2}$

起作用约束集的概念对非线性规划的算法是非常重要的。如何正确确定起作用约束集并找到这些约束条件的交集上的最优点，是各种算法的关键所在。本章后面将要介绍的惩罚函数法是对企图违反约束条件的迭代点给以惩罚，以迫使迭代点靠近起作用约束条件的交集。简约梯度法和序列二次规划法则总是企图沿着起作用约束集的交界上搜寻最优点。然而对于非线性约束条件，严格沿交集上前进是困难的，于是，简约梯度法是在线性近似的约束条件交集上，而序列二次规划法则是在二次近似的约束条件交集上搜索前进的。

综上所述，最优化数学模型是对实际问题的数学描述和概括，是进行最优化设计的基础。因此，根据设计问题的具体要求和条件建立完备的数学模型是关系最优化设计成败的关键。这是因为最优化问题的计算求解完全是围绕数学模型进行的。也就是说，最优化计算所得的最优解实际上只是数学模型的最优解。此解是否满足实际问题的要求，是否就是实际问题的最优解，完全取决于数学模型和实际问题的符合程度。

由此可见，建立数学模型是一项重要而复杂的工作：一方面希望建立一个尽可能完善的数学模型，以求精确地表达实际问题，得到满意的结果；另一方面又力求使所建立的数学模型尽可能简单，以方便计算求解。

5.1.3　最优化问题的分类

与一般工业产品设计相类似，产品及工程最优化设计可以分为两个层次：总体方案最优化和设计参数最优化。这两者之间有着密切的联系，又存在着实质性的区别。前者是指总体布局、结构或系统的类型以及几何形式的最优化设计；后者是在总体方案选定后，对具体设计参数（几何参数、性能参数等）的最优化设计。总体方案设计是一种创造性活动，必须依靠思考与推理，综合运用多学科的专门知识和丰富的实践经验，才能获得正确、合理的设计。因此，总体方案最优化其大量工作是依据知识经验进行演绎和推理，人工智能方法（特别是专家系统技术）适宜于求解这类问题。设计参数最优化是择优确定具体的设计参数，属于数值计算型工作，比较容易总结出可供计算分析用的数学模型，因而一般采用数学规划方法来求解。本章主要介绍设计参数最优化问题。

根据最优化问题的数学模型是否含有设计约束，可将工程最优化问题分为约束最优化问题和无约束最优化问题，它们的数学模型见式（5-3）和式（5-4）。工程最优化设计问题中的绝大多数问题都是约束最优化问题。

无约束最优化问题的目标函数如果是一元函数,则称之为一维无约束最优化问题;如果是二元或二元以上函数,则称之为多维无约束最优化问题。

对于约束最优化问题,可按其目标函数和约束函数的特性,分为线性规划问题和非线性规划问题。如果目标函数和所有的约束函数都是线性函数,则称之为线性规划问题(见例5-3);否则,则称之为非线性规划问题。对于目标函数是二次函数而约束函数都是线性这一类问题,一般称之为二次规划问题。如果目标函数和所有约束函数都是凸函数,则称为凸规划问题。凸规划的一个重要的性质就是,凸规划的任何局部极小解一定是全局最优解。

线性规划和非线性规划是数学规划中的两个重要分支,在工程设计问题中均得到了广泛应用。

5.1.4　最优化设计的迭代算法

对于最优化问题数学模型的求解,目前可采用的求解方法有三种,即数学解析法、图解法和数值迭代法。

数学解析法就是把最优化对象用数学模型描述出来后,用数学解析法(如微分法、变分法)求出最优解,如高等数学中求函数极值或条件极值的方法。数学解析法是最优化设计的理论基础,但它仅限于维数较少且易求导的最优化问题的求解。

图解法就是直接用作图的方法来求解最优化问题,通过画出目标函数和约束函数的图形,求出最优解。此法的特点是简单直观,但仅限于 $n \leqslant 2$ 的低维最优化问题的求解。图5-8所示即为采用图解法来求解如下二维最优化问题:

$$\min f(\boldsymbol{X}) = x_1^2 + x_2^2 - 4x_1 + 4$$

$$\text{s. t.}\quad g_1(\boldsymbol{X}) = x_2 - x_1 - 2 \leqslant 0$$

$$g_2(\boldsymbol{X}) = {x_1}^2 - x_2 + 1 \leqslant 0$$

$$g_3(\boldsymbol{X}) = -x_1 \leqslant 0$$

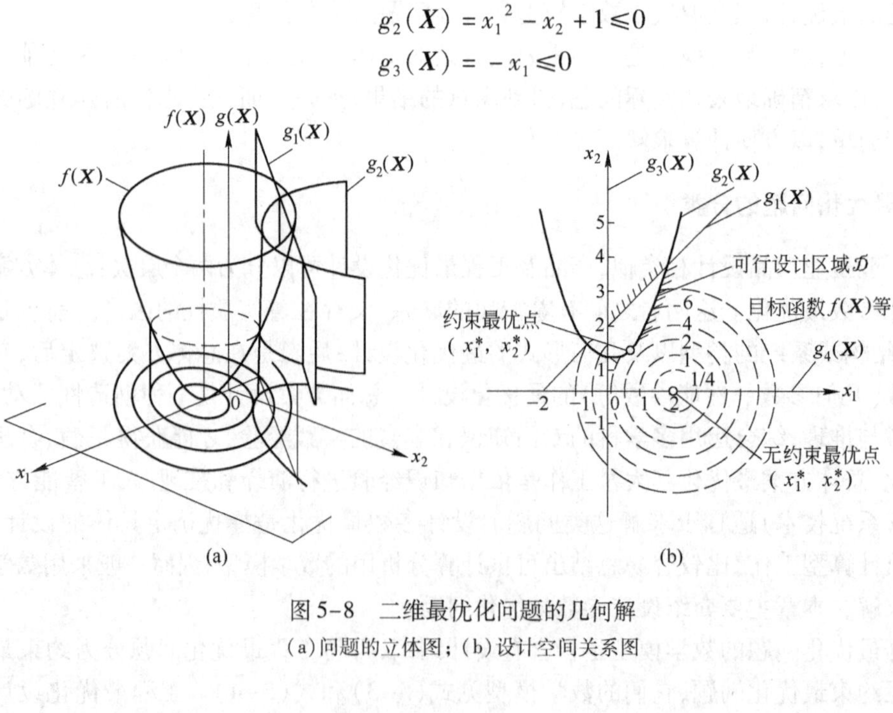

图5-8　二维最优化问题的几何解

(a)问题的立体图;(b)设计空间关系图

$$g_4(\boldsymbol{X}) = -x_2 \leqslant 0$$

最优解的结果。图 5-8(a)所示为该问题的目标函数、约束函数的立体图;图 5-8(b)所示为该问题的设计空间关系图,阴影线部分即为由所有约束边界围成的可行域。该问题的约束最优点就是约束边界 $g_2(\boldsymbol{X})=0$ 与目标函数等值线的切点,即图中的 $\boldsymbol{X}^*$ 点,$\boldsymbol{X}^* = [x_1^*, x_2^*]^{\mathrm{T}} = [0.58, 1.34]^{\mathrm{T}}$,其目标函数极小值 $f(\boldsymbol{X}^*) = 0.38$。

数值迭代法完全是依赖于计算机的数值计算特点而产生的,它是具有一定逻辑结构并按一定格式反复迭代计算,逐步逼近最优化问题最优解的一种方法。采用数值迭代法可以求解各种最优化问题(包括数学解析法和图解法不能适用的最优化问题)。

5.1.4.1 数值迭代法的迭代格式

数值迭代法的基本思想是:搜索、迭代、逼近。为了寻找目标函数 $f(\boldsymbol{X})$ 的极小点 $\boldsymbol{X}^*$,首先在设计空间中给出一个估算的初始设计点 $\boldsymbol{X}^{(0)}$,然后从该点出发,按照一定的规则确定适当的搜索方向 $S^{(0)}$ 和搜索步长 $a^{(0)}$,求得第一个改进设计点 $\boldsymbol{X}^{(1)}$,它应满足条件:$f(\boldsymbol{X}^{(1)}) < f(\boldsymbol{X}^{(0)})$,至此完成第一次迭代。之后又以 $\boldsymbol{X}^{(1)}$ 为新的初始点,重复上述步骤,求得 $\boldsymbol{X}^{(2)}, \cdots$,如此反复迭代,从而获得一个不断改进的点列 $\{\boldsymbol{X}^{(k)}, k=0,1,2,\cdots,\}$ 以及一个相应的递减函数值数列 $\{f(\boldsymbol{X}^{(k)}), k=1,2,\cdots\}$。这一迭代过程若用数学式来表达,即得数值迭代法的基本迭代格式为:

$$\begin{aligned} &\boldsymbol{X}^{(k+1)} = \boldsymbol{X}^{(k)} + a^{(k)} S^{(k)} \quad (k=0,1,2,\cdots) \\ &f(\boldsymbol{X}^{(k+1)}) < f(\boldsymbol{X}^{(k)}) \\ &g_u(\boldsymbol{X}^{(k+1)}) \leqslant 0 \qquad (u=1,2,\cdots,m) \end{aligned} \tag{5-6}$$

式中,$\boldsymbol{X}^{(k)}$ 为前一步已取得的设计方案(迭代点);$\boldsymbol{X}^{(k+1)}$ 为新的改进设计方案(新的迭代点);$S^{(k)}$ 为第 k 次迭代计算的搜索方向;$a^{(k)}$ 为第 k 次迭代计算的步长因子。

这样一步一步的重复数值计算,不断地用改进了的新设计点迭代前次设计点,逐步改进目标函数值并最终逼近极值点,即极小点 $\boldsymbol{X}^*$。数值迭代法的迭代过程,如图 5-9 所示。

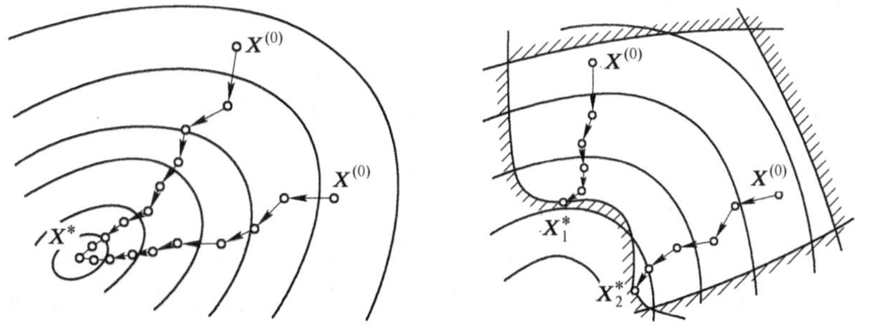

图 5-9 优化设计迭代解法的示意图

(a) 无约束最优解;(b) 约束最优解

从以上分析可见,最优化迭代过程所得一系列迭代点都是以统一基本迭代格式进行重复运算所获得的,因而在计算机上很容易实现,而且由于每一次迭代取得的新的可行迭代点之目标函数值有所下降,于是迭代点不断向约束最优点靠拢,最后必将到达十分逼近理论最优点的近似最优点 $\boldsymbol{X}^*$。

通过以上分析及图5-9可知，要运用数值迭代法寻找目标函数的极小值 $\boldsymbol{X}^*$，这里关键要解决三个问题：一是如何确定迭代步长 $a^{(k)}$；二是怎样选定搜索方向 $\boldsymbol{S}^{(k)}$；三是如何判断是否找到了最优点，以终止迭代。由于在最优化技术中，关于迭代方法有多种，它们之间的区别主要就在于确定搜索方向 $\boldsymbol{S}^{(k)}$ 的方式不同。关于前两个问题的确定我们将在以后各节中介绍。

5.1.4.2 迭代计算的终止准则

数值迭代法的求解过程是逐步向理论最优点靠拢，接近理论最优的近似最优。因此，迭代过程不可能无限制地进行，那么，什么时候终止迭代呢？这就有一个迭代终止的准则问题。

对于无约束最优化问题，通常采用的迭代终止准则有以下几种：

（1）点距足够小准则 相邻两迭代点之间的距离以达到充分小，即：

$$\| \boldsymbol{X}^{(k+1)} - \boldsymbol{X}^{(k)} \| \leqslant \varepsilon \tag{5-7}$$

式中，ε 为给定的计算精度，它是一个足够小的正数。

（2）函数下降量足够小准则 相邻两迭代点的数值下降量以达到充分小，即：

$$| f(\boldsymbol{X}^{(k+1)}) - f(\boldsymbol{X}^{(k)}) | \leqslant \varepsilon \tag{5-8}$$

式中，ε 为给定的计算精度（足够小的正数）。

（3）函数梯度充分小准则 目标函数在迭代点的梯度已达到充分小，即

$$\| \nabla f(\boldsymbol{X}^{(k+1)}) \| \leqslant \varepsilon \tag{5-9}$$

这是由于函数极值点的必要条件是函数在这一点的梯度值的模为零。因此当迭代点的函数梯度的模已充分小时，则认为迭代可以终止。

通常，上述三个准则都可以单独使用。只要其中一个得到满足，就可以认为达到了近似最优解，迭代计算到此结束。对于约束最优化问题，不同的最优化方法有各自的终止准则，在此不再介绍。

5.1.5 优化设计发展的新方法

随着科学技术的飞速发展和工程问题研究的需要，现今在工程优化设计中又发展了一些优化设计的新方法，如工程遗传算法、模糊优化设计方法和可靠性设计方法等，下面进行简要介绍。

5.1.5.1 工程遗传算法

遗传算法（Genetic Algorithms，GA）是由美国 Michigan 大学的 J. Holand 教授于 1975 年首先提出的，是一种植根于自然遗传学和计算机科学的新型优化方法。它根据生物进化论的思想，将优胜劣汰、适者生存的原理及遗传机理抽象出来，形成一种便于计算机实现的全局优化搜索算法，已被广泛应用于复杂工程优化问题的求解。

遗传算法的基本思想正是模拟自然界优胜劣汰的进化现象，把搜索空间映射为遗传空间，把可能的解编码成一个“染色体”向量，染色体群一代代不断进化，包括复制、交叉和变异等操作，通过不断计算各染色体的适应值，选择最好的染色体，从而获得最优解。遗传算法的一次迭代，相当于生物进化中的一代遗传。

遗传算法利用生物进化和遗传的思想实现优化过程，区别于传统优化算法，它具有以下特点：

（1）遗传算法是对设计参数编码成“染色体”后进行进化操作，而不是针对参数本身，使得遗传算法不受函数约束条件的限制，如连续性、可导性等。这就使问题的表达和求解比较灵活，因此该算法能有广泛的适用性。

（2）遗传算法的搜索过程是从问题解的一个集合开始的，而不是从单个个体开始的，具有隐含并行搜索特性，因此该算法能同时获得许多峰值，大大地减少了陷入局部极小的可能，增加了全局收敛性并保证了解的全局最优性。

（3）遗传算法使用的遗传操作均是随机操作，同时该算法根据个体的适应度值信息进行搜索，无需导数和梯度信息。

（4）遗传算法具有全局搜索能力，最善于搜索复杂问题和非线性问题。

基于上述特点，使遗传算法能够有效地求解工程领域存在着的大量复杂优化问题。在机械工程领域的机械方案优化设计、机床挂轮组的最佳选择、螺旋发动机齿轮减速器的重量优化设计、机构参数优化、机器人运动轨迹优化、磨削参数优化、工艺过程优化设计等方面也都已取得成功应用。

5.1.5.2 模糊优化设计方法

确定性、随机性和模糊性是事物的三大属性。机械过程中普遍存在着模糊性现象，如机械设计的目的是使所设计的机器性能好、效率高、寿命长、安全可靠、使用维护方便等。这里的“好－坏”、“高－低”、“长－短”，“安全－危险”、“方便－麻烦”等概念就是模糊的。长期以来，因为缺乏处理模糊概念的方法和手段，常把许多因素人为地当成是确定性的或随机性的进行处理，从而往往漏掉了真正的优化方案。

随着模糊数学的诞生和发展，使得模糊性现象的研究和处理成为可能。如何反映优化设计中存在的模糊性，是模糊优化所要解决的问题。1970 年，Bellman 和 Zadeh 提出了模糊优化设计的概念，随后模糊优化设计方法得到迅速的发展，目前它在控制工程、土木建筑和机械设计等领域都得到了广泛的应用。

模糊优化设计包括建立模糊优化数学模型和应用计算机优化程序求解其最优解两方面内容。如何从实际工程问题中抽象出正确的数学模型，是工程模糊优化设计的关键之一。与常规优化设计一样，设计变量、目标函数和约束条件是模糊优化设计数学模型的三要素。模糊优化设计的数学模型与常规优化设计的数学模型在形式上完全相同，只是前者包含有模糊因素，需要运用模糊数学的理论方法进行分析求解。

5.1.5.3 可靠性优化设计方法

优化设计和可靠性设计都是十分重要的现代设计方法。优化设计是把最优化原理应用于工程设计中，通过计算机在所有可行方案中寻求最佳设计方案的一种现代设计方法，常规的优化设计方法是把设计变量处理成确定的变量，建立的优化数学模型没有考虑可靠性指标，这样就不能真实地反映运行工况；可靠性设计是以概率论或数理统计为理论基础，以失效分析、失效预测及各种可靠性试验为依据，把有关的设计变量处理成随机变量，按照可靠性设计准则建立的概率数学模型，能符合工况的运行要求，但对于某些设计问题，若不采用优化设计方法，也不能得到满意的设计结果。

为使设计出的产品既有运行可靠性的定量描述，又有最优参数（如功能、安全性、质量、体积和成本等），使产品具有优良的性价比和显著的技术经济效益，近些年来在机械产品的设计中不断采用可靠性优化设计方法。这一设计法建立在近代数学概率论、优化方法和计算机现代计算技术相结合的基础上，成为解决复杂工程设计问题的一种有效方法，也是工程优化设计的一种新方法。

对于机械工程优化问题，机械零部件的可靠性优化设计方法的基本思路是：要求结构或零部件在满足一定性能的条件下，使其可靠度达到最大；或者使结构或零部件达到最佳性能指标时，要求它的可靠度不得低于某一规定水平。一般来说，后一种可靠性优化设计方法更为实用。

可靠性优化模型的求解要比确定性优化模型的求解困难得多，计算量也较大，而且它与随机变量的分布形式有着密切关系。根据随机变量的概率分布形式主要有两种求解方法：机会约束法和随机模拟搜索法。对于随机设计变量相互独立且服从简单正态分布的情况，可采用机会约束法求解，其基本思想是对随机的约束和目标函数采用一次二阶矩处理，从而使概率约束优化问题的模型转化为等价的确定性模型来求解。随机模拟搜索法是一种将随机模拟技术和优化技术相结合的求解方法，前者用于对随机目标函数和约束函数进行概率分析，求出每一个设计点的均值、方差或概率值；后者在于搜索新点，使其获得满足概率约束的最优解。目前，较多推荐采用的是将随机模拟与离散变量优化方法相结合的随机模拟搜索法，这种方法在任意分布的随机变量和参数的场合，一般都可以获得一个较精确的解。

5.2 最优化方法的数学基础

工程最优化设计问题大多是多变量有约束的非线性规划问题，其数学本质是求解多变量非线性函数的极值问题。因此，本节将介绍与此有关的一些数学基础知识。

5.2.1 二次型与正定矩阵

在介绍最优化方法时，常常先将二次型函数作为对象。其原因除了二次型函数在工程最优化问题中有较多的应用且比较简单之外，还因为任何一个复杂的多元函数都可采用泰勒二次展开式局部逼近，使复杂函数简化为二次函数。因此，有必要讨论有关二次型函数的问题。

二次函数是最简单的非线性函数，在最优化理论中具有重要的意义。二次函数可以写成如下向量形式：

$$f(\boldsymbol{X}) = \frac{1}{2}\boldsymbol{X}^{\mathrm{T}}\boldsymbol{A}\boldsymbol{X} + \boldsymbol{B}^{\mathrm{T}}\boldsymbol{X} + C \tag{5-10}$$

式中，$\boldsymbol{B}$ 为常数向量；C 为常数；$\boldsymbol{X}^{\mathrm{T}}\boldsymbol{A}\boldsymbol{X}$ 称为二次型，$\boldsymbol{A}$ 称为二次型矩阵，相当于函数的二阶导数矩阵。

矩阵有正定和负定之分。对于所有非零向量 $\boldsymbol{X}$：

（1）若有 $\boldsymbol{X}^{\mathrm{T}}\boldsymbol{A}\boldsymbol{X}>0$，则称矩阵 $\boldsymbol{A}$ 是正定的；

（2）若有 $\boldsymbol{X}^{\mathrm{T}}\boldsymbol{A}\boldsymbol{X}\geqslant 0$，则称矩阵 $\boldsymbol{A}$ 是半正定的；

（3）若有 $\boldsymbol{X}^{\mathrm{T}}\boldsymbol{A}\boldsymbol{X}<0$，则称矩阵 $\boldsymbol{A}$ 是负定的；

（4）若有 $\boldsymbol{X}^{\mathrm{T}}\boldsymbol{A}\boldsymbol{X}\leqslant 0$，则称矩阵 $\boldsymbol{A}$ 是半负定的；

（5）若有 $\boldsymbol{X}^{\mathrm{T}}\boldsymbol{A}\boldsymbol{X}=0$，则称矩阵 $\boldsymbol{A}$ 是不定的。

由线性代数可知,矩阵 $\boldsymbol{A}$ 的正定性除了可以用上面的定义判断外,还可以用矩阵的各阶主子式进行判别。所谓主子式,就是包含第一个元素在内的左上角各阶子矩阵所对应的行列式。

如果矩阵 $\boldsymbol{A}$ 的各阶主子式均大于零,即

一阶主子式:

$$|a_{11}|>0$$

二阶主子式:

$$\begin{vmatrix} a_{11} & a_{12} \\ a_{21} & a_{22} \end{vmatrix}>0$$

$$\vdots$$

n 阶主子式:

$$\begin{vmatrix} a_{11} & a_{12} & \cdots & a_{1n} \\ a_{21} & a_{22} & \cdots & a_{2n} \\ \vdots & \vdots & \vdots & \vdots \\ a_{n1} & a_{n2} & \cdots & a_{nn} \end{vmatrix}>0$$

则矩阵 $\boldsymbol{A}$ 是正定的。

如果矩阵 $\boldsymbol{A}$ 的各阶主子式负正相间,即有:

$$|a_{11}|<0$$

$$\begin{vmatrix} a_{11} & a_{12} \\ a_{21} & a_{22} \end{vmatrix}>0$$

$$\vdots$$

$$(-1)^{n}\begin{vmatrix} a_{11} & a_{12} & \cdots & a_{1n} \\ a_{21} & a_{22} & \cdots & a_{2n} \\ \vdots & \vdots & \vdots & \vdots \\ a_{n1} & a_{n2} & \cdots & a_{nn} \end{vmatrix}>0$$

即奇数阶主子式小于 0,偶数阶主子式大于 0,则矩阵 $\boldsymbol{A}$ 是负定的。

如果式(5-10)中的二次型矩阵 $\boldsymbol{A}$ 是正定的,则函数 $f(\boldsymbol{X})$ 称正定二次函数。在最优化理论中,正定二次函数具有特殊的作用。这是因为许多优化理论和优化方法都是根据正定二次函数提出并加以证明的,而且所有对正定二次函数适用并有效的优化算法,经证明对一般非线性函数也是适用和有效的。

可以证明,正定二次函数具有以下性质:

(1) 正定二次函数的等值线或等值面是一簇同心椭圆或同心椭球。椭圆簇或椭球簇的中心就是该二次函数的极小点,如图 5-10 所示。

(2) 非正定二次函数在极小点附近的等值面近似于椭圆或椭球,如图 5-11 所示。因此在求极值时,可近似地按二次函数处理,即用二次函数的极小点近似函数的极小点,反复进行,逐渐逼近函数的极小点。

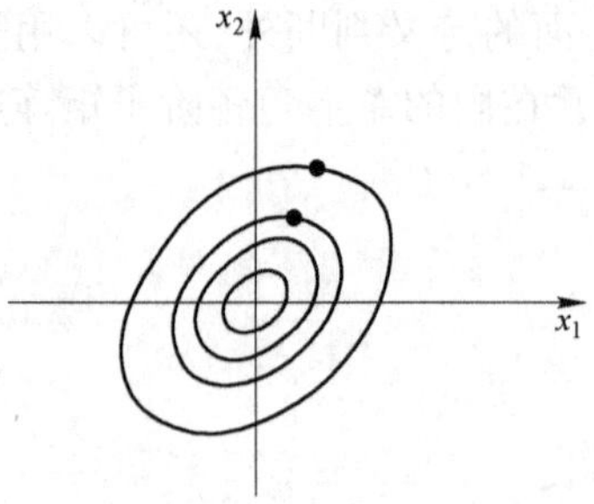

图 5-10 正定二元二次函数的等值线

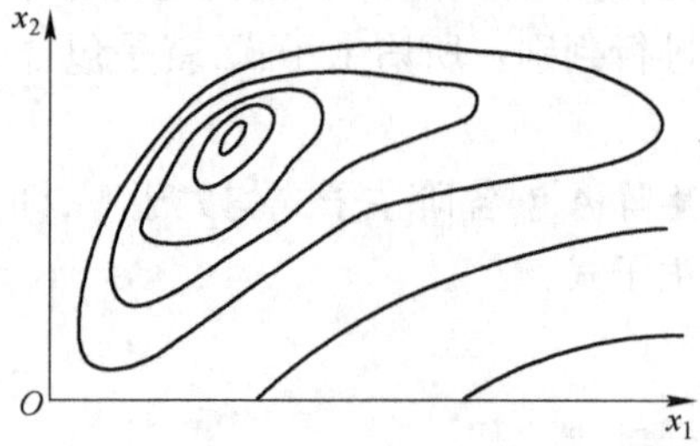

图 5-11 非正定二元二次函数的等值线

5.2.2 函数的方向导数和梯度

目标函数的等值线(或面)仅从几何方面定性直观地表示出函数的变化规律。这种表示方法虽然直观,但不能定量表示,且多数只限于二维函数。为了能够定性地表明函数特别是多维函数在某一点的变化形态,需要引出函数的方向导数及梯度的概念。

5.2.2.1 方向导数

由多元函数的微分学可知,对于一个连续可微多元函数 $f(\boldsymbol{X})$ 在某一点 $\boldsymbol{X}^{(k)}$ 的一阶偏导数为:

$$\frac{\partial f(\boldsymbol{X}^{(k)})}{\partial x_1},\frac{\partial f(\boldsymbol{X}^{(k)})}{\partial x_2},\cdots,\frac{\partial f(\boldsymbol{X}^{(k)})}{\partial x_n} \tag{5-11}$$

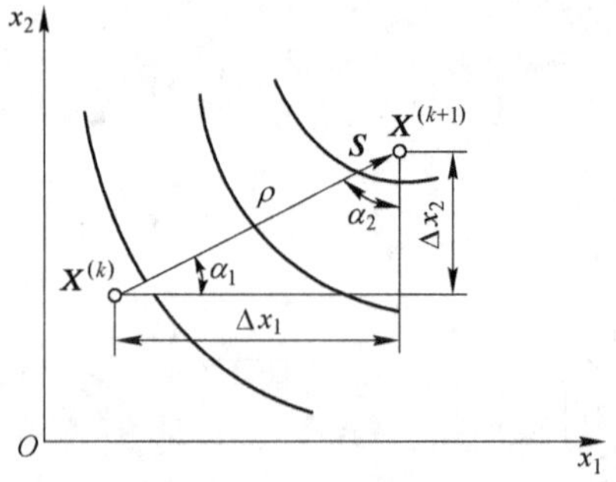

图 5-12 函数的变化率

可简记为:

$$\frac{\partial f(\boldsymbol{X}^{(k)})}{\partial x_i},i=1,2,\cdots,n \tag{5-12}$$

它描述了该函数 $f(\boldsymbol{X})$ 在点 $\boldsymbol{X}^{(k)}$ 沿各坐标轴 $x_i(i=1,2,\cdots,n)$ 这一特定方向的变化率。现以二元函数 $f(x_1,x_2)$ 为例,求其沿任一方向 $\boldsymbol{S}$(它与各坐标轴之间的夹角为 α_1,α_2,见图 5-12)的函数变化率。

该二元函数 $f(x_1,x_2)$ 在点 $\boldsymbol{X}^{(k)}$ 沿任意方向 $\boldsymbol{S}$ 的变化率可用函数在该点的方向导数表示,如图 5-12 所示。记作:

$$\begin{aligned}\frac{\partial f(\boldsymbol{X}^{(k)})}{\partial \boldsymbol{S}} &= \lim_{\Delta S\to o}\frac{f(\boldsymbol{X}^{(k)}+\Delta\boldsymbol{S})-f(\boldsymbol{X}^{(k)})}{\Delta\boldsymbol{S}} \\ &= \lim_{\Delta S\to o}\frac{f(x_1^{(k)}+\Delta x_1,x_2^{(k)}+\Delta x_2)-f(x_1^{(k)},x_2^{(k)})}{\Delta\boldsymbol{S}} \\ &= \lim_{\substack{\Delta x_1\to o\\ \Delta x_2\to o}}\left[\frac{f(x_1^{(k)}+\Delta x_1,x_2^{(k)})-f(x_1^{(k)},x_2^{(k)})}{\Delta x_1}\cdot\frac{\Delta x_1}{\Delta\boldsymbol{S}}+\right. \\ &\left.\frac{f(x_1^{(k)}+\Delta x_1,x_1^{(k)}+\Delta x_2)-f(x_1^{(k)}+\Delta x_1,x_2^{(k)})}{\Delta x_2}\cdot\frac{\Delta x_2}{\Delta\boldsymbol{S}}\right] \\ &= \frac{\partial f(\boldsymbol{X}^{(k)})}{\partial x_1}\cdot\cos\alpha_1+\frac{\partial f(\boldsymbol{X}^{(k)})}{\partial x_2}\cdot\cos\alpha_2\end{aligned} \tag{5-13}$$

同理,仿此可以推导出多元函数$f(\boldsymbol{X})$在$\boldsymbol{X}^{(k)}$点沿方向$\boldsymbol{S}$的方向导数为

$$\frac{\partial f(\boldsymbol{X}^{(k)})}{\partial S}=\frac{\partial f(\boldsymbol{X}^{(k)})}{\partial x_1}\cdot\cos\alpha_1+\frac{\partial f(\boldsymbol{X}^{(k)})}{\partial x_2}\cdot\cos\alpha_2+\cdots+\frac{\partial f(\boldsymbol{X}^{(k)})}{\partial x_n}\cdot\cos\alpha_n$$

$$=\sum_{i=1}^{n}\frac{\partial f(\boldsymbol{X}^{(k)})}{\partial x_i}\cdot\cos\alpha_i \tag{5-14}$$

式中,$\partial f(\boldsymbol{X}^{(k)})/\partial x_i$为函数$f(\boldsymbol{X})$对坐标轴$x_i$的偏导数;$\cos\alpha_i=\Delta x_i/\Delta \boldsymbol{S}$为$\boldsymbol{S}$方向的方向余弦。

由式(5-13)可知,在同一点(如$\boldsymbol{X}^{(k)}$点),沿不同的方向(α_1或α_2不同),函数的方向导数值是不等的,也就是表明函数沿不同的方向上有不同的变化率。

5.2.2.2 梯度

函数在某一确定点沿不同方向的变化率是不同的。为求得函数在点$X^{(k)}$方向导数为最大的方向,需引入梯度的概念。

将式(5-13)写成矩阵形式,则有:

$$\frac{\partial f(\boldsymbol{X}^{(k)})}{\partial \boldsymbol{S}}=\frac{\partial f(\boldsymbol{X}^{(k)})}{\partial x_1}\cdot\cos\alpha_1+\frac{\partial f(\boldsymbol{X}^{(k)})}{\partial x_2}\cdot\cos\alpha_2=\left[\frac{\partial f(\boldsymbol{X}^{(k)})}{\partial x_1}\ \ \frac{\partial f(\boldsymbol{X}^{(k)})}{\partial x_2}\right]\begin{bmatrix}\cos\alpha_1\\ \cos\alpha_2\end{bmatrix}$$

若令:

$$\Delta f(\boldsymbol{X}^{(k)})=\begin{bmatrix}\dfrac{\partial f(\boldsymbol{X}^{(k)})}{\partial x_1}\\[2ex] \dfrac{\partial f(\boldsymbol{X}^{(k)})}{\partial x_2}\end{bmatrix},\boldsymbol{S}=\begin{bmatrix}\cos\alpha_1\\ \cos\alpha_2\end{bmatrix} \tag{5-15}$$

于是可将方向导数$\partial f(\boldsymbol{X}^{(k)})/\partial \boldsymbol{S}$表示为:

$$\frac{\partial f(\boldsymbol{X}^{(k)})}{\partial S}=\nabla f(\boldsymbol{X}^{(k)})^{\mathrm{T}}\cdot\boldsymbol{S}=\|\nabla f(\boldsymbol{X}^{(k)})\|\cdot\|\boldsymbol{S}\|\cdot\cos\theta \tag{5-16}$$

式中,$\|\nabla f(\boldsymbol{X}^{(k)})\|$和$\|\boldsymbol{S}\|$分别为向量$\nabla f(\boldsymbol{X}^{(k)})$和向量$\boldsymbol{S}$的模,其值为

$$\|\nabla f(\boldsymbol{X}^{(k)})\|=\left[\sum_{i=1}^{2}\left(\frac{\partial f(\boldsymbol{X}^{(k)})}{\partial x_i}\right)^2\right]^{1/2} \tag{5-17}$$

和

$$\|\boldsymbol{S}\|=\left[\sum_{i=1}^{2}(\cos\alpha_i)^2\right]^{1/2}=1 \tag{5-18}$$

式中,θ为向量$\nabla f(\boldsymbol{X}^{(k)})$和$\boldsymbol{S}$之间的夹角。

由式(5-16)可以看出,由于$-1\leqslant\cos\theta\leqslant1$,故当$\cos\theta=1$,即向量$\nabla f(\boldsymbol{X}^{(k)})$与$\boldsymbol{S}$的方向相同时,方向导数$\partial f(\boldsymbol{X}^{(k)})/\partial S$值最大,其值为$\|\nabla f(\boldsymbol{X}^{(k)})\|$。这表明向量$\nabla f(\boldsymbol{X}^{(k)})$就是点$\boldsymbol{X}^{(k)}$处的方向导数最大的方向,即函数变化率最大的方向,称$\nabla f(\boldsymbol{X}^{(k)})$为函数在该点的梯度,可记作$\mathrm{grad}\,f(\boldsymbol{X}^{(k)})$。

上述梯度的概念可以推广到多元函数中去,对于n元函数$f(X)$的梯度可为:

$$\nabla f(\boldsymbol{X})=\left[\frac{\partial f(\boldsymbol{X})}{\partial x_1},\frac{\partial f(\boldsymbol{X})}{\partial x_2},\cdots,\frac{\partial f(\boldsymbol{X})}{\partial x_n}\right]^{\mathrm{T}} \tag{5-19}$$

函数的梯度$\nabla f(\boldsymbol{X})$在最优化设计中有着十分重要的作用。由于梯度是一个向量,而梯度方向是函数具有最大变化率的方向。亦即梯度$\nabla f(\boldsymbol{X})$方向是指函数$f(\boldsymbol{X})$的最速上升方

向，而负梯度 $-\nabla f(\boldsymbol{X})$ 则为函数 $f(\boldsymbol{X})$ 的最速下降方向。

梯度向量 $\nabla f(\boldsymbol{X}^{(k)})$ 与过 $\boldsymbol{X}^{(k)}$ 点的等值线（或等值面）的切线是正交的，如图 5-13 所示。式(5-16)表明，函数 $f(\boldsymbol{X})$ 在某点 $\boldsymbol{X}^{(k)}$ 沿方向 $\boldsymbol{S}$ 的方向导数等于该点的梯度在方向 $\boldsymbol{S}$ 上的投影，如图 5-14 所示。

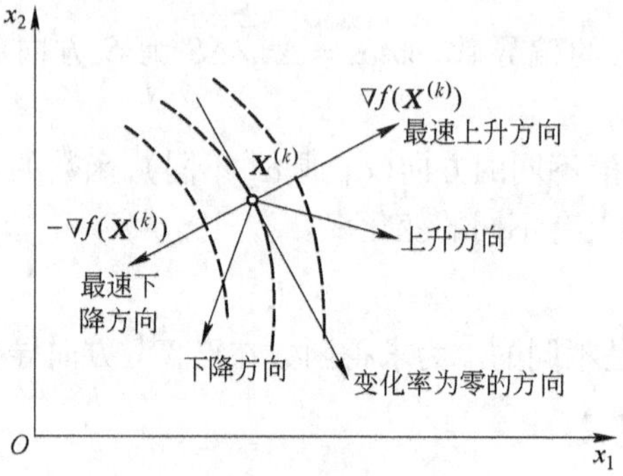

图 5-13 梯度方向与等值线的关系

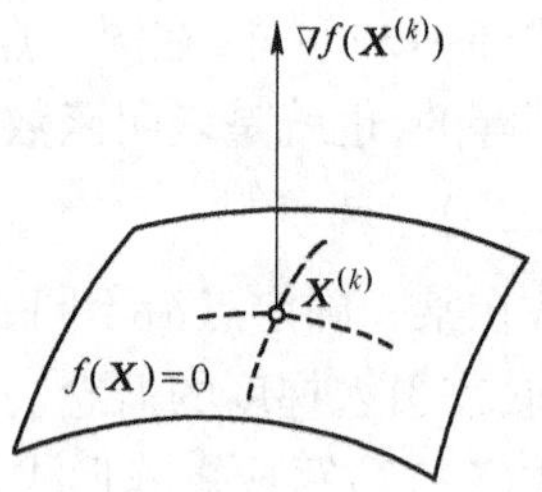

图 5-14 方向导数与梯度

由此可见，只要知道函数在一点的梯度，就可以求出函数在该点上沿任意方向的方向导数。因此，可以说函数在一点的梯度是函数在该点变化率的全面描述。

例 5-5 求函数 $f(\boldsymbol{X})=(x_1-2)^2+x_2{}^2$ 在点 $\boldsymbol{X}^{(1)}=[2,2]^{\mathrm{T}}$ 处函数变化率最大的方向和数值。

解：由于函数变化率最大的方向是梯度方向，这里用单位向量 $\boldsymbol{p}$ 表示，函数变化率最大的数值是梯度的模 $\|\nabla f(\boldsymbol{X}^{(1)})\|$。则由梯度的定义式可求得：

$$\nabla f(\boldsymbol{X}^{(1)})=\begin{bmatrix}\dfrac{\partial f(\boldsymbol{X})}{\partial x_1}\\[2ex]\dfrac{\partial f(\boldsymbol{X})}{\partial x_2}\end{bmatrix}_{\boldsymbol{X}^{(1)}}=\begin{bmatrix}2x_1-4\\2x_2\end{bmatrix}_{\boldsymbol{X}^{(1)}}=\begin{bmatrix}0\\4\end{bmatrix}$$

式中，$\nabla f(\boldsymbol{X}^{(1)})$ 的模为：

$$\|\nabla f(\boldsymbol{X}^{(1)})\|=\sqrt{\left(\frac{\partial f(\boldsymbol{X})}{\partial x_1}\right)^2+\left(\frac{\partial f(\boldsymbol{X})}{\partial x_2}\right)^2}=\sqrt{0^2+4^2}=4$$

该梯度的单位向量 $\boldsymbol{p}$ 为：

$$\boldsymbol{p}=\frac{\nabla f(\boldsymbol{X}^{(1)})}{\|\nabla f(\boldsymbol{X}^{(1)})\|}=\frac{1}{4}\begin{bmatrix}0\\4\end{bmatrix}=\begin{bmatrix}0\\1\end{bmatrix}$$

5.2.3 多元函数的泰勒近似展开式和 Hessian 矩阵

在最优化方法的讨论中，为便于数学问题的分析和求解，往往需要将一个复杂的非线性函数简化成线性函数或二次函数。简化方法可以采用泰勒展开式。

由高等数学可知，一元函数 $f(x)$ 若在点 $x^{(k)}$ 的邻域内 n 阶可导，则函数可在该点的邻域内作如下泰勒展开：

$$f(x)=f(x^{(k)})+f'(x^{(k)})\cdot(x-x^{(k)})+\frac{1}{2!}f''(x^{(k)})\cdot(x-x^{(k)})^2+\cdots+R^n$$

式中，R^n 为高阶余项。

多元函数 $f(\boldsymbol{X})$ 在点 $\boldsymbol{X}^{(k)}$ 处也可以作泰勒展开,展开式一般取三项,其形式与一元函数展开式的前三项相似,即:

$$f(\boldsymbol{X}) \approx f(\boldsymbol{X}^{(k)}) + [\nabla f(\boldsymbol{X}^{(k)})]^{\mathrm{T}}[\boldsymbol{X}-\boldsymbol{X}^{(k)}] + \frac{1}{2}[\boldsymbol{X}-\boldsymbol{X}^{(k)}]^{\mathrm{T}}\nabla^2 f(\boldsymbol{X}^{(k)})[\boldsymbol{X}-\boldsymbol{X}^{(k)}] \tag{5-20}$$

此式称为函数 $f(\boldsymbol{X})$ 的泰勒二次近似式。其中,$\nabla^2 f(\boldsymbol{X}^{(k)})$ 是由函数在点 $\boldsymbol{X}^{(k)}$ 的所有二阶偏导数组成的矩阵,称为函数 $f(\boldsymbol{X})$ 在点 $\boldsymbol{X}^{(k)}$ 的二阶偏导数矩阵或 Hessian(海森)矩阵,经常记做 $\boldsymbol{H}(\boldsymbol{X}^{(k)})$。二阶偏导数矩阵的组成形式如下:

$$\boldsymbol{H}(\boldsymbol{X}^{(k)}) = \nabla^2 f(\boldsymbol{X}^{(k)}) = \begin{bmatrix} \dfrac{\partial^2 f(\boldsymbol{X}^{(k)})}{\partial x_1^2} & \dfrac{\partial^2 f(\boldsymbol{X}^{(k)})}{\partial x_1 \partial x_2} & \cdots & \dfrac{\partial^2 f(\boldsymbol{X}^{(k)})}{\partial x_1 \partial x_n} \\ \dfrac{\partial^2 f(\boldsymbol{X}^{(k)})}{\partial x_1 \partial x_2} & \dfrac{\partial^2 f(\boldsymbol{X}^{(k)})}{\partial x_2^2} & \cdots & \dfrac{\partial^2 f(\boldsymbol{X}^{(k)})}{\partial x_2 \partial x_n} \\ \vdots & \vdots & \vdots & \vdots \\ \dfrac{\partial^2 f(\boldsymbol{X}^{(k)})}{\partial x_n \partial x_1} & \dfrac{\partial^2 f(\boldsymbol{X}^{(k)})}{\partial x_n \partial x_2} & \cdots & \dfrac{\partial^2 f(\boldsymbol{X}^{(k)})}{\partial x_n^2} \end{bmatrix} \tag{5-21}$$

由于 n 元函数的二阶偏导数有 $n \times n$ 个,而且偏导数的值与导数次序无关,所以函数的二阶偏导数矩阵是一个 $n \times n$ 阶对称矩阵。

取泰勒展开式的前两项时,可得到函数的泰勒线性近似式:

$$f(\boldsymbol{X}) \approx f(\boldsymbol{X}^{(k)}) + [\nabla f(\boldsymbol{X}^{(k)})]^{\mathrm{T}}[\boldsymbol{X}-\boldsymbol{X}^{(k)}] \tag{5-22}$$

例 5-6 用泰勒展开的方法将函数 $f(\boldsymbol{X}) = x_1^3 - x_2^3 + 3x_1^2 + 3x_2^2 - 9x_1$ 在点 $\boldsymbol{X}^{(1)} = [1,1]^{\mathrm{T}}$ 简化成二次函数。

解:分别求函数在点 $\boldsymbol{X}^{(1)}$ 的函数值、梯度和 Hessian 矩阵。

$$f(\boldsymbol{X}^{(1)}) = -3$$

$$\nabla f(\boldsymbol{X}^{(1)}) = \begin{bmatrix} 3x_1^2 + 6x_1 - 9 \\ -3x_2^2 + 6x_2 \end{bmatrix}_{\left[\begin{smallmatrix}1\\1\end{smallmatrix}\right]} = \begin{bmatrix} 0 \\ 3 \end{bmatrix}$$

$$\boldsymbol{H}(\boldsymbol{X}^{(1)}) = \nabla^2 f(\boldsymbol{X}^{(1)}) = \begin{bmatrix} 6x_1 + 6 & 0 \\ 0 & -6x_2 + 6 \end{bmatrix}_{\left[\begin{smallmatrix}1\\1\end{smallmatrix}\right]} = \begin{bmatrix} 12 & 0 \\ 0 & 0 \end{bmatrix}$$

$$\boldsymbol{X}-\boldsymbol{X}^{(1)} = \begin{bmatrix} x_1 \\ x_2 \end{bmatrix} - \begin{bmatrix} 1 \\ 1 \end{bmatrix} = \begin{bmatrix} x_1 - 1 \\ x_2 - 1 \end{bmatrix}$$

求展开式的二次项:

$$\frac{1}{2}[\boldsymbol{X}-\boldsymbol{X}^{(1)}]^{\mathrm{T}}\nabla^2 f(\boldsymbol{X}^{(1)})[\boldsymbol{X}-\boldsymbol{X}^{(1)}]$$

$$= \frac{1}{2}[x_1 - 1 \quad x_2 - 1]\begin{bmatrix} 12 & 0 \\ 0 & 0 \end{bmatrix}\begin{bmatrix} x_1 - 1 \\ x_2 - 1 \end{bmatrix} = 6(x_1 - 1)^2$$

代入式(5-20)得简化的二次函数:

$$f(\boldsymbol{X}) \approx f(\boldsymbol{X}^{(1)}) + [\nabla f(\boldsymbol{X}^{(1)})]^{\mathrm{T}}[\boldsymbol{X}-\boldsymbol{X}^{(1)}] + \frac{1}{2}[\boldsymbol{X}-\boldsymbol{X}^{(1)}]^{\mathrm{T}}\nabla^2 f(\boldsymbol{X}^{(1)})[\boldsymbol{X}-\boldsymbol{X}^{(1)}]$$

$=3x_2-6+6(x_1-1)^2$

$=6x_1^2-12x_1+3x_2$

将 $\boldsymbol{X}^{(1)}=[1,1]^{\mathrm{T}}$ 代入简化所得的二次函数中，其函数值也等于 -3，与原函数在点 $\boldsymbol{X}^{(1)}$ 的值是相等的，说明简化计算正确。

5.2.4 无约束最优化问题的极值条件

求解无约束最优化问题的实质是求解目标函数 $f(\boldsymbol{X})$ 在 n 维空间 R^n 中的极值。

由高等数学可知，任何一个单值、连续并可微的一元函数 $f(x)$ 在点 $x^{(k)}$ 取得极值的必要条件是函数在该点的一阶导数等于零，充分条件是对应的二阶导数不等于零，即：

$$f'(x^{(k)})=0$$
$$f''(x^{(k)})\neq 0$$

当 $f''(x^{(k)})>0$ 时，则函数 $f(x)$ 在点 $x^{(k)}$ 取得极小值；当 $f''(x^{(k)})<0$ 时，则函数 $f(x)$ 在点 $x^{(k)}$ 取得极大值。极值点和极值分别记作 $x^*=x^{(k)}$ 和 $f^*=f(x^*)$。

与此相似，多元函数 $f(\boldsymbol{X})$ 在点 $\boldsymbol{X}^{(k)}$ 取得极值的必要条件是函数在该点的所有方向导数等于零，也就是说函数在该点的梯度为零向量，即：

$$\nabla f(\boldsymbol{X}^{(k)})=\boldsymbol{0}$$

把函数在点 $\boldsymbol{X}^{(k)}$ 展开成泰勒二次近似式，并将上式代入，整理得：

$$f(\boldsymbol{X})-f(\boldsymbol{X}^{(k)})=\frac{1}{2}[\boldsymbol{X}-\boldsymbol{X}^{(k)}]^{\mathrm{T}}\ \nabla^2 f(\boldsymbol{X}^{(k)})[\boldsymbol{X}-\boldsymbol{X}^{(k)}]$$

当 $\boldsymbol{X}^{(k)}$ 为函数的极小点时，因为有 $f(\boldsymbol{X})-f(\boldsymbol{X}^{(k)})>0$，则必须有：

$$[\boldsymbol{X}-\boldsymbol{X}^{(k)}]^{\mathrm{T}}\ \nabla^2 f(\boldsymbol{X}^{(k)})[\boldsymbol{X}-\boldsymbol{X}^{(k)}]>0$$

此式说明函数的二阶偏导数矩阵（Hessian 矩阵）必须是正定的，这就是多元函数极小值的充分条件。

当 $\boldsymbol{X}^{(k)}$ 为函数的极大点时，同理必有 $[\boldsymbol{X}-\boldsymbol{X}^{(k)}]^{\mathrm{T}}\nabla^2 f(\boldsymbol{X}^{(k)})[\boldsymbol{X}-\boldsymbol{X}^{(k)}]<0$，即多元函数极大值的充分条件要求 Hessian 矩阵为负定。

因此，多元函数在点 $\boldsymbol{X}^*$ 取得极值的条件是：函数在该点的梯度为零向量，Hessian 矩阵为正定或负定，即有：

$$\nabla f(\boldsymbol{X}^*)=\boldsymbol{0} \tag{5-23}$$

$$\boldsymbol{H}(\boldsymbol{X}^*)=\nabla^2 f(\boldsymbol{X}^*)\qquad \text{为正定或负定} \tag{5-24}$$

例 5-7 求函数 $f(x_1,x_2)=x_1^2+x_2^2-4x_1+4$ 的极值。

解：根据极值存在的必要条件：

$$\nabla f(\boldsymbol{X})=\left[\frac{\partial f(\boldsymbol{X})}{\partial x_1},\frac{\partial f(\boldsymbol{X})}{\partial x_2}\right]^{\mathrm{T}}=\boldsymbol{0}$$

$$\frac{\partial f(\boldsymbol{X})}{\partial x_1}=2x_1-4=0$$

$$\frac{\partial f(\boldsymbol{X})}{\partial x_2}=2x_2=0$$

联立求解得驻点 $\boldsymbol{X}^*=[2,0]^{\mathrm{T}}$。再由极值的充分条件，由于该点的海森矩阵：

$$H(X^*)=\begin{bmatrix}\dfrac{\partial^2 f(X)}{\partial x_1^2} & \dfrac{\partial^2 f(X)}{\partial x_1\,\partial x_2}\\ \dfrac{\partial^2 f(X)}{\partial x_1\,\partial x_2} & \dfrac{\partial^2 f(X)}{\partial x_2^2}\end{bmatrix}_{X^*}=\begin{bmatrix}2 & 0\\ 0 & 2\end{bmatrix}$$

则 $H(X^*)$ 的一阶主子式和二阶主子式分别为

$$A_1=\left.\frac{\partial^2 f(X)}{\partial x_1^2}\right|_{X^*}=2>0$$

$$A_2=\begin{vmatrix}2 & 0\\ 0 & 2\end{vmatrix}=4>0$$

故 $H(X^*)$ 为正定矩阵，由极值存在的充分条件可知，$X^*=[2,0]^{\mathrm{T}}$ 是严格极小点，$f(X^*)=0$ 是函数的极小值。

当多元函数在该点的梯度为零向量，而 Hessian 矩阵不定时，则该点就不是该函数极值点，称为鞍点。对于目标函数 $f(X)=4+\frac{9}{2}x_1-4x_2+x_1^2+2x_2^2-2x_1x_2+x_1^4-2x_1^2x_2$，图 5-15 所示为其等值线图和立体图像，点 $X_1^*=\begin{bmatrix}1.941\\3.854\end{bmatrix}$、$X_2^*=\begin{bmatrix}-1.053\\1.028\end{bmatrix}$、$X_3^*=\begin{bmatrix}0.6117\\1.4929\end{bmatrix}$ 分别满足极值点的必要条件，即有 $\nabla f(X_1^*)=\nabla f(X_2^*)=\nabla f(X_3^*)=0$（对应的函数值分别为 $f(X_1^*)=0.9855$、$f(X_2^*)=-0.5134$、$f(X_3^*)=2.8091$）。但是，检查 Hessian 矩阵在这三点的性态，发现 $\nabla^2 f(X_3^*)$ 是不定的，因而点 X_3^* 是鞍点；而 $\nabla^2 f(X_1^*)$ 和 $\nabla^2 f(X_2^*)$ 都是正定的，所以点 X_1^* 和点 X_2^* 都是极小点。由于 $f(X_1^*)>f(X_2^*)$，故点 X_1^* 仅是局部极小点，而点 X_2^* 才是全局极小点。

由图 5-15 可见，这个目标函数是多峰函数，存在若干个局部极值。一个全局最优解，代表 $f(X)$ 的最小值；而局部最优解，代表 $f(X)$ 在某个局部区域内的最小值。最优化设计时，

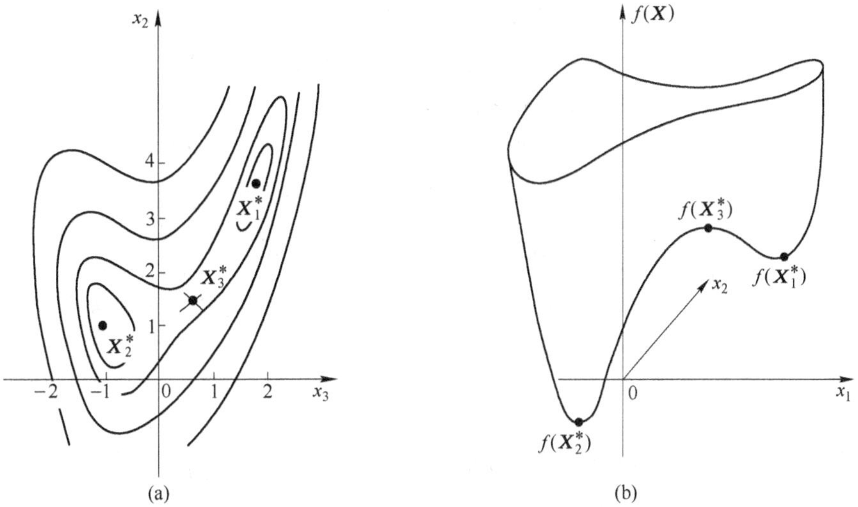

图 5-15 多峰函数极值图示

(a) 等值线图；(b) 立体图像

总是期望得到全局最优解，而一般的非线性规划算法，都只能保证局部最优解。本章讨论的算法，都是解决单峰函数问题的。全局最优的求解问题在理论上和算法上仍然是一个难点。在实际优化设计中通常采用的办法是，先从一系列的起始点去寻找局部极值，然后对这些局部极小点进行比较，最后确定全局极小值。

5.2.5 约束最优化问题的极值条件

求解约束最优化问题的实质就是在所有的约束条件所形成的可行域内，求得目标函数的极值点。因而约束最优化问题比无约束最优化问题复杂得多。

约束最优化问题的极值点可能出现两种情况：一种是如图5-16(a)所示，即目标函数的极值点 $\boldsymbol{X}^*$ 处于可行域 D 之内，此时目标函数的极值点 $\boldsymbol{X}^*$ 也就是为该约束问题的极值点；另一种如图5-16(b)所示，即目标函数的自然极值点 $\overline{\boldsymbol{X}^*}$ 在约束可行域 D 外，此时约束最优化问题的极值点 $\boldsymbol{X}^*$ 是约束边界上的一点，该点 $\boldsymbol{X}^*$ 是约束边界 $g_1(\boldsymbol{X})=0$ 与目标函数的一条等值线的切点，此时 $g_1(\boldsymbol{X})$ 为起作用约束，$g_2(\boldsymbol{X})$ 为不起作用约束。

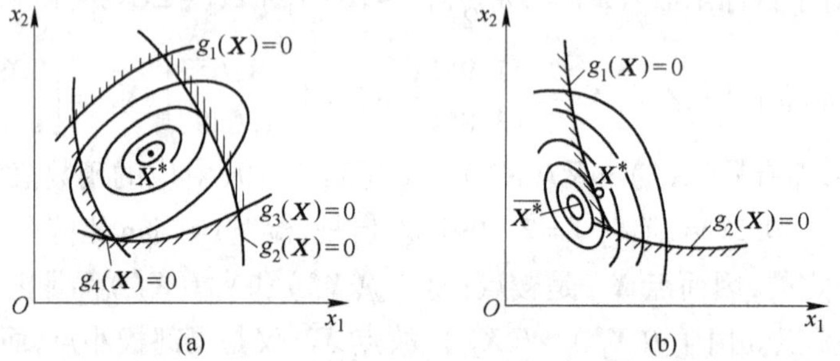

图5-16 约束优化问题的极值点

(a)极值点在可行域内；(b)极值点在可行域的边界上

下面分别就等式约束和不等式约束两种情况加以讨论。

5.2.5.1 等式约束极值问题最优解的必要条件——Lagrange 法则

等式约束是起作用约束；等式约束极值问题的数学模型如下式：

$$\begin{aligned} &\min \quad f(\boldsymbol{X}) && \boldsymbol{X}\in R^n \\ &\text{s. t.} \quad h_v(\boldsymbol{X})=0 && v=1,\cdots,p;p<n \end{aligned}$$

引入 Lagrange 乘子 $\lambda_1,\lambda_2,\cdots,\lambda_p$，构造 Lagrange 函数：

$$L(\boldsymbol{X},\boldsymbol{\lambda})=f(\boldsymbol{X})+\sum_{v=1}^{p}\lambda_v h_v(\boldsymbol{X}) \tag{5-25}$$

式中，$\boldsymbol{\lambda}=[\lambda_1,\lambda_2,\cdots,\lambda_p]^{\mathrm{T}}$ 为 Lagrange 乘子向量，上述等式约束极值问题转化成为无约束极值问题。令 $\nabla L(\boldsymbol{X}^*,\lambda)=0$，得

$$\nabla_X L(\boldsymbol{X},\lambda)=\nabla f(\boldsymbol{X})+\sum_{v=1}^{p}\lambda_v\nabla h_v(\boldsymbol{X})=0$$

$$\nabla_\lambda L(\boldsymbol{X},\lambda)=h_v(\boldsymbol{X})=0 \qquad (v=1,\cdots,p)$$

形成 $n+p$ 个方程，可解方程组得到 $n+p$ 个变量，$x_1,\cdots,x_n$ 和 $\lambda_1,\cdots,\lambda_p$。

$$-\nabla f(\boldsymbol{X}^*)=\sum_{v=1}^{p}\lambda_v\nabla h_v(\boldsymbol{X}^*) \quad (v=1,2,\cdots,p;p<n) \tag{5-26}$$

式(5－26)就是等式约束问题在点 X^* 取得极值的必要条件。此式的几何意义可以解释为:在等式约束的极值点上,目标函数的负梯度等于等式约束(起作用约束)函数梯度的线性组合。如图 5-17 所示,在两个等式约束的交线 E 上的点X^*,约束函数的梯度与目标函数的梯度共面,因此式(5-26)成立,故 X^* 就是极值点。

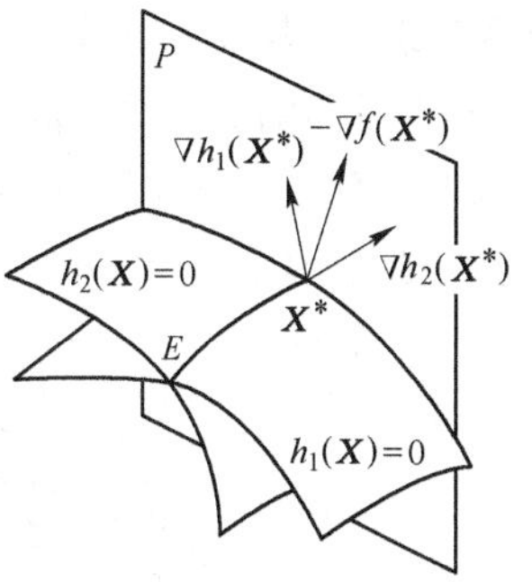

5-17 等式约束问题的极值条件

5.2.5.2 不等式约束极值问题最优解的必要条件——Kuhn-Tucker (库恩－塔克)条件

对于不等式约束最优化问题

$$\min f(X)$$
$$\text{s.t.}\quad g_u(X)\leqslant 0\ (u=1,2,\cdots,m)$$

引入 m 个松弛变量 $x_{n+u}\geqslant 0(u=1,2,\cdots,m)$, 可将上面的不等式约束最优化问题变成等式约束问题

$$\min f(X)$$
$$\text{s.t.}\quad g_u(X)+x_{u+n}^2=0\qquad(u=1,2,\cdots,m)$$

建立这一问题的 Lagrange 函数:

$$L(X,\lambda,\overline{X})=f(X)+\sum_{u=1}^{m}\lambda_u[g_u(X)+x_{n+u}^2]$$

式中,$\overline{X}=[x_{n+1},x_{n+2},\cdots,x_{n+m}]^{\mathrm{T}}$ 为松弛变量组成的向量。

令该 Lagrange 函数的梯度等于零,即使:

$$\nabla L(X,\lambda,\overline{X})=0$$

则有:

$$\frac{\partial L}{\partial X}=\nabla f(X)+\sum_{u=1}^{m}\lambda_u\nabla g_u(X)=0$$
$$\frac{\partial L}{\partial\lambda_u}=g_u(X)+x_{n+u}^2=0\qquad(5\text{-}27)$$
$$\frac{\partial L}{\partial x_{n+u}}=2\lambda_u x_{n+u}=0\quad(u=1,2,\cdots,m)$$

式中,当 $\lambda_u\neq 0$ 时有 $x_{n+u}=0$ 和 $g_u(X)=0$,这说明点 X 在约束边界上,$g_u(X)\leqslant 0$ 为点 X 的起作用约束。注意到约束条件为“$\leqslant 0$”的形式,可知约束函数的梯度方向指向可行域外,为满足$\frac{\partial L}{\partial x}=0$,$\lambda_u$ 必须大于零;而当 $\lambda_u=0$ 时,有 $x_{n+u}\neq 0$ 和 $g_u(X)\neq 0$,这说明点 X 在可行域内。

设 X^* 是极值点,$g_i(X)\leqslant 0(i\in I_k)$ 为 X^* 点的起作用约束,则由上式及其分析可知,必有:

$$-\nabla f(X^*)=\sum_{i\in I_k}\lambda_i\nabla g_i(X^*)$$
$$\lambda_i\neq 0\qquad(i\in I_k)\qquad(5\text{-}28)$$

此式就是不等式约束最优化问题的极值条件,称 Kuhn-Tucker 条件,简称 K－T 条件。

该条件表明，若设计点 X^* 是函数 $f(X)$ 的极值点，要么 $\nabla f(X^*)=0$（如图 5-18 所示，此时 $\lambda_i=0$），要么目标函数的负梯度位于诸起作用约束梯度所构成的夹角或锥体之内。也就是说，目标函数的负梯度 $-\nabla f(X^*)$ 等于诸起作用约束梯度 $\nabla g_i(X^*)$ 的非负线性组合（如图 5-19 所示，此时 $\lambda_i>0$）。

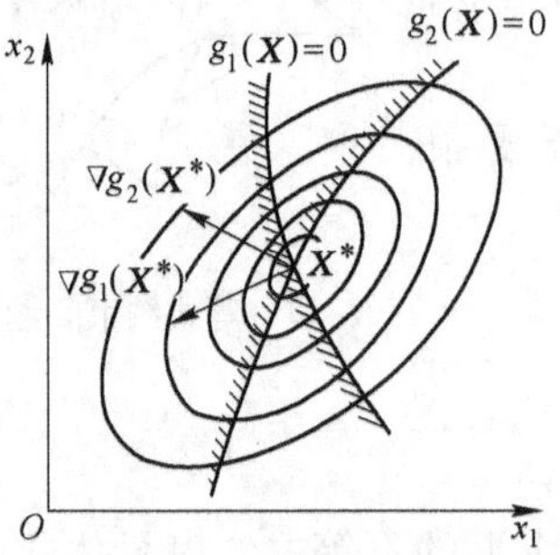

图 5-18 极值点处目标函数的梯度为零

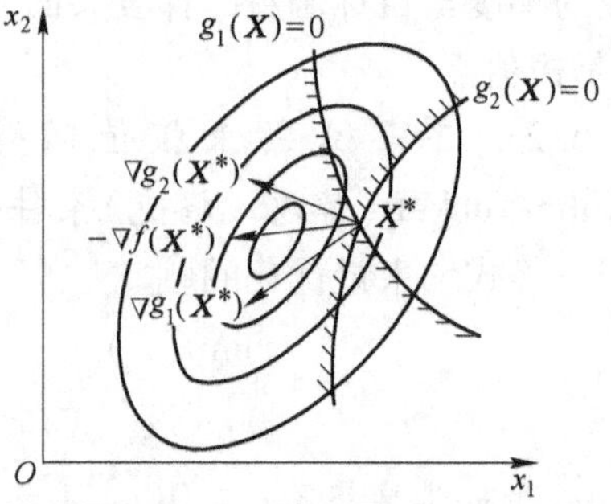

图 5-19 极值点处目标函数的梯度不为零

应该指出，K-T 条件是多元函数取得约束极值的必要条件，既可以用来作为约束极值点的判别条件，又可用来直接求解比较简单的约束最优化问题。但 K-T 条件不是多元函数取得约束极值的充分条件。只有当目标函数 $f(X)$ 是凸函数，而约束函数 $g_u(X)\leqslant 0$ 是凸函数（或 $g_u(X)\geqslant 0$ 为凹函数），即为凸规划时，K-T 条件才是极值存在的充分必要条件。

下面通过一个实例来说明 K-T 条件的应用。

例 5-8 试用 K-T 条件判定点 $X^*=[1,0]^T$ 是否为下列优化问题的极值点。

$$\min f(X)=(x_1-2)^2+x_2^2 \qquad X\in R^2$$

$$\text{s.t.}\quad g_1(X)=-x_1\leqslant 0$$

$$g_2(X)=-x_2\leqslant 0$$

$$g_3(X)=x_1^2+x_2-1\leqslant 0$$

解：

（1）画出该优化问题的目标函数等值线和可行域图。根据该优化问题给出的目标函数和约束条件，表示该问题的可行域 D 和目标函数 $f(X)$ 的一些等值线图，如图 5-20 所示。

（2）找出起作用的约束。由图 5-20 可见，在点 $X^*=[1,0]^T$ 处起作用的约束有 $g_2(X)$ 和 $g_3(X)$。

（3）求出 $f(X)$，$g_2(X)$ 和 $g_3(X)$ 在点 X^* 处的梯度。

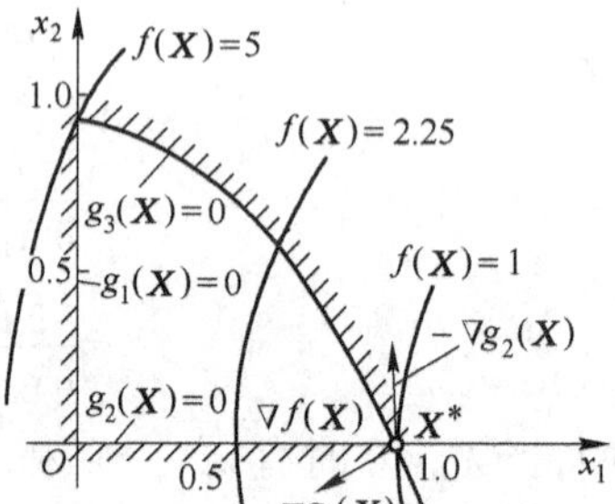

图 5-20 例 5-8 极值点判断

$$\nabla f(X^*)=\begin{bmatrix}2(x_1-2)\\2x_2\end{bmatrix}_{X^*}=\begin{bmatrix}-2\\0\end{bmatrix}$$

$$\nabla g_2(X^*)=\begin{bmatrix}0\\-1\end{bmatrix}_{X^*}=\begin{bmatrix}0\\-1\end{bmatrix}$$

$$\nabla g_3(X^*)=\begin{bmatrix}2x_1\\1\end{bmatrix}_{X^*}=\begin{bmatrix}2\\1\end{bmatrix}$$

（4）将以上$\nabla f(\boldsymbol{X}^*)$、$\nabla g_2(\boldsymbol{X}^*)$、$\nabla g_3(\boldsymbol{X}^*)$代入K－T条件格式(5-28)，即：

$$-\nabla f(\boldsymbol{X}^*) = \lambda_2 \nabla g_2(\boldsymbol{X}^*) + \lambda_3 \nabla g_3(\boldsymbol{X}^*)$$

得

$$\begin{bmatrix}2\\0\end{bmatrix} = \lambda_2\begin{bmatrix}0\\-1\end{bmatrix} + \lambda_3\begin{bmatrix}2\\1\end{bmatrix}$$

当$\lambda_2=1,\lambda_3=1$时，上式成立，满足K－T条件，故点$\boldsymbol{X}^*=[1,0]^{\mathrm{T}}$就是该约束最优化问题的极小点，如图5-20所示。

另外，又经检验得知$f(\boldsymbol{X})$和$g_i(\boldsymbol{X})$均为凸函数，故$f(\boldsymbol{X})$在$g_i(\boldsymbol{X})\leqslant 0(i=1,2,3)$下的极小点$\boldsymbol{X}^*=[1,0]^{\mathrm{T}}$是唯一的。

5.3 一维搜索的最优化方法

求解一维目标函数$f(\boldsymbol{X})$最优解的过程，称为一维最优化（或一维搜索），所使用的方法称为一维最优化方法。

一维最优化方法是最优化方法中最简单、最基本的优化方法。它不仅用来解决一维目标函数的求最优问题，而且更常用于多维优化问题在既定方向上寻求最优步长的一维搜索。

由前可知，求多维最优化问题目标函数的极值时，迭代过程每一步的格式都是从某一定点$\boldsymbol{X}^{(k)}$出发，沿着某一使目标函数下降的规定方向$\boldsymbol{S}^{(k)}$搜索，以找出此方向的极小点$\boldsymbol{X}^{(k+1)}$。这一过程是各种最优化方法的一种基本过程。在此过程中因$\boldsymbol{X}^{(k)}$，$\boldsymbol{S}^{(k)}$已确定，要使目标函数值为最小，只需找到一个合适的步长$a^{(k)}$就可以了。这也就是说，在任何一次迭代计算过程中，当起步点$\boldsymbol{X}^{(k)}$和搜索方向$\boldsymbol{S}^{(k)}$确定之后，就把求多维目标函数极小值这个多维问题，化解为求一个变量（步长因子a）的最优值$a^{(k)}$的一维问题，如图5-21所示。

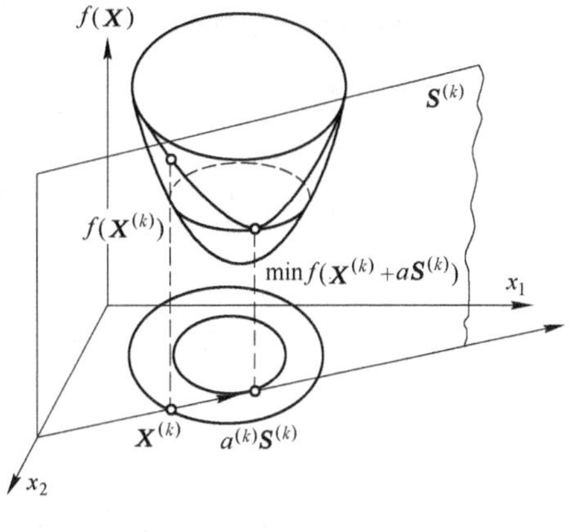

图5-21　一维搜索方法

从点$\boldsymbol{X}^{(k)}$出发，在方向$\boldsymbol{S}^{(k)}$上的一维搜索可用数学式表达为：

$$\min f(\boldsymbol{X}^{(k)} + a\boldsymbol{S}^{(k)}) = f(\boldsymbol{X}^{(k)} + a^{(k)}\boldsymbol{S}^{(k)})$$

$$\boldsymbol{X}^{(k+1)} = \boldsymbol{X}^{(k)} + a^{(k)}\boldsymbol{S}^{(k)} \tag{5-29}$$

此式表示对包含唯一变量a的一元函数$f(\boldsymbol{X}^{(k)}+a\boldsymbol{S}^{(k)})$求极小，得到最优步长因子$a^{(k)}$和方向$\boldsymbol{S}^{(k)}$上的一维极小点$\boldsymbol{X}^{(k+1)}$。

一维搜索方法一般分两步进行：首先在方向$\boldsymbol{S}^{(k)}$上确定一个包含函数极小点的初始区间，即确定函数的搜索区间，该区间必须是单峰区间；然后采用缩小区间或插值逼近的方法得到最优步长，即求出该搜索区间内的最优步长和一维极小点。

一维搜索方法主要有：分数法、黄金分割法（0.618法）、二次插值和三次插值法等。本节介绍最常用的黄金分割法和二次插值法。

5.3.1 搜索区间的确定

根据函数的变化情况,可将区间分为单峰区间和多峰区间。所谓单峰区间,就是在该区间内的函数变化只有一个峰值,即函数的极小值。如图 5-22 所示。设区间 $[a_1, a_3]$ 为单峰区间,a_2 为该区间内的一点,若有

$$a_1 < a_2 < a_3 \text{ 或 } a_1 > a_2 > a_3$$

成立,则必有

$$f(a_1) > f(a_2) < f(a_3)$$

同时成立。即在单峰区间内的极小值点 X^* 的左侧,函数呈下降趋势,而在极小值点 X^* 右侧,函数成上升趋势。也就是说,单峰区间的函数值是“高—低—高”的变化特征。

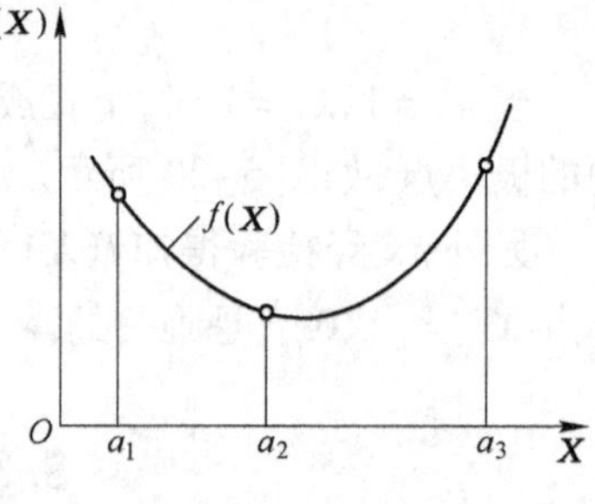

图 5-22 单峰区间

若在进行一维搜索之前,可估计极小点所在的大致位置,则可以直接给出搜索区间;否则,需采用试算法确定之。常用的试算方法是进退法。

进退法的基本思想是:按照一定的规律给出若干试算点,依次比较各试算点的函数值的大小,直到找到相邻的三点的函数值按“高—低—高”变化的单峰区间为止。

进退法的运算步骤如下:

(1) 给定初始点 a_0 和初始步长 h,设搜索区间 $[a, b]$,如图 5-23 所示。

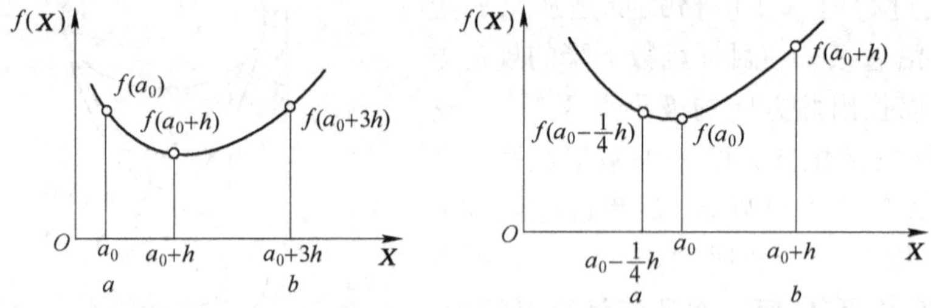

图 5-23 求搜索区间

(2) 将 a_0 及 a_0+h 代入目标函数 $f(\boldsymbol{X})$ 进行计算并比较它们的大小。

(3) 若 $f(a_0) > f(a_0+h)$,则表明极小点在试算点的右侧,需前进试算。在做前进运算时,为加速计算,可将步长 h 增加 2 倍,并取计算新点为 $a_0+h+2h=a_0+3h$。若 $f(a_0+h) \leqslant f(a_0+3h)$,则所计算的相邻三点的函数值已具“高—低—高”特征,这时可确定搜索区间为:

$$a=a_0,\ b=a_0+3h$$

(4) 若 $f(a_0) < f(a_0+h)$,则表明极小点在试算点的左侧,需后退试算。在做后退运算时,可将后退的步长缩短为原步长 h 的 1/4,则取步长为 $h/4$,并从 a_0 点出发,得到后退点为 $a_0-h/4$,若 $f\left(a_0-\dfrac{h}{4}\right) > f(a_0)$,则搜索区间可取为:

$$a=a_0-\frac{h}{4},\ b=a_0+h$$

否则,将步长再加倍,继续后退,重复上述步骤,直到满足单峰区间条件为止。

上述进退试算法的程序计算框图如图 5-24 所示。

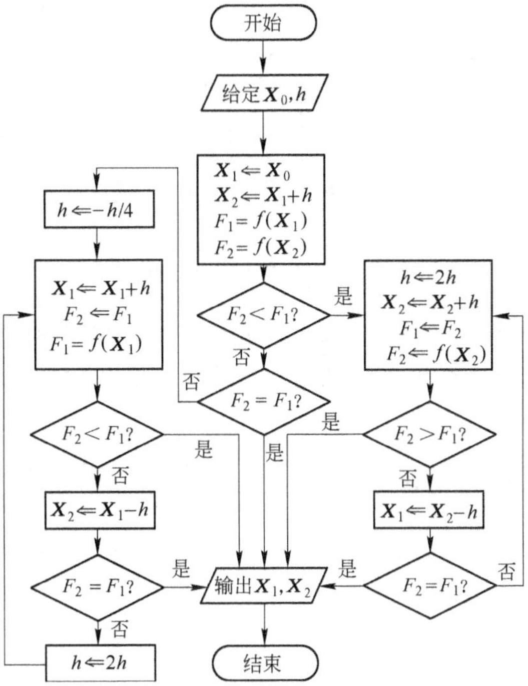

图 5-24　进退法的程序框图

5.3.2　黄金分割法

黄金分割法又称 0.618 法，它是一种等比例缩短区间的直接搜索方法。该法的基本思路是：通过比较单峰区间内两点函数值，不断舍弃单峰区间的左端或右端一部分，使区间按照固定区间缩短率（缩小后的新区间与原区间长度之比）逐步缩短，直到极小点所在的区间缩短到给定的误差范围内，而得到近似最优解。

为了达到缩短区间之目的，可在已确定的搜索区间（单峰区间）内，选取计算点，计算函数值，并比较它们的大小，以消去不可能包含极小点的区间。

如图 5-25 所示，在已确定的单峰区间$[a,b]$内任取两个内分点 a_1、a_2，并计算它的函数值$f(a_1)$、$f(a_2)$，比较它们的大小，可能发生以下情况：

(1) 若$f(a_1)<f(a_2)$，则由于函数的单峰性，极小点必位于区间$[a,a_2]$内，因而可以去掉区间$[a_2,b]$，得到缩短了的搜索区间$[a,a_2]$，如图 5-25(a)所示；

(2) 若$f(a_1)>f(a_2)$，显然，极小点必位于$[a,a_2]$内，因而可去掉区间$[a,a_1]$，得到新区间$[a_1,b]$，如图 5-25(b)所示；

(3) 若$f(a_1)=f(a_2)$，极小点应在区间$[a_1,a_2]$内，因而可去掉$[a,a_1]$或$[a_1,b]$，甚至将此二段都去掉，如图 5-25(c)所示。

对于上述缩短后的新区间，可在其内再取一个新点 a_3，然后将此点和该区间内剩下的那一点进行函数值大小的比较，以再次按照上述方法，进一步缩短区间，这样不断进行下去，直到所保留的区间缩小到给定的误差范围内，而得到近似最优解。按照上述方法，就可得到一个不断缩小的区间序列，故称之为序列消去原理。

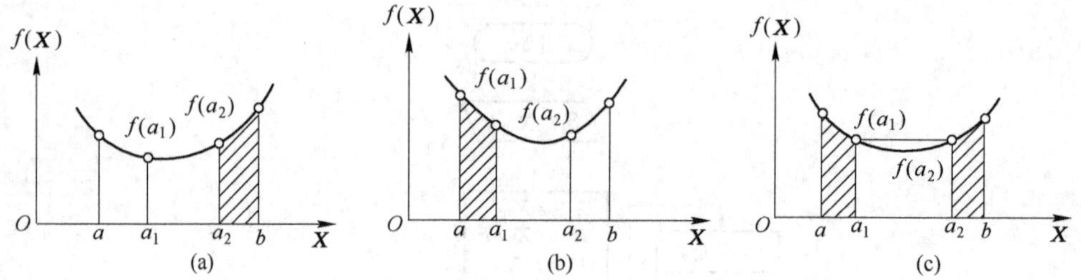

图 5-25　序列消去原理

黄金分割法的内分点选取原则是:每次区间缩短都取相等的区间缩短率。按照这一原则,其区间缩短率都是 $\lambda=0.618$,即该法是按区间全长的 0.618 倍的关系来选取两个对称内分点 a_1,a_2 的。

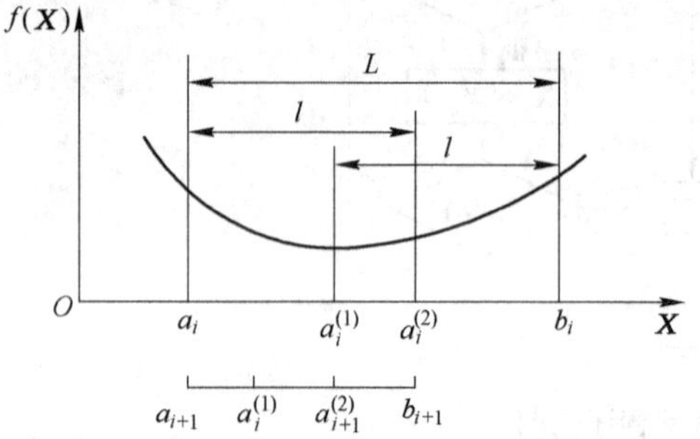

图 5-26　0.618 法区间缩短的几何关系

如图 5-26 所示,设原区间$[a,b]$长度为 L,区间缩短率为 λ。为了缩短区间,黄金分割法要求在区间$[a,b]$上对称地取两个内分点 a_1 和 a_2,设两个对称内分点交错离两端点距离为 l,则首次区间缩短率为:

$$\lambda=\frac{l}{L}$$

再次区间缩短率为:

$$\lambda=\frac{L-l}{l}$$

根据每次区间缩短率相等的原则,则有:

$$\lambda=\frac{l}{L}=\frac{L-l}{l}$$

由此得:

$$l^2-L(L-l)=0$$

即$\left(\frac{l}{L}\right)^2+\frac{l}{L}-1=0$ 或 $\lambda^2+\lambda-1=0$,解此方程,取其正根可得:

$$\lambda=\frac{\sqrt{5}-1}{2}=0.6180339887\cdots\approx 0.618$$

这意味着,只要取 $\lambda=0.618$,就以满足区间缩短率不变的要求。即每次缩小区间后,所得到的区间是原区间的 0.618 倍,舍弃的区间是原区间的 0.382 倍。黄金分割法迭代过程中,除初始区间要找两个内分点外,每次缩短的新区间内,只需再计算一个新点函数值就够了。

根据以上结果,黄金分割点的两个内分点的取点规则为:

$$\begin{cases}a_1=a+(1-\lambda)(b-a)=a+0.382(b-a)\\a_2=a+\lambda(b-a)=a+0.618(b-a)\end{cases}\tag{5-30}$$

综上所述,黄金分割法的计算步骤如下:

(1) 给定初始单峰区间$[a,b]$和收敛精度 ε。

(2) 在区间$[a,b]$内取两个内分点并计算其函数值:

$$a_1=a+0.382(b-a),f_1=f(a_1)$$

$$a_2 = a + 0.618(b - a), f_2 = f(a_2)$$

(3) 比较函数值 f_1 和 f_2 的大小。

若 $f_1 < f_2$,则取 $[a, a_2]$ 为新区间,而 a_1 则作为新区间内的第一个试算点,即令:

$$b \Leftarrow a_2, \quad a_2 \Leftarrow a_1, \quad f_2 \Leftarrow f_1$$

而另一试算点可按下式计算出:

$$a_1 = a + 0.382(b - a), f_1 = f(a_1)$$

若 $f_1 \geqslant f_2$,则取 $[a_1, b]$ 为新区间,而 a_2 作为新区间内的第一个试算点,即令:

$$a \Leftarrow a_1, \quad a_1 \Leftarrow a_2 \quad f_1 \Leftarrow f_2$$

而另一试算点可按下式计算出来:

$$a_2 = a + 0.618(b - a), f_2 = f(a_2)$$

(4) 若满足迭代终止条件 $b - a \leqslant \varepsilon$,则转下一步,否则返回步骤(3),进行先一次迭代计算,进一步缩短区间。

(5) 输出最优解:

$$x^* = \frac{a+b}{2}, f^* = f(x^*)$$

黄金分割法的计算框图如图 5-27 所示。

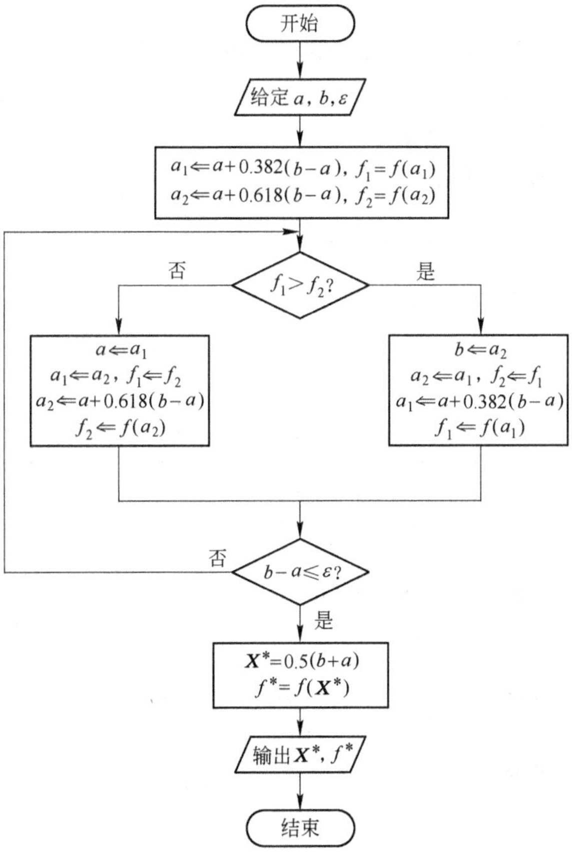

图 5-27 黄金分割法的计算框图

例 5-9 试用黄金分割法求函数 $f(x)=x^2+2x$ 的极小点，设初始单峰区间 $[a,b]=[-3,5]$，给定计算精度 $\varepsilon=0.3$。

解：第一次迭代：

（1）已给定初始搜索区间 $[a,b]=[-3,5]$。

（2）在区间 $[-3,5]$ 中取两内分点，并计算其函数值：

$$a_1^{(1)}=a+0.382(b-a)=-3+0.382(5+3)=0.056$$

$$a_2^{(1)}=a+0.618(b-a)=-3+0.618(5+3)=1.944$$

$$f_1=f(a_1^{(1)})=0.056(0.056+2)=0.115$$

$$f_2=f(a_2^{(1)})=1.944(1.944+2)=7.667$$

（3）比较函数值 f_1 和 f_2 的大小。因 $f_1<f_2$，则取 $[a,a_2^{(1)}]$ 为新区间，而 $a_1^{(1)}$ 则作为新区间内的第一个试算点，即令：

$$b\Leftarrow a_2^{(1)}=1.944,\quad a_2^{(1)}\Leftarrow a_1^{(1)}=0.056, f_2\Leftarrow f_1=0.155$$

而

$$a_1^{(1)}=b+0.382(a-b)=-3+0.382(1.944+3)=-1.111$$

$$f_1=f(a_1^{(1)})=-1.111(-1.111+2)=-0.988$$

（4）收敛判断。

$$b-a=1.944-(-3)=4.944>\varepsilon$$

因不满足终止条件，故返回步骤(2)，继续缩短区间，进行第二次迭代。

各次迭代计算结果见表 5-1。由该表可知，经过 8 次迭代，其区间缩小为：

$$b-a=-0.836-(-1.111)=0.275<\varepsilon=0.3$$

故可停止迭代，输出最优解：

$$\boldsymbol{X}^*=\frac{a+b}{2}=\frac{-1.111-0.836}{2}=-0.9735$$

$$f(\boldsymbol{X}^*)=-0.9735(-0.9735+2)=-0.9993$$

采用解析法可求得其精确解 $\boldsymbol{X}^*=-1, f(\boldsymbol{X}^*)=-1$。函数 $f(x)=x^2+2x$ 的图像如图 5-28 所示。

表 5-1 迭代计算结果

迭代次数	a	b	a_1	a_2	f_1	比较	f_2	$b-a$
1	-3	5	0.056	1.944	0.155	<	7.667	8.000
2	-3	1.944	-1.111	0.056	-0.988	<	0.115	4.944
3	-3	0.056	-1.833	-1.111	-0.306	>	-0.988	3.056
4	-1.833	0.056	-1.111	-0.666	-0.988	<	-0.888	1.889
5	-1.833	-0.666	-1.387	-1.111	-0.850	>	-0.988	1.167
6	-1.387	-0.666	-1.111	-0.941	-0.988	>	-0.997	0.721
7	-1.111	-0.666	-0.941	-0.836	-0.977	<	-0.973	0.445
8	-1.111	-0.836						0.275

5.3.3 二次插值法

二次插值法又称近似抛物线法。它的基本思想是：在给定的单峰区间中，利用目标函数上的三个点来构造一个二次插值函数 $p(\boldsymbol{X})$，以近似的表达目标函数 $f(\boldsymbol{X})$，并求这个插值函数的极小点近似作为原目标函数的极小点。它是以目标函数的二次插值函数的极小点作为新的中间插入点，进行区间缩小的一维搜索方法。

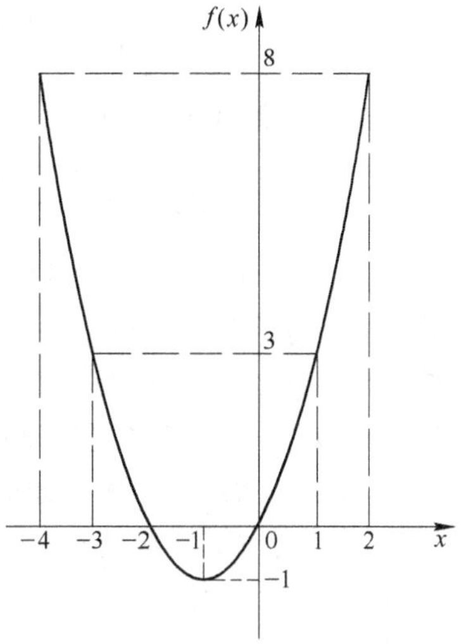

图 5-28 函数 $f(x)=x^2+2x$ 图像

设一元函数 $f(x)$，在单峰区间 $[a_1,a_3]$ 内取一点 a_2，且 $a_1<a_2<a_3$，这三点对应的函数值分别为：

$$f_1=f(a_1),f_2=f(a_2),f_3=f(a_3)$$

于是通过原函数曲线上的三个点 (a_1,f_1)，(a_2,f_2)，和 (a_3,f_3) 可以构成一个二次插值函数，如图 5-29 所示。设该次插值函数为：

$$p(a)=A+Ba+Ca^2 \tag{5-31}$$

此函数可以很容易地求得它的极小点 a_p^*。令其一阶导数等于零，即：

$$\frac{\mathrm{d}p(a)}{\mathrm{d}a}=B+2Ca=0$$

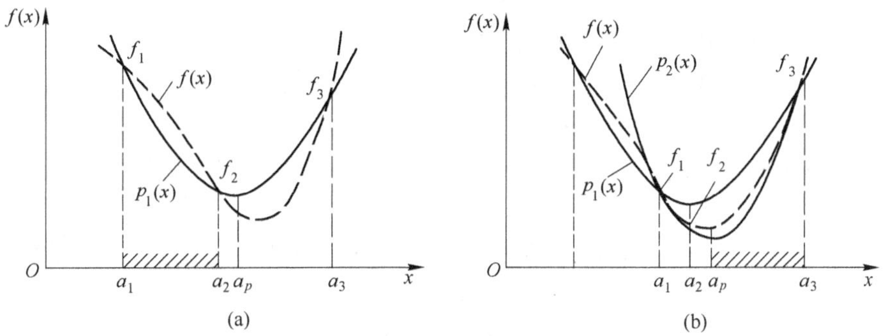

图 5-29 二次插值法的原理及区间缩小过程

解得：

$$a_p^*=-\frac{B}{2C} \tag{5-32}$$

为求得 a_p^*，应设法求得式(5-32)中的待定系数 B 和 C。

由于所构造的二次插值函数曲线通过原函数 $f(\boldsymbol{X})$ 上的三个点，因此将三个点 (a_1,f_1)，(a_2,f_2) 及 (a_3,f_3) 代入方程(5-31)可得：

$$\left.\begin{aligned}p(a_1)&=A+Ba_1+Ca_1^2=f_1\\p(a_2)&=A+Ba_2+Ca_2^2=f_2\\p(a_3)&=A+Ba_3+Ca_3^2=f_3\end{aligned}\right\} \tag{5-33}$$

解得系数：

$$B=\frac{(a_2^2-a_3^2)f_1+(a_3^2-a_1^2)f_2+(a_1^2-a_2^2)f_3}{(a_1-a_2)(a_2-a_3)(a_3-a_1)}$$

$$C = -\frac{(a_2 - a_3)f_1 + (a_3 - a_1) + (a_1 - a_2)f_3}{(a_1 - a_2)(a_2 - a_3)(a_3 - a_1)}$$

将 B、C 之值代入式(5-32),可求得:

$$a_p^* = -\frac{B}{2C} = \frac{1}{2}\frac{(a_2^2 - a_3^2)f_1 + (a_3^2 - a_1^2)f_2 + (a_1^2 - a_2^2)f_3}{(a_2 - a_3)f_1 + (a_3 - a_1) + f_2(a_1 - a_2)f_3} \tag{5-34}$$

由上可知,在已知一个单峰搜索区间内的 a_1, a_2, a_3 三点值后,便可通过二次插值方法求得极小点的近似值 $\bar{x} = a_p^*$。由于在求 a_p^* 时,是采用原函数的近似满足预定精度要求的原函数的近似极小点,一般要进行多次迭代。为此,可根据前述的序列消去原理,在已有的四个点 a_1, a_2, a_3 及 a_p^* 中选择新的三个点,得到一个缩小了的单峰区间,并利用此单峰区间的三个点,再一次进行插值。如此进行下去,直至到达给定的精度为止。

二次插值法的计算步骤如下:

(1) 给定初始搜索区间$[a_1, a_3]$和计算精度 ε。

(2) 在区间$[a_1, a_3]$内取一内点 a_2,有下面两种取法;

$$a_2 = \frac{a_1 + a_3}{2}\text{(等距原则取点)}$$

$$a_2 = \frac{2a_1 + a_3}{3}\text{(不等距原则取点)}$$

计算三点的函数值 $f_1 = f(a_1)$, $f_2 = f(a_2)$, $f_3 = f(a_3)$。

(3) 计算二次插值多项式 $p(a)$ 的极小点 a_p^* 与极小值 $f(a_p^*)$。

(4) 进行收敛判断:若满足 $|a_p^* - a_2| \leqslant \varepsilon$,则转(6),否则,转下步(5)。

(5) 缩小区间:以得到新的单峰区间,然后转第(3)步,继续迭代,直到满足精度要求为止。

(6) 停止迭代,并将 a_2 与 a_p^* 中函数值较小的点作为极小点输出,结束一维搜索。

5.4 无约束最优化方法

无约束最优化问题的一般数学表达式为:

$$\min f(\boldsymbol{X}) = f(x_1, x_2, \cdots, x_n), \boldsymbol{X} \in R^n \tag{5-35}$$

求解这类问题的方法,称为无约束最优化方法。它也是构成约束最优化方法的基础算法。

无约束最优化方法是最优化技术中最重要和最基本的内容之一。因为它不仅可以直接用来求解无约束最优化问题,而且实际工程设计问题中的大量约束最优化问题,有时也是通过对约束条件的适当处理,转化为无约束最优化问题来求解的。所以,无约束最优化方法在工程最优化设计中有着十分重要的作用。

无约束最优化方法,根据其确定搜索方向所使用的信息和方法的不同,可分为两大类:一类是需要利用目标函数的一阶偏导数或二阶偏导数来构造搜索方向,如梯度法、共轭梯度法、Newton 法和变尺度法等。这类方法由于需要计算偏导数,因此计算量大,但收敛速度较快,一般称之为间接法。另一类是通过几个已知点上目标函数值的比较来构造搜索方向,如坐标轮换法、随机搜索法和共轭方向法等。这类方法由于只需要计算函数值,因而对于无法求导或求导困难的函数,该法就有了突出的优越性,但是其收敛速度较慢,一般称之为直接法。

各种最优化方法之间的主要差异在于构造的搜索方向,因此,关于搜索方向 $\boldsymbol{S}^{(k)}$ 的选择问题,是最优化方法要讨论的重要内容,下面介绍几种经典的无约束最优化方法。

5.4.1 坐标轮换法

坐标轮换法是求解无约束最优化问题的一种直接法,它不需求函数导数而直接搜索目标函数的最优解。该法又称降维法。

坐标轮换法的基本原理是:它将一个无约束最优化问题转化为一系列一维最优化问题来求解,即依次沿着坐标轴的方向进行一维搜索,求得极小点。当对 n 个变量 $x_1,x_2,\cdots,x_n$ 依次进行过一次搜索之后,即完成一轮计算。若未收敛到极小点,则又从前一轮的最末点开始,作下一轮搜索,如此继续下去,直至收敛到最优点为止。

二维问题的坐标轮换法的搜索过程如图 5-30 所示。对于 n 维问题,是先将 $n-1$ 个变量固定不动,只对第一个变量进行一维搜索,得到极小点 $\boldsymbol{X}_1^{(1)}$;然后,再保持 $n-1$ 个变量固定不动,对第二个变量进行一维搜索,得到极小点 $\boldsymbol{X}_2^{(1)},\cdots,\boldsymbol{X}_n^{(1)}$ 依次就把一个 n 维问题转化为求解一系列一维的最优化问题。当沿 $x_1,x_2,\cdots,x_n$ 坐标方向依次进行一维搜索之后,得到 n 个一维极小点 $\boldsymbol{X}_1^{(1)},\boldsymbol{X}_2^{(1)},\cdots,\boldsymbol{X}_n^{(1)}$,即完成第一轮搜索。接着,以最后一维的极小点为始点,重复上述过程,进行下轮搜索,直到求得满足精度的极小点 $\boldsymbol{X}^*$ 后,则可停止搜索迭代计算。

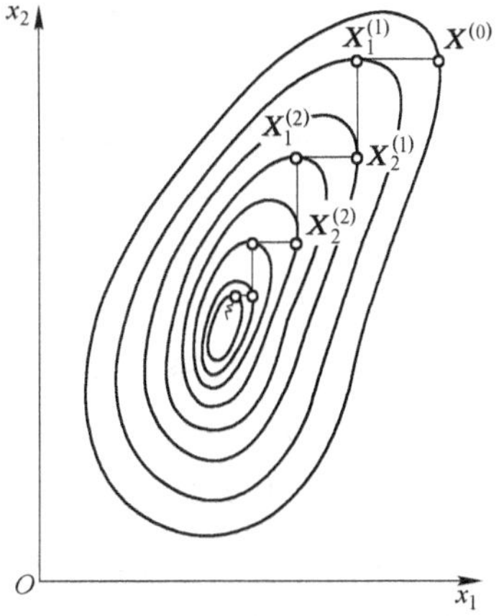

图 5-30 坐标轮换法搜索过程

根据上述原理,对于第 k 轮计算,坐标轮换法的迭代计算公式为:

$$\boldsymbol{X}_i^{(k)}=\boldsymbol{X}_{i-1}^{(k)}+a_iS_i^{(k)}\quad(i=1,2,\cdots,n)\tag{5-36}$$

式中,搜索方向 $\boldsymbol{S}_i^{(k)}$,是轮流取 n 维空间各坐标轴的单位向量:

$$\boldsymbol{S}_i^{(k)}=\boldsymbol{e}_i\quad(i=1,2,\cdots,n)$$

即

$$\boldsymbol{e}_1=\begin{bmatrix}1\\0\\0\\\vdots\\0\end{bmatrix},\boldsymbol{e}_2=\begin{bmatrix}0\\1\\0\\\vdots\\0\end{bmatrix},\cdots,\boldsymbol{e}_n\begin{bmatrix}0\\0\\0\\\vdots\\1\end{bmatrix}$$

也即其中第 i 个坐标方向上的分量为 1,其余均为零。其中步长 a_i 取正值或负值均可,正值表示沿坐标正方向搜索,负值表示逆坐标轴方向搜索。

坐标轮换法的特点是:方法简单,容易实现;但收敛慢,以振荡方式逼近最优点;当维数增加时,效率明显下降。一般用于低维($n<10$)最优化问题的求解。此外,该法的效能受目标函数的性态影响很大;在图 5-31(a) 所示寻优过程中,两次搜索就收敛到极值点;而在图 5-31(b) 所示搜索过程中,多次迭代后逼近极值点;如图 5-31(c) 所示,目标函数等值线出

现山脊(或称陡谷),若搜索到 A 点,再沿两个坐标轴,以 $\pm t_0$ 步长测试,目标函数值均上升,计算机判断 A 点为最优点。事实上发生错误。

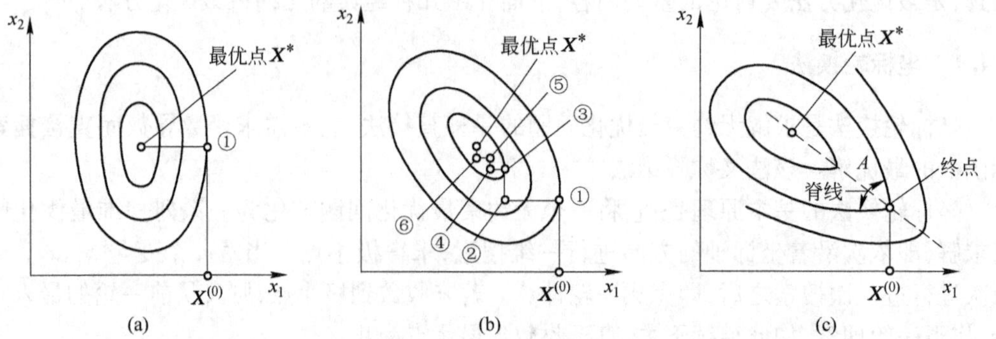

图 5-31 坐标轮换法效能受目标函数性态的影响

5.4.2 共轭方向法与 Powell 法

坐标轮换法收敛速度之所以很慢,原因在于其搜索方向总是平行于坐标轴,不适应函数的变化情况。以二维优化问题为例,若把上一轮的搜索末点 $\boldsymbol{X}_2^{(k)}$(即本轮搜索的起点 $\boldsymbol{X}_0^{(k+1)}$)和本轮搜索的末点 $\boldsymbol{X}_2^{(k+1)}$ 连接起来,形成一个新的搜索方向 $\boldsymbol{S}^{(2)}=\boldsymbol{X}_2^{(k)}-\boldsymbol{X}_2^{(k+1)}$,沿此方向进行一维搜索(如图 5-32 所示)可极大地加快收敛速度。那么,方向 $\boldsymbol{S}^{(2)}$ 具有什么性质,它与 $\boldsymbol{S}_2$ 方向有何关系?为了利用这种搜索方向,则应首先弄清楚这些问题。

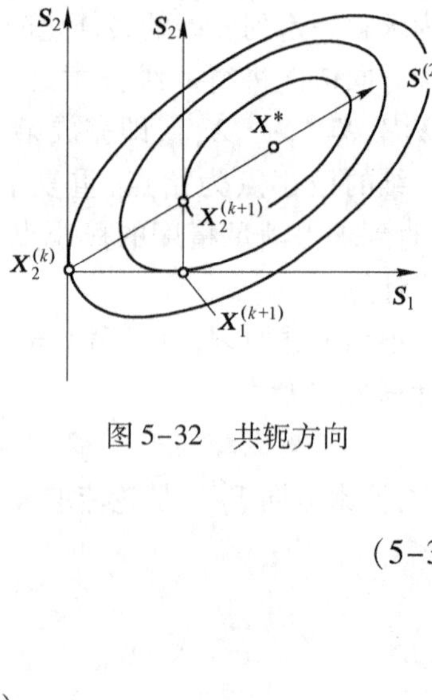

图 5-32 共轭方向

5.4.2.1 共轭方向的概念与形成

设 $\boldsymbol{A}$ 为一 $n\times n$ 阶实对称正定矩阵,若有一组非零向量 $\boldsymbol{S}^{(1)},\boldsymbol{S}^{(2)},\cdots,\boldsymbol{S}^{(n)}$ 满足

$$[\boldsymbol{S}^{(i)}]^{\mathrm{T}}\boldsymbol{A}\boldsymbol{S}^{(j)}=0\quad(i\neq j)\tag{5-37}$$

则称这组向量关于矩阵 $\boldsymbol{A}$ 共轭。

当 $\boldsymbol{A}$ 为单位矩阵(即 $\boldsymbol{A}=\boldsymbol{I}$)时,则有:

$$[\boldsymbol{S}^{(i)}]^{\mathrm{T}}\cdot\boldsymbol{S}^{(j)}=0\qquad(i\neq j)$$

此时称向量 $\boldsymbol{S}^{(i)}(i=1,2,\cdots,n)$ 相互正交。可见,向量正交是向量共轭的特例,或者说向量共轭是向量正交的推广。

共轭方向的性质:

(1) 关于矩阵 $\boldsymbol{A}$ 共轭的 n 个非零向量 $\boldsymbol{S}_1,\boldsymbol{S}_2,\cdots,\boldsymbol{S}_n$ 是线性无关的;

(2) 若 $\boldsymbol{S}_1^{(1)},\boldsymbol{S}_2^{(1)},\cdots,\boldsymbol{S}_n^{(1)}$ 是线性无关的向量组,则可由此向量组构造出 n 个向量 $\boldsymbol{S}_1^{(2)},\boldsymbol{S}_2^{(2)},\cdots,\boldsymbol{S}_n^{(2)}$,满足 $[\boldsymbol{S}_i^{(2)}]^{\mathrm{T}}\boldsymbol{A}[\boldsymbol{S}_j^{(2)}]=0,(i\neq j)$;

(3) 设 $\boldsymbol{S}_1,\boldsymbol{S}_2,\cdots,\boldsymbol{S}_n$ 是关于矩阵 $\boldsymbol{A}$ 共轭的 n 个非零向量,则对于 n 维正定二次函数 $f(\boldsymbol{X})=\dfrac{1}{2}\boldsymbol{X}^{\mathrm{T}}\boldsymbol{A}\boldsymbol{X}+\boldsymbol{B}^{\mathrm{T}}\boldsymbol{X}+\boldsymbol{C}$,从任意初始点 $\boldsymbol{X}^{(0)}$ 出发,至多 n 次循环可收敛至极小点 $\boldsymbol{X}^*$,即共

轭方向法具有二次收敛性质。

共轭方向有两种形成方法,分别是平行搜索法和基向量组合法。图 5-33 表示采用平行搜索法生成二维函数的共轭方向 $\boldsymbol{S}_1$ 与 $\boldsymbol{S}_2$ 的过程,从任意不同的两点出发,分别沿同一方向 S_1 进行两次一维搜索(或者说进行两次平行搜索),得到两个一维极小点 $\boldsymbol{X}^{(1)}$ 和 $\boldsymbol{X}^{(2)}$,则连接此两点构成的向量

$$\boldsymbol{S}_2 = \boldsymbol{X}^{(2)} - \boldsymbol{X}^{(1)}$$

便是与原方向 $\boldsymbol{S}_1$ 共轭的另一方向。平行搜索法通常是以线性无关的基坐标 $\boldsymbol{e}_1, \boldsymbol{e}_2, \cdots, \boldsymbol{e}_n$ 向量组生成共轭向量组。

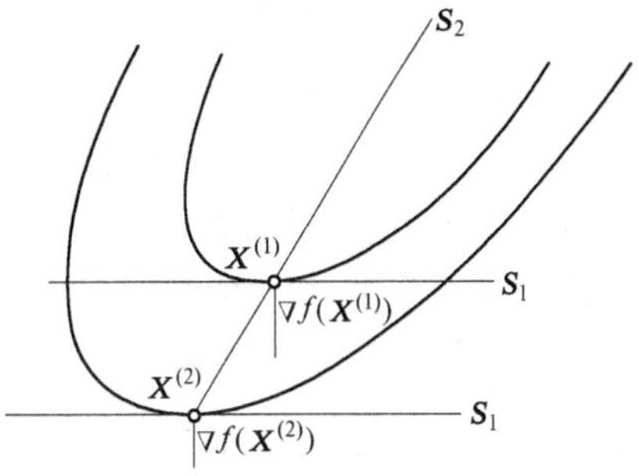

图 5-33 共轭方向的形成

例 5-10 试采用平行搜索法求 $f(\boldsymbol{X}) = 2x_1^2 + 2x_1x_2 + 6x_2^2 + 2x_1 + 3x_2 + 3$ 与方向 $\boldsymbol{S}^{(1)} = [1,0]^{\mathrm{T}}$ 共轭的另一个方向。

解: 由任意不同的两点,分别沿 $\boldsymbol{S}^{(1)}$ 方向进行一维搜索,得极小点 $\boldsymbol{X}^{(1)}$ 和 $\boldsymbol{X}^{(2)}$,连 $\boldsymbol{X}^{(1)}$ 和 $\boldsymbol{X}^{(2)}$ 即得共轭于 $\boldsymbol{S}^{(1)}$ 的方向 $\boldsymbol{S}^{(2)}$。

现取 $\boldsymbol{X}_0^{(1)} = [0 \quad 0]^{\mathrm{T}}$,则有:

$$\boldsymbol{X}^{(1)} = \boldsymbol{X}_0^{(1)} + \alpha^{(1)}\boldsymbol{S}^{(1)} = \begin{bmatrix} \alpha^{(1)} \\ 0 \end{bmatrix}$$

代入原函数得:

$$f(\alpha^{(1)}) = 2\alpha^{(1)} + 2(\alpha^{(1)})^2 + 3$$

令

$$\frac{\mathrm{d}f(\alpha^{(1)})}{\mathrm{d}\alpha^{(1)}} = 2 + 4\alpha^{(1)} = 0$$

解得 $\alpha^{(1)} = -0.5$,故有 $\boldsymbol{X}^{(1)} = [-0.5, 0]^{\mathrm{T}}$。

再取 $\boldsymbol{X}_0^{(2)} = [0 \quad 2]^{\mathrm{T}}$,则有:

$$\boldsymbol{X}^{(2)} = \boldsymbol{X}_0^{(2)} + \alpha^{(2)}\boldsymbol{S}^{(1)} = \begin{bmatrix} 0 \\ 2 \end{bmatrix} + \alpha^{(2)}\begin{bmatrix} 1 \\ 0 \end{bmatrix} = \begin{bmatrix} \alpha^{(2)} \\ 2 \end{bmatrix}$$

代入原函数得:

$$f(\alpha^{(1)}) = 2\alpha^{(2)} + 2(\alpha^{(2)})^2 + 33 + 4\alpha^{(2)}$$

令

$$\frac{\mathrm{d}f(\alpha^{(2)})}{\mathrm{d}\alpha^{(2)}} = 2 + 4\alpha^{(2)} + 4 = 0$$

解得 $\alpha^{(2)} = -1.5$,故有:

$$\boldsymbol{X}^{(2)} = [-1.5, 2]^{\mathrm{T}}$$

$$\boldsymbol{S}^{(2)} = \boldsymbol{X}^{(2)} - \boldsymbol{X}^{(1)} = \begin{bmatrix} -1 \\ 2 \end{bmatrix}$$

5.4.2.2 共轭方向法

为了克服坐标轮换法收敛速度慢、以振荡方式逼近最优点的缺点,在明确了共轭方向的概念后,不难想到以共轭方向打破振荡,加速收敛的搜索方法——共轭方向法,其基本原理是:首先采用坐标轮换法进行第一轮迭代,然后以第一轮迭代的最末一个极小点和初始点构成一个新的方向,并且以此新的方向作为最末一个方向,而去掉第一轮的第一个方向,得到

第二轮迭代的 n 个方向。如此进行下去，直至求得问题的极小值。

现以二维、三维问题为例来说明共轭方向法的迭代过程及在迭代过程中，共轭方向是如何形成的，如图 5-34 所示。图 5-34(a)表示二维函数的两个共轭方向的生成过程：取初始点 $\boldsymbol{X}^{(0)}$ 作为迭代计算的出发点，即令 $\boldsymbol{X}_0^{(1)}=\boldsymbol{X}^{(0)}$，先分别沿坐标轴方向 $\boldsymbol{S}_1^{(1)}=\boldsymbol{e}_1=[1,0]^{\mathrm{T}}$，$\boldsymbol{S}_2^{(1)}=\boldsymbol{e}_2=[0,1]^{\mathrm{T}}$ 作两次一维搜索，求得极小点 $\boldsymbol{X}_1^{(1)}$ 及 $\boldsymbol{X}_2^{(1)}$，然后利用搜索得到的极小点 $\boldsymbol{X}_2^{(1)}$ 构成一个新的迭代方向 $\boldsymbol{S}^{(1)}$

$$\boldsymbol{S}^{(1)}=\boldsymbol{X}_2^{(1)}-\boldsymbol{X}_0^{(1)}$$

并沿此方向作一维搜索，得到该方向上一维极小点 $\boldsymbol{X}^{(1)}$，至此完成第一轮搜索。

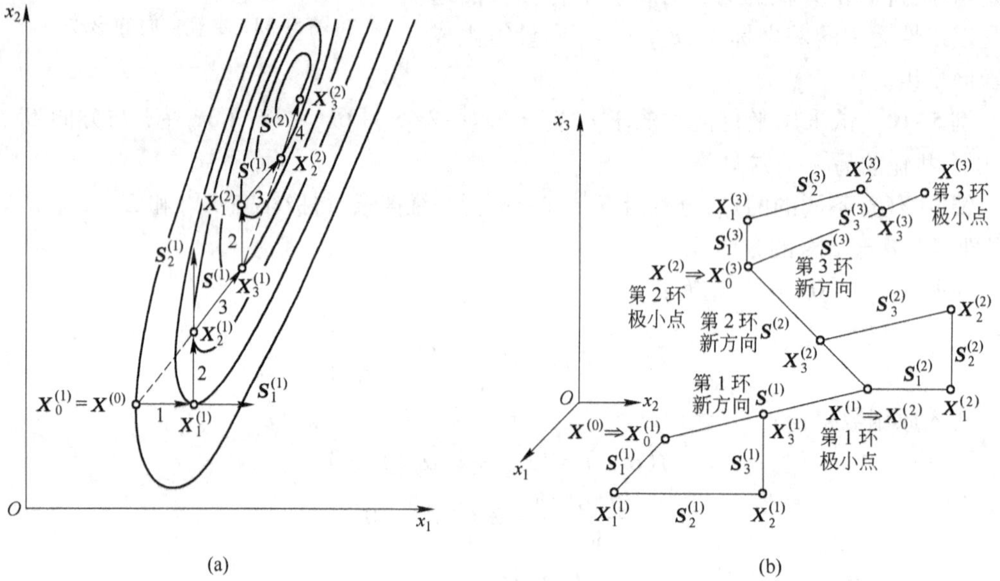

图 5-34　共轭方向的形成

(a) 二维函数的两个共轭方向的生成过程；(b) 三维函数的三个共轭方向的生成过程

进行第二轮迭代时，去掉第一个方向 $\boldsymbol{S}_1^{(1)}=\boldsymbol{e}_1$，将方向 $\boldsymbol{S}^{(1)}$ 作为最末一个迭代方向，即从 $\boldsymbol{X}_2^{(0)}=\boldsymbol{X}^{(1)}$ 出发，依次沿着方向 $\boldsymbol{S}_1^{(2)}\Leftarrow\boldsymbol{S}_2^{(1)}=\boldsymbol{e}_2$ 及 $\boldsymbol{S}_2^{(2)}\Leftarrow\boldsymbol{S}^{(1)}=\boldsymbol{X}_2^{(1)}-\boldsymbol{X}_0^{(1)}$ 进行一维搜索，得到极小点 $\boldsymbol{X}_1^{(2)}$、$\boldsymbol{X}_2^{(2)}$；然后利用 $\boldsymbol{X}_2^{(2)}$、$\boldsymbol{X}_0^{(2)}$ 构成另一个迭代方向 $\boldsymbol{S}^{(2)}$

$$\boldsymbol{S}^{(2)}=\boldsymbol{X}_2^{(2)}-\boldsymbol{X}_0^{(2)}$$

并沿此方向搜索得到 $\boldsymbol{X}^{(2)}$。

为形成第三轮迭代的方向，将 $\boldsymbol{S}^{(2)}$ 加到第二轮方向组之中，并去掉第二轮迭代的第一个方向 $\boldsymbol{S}_1^{(2)}=\boldsymbol{e}_2$，即令

$$\boldsymbol{S}_1^{(3)}\Leftarrow\boldsymbol{S}_2^{(2)}=\boldsymbol{S}^{(1)},\boldsymbol{S}_2^{(3)}\Leftarrow\boldsymbol{S}^{(2)}=\boldsymbol{X}_2^{(2)}-\boldsymbol{X}_0^{(2)}$$

即第三轮迭代的方向实际上是 $\boldsymbol{S}^{(1)}$ 和 $\boldsymbol{S}^{(2)}$，由于 $\boldsymbol{S}^{(2)}$ 是连接两个平行线的方向 $\boldsymbol{S}^{(1)}$ 搜索得到的二极小点 $\boldsymbol{X}_2^{(2)}$、$\boldsymbol{X}_0^{(2)}$ 所构成的。根据上述共轭方向的概念可知，$\boldsymbol{S}^{(1)}$ 和 $\boldsymbol{S}^{(2)}$ 是互为共轭的方向。如果所考察的二维函数是二次正定的，则经过沿共轭方向 $\boldsymbol{S}^{(1)}$ 和 $\boldsymbol{S}^{(2)}$ 的两次一维搜索所得到的极小点 $\boldsymbol{X}^{(2)}$ 就是该目标函数的极小点 X^*（即椭圆的中心）。

由上述可知，共轭方向是在更替搜索方向反复作一维搜索中逐步形成的。对于二元函

数，经过两轮搜索，就产生了两个互相共轭的方向。仿此，对于三元函数经过三轮搜索以后，就可以得到三个互相共轭的方向，图 5-34(b) 表示三维函数的三个共轭方向的生成过程。而对于 n 元函数，经过 n 轮搜索以后，一共可产生 n 个互相共轭的方向 $\boldsymbol{S}^{(1)},\boldsymbol{S}^{(2)},\cdots,\boldsymbol{S}^{(n)}$。得到了一个完整的共轭方向组（即所有的搜索方向均为共轭方向）以后，再沿最后一个方向 $S^{(n)}$ 进行一维搜索，就可得到 n 元二次函数的极小点。而对于非二次函数，一般不能得到函数的极小点，而需要进一步搜索，得到新的共轭方向组，直到最后迭代收敛得到问题的极小点。

上述共轭方向法的基本要求是，各轮迭代中的方向组的向量应该是线性无关的。然而很不理想的是，上述方法每次迭代所产生的新方向可能出现线性相关，使搜索运算退化到一个较低维的空间进行，从而导致计算不能收敛而无法求得真正的极小点。为了提高沿共轭方向搜索的效果，Powell 针对上述算法提出了改进，改进后的算法称为 Powell 法。

5.4.2.3 Powell 法

为了避免迭代方向组的各向量线性相关现象发生，改进后的共轭方向法即 Powell 法，放弃了原算法中不加分析地用新形成的方向 $\boldsymbol{S}^{(k)}$ 替换上一轮搜索方向组中的第一个方向的做法。该 Powell 算法规定，在每一轮迭代完成产生共轭方向 $\boldsymbol{S}^{(k)}$ 后，在组成新的方向时，不再是一律舍去上一轮的第一个方向 $\boldsymbol{S}_1^{(k)}$，而是先对共轭方向的好坏进行判别，检验它是否与其他方向线性相关或接近线性相关。若共轭方向不好，则不用它作为下一轮的迭代方向，而仍采用原来的一组迭代方向；若共轭方向好，则可用它替换前轮迭代中使目标函数值下降最多的一个方向，而不一定是替换第一个迭代方向。这样得到的方向组，其收敛稳定性更好。

为了确定函数值下降最多的方向，应先将一轮中各相邻极小点函数值之差计算出来，并令：

$$\Delta_m^{(k)} = \max_{1\leqslant m\leqslant n}\{f(\boldsymbol{X}_{m-1}^{(k)}) - f(\boldsymbol{X}_m^{(k)})\} \tag{5-38}$$

按上式求得 $\Delta_m^{(k)}$ 后，即可确定对应于 $\Delta_m^{(k)}$ 的两点构成的方向 $\boldsymbol{S}_m^{(k)}$ 为这一轮中函数值下降最多的方向。

Powell 法对于是否用新的方向来替换原方向组的某一方向的辨别条件为：在第 k 轮搜索中，若

$$\left.\begin{array}{c} F_3 < F_1 \\ (F_1 - 2F_2 + F_3)(F_1 - F_2 - \Delta_m^{(k)})^2 < \dfrac{1}{2}\Delta_m^{(k)}(F_1 - F_3)^2 \end{array}\right\} \tag{5-39}$$

同时成立，则表明新的方向组线性无关，因此可将新方向作为下一轮的迭代方向，并去掉方向 $\boldsymbol{S}_m^{(k)}$，而构成第 $k+1$ 轮迭代的搜索方向组；否则，仍用原来的方向组进行第 $k+1$ 轮迭代搜索。

式(5-39)中 $F_1 = f(\boldsymbol{X}_0^{(k)})$ 为第 k 轮起点函数值；$F_2 = f(\boldsymbol{X}_n^{(k)})$ 为第 k 轮方向组一维搜索终点函数值；$F_3 = f(2\boldsymbol{X}_n^{(k)} - \boldsymbol{X}_0^{(k)})$ 为 $\boldsymbol{X}_0^{(k)}$ 相对 $\boldsymbol{X}_n^{(k)}$ 的映射点函数值；$\Delta_m^{(k)}$ 为第 k 轮方向组中沿诸方向一维搜索所得的各函数值下降量之最大者，其相对应的方向记为 $\boldsymbol{S}_m^{(k)}$。

上式中各符号意义如图 5-35 所示。当式(5-39)全部成立时，根据式(5-39)确定最大下降方向 $\boldsymbol{S}_m^{(k)}$；在新的方向组中去掉 $\boldsymbol{S}_m^{(k)}$，再将第 k 轮产生的新生方向 $\boldsymbol{S}_{n+1}^{(k)}$ 补入 $k+1$ 轮方向组的最后，与保留方向构成新的搜索方向组；新一轮（$k+1$ 轮）搜索的起始点应取第 k 轮沿 $\boldsymbol{S}_{n+1}^{(k)}$ 方向一维搜索的极小点 $\boldsymbol{X}^{(k)}$。当式(5-39)不能全部成立时，则维持原有方向组，新一

轮($k+1$ 轮)搜索的起始点可取第 k 轮沿 $\boldsymbol{S}_{n+1}^{(k)}$ 方向一维搜索的极小点 $\boldsymbol{X}^{(k)}$,也可取原方向组中最后一个方向一维搜索的极小点 $\boldsymbol{X}_n^{(k)}$。

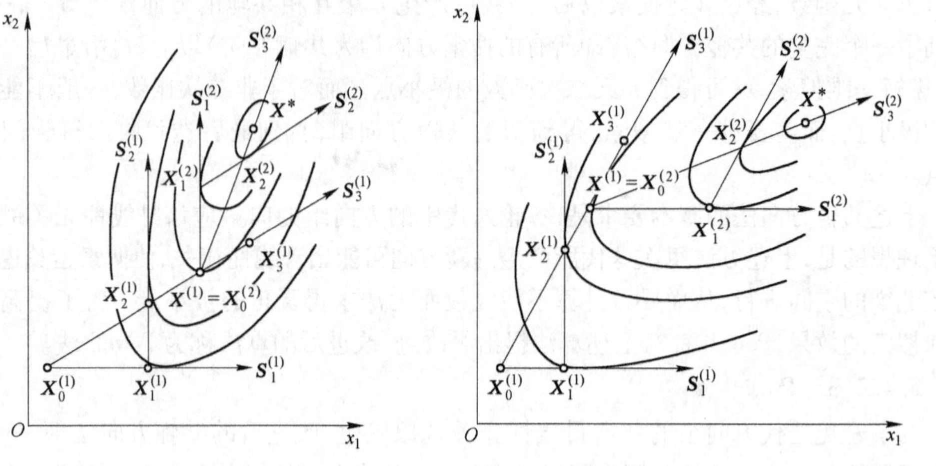

图 5-35　二维问题 Powell 法的方向选择

(a) $m=1$; (b) $m=2$

实践证明,Powell 法保证了非线性函数寻优计算可靠的收敛性。Powell 法的迭代计算步骤如下:

(1) 给定初始点 $\boldsymbol{X}^{(0)}$ 和收敛精度 ε。

(2) 取 n 个坐标轴的单位向量 $\boldsymbol{e}_i(i=1,2,\cdots,n)$ 为初始搜索方向 $\boldsymbol{S}_i^{(k)}=\boldsymbol{e}_i$,置 $k=1$(k 为迭代轮数)。

(3) 从 $\boldsymbol{X}_0^{(k)}$ 出发,依次沿 $\boldsymbol{S}_i^{(k)}(i=1,2,\cdots,n)$ 进行 n 次一维搜索,得到 n 个一维极小点:

$$\boldsymbol{X}_i^{(k)}=\boldsymbol{X}_{i-1}^{(k)}+a_i^{(k)}\boldsymbol{S}_i^{(k)}(i=1,2,\cdots,n)$$

(4) 连接 $\boldsymbol{X}_0^{(k)}$ 和 $\boldsymbol{X}_n^{(k)}$,构成新的共轭方向 $\boldsymbol{S}^{(k)}$,即:

$$\boldsymbol{S}^{(k)}=\boldsymbol{X}_n^{(k)}-\boldsymbol{X}_0^{(k)}$$

沿共轭方向 $\boldsymbol{S}^{(k)}$ 计算 $\boldsymbol{X}_0^{(k)}$ 的新映射点:

$$\boldsymbol{X}_{n+1}^{(k)}=2\boldsymbol{X}_n^{(k)}-\boldsymbol{X}_0^{(k)}$$

(5) 计算 k 轮中各相邻极小点目标函数的差值,并找出其中的最大差值及相应的方向:

$$\Delta_m^{(k)}=\max_{1\leqslant m\leqslant n}\{(f\boldsymbol{X}_{m-1}^{(k)})-f(X_m^{(k)})\}$$

$$\boldsymbol{S}_i^{(k)}(i=1,2,\cdots,n)$$

(6) 计算 k 轮初始点、终点和映射点的函数值:

$$F_1=f(\boldsymbol{X}_0^{(k)}),F_2=f(\boldsymbol{X}_n^{(k)}),F_3=f(\boldsymbol{X}_{n+1}^{(k)})$$

(7) 用判别条件式(5-39)检验原方向组是否需要替换,若同时满足

$$F_3<F_1$$

和

$$(F_1-2F_2+F_3)(F_1-F_2-\Delta_m^{(K)})^2<\frac{1}{2}\Delta_m^{(K)}(F_1-F_2)^2$$

则由 $\boldsymbol{X}_n^{(k)}$ 出发沿方向 $\boldsymbol{S}^{(k)}$ 进行一维搜索,求出该方向的极小点 $\boldsymbol{X}^{(k)}$,并以 $\boldsymbol{X}^{(k)}$ 作为 $k+1$ 轮

迭代的初始点,即令 $X_0^{(k+1)}=X^{(k)}$;然后去掉方向 $S_m^{(k)}$,而将方向 $S^{(k)}$ 作为 $k+1$ 轮迭代的最末一个方向,即第 $k+1$ 轮的搜索方向取为:

$$[S_1^{(k+1)},S_2^{(k+1)},\cdots,S_n^{(k+1)}]^T \Leftarrow [S_1^{(k)},S_2^{(k)},\cdots,S_{m-1}^{(k)},S_{m+1}^{(k)},\cdots,S_n^{(k)},S^{(k)}]^T$$

若上述判别条件不满足,则进入第 $k+1$ 轮迭代时,仍采用第 k 轮迭代的方向。

(8)进行收敛判断:

若满足

$$\| X_0^{(k+1)}-X_0^{(k)} \| \leqslant \varepsilon$$

或

$$\left|\frac{f(X_0^{(k+1)})-f(X_0^{(k)})}{f(X_0^{(k+1)})}\right| \leqslant \varepsilon$$

则结束迭代计算,输出最优解:X^*、$f^*=f(X^*)$;否则,置 $k \Leftarrow k+1$,转入下一轮继续进行循环迭代。

例 5-11 用 Powell 法求优化问题

$$\min f(X)=60-10x_1-4x_2+x_1^2+x_2^2-x_1x_2$$

的最优点 $X^*=[x_1^*,x_2^*]^T$,给定初始点 $X^{(0)}=[0,0]^T$,计算精度 $\varepsilon=0.0001$。

解:第一轮迭代:

(1) 取 $X_0^{(1)}=X^{(0)}=[0,0]^T$。

(2) 第一轮搜索方向取为坐标的单位向量:$S_1^{(1)}=e_1=[1,0]^T$,$S_2^{(1)}=e_2=[0,1]^T$。

(3) 从 $X_0^{(1)}$ 出发,先从 $S_1^{(1)}$ 方向进行一维最优化搜索,求得最优步长 $a_1^{(1)}=5$,由此得:

$$X_1^{(1)}=X_0^{(1)}+a_1^{(1)}S_1^{(1)}=\begin{bmatrix}0\\0\end{bmatrix}+5\begin{bmatrix}1\\0\end{bmatrix}=\begin{bmatrix}5\\0\end{bmatrix}$$

再从 $X_1^{(1)}$ 出发,沿 $S_2^{(1)}$ 进行一维搜索,求得最优步长 $a_2^{(1)}=4.5$,于是可求得:

$$X_2^{(1)}=X_1^{(1)}+a_2^{(1)}S_2^{(1)}=\begin{bmatrix}5\\0\end{bmatrix}+4.5\begin{bmatrix}0\\1\end{bmatrix}=\begin{bmatrix}5\\4.5\end{bmatrix}$$

(4) 连接 $X_0^{(1)}$、$X_2^{(1)}$ 构成第一轮生成的共轭方向 $S^{(1)}$:

$$S^{(1)}=X_2^{(1)}-X_0^{(1)}=\begin{bmatrix}5\\4.5\end{bmatrix}-\begin{bmatrix}0\\0\end{bmatrix}=\begin{bmatrix}5\\4.5\end{bmatrix}$$

并沿着共轭方向 $S^{(1)}$ 计算 $X_0^{(1)}$ 的映射点:

$$X_3^{(1)}=2X_2^{(1)}+X_0^{(1)}=2\begin{bmatrix}5\\4.5\end{bmatrix}-\begin{bmatrix}0\\0\end{bmatrix}=\begin{bmatrix}10\\9\end{bmatrix}$$

(5) 计算本轮相邻两点函数值的下降量,并求最大差值及其相应的方向:

$$f(X_0^{(1)})=60,\ f(X_1^{(1)})=35,\ f(X_2^{(1)})=14.75$$

$$\Delta_1^{(1)}=f(X_0^{(1)})-f(X_1^{(1)})=25,\Delta_2^{(1)}=f(X_1^{(1)})-(X_2^{(1)})=20.25$$

$$\Delta_m^{(1)}=\max\{\Delta_1^{(1)},\Delta_2^{(1)}\}=\Delta_1^{(1)}=25,\text{则 } S_m^{(1)}=S_1^{(1)}=e_1=[1,0]^T$$

(6) 计算本轮初始点($X_0^{(1)}$)、终点 $X_2^{(1)}$ 和映射点 $X_3^{(1)}$ 的函数值:

$$F_1=f(X_0^{(1)})=60,F_2=f(X_1^{(1)})=14.75,F_3=f(X_3^{(1)})=15$$

(7) 进行收敛判断:由于 $F_3<F_1$ 和 $(F_1-2F_2+F_3)(F_1-F_2-\Delta_m^{(1)})^2<0.5\Delta_m^{(1)}(F_1-F_3)^2$ 同时成立,故应以 $S^{(1)}=[5,4.5]^T$ 替换 $S_m^{(1)}=S_1^{(1)}=e_1$,并沿 $S^{(1)}$ 方向求极小点。采用

一维搜索求得最优步长因子 $a_3^{(1)}=0.4945$，从而求得本轮搜索的极小点和对应的极小值：

$$X^{(1)}=X_2^{(1)}+a_3^{(1)}S^{(1)}=\begin{bmatrix}5\\4.5\end{bmatrix}+0.4945\begin{bmatrix}5\\4.5\end{bmatrix}=\begin{bmatrix}7.472528\\6.725275\end{bmatrix}$$

$$f(X^{(1)})=9.186813$$

（8）进行迭代终止检验：由于

$$\| X^{(1)}-X_0^{(1)} \| = \left\| \begin{bmatrix}7.472528\\6.725275\end{bmatrix}-\begin{bmatrix}0\\0\end{bmatrix} \right\| > \varepsilon$$

故需进行下一轮迭代。

可令第二轮迭代的初始点为：

$$X_0^{(2)}=X^{(1)}=[7.472528,\quad 6.725275]^{\mathrm T}$$

第二轮迭代的搜索方向取为：

$$S_1^{(2)}=S_2^{(1)}=e_2=\begin{bmatrix}0\\1\end{bmatrix},S_2^{(2)}=S^{(1)}=\begin{bmatrix}5\\4.5\end{bmatrix}$$

得相应的极小点和极小值：

$$X_1^{(2)}=[7.472528,5.736264]^{\mathrm T}$$

$$X_2^{(2)}=[7.907258,6.127521]^{\mathrm T}$$

$$X^{(2)}=X_2^{(2)}+a_3^{(2)}S_3^{(2)}=[7.999999,5.999999]^{\mathrm T}$$

$$f(X^{(2)})=8$$

本优化问题的精确解为 $X^*=[8,6]^{\mathrm T}$，第二轮迭代完后的误差已小于0.0001，故可结束迭代运算。

5.4.3 Newton 法

目标函数的正梯度方向是函数值增大最快的方向，而负梯度方向则是函数值下降最快的方向。于是在求目标函数极小值的优化算法中，人们很自然地会想到采用负梯度方向来作为一种搜索方向。梯度法就是取迭代点处的函数负梯度作为迭代的搜索方向，该法又称最速下降法。

梯度法的迭代格式为：

$$S^{(k)}=-\nabla f(X^{(k)})$$

$$X^{(k+1)}=X^{(k)}+a^{(k)}S^{(k)}=X^{(k)}-a^{(k)}\nabla f(X^{(k)}) \qquad (5\text{-}40)$$

式中，$a^{(k)}$ 为最优步长因子，由一维搜索确定，即：

$$f(X^{(k+1)})=f(X^{(k)}-a^{(k)}\nabla f(X^{(k)}))=\min f(X^{(k)}-a\nabla f(X^{(k)}))$$

依照式(5-40)求得负梯度方向的一个极小点 $X^{(k+1)}$，作为原问题的一个近似最优解；若此解尚不满足精度要求，则再以 $X^{(k+1)}$ 作为迭代起始点，以点 $X^{(k+1)}$ 处的负梯度方向 $-\nabla f(X^{(k+1)})$ 作为搜索方向，求得该方向的极小点 $X^{(k+2)}$。如此进行下去，直到所求得的解满足迭代精确度要求为止。

梯度法迭代的终止条件采用梯度准则，若满足

$$\| \nabla f(X^{(k+1)}) \| \leqslant \varepsilon \qquad (5\text{-}41)$$

可终止迭代计算。

从图5-36(a)可以看到,对于等值线为圆的优化问题,梯度法可以一次迭代就达到极小点。而当等值线不是圆时,负梯度方向不再指向圆心(图5-36(b)中实线),迭代次数增加。偏心越严重,迭代次数越多,形成“锯齿现象”。因此,对于比较复杂的优化问题,梯度法不具有实用价值。

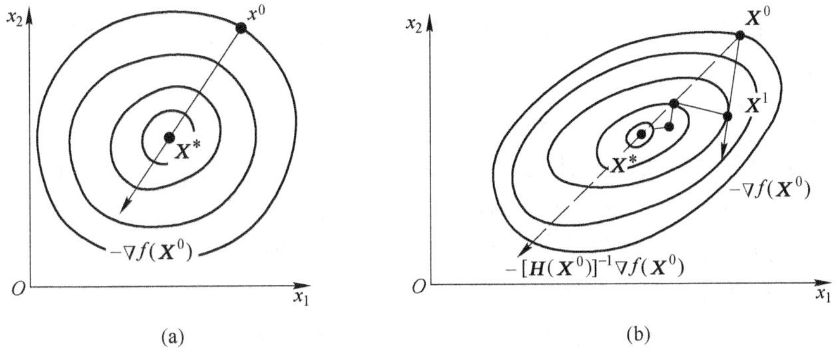

图5-36 梯度法优化二维问题的逼近过程

(a)等值线为圆时;(b)等值线不为圆时

梯度法的优点是迭代过程简单,对初始点 X^0 的要求不高。梯度法的弱点是收敛慢。在远离极小点时,函数值下降还是较快的。因此,常将梯度法与其他最优化方法结合,在计算前期用梯度法,当接近极小点时,再改用其他算法,以加快收敛速度。

Newton 法是一种经典的最优化方法。该法为梯度法的进一步发展,它的搜索方向是根据目标函数的负梯度和二阶偏导数矩阵来构造的。事实上,负梯度方向(最速下降方向)法可看作是对目标函数的线性近似,而 Newton 法则来源于对目标函数的二次近似。

Newton 法分为原始 Newton 法和阻尼 Newton 法两种。

原始 Newton 法的基本意思是:在求目标函数 $f(X)$ 的极小值时,先将它在点 $X^{(k)}$ 处展成泰勒二次近似式 $\varphi(X)$,然后求出这个二次函数 $\varphi(X)$ 的极小点,并以此点作为原目标函数的极小点的一次近似值;若此值不满足收敛精度要求,则可以以此近似值作为下一次迭代的初始点,仿照上面的做法,求出二次近似值;照此方式迭代下去,直至所求出的近似极小点满足迭代精度要求为止。

现将原始 Newton 法进一步说明如下。设目标函数 $f(X)$ 为连续二阶可微,则在点 $X^{(k)}$ 展成泰勒二次近似式:

$$f(X) \approx \varphi(X) = f(X^{(k)}) + [\nabla f(X^{(k)})]^{\mathrm{T}}[X - X^{(k)}] + \frac{1}{2}[X - X^{(k)}]^{\mathrm{T}} H(X^{(k)})[X - X^{(k)}] \tag{5-42}$$

为求二次近似式 $\varphi(X)$ 的极小点,对上式求梯度,并令:

$$\nabla\varphi(X) = \nabla f(X^{(k)}) + H(X^{(k)})[X - X^{(k)}] = 0$$

解之可得:

$$X_{\varphi}^{*} = X^{(k)} - [H(X^{(k)})]^{-1}\nabla f(X^{(k)}) \tag{5-43}$$

式中,$[H(X^{(k)})]^{-1}$ 称为海森矩阵的逆矩阵。

如果目标函数 $f(X)$ 是正定二次函数,则海森矩阵 $H(X)$ 是常矩阵,二次近似式 $\varphi(X)$ 变成了精确表达式，因而由 $X^{(k)}$ 出发只需迭代一次就收敛到 X^*；对于二次函数，负梯度方向 $-\nabla f(X)$ 和 Newton 方向 $-[H(X)]^{-1}\nabla f(X)$ 的比较如图 5-36(b)所示。图中，虚线表示 X^* 处的 Newton 方向，由图可见，Newton 方向直接指向极小点。

在一般情况下，$f(X)$ 不一定是二次函数，因而所求得的极小点 X_φ^* 也不可能是原目标函数 $f(X)$ 的真正极小点。但是由于在 $X^{(k)}$ 点附近，函数 $\varphi(X)$ 和 $f(X)$ 是近似的，因而 X_φ^* 可作为 $f(X)$ 的近似极小点。为求得满足迭代精度要求的近似极小点，则可将 X_φ^* 点作为下一次迭代的起始点 $X^{(k+1)}$，即得：

$$X^{(k+1)} = X^{(k)} - [H(X^{(k)})]^{-1}\nabla f(X^{(k)}) \tag{5-44}$$

上式就是原始 Newton 法的迭代公式。由式可知，Newton 的搜索方向为：

$$S^{(k)} = -[H(X^{(k)})]^{-1}\nabla f(X^{(k)}) \tag{5-45}$$

方向 $S^{(k)}$ 称为 Newton 方向，可见原始 Newton 法的步长因子恒取 $a^{(k)}=1$，所以原始 Newton 法是一种定步长的迭代过程。

例 5-12 用原始 Newton 法求目标函数 $f(X)=60-10x_1-4x_2+x_1^2+x_2^2-x_1x_2$ 的极小值，取初始点 $X^{(0)}=[0,0]^T$。

解：对目标函数 $f(X)$ 分别求点 $X^{(0)}$ 处的梯度、海森矩阵及其逆矩阵，可得：

$$\nabla f(X^{(0)}) = \begin{bmatrix} \dfrac{\partial f(X)}{\partial x_1} \\ \dfrac{\partial f(X)}{\partial x_2} \end{bmatrix} = \begin{bmatrix} -10+2x_1-x_2 \\ -4+2x_2-x_1 \end{bmatrix}_{\begin{bmatrix}0\\0\end{bmatrix}} = \begin{bmatrix} -10 \\ -4 \end{bmatrix}$$

$$H(X^{(0)}) = \begin{bmatrix} \dfrac{\partial^2 f(X)}{\partial x_1^2} & \dfrac{\partial^2 f(X)}{\partial x_2\,\partial x_1} \\ \dfrac{\partial^2 f(X)}{\partial x_2\,\partial x_1} & \dfrac{\partial^2 f(X)}{\partial x_1^2} \end{bmatrix} = \begin{bmatrix} 2 & -1 \\ -1 & 2 \end{bmatrix}$$

$$[H(X^{(0)})]^{-1} = \frac{1}{\begin{vmatrix} 2 & -1 \\ -1 & 2 \end{vmatrix}}\begin{bmatrix} 2 & 1 \\ 1 & 2 \end{bmatrix} = \frac{1}{3}\begin{bmatrix} 2 & 1 \\ 1 & 2 \end{bmatrix}$$

代入 Newton 法迭代公式，求得：

$$X^{(1)} = X^{(0)} - [H(X^{(0)})]^{-1}\nabla f(X^{(0)}) = \begin{bmatrix} 0 \\ 0 \end{bmatrix} - \frac{1}{3}\begin{bmatrix} 2 & 1 \\ 1 & 2 \end{bmatrix}\begin{bmatrix} -10 \\ -4 \end{bmatrix} = \begin{bmatrix} 8 \\ 6 \end{bmatrix}$$

上例说明，Newton 法对于二次函数是非常有效的，即迭代一步就可达到函数的极值点，而这一步根本就不需要进行一维搜索。对于高次函数，只要当迭代点靠近极值点附近，目标函数近似二次函数时，才会保证很快收敛，否则也可能导致算法失败。为克服这一缺点，将原式 Newton 法的迭代公式修改为：

$$X^{(k+1)} = X^{(k)} - a^{(k)}[H(X^{(k)})]^{-1}\nabla f(X^{(k)}) \tag{5-46}$$

上式为修正 Newton 法的迭代公式。式中，步长因子 $a^{(k)}$ 又称阻尼因子，修正 Newton 法又称为阻尼 Newton 法。

阻尼 Newton 法的迭代步骤为：

(1) 给定初始点 $X^{(0)}$ 和收敛精度 ε，置 $k=0$；

(2) 计算函数在点 $X^{(k)}$ 上的梯度 $\nabla f(X^{(k)})$、海森矩阵 $H(X^{(k)})$ 及其逆阵 $[H(X^{(k)})]^{-1}$；

(3) 进行收敛判断,若满足 $\|\nabla f(\boldsymbol{X}^{(k)})\| \leqslant \varepsilon$,则停止迭代,输出最优解:$\boldsymbol{X}^* = \boldsymbol{X}^{(k)}$,$f(\boldsymbol{X}^*) = f(\boldsymbol{X}^{(k)})$;否则,转下步;

(4) 构造 Newton 搜索方向,即:

$$\boldsymbol{S}^{(k)} = -[\boldsymbol{H}(\boldsymbol{X}^{(k)})]^{-1}\nabla f(\boldsymbol{X}^{(k)})$$

并从 $\boldsymbol{X}^{(k)}$ 出发,沿 Newton 方向 $\boldsymbol{S}^{(k)}$ 进行一维搜索,即求出在 $\boldsymbol{S}^{(k)}$ 方向上的最优步长 $a^{(k)}$,使

$$f(\boldsymbol{X}^{(k)} + a^{(k)}\boldsymbol{S}^{(k)}) = \min f(\boldsymbol{X}^{(k)} + aS^{(k)})$$

(5) 沿方向 $\boldsymbol{S}^{(k)}$ 一维搜索,得迭代点

$$\boldsymbol{X}^{(k+1)} = \boldsymbol{X}^{(k)} + a^{(k)}\boldsymbol{S}^{(k)}$$

置 $k \Leftarrow k+1$,转步骤(2)。

5.4.4　变尺度法

变尺度法的提出与梯度法和 Newton 法有着密切联系。它基于 Newton 法的基本原理而又对 Newton 法作出了重要改进,是一种拟 Newton 法。

变尺度法的基本思想是:利用 Newton 法迭代形式,但并不直接计算 $[\boldsymbol{H}(\boldsymbol{X}^{(k)})]^{-1}$,而是用一个对称正定矩阵 $\boldsymbol{A}^{(k)}$ 近似地代替 $[\boldsymbol{H}(\boldsymbol{X}^{(k)})]^{-1}$。$\boldsymbol{A}^{(k)}$ 在迭代过程中,不断地改进,最后逼近 $[\boldsymbol{H}(\boldsymbol{X}^{(k)})]^{-1}$。这种方法省去了海森矩阵的计算和求逆,使计算量大为减少,克服了梯度法收敛慢和 Newton 法计算量大的缺点,而又继承了 Newton 法收敛速度快和梯度法计算简单的优点。理论和实践表明,变尺度法是求解无约束最优化问题最有效的算法之一,也是目前应用比较广泛的一种算法。

变尺度法的种类很多,本节介绍其中最重要的两种:DFP 变尺度法和 BFGS 变尺度法。

5.4.4.1　DFP 变尺度法

DFP 变尺度法是由戴维顿(Davidon)首先提出,后经费莱彻(Fletcher)和鲍威尔(Powell)改进,因而称为 DFP 变尺度法。DFP 变尺度法的迭代公式为:

$$\boldsymbol{X}^{(k+1)} = \boldsymbol{X}^{(k)} + a^{(k)}\boldsymbol{S}^{(k)} = \boldsymbol{X}^{(k)} - a^{(k)}\boldsymbol{A}^{(k)}\nabla f(\boldsymbol{X}^{(k)}) \qquad (5\text{-}47)$$

式中,$a^{(k)}$ 为变尺度法的最优步长;$-\boldsymbol{A}^{(k)}\nabla f(\boldsymbol{X}^{(k)})$ 为搜索方向,即 $\boldsymbol{S}^{(k)} = -\boldsymbol{A}^{(k)}\nabla f(\boldsymbol{X}^{(k)})$,称之为拟 Newton 方向;$\boldsymbol{A}^{(k)}$ 为变尺度矩阵,是一 $n \times n$ 阶对称正定矩阵,在迭代过程中它是逐次形成并不断修正,即从一次迭代到另一次迭代是变化的,故称变尺度矩阵。

不难看出,当 $\boldsymbol{A}^{(k)} = \boldsymbol{I}$(单位矩阵)时,式(5-47)变为:

$$\boldsymbol{X}^{(k+1)} = \boldsymbol{X}^{(k)} - a^{(k)}\nabla f(\boldsymbol{X}^{(k)}) \qquad (5\text{-}48)$$

当 $\boldsymbol{A}^{(k)} = [\boldsymbol{H}(\boldsymbol{X}^{(k)})]^{-1}$ 时,式(5-47)变为:

$$\boldsymbol{X}^{(k+1)} = \boldsymbol{X}^{(k)} - a^{(k)}[\boldsymbol{H}(\boldsymbol{X}^{(k)})]^{-1}\nabla f(\boldsymbol{X}^{(k)}) \qquad (5\text{-}49)$$

显然,式(5-48)就是梯度法的迭代公式;式(5-49)就是 Newton 迭代法公式。由此可知,梯度法和 Newton 法可以看作变尺度法的一种特例。

要使变尺度矩阵 $\boldsymbol{A}^{(k)}$ 在迭代过程中,逐步逼近 $[\boldsymbol{H}(\boldsymbol{X}^{(k)})]^{-1}$,则应使其满足拟 Newton 条件(即 DFP 条件)。下面就介绍这一条件的建立。

设将目标函数 $f(\boldsymbol{X})$ 展为泰勒二次近似式,有:

$$f(\boldsymbol{X}) \approx f(\boldsymbol{X}^{(k)}) + [\nabla f(\boldsymbol{X}^{(k)})]^{\mathrm{T}}[\boldsymbol{X} - \boldsymbol{X}^{(k)}] + \frac{1}{2}[\boldsymbol{X} - \boldsymbol{X}^{(k)}]^{\mathrm{T}}\boldsymbol{H}(\boldsymbol{X}^{(k)})[\boldsymbol{X} - \boldsymbol{X}^{(k)}]$$

上式的梯度为：

$$\nabla f(\boldsymbol{X})=\nabla f(\boldsymbol{X}^{(k)})+H(\boldsymbol{X}^{(k)})[\boldsymbol{X}-\boldsymbol{X}^{(k)}]$$

如果 $\boldsymbol{X}=\boldsymbol{X}^{(k+1)}$ 为极值附近第 $k+1$ 次迭代优点，于是上式可得：

$$\nabla f(\boldsymbol{X}^{(k+1)})=\nabla f(\boldsymbol{X}^{(k)})+H(\boldsymbol{X}^{(k)})[\boldsymbol{X}^{(k+1)}-\boldsymbol{X}^{(k)}]$$

亦即：

$$\nabla f(\boldsymbol{X}^{(k+1)})-\nabla f(\boldsymbol{X}^{(k)})=\boldsymbol{H}(\boldsymbol{X}^{(k)})[\boldsymbol{X}^{(k+1)}-\boldsymbol{X}^{(k)}]$$

若令：

$$\Delta\boldsymbol{g}^{(k)}=\nabla f(\boldsymbol{X}^{(k+1)})-\nabla f(\boldsymbol{X}^{(k)}) \tag{5-50}$$

$$\Delta\boldsymbol{X}^{(k)}=\boldsymbol{X}^{(k+1)}-\boldsymbol{X}^{(k)} \tag{5-51}$$

则上式可写成

$$\Delta\boldsymbol{g}^{(k)}=\boldsymbol{H}(\boldsymbol{X}^{(k)})\Delta\boldsymbol{X}^{(k)}$$

若矩阵 $\boldsymbol{H}(\boldsymbol{X}^{(k)})$ 为可逆矩阵，则用 $[\boldsymbol{H}(\boldsymbol{X}^{(k)})]^{-1}$ 左乘上式两边可得：

$$\Delta\boldsymbol{X}^{(k)}=[\boldsymbol{H}(\boldsymbol{X}^{(k)})]^{-1}\Delta\boldsymbol{g}^{(k)} \tag{5-52}$$

式中，$\Delta\boldsymbol{X}^{(k)}$ 为第 k 次迭代过程前后迭代点的向量差；$\Delta\boldsymbol{g}^{(k)}$ 为前后迭代点的梯度向量差。

上式表明了 $[\boldsymbol{H}(\boldsymbol{X}^{(k)})]^{-1}$ 与 $\Delta\boldsymbol{X}^{(k)}$ 及 $\Delta\boldsymbol{g}^{(k)}$ 之间的基本关系。

若用变尺度矩阵 $\boldsymbol{A}^{(k+1)}$ 来逼近 $[\boldsymbol{H}(\boldsymbol{X}^{(k)})]^{-1}$，则必须满足上述条件，即：

$$\Delta\boldsymbol{X}^{(k)}=\boldsymbol{A}^{(k+1)}\Delta\boldsymbol{g}^{(k)} \tag{5-53}$$

此式为变尺度矩阵 $\boldsymbol{A}^{(k+1)}$ 应满足的基本关系式，即式(5-53)称之为拟 Newton 条件，或称 DFP 条件。由此可知，变尺度矩阵 $\boldsymbol{A}^{(k+1)}$ 可用目标函数的梯度信息 $\Delta\boldsymbol{g}^{(k)}$ 和向量信息 $\Delta\boldsymbol{X}^{(k)}$ 来构造。

由上述变尺度法的基本思想可知，变尺度矩阵是随迭代过程的推进而逐次改变的，因而它是一个矩阵序列，即：

$$\{\boldsymbol{A}^{(k)}\}\quad (k=0,1,2,\cdots)$$

为了构造这一序列，选取某一初始矩阵 $\boldsymbol{A}^{(0)}$ 必须是对称正定矩阵，通常，取单位矩阵 $\boldsymbol{I}$ 作为 $\boldsymbol{A}^{(0)}$ 是一种最简单而有效的办法。随后，为了产生下一个变尺度矩阵 $\boldsymbol{A}^{(1)}$，可以设想在 $\boldsymbol{A}^{(0)}$ 的基础上加以校正来得到，即：

$$\boldsymbol{A}^{(1)}=\boldsymbol{A}^{(0)}+\Delta\boldsymbol{A}^{(0)}$$

推广到一般的第 $k+1$ 次迭代，则变尺度矩阵为：

$$\boldsymbol{A}^{(k+1)}=\boldsymbol{A}^{(k)}+\Delta\boldsymbol{A}^{(k)} \tag{5-54}$$

上式就是产生变尺度矩阵的递推公式。式中 $\boldsymbol{A}^{(k)}$ 和 $\boldsymbol{A}^{(k+1)}$ 均为对称正定矩阵。$\boldsymbol{A}^{(k)}$ 是前一次迭代的已知矩阵，初取时可取 $\boldsymbol{A}(0)=\boldsymbol{I}$(单位矩阵)；$\Delta\boldsymbol{A}^{(k)}$ 称为第 k 次迭代的校正矩阵。它只依赖于本次迭代 $\boldsymbol{X}^{(k)}$、$\boldsymbol{X}^{(k+1)}$ 和相应的梯度 $\nabla f(\boldsymbol{X}^{(k+1)})$、$\nabla f(\boldsymbol{X}^{(k)})$。

显然，只要能求出 $\Delta\boldsymbol{A}^{(k)}$ 便可求出 $\boldsymbol{A}^{(1)},\boldsymbol{A}^{(2)},\cdots$，即可得到变尺度矩阵序列 $\{\boldsymbol{A}^{(k)}\}$。经由 W. C. Davidon 提出并经 R. Fletcher 和 M. J. D. Powell 修改的校正矩阵 $\Delta\boldsymbol{A}^{(k)}$ 的计算公式，即 DFP 公式为：

$$\Delta\boldsymbol{A}^{(k)}=\frac{\Delta\boldsymbol{X}^{(k)}[\Delta\boldsymbol{X}^{(k)}]^{\mathrm{T}}}{[\Delta\boldsymbol{X}^{(k)}]^{\mathrm{T}}\Delta\boldsymbol{g}^{(k)}}-\frac{\boldsymbol{A}^{(k)}\Delta\boldsymbol{g}^{(k)}[\Delta\boldsymbol{g}^{(k)}]^{\mathrm{T}}\boldsymbol{A}^{(k)}}{[\Delta\boldsymbol{g}^{(k)}]^{\mathrm{T}}\boldsymbol{A}^{(k)}\Delta\boldsymbol{g}^{(k)}} \tag{5-55}$$

利用上式求得的校正矩阵 $\Delta\boldsymbol{A}^{(k)}$ 代入式(5-54)，便可得到变尺度矩阵的 DFP 递推公式：

$$\boldsymbol{A}^{(k+1)}=\boldsymbol{A}^{(k)}+\frac{\Delta\boldsymbol{X}^{(k)}[\Delta\boldsymbol{X}^{(k)}]^{\mathrm{T}}}{[\Delta\boldsymbol{X}^{(k)}]^{\mathrm{T}}\Delta\boldsymbol{g}^{(k)}}-\frac{\boldsymbol{A}^{(k)}\Delta\boldsymbol{g}^{(k)}[\Delta\boldsymbol{g}^{(k)}]^{\mathrm{T}}\boldsymbol{A}^{(k)}}{[\Delta\boldsymbol{g}^{(k)}]^{\mathrm{T}}\boldsymbol{A}^{(k)}\Delta\boldsymbol{g}^{(k)}} \tag{5-56}$$

上式常称 DFP 公式。通过式(5-47)可确定新的搜索方向 $\boldsymbol{S}^{(k)}$,进行第 $k+1$ 次迭代的一维搜索。

由 DFP 公式可以看出,变尺度矩阵 $\boldsymbol{A}^{(k+1)}$ 的确定取决于在第 k 次迭代中的下列信息:上次的变尺度矩阵 $\boldsymbol{A}^{(k)}$、迭代点的向量差 $\Delta\boldsymbol{X}^{(k)}$ 和迭代点的梯度向量差 $\Delta\boldsymbol{g}^{(k)}$。因此,它不必计算海森矩阵 $\boldsymbol{H}(\boldsymbol{X}^{(k)})$ 及其求逆矩阵的计算。

DFP 变尺度法的迭代步骤为:

(1) 给定初始点 $\boldsymbol{X}^{(0)}$ 和收敛精度 ε,维数 n;

(2) 计算梯度 $\nabla f(\boldsymbol{X}^{(0)})$,取 $\boldsymbol{A}^{(0)}=\boldsymbol{I}$(单位矩阵),置 $k=0$;

(3) 构造搜索方向:

$$\boldsymbol{S}^{(k)}=-\boldsymbol{A}^{(k)}\nabla f(\boldsymbol{X}^{(k)})$$

(4) 沿 $\boldsymbol{S}^{(k)}$ 方向进行一维搜索,求最优步长 $a^{(k)}$,使

$$f(\boldsymbol{X}^{(k)}+a^{(k)}\boldsymbol{S}^{(k)})=\min f(\boldsymbol{X}^{(k)}+a\boldsymbol{S}^{(k)})$$

得到新迭代点

$$\boldsymbol{X}^{(k+1)}=\boldsymbol{X}^{(k)}+a^{(k)}\boldsymbol{S}^{(k)}$$

(5) 计算 $\nabla f(\boldsymbol{X}^{(k+1)})$,进行收敛判断:

如果 $\|\nabla f(\boldsymbol{X}^{(k+1)})\|<\varepsilon$,则令 $\boldsymbol{X}^{*}=\boldsymbol{X}^{(k+1)}$,$f(\boldsymbol{X}^{*})=f(\boldsymbol{X}^{(k+1)})$,停止迭代,输出最优解;否则,转下一步;

(6) 检查迭代次数,若 $k=n$,则令 $\boldsymbol{X}^{(0)}\Leftarrow\boldsymbol{X}^{(k+1)}$,并转入步骤(2);若 $k<n$,则转下一步;

(7) 计算 $\Delta\boldsymbol{X}^{(k)}$、$\Delta\boldsymbol{g}^{(k)}$、$\Delta\boldsymbol{A}^{(k)}$、$\Delta\boldsymbol{A}^{(k+1)}$;构造新的变尺度矩阵和搜索方向:

$$\boldsymbol{A}^{(k+1)}=\boldsymbol{A}^{(k)}+\Delta\boldsymbol{A}^{(k)},$$

$$\boldsymbol{S}^{(k+1)}=-\boldsymbol{A}^{(k+1)}\nabla f(\boldsymbol{X}^{(k+1)})$$

并令 $k\Leftarrow k+1$,转向步骤(3)。

综上可知,DFP 变尺度法在迭代开始时,因令 $\boldsymbol{A}^{(0)}=\boldsymbol{I}$(单位矩阵),此时的变尺度法的迭代公式就是梯度法的迭代方法;而当变尺度矩阵逼近 $[\boldsymbol{H}(\boldsymbol{X}^{(k)})]^{-1}$ 时,变尺度法迭代也逼近 Newton 方向,其迭代公式也逼近 Newton 法的迭代公式。因而变尺度法的最初的几步迭代,与梯度法类似,函数值的下降是较快的;而在最后的几步迭代变尺度法与 Newton 法相近,可较快地收敛到极小点。因而变尺度法克服了梯度法收敛慢的缺点,但却保留了梯度法在最初几步函数值下降快的优点;同时,变尺度法避免了计算海森矩阵及其逆矩阵,从而克服了 Newton 法计算量大的缺点,并有较快的收敛速度,因而该法是一种有效的最优化算法。

5.4.4.2 BFGS 变尺度法

计算实践证明,由于 DFP 变尺度法在计算变尺度矩阵的公式中,其分母含有近似矩阵 $\boldsymbol{A}^{(k)}$,使之计算中容易引起数值不稳定,甚至有可能得到奇异矩阵 $\boldsymbol{A}^{(k)}$。为了克服 DFP 变尺度法计算稳定性不够理想的缺点,Broydon 等人在 DFP 法的基础上提出了另一种变尺度法,即 BFGS 变尺度法。

BFGS 变尺度法与 DFP 变尺度法的迭代步骤相同,不同之点只是校正矩阵的计算公式不一样。BFGS 变尺度法的变尺度矩阵迭代公式仍为:

$$\boldsymbol{A}^{(k+1)}=\boldsymbol{A}^{(k)}+\Delta\boldsymbol{A}^{(k)} \tag{5-57}$$

但其中的校正矩阵 $\Delta\boldsymbol{A}^{(k)}$ 的计算公式为:

$$\Delta A^{(k)} = \frac{1}{[\Delta X^{(k)}]^{T}\Delta g^{(k)}}\left\{\Delta X^{(k)}[\Delta X^{(k)}]^{T} + \frac{X^{(k)}[\Delta X^{(k)}]^{T}[\Delta g^{(k)}]^{T}A^{(k)}\Delta g^{(k)}}{[\Delta X^{(k)}]^{T}\Delta g^{(k)}} - A^{(k)}\Delta g^{(k)}[\Delta X^{(k)}]^{T} - \Delta X^{(k)}[\Delta g^{(k)}]^{T}A^{(k)}\right\} \tag{5-58}$$

式中,所使用的基本变量 $\Delta X^{(k)}$、$\Delta g^{(k)}$、$A^{(k)}$ 与 DFP 变尺度法相同。由式可见,BFGS 变尺度法的校正矩阵 $\Delta A^{(k)}$ 的分母中不再含有近似矩阵 $A^{(k)}$。

BFGS 法与 DFP 法具有相同性质,这两种方法都是使每次迭代中目标函数值减少,并保持 $A^{(k)}$ 的对称定性,则 $A^{(k)}$ 一定逼近海森矩阵的逆矩阵。BFGS 法的优点在于计算中它的数值稳定性强,所以它是目前变尺度法中最受欢迎的一种算法。

例 5-13 用 DFP 变尺度法求解:

$$\min f(X) = 4(x_1 - 5)^2 + (x_2 - 6)^2, \varepsilon = 0.01$$

解:

(1) 选定初始点 $X^{(0)} = [8,9]^{T}$,计算精度 $\varepsilon = 0.01$,则

$$\nabla f(X^{(0)}) = \begin{bmatrix} 8(x_1 - 5) \\ 2(x_2 - 6) \end{bmatrix}_{X^{(0)}} = \begin{bmatrix} 8(8-5) \\ 2(9-6) \end{bmatrix} = \begin{bmatrix} 24 \\ 6 \end{bmatrix}$$

(2) 取初始变尺度矩阵:

$$A^{(0)} = I = \begin{bmatrix} 1 & 0 \\ 0 & 1 \end{bmatrix}$$

则拟 Newton 方向为:

$$S^{(0)} = -A^{(0)}\nabla f(X^{(0)}) = -\begin{bmatrix} 1 & 0 \\ 0 & 1 \end{bmatrix}\begin{bmatrix} 24 \\ 6 \end{bmatrix} = \begin{bmatrix} -24 \\ -6 \end{bmatrix}$$

(3) 计算迭代点:

$$X^{(1)} = X^{(0)} + a^{(0)}S^{(0)} = \begin{bmatrix} 8 \\ 9 \end{bmatrix} + a^{(0)}\begin{bmatrix} -24 \\ -6 \end{bmatrix} = \begin{bmatrix} 8 & -24 \\ 9 & -6a \end{bmatrix}$$

代入目标函数有 $f(X^{(1)}) = f(a^{(0)}) = 4[(8 - 24a^{(0)}) - 5]^2 + [(9 - 6a^{(0)}) - 6]^2$。由于 $f'(a^{(0)}) = 0$,求得函数最优步长:

$$a^{(0)} = 0.13077$$

于是

$$X^{(1)} = \begin{bmatrix} 8 - 24a^{(0)} \\ 9 - 6a^{(0)} \end{bmatrix} = \begin{bmatrix} 4.86152 \\ 8.21538 \end{bmatrix}$$

$$\nabla f(X^{(1)}) = \begin{bmatrix} -1.10784 \\ 4.43076 \end{bmatrix}$$

(4) 进行收敛判断

由于 $\| \nabla f(X^{(1)}) \| = 4.56716 > \varepsilon = 0.01$,则继续迭代。

(5) 确定 $X^{(1)}$ 点的拟 Newton 方向

$$\Delta X^{(0)} = X^{(1)} - X^{(0)} = [-3.13843, -0.78462]^{T}$$

$$\Delta g^{(0)} = \nabla f(X^{(1)}) - \nabla f(X^{(0)}) = [-25.10784, -1.56924]^{T}$$

按 DFP 法计算变尺度矩阵:

$$A^{(1)} = A^{(0)} + \frac{\Delta X^{(0)}[\Delta X^{(0)}]^{T}}{[\Delta X^{(0)}]^{T}\Delta g^{(0)}} - \frac{A^{(0)}\Delta g^{(0)}[\Delta g^{(0)}]^{T}A^{(0)}}{[\Delta g^{(0)}]^{T}A^{(0)}\Delta g^{(0)}}$$

将 $\boldsymbol{A}^{(0)}$、$\Delta\boldsymbol{X}^{(0)}$、$\Delta\boldsymbol{g}^{(0)}$ 代入上式得：

$$\boldsymbol{A}^{(1)}=\begin{bmatrix}0.12697 & -0.031487\\ -0.031487 & 1.003810\end{bmatrix}$$

$$\boldsymbol{S}^{(1)}=-\boldsymbol{A}^{(1)}\nabla f(\boldsymbol{X}^{(1)})$$

$$\boldsymbol{X}^{(2)}=\boldsymbol{X}^{(1)}+a^{(1)}\boldsymbol{S}^{(1)}$$

有

$$f(\boldsymbol{X}^{(2)})=f(a^{(1)})=4[(4.86125+0.28017a^{(1)})-5]^2+[(8.21538-4.48284a^{(1)})-6]^2$$

由

$$f'(a)=0$$

得

$$a^{(1)}=0.4942$$

于是

$$\boldsymbol{X}^{(2)}=\boldsymbol{X}^{(1)}+a^{(1)}\boldsymbol{S}^{(1)}=[4.9998 \quad 6.00014]^{\mathrm{T}}$$

故

$$\nabla f(\boldsymbol{X}^{(2)})=[-0.00016 \quad 0.00028]^{\mathrm{T}}$$

(6) 判别终止迭代条件：

因 $\|\nabla f(\boldsymbol{X}^{(2)})\|=0.00032<\varepsilon$，故结束迭代。则

$$\boldsymbol{X}^*=\boldsymbol{X}^{(2)}=[4.9998 \quad 6.00014]^{\mathrm{T}}, f(\boldsymbol{X}^*)=2.1\times10^{-8}\approx0$$

本题的理论最优解为：$\boldsymbol{X}^*=[5,6]^{\mathrm{T}}, f(\boldsymbol{X}^*)=0$。

5.5 约束最优化方法

约束最优化方法是用来求解如下非线性约束最优化问题的数值迭代算法。工程优化设计中的问题，几乎全是约束最优化问题，其数学模型为：

$$\begin{aligned}&\min f(\boldsymbol{X}), \boldsymbol{X}\in R^n\\ &\text{s. t.}\quad \boldsymbol{g}_u(\boldsymbol{X})\leqslant 0 \quad (u=1,2,\cdots,m)\\ &\qquad\ h_v(\boldsymbol{X})=0 \quad (v=1,2,\cdots,p;p<n)\end{aligned} \tag{5-59}$$

在满足上述约束条件下求得的目标函数最优点 X^*，称为约束最优点，与无约束优化问题不同，约束问题的最优值 $f(\boldsymbol{X}^*)$ 是满足约束条件下的最小值，它不一定是目标函数的自然最小值，但它却是在约束条件限定的可行域内的最小值。

约束最优化算法的基本思想，就是将复杂的问题转化为一系列简单的容易解决的子问题，用这一系列子问题的解去逼近原问题的解。这些子问题都是在各个迭代点上利用问题的局部信息构造的。它们的解法一般也是首先求得子问题在该迭代点的搜索方向，然后沿此方向进行一维搜索以得到子问题的解。各种非线性规划算法的主要特点，就在于构造什么子问题和怎样构造这种子问题。

无约束极值问题、线性规划和二次规划，是数学规划的三个重要的特殊分支，它们在理论上和算法上都已经相当成熟。目前已有的各种非线性规划算法，无外乎采用这样三种基本策略：

(1) 构造某种形式的线性规划子问题的方法，如序列线性规划法、割平面法、梯度投影

法、可行方向法、简约梯度法等；

（2）构造无约束极值子问题的方法，如外点罚函数法、内点罚函数法、混合罚函数法、精确罚函数法、增广乘子法等；

（3）构造二次规划子问题的方法，如各种类型的序列二次规划法等。

此外，随机试验及搜索法和复合形法，则是非线性规划直接算法。实际问题多是非线性的、较为复杂的，而现有的各种非线性规划的算法各有优缺点，适用范围是有限的，只有少数是比较普遍有效的。到目前为止，还没有一种适用于一切非线性规划问题的算法。实践证明，简约梯度法、增广乘子法和序列二次规划法是三种最为可靠而有效的算法。罚函数法则由于具有简单好用的特点，至今仍是一种流行的算法。

5.5.1　广义简约梯度算法

约束非线性规划算法的第一种基本策略，是构造线性规划子问题。在这类算法中，广义简约梯度法（GRG）在计算速度和计算精度两个方面的指标都是最好的。现在，GRG 法已经开始应用于工程优化设计中。

5.5.1.1　简约梯度法的基本概念

下面结合一个线性约束的非线性规划问题来讨论 GRG 法的基本思想。如图 5-37 所示，非线性规划问题的数学模型表达式为：

$$\min f(\boldsymbol{X}) = 2x_1^2 + 2x_2^2 - 2x_1x_2 - 4x_1 - 6x_2$$
$$\text{s.t.}\quad g_1(\boldsymbol{X}) = x_1 + x_2 - 2 \leqslant 0$$
$$g_2(\boldsymbol{X}) = x_1 + 5x_2 - 5 \leqslant 0$$

观察图 5-37，这个问题的优化过程是从初始点 $\boldsymbol{X}^{(1)}$ 出发，经由 $\boldsymbol{X}^{(2)}$ 到达极值点 $\boldsymbol{X}^*$。犹如盲人登山的过程中遇到了一堵墙。等式 $g_2(\boldsymbol{X}) = 0$ 就是这堵墙。盲人这时采取的最自然的办法是沿着墙（可行域的边界）继续向前搜索，寻求容许范围内的最高点，这就是简约梯度法这类算法的核心思想。先来讨论简约梯度法如何实现沿可行域边界继续搜索的问题。

从图 5-37 中可以看到，约束最优点在 $\boldsymbol{X}^* = (1.129, 0.774)^{\mathrm{T}}$，$g_2(\boldsymbol{X})$ 是起作用的约束。也就是说，这个问题的本质是等式约束问题：

$$\min f(\boldsymbol{X}) = 2x_1^2 + 2x_2^2 - 2x_1x_2 - 4x_1 - 6x_2$$
$$\text{s.t.}\quad h_2(\boldsymbol{X}) = g_2(\boldsymbol{X}) = x_1 + 5x_2 - 5 = 0$$

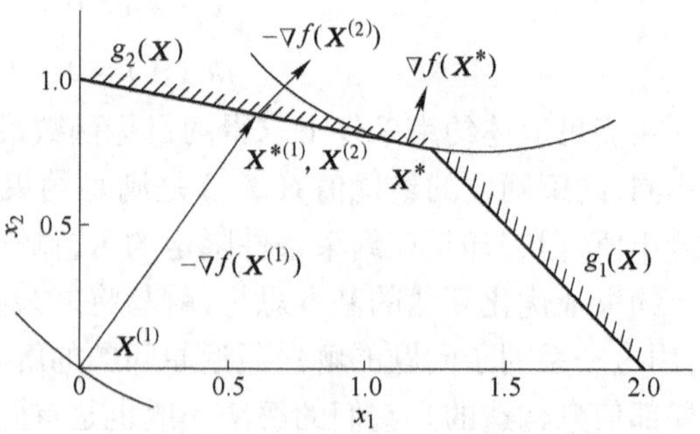

图 5-37　简约梯度法

对于等式约束极值问题，一种解法是利用约束等式消去一个变量，如 $x_1 = 5 - 5x_2$，并代入目标函数 $f(\boldsymbol{X})$ 中去，这样问题就简约成为一个含单变量 x_2 的无约束极值问题：

$$\min \varphi(x_2) = 2(5 - 5x_2)^2 + 2x_2^2 - 2(5 - 5x_2)x_2 - 4(5 - 5x_2) - 6x_2$$

消元—回代以形成简约设计空间，这就是消元简约方法的基本思想。这种算法思想是极为重要的，只是对于稍微复杂一点的问题，这种消元—回代的方法是很难实现的。

简约梯度法采用线性化和简约梯度的概念，克服上述消元简约方法的困难，同时实现其基本思想。

对于仅包含线性约束条件的非线性规划问题，如果仅考虑起作用约束条件，则数学模型可表示为：

$$\min f(\boldsymbol{X}) \qquad \boldsymbol{X} \in D \subset E^n$$
$$\text{s.t.} \quad h_v(\boldsymbol{X}) = 0, \quad v = 1, 2, \cdots, p$$

p 个起作用约束条件可用一个向量表示，即：

$$h(\boldsymbol{X}) = 0, \qquad h \in E^n$$

下面讨论这样问题的简约梯度是怎样形成的。

将 n 维设计变量分为两组，$\boldsymbol{X} = [\boldsymbol{Y}, \boldsymbol{Z}]^{\mathrm{T}}$。其中，一组是状态变量 $\boldsymbol{Y} = [y_1, \cdots, y_p]^{\mathrm{T}}$，对应于 p 个起作用约束条件；另一组为决策变量 $\boldsymbol{Z} = [z_1, \cdots, z_s]^{\mathrm{T}}$，对应着起作用约束消去了 p 个状态变量后余下的设计变量，$s = n - p$。

求目标函数 $f(\boldsymbol{X})$ 和起作用约束条件集合 $h(\boldsymbol{X})$ 的一阶全微分：

$$\mathrm{d}f = \nabla^{\mathrm{T}} f(\boldsymbol{X}) \mathrm{d}\boldsymbol{X} = \nabla^{\mathrm{T}} f(\boldsymbol{Z}) \mathrm{d}\boldsymbol{Z} + \nabla^{\mathrm{T}} f(\boldsymbol{Y}) \mathrm{d}\boldsymbol{Y} \tag{5-60}$$

$$\mathrm{d}h = \left[\frac{\partial h}{\partial \boldsymbol{X}}\right] \mathrm{d}\boldsymbol{X} = \left[\frac{\partial h}{\partial \boldsymbol{Z}}\right] \mathrm{d}\boldsymbol{Z} + \left[\frac{\partial h}{\partial \boldsymbol{Y}}\right] \mathrm{d}\boldsymbol{Y} \tag{5-61}$$

这里，$\nabla^{\mathrm{T}} f(\boldsymbol{Z})$ 和 $\nabla^{\mathrm{T}} f(\boldsymbol{Y})$ 分别是目标函数对于决策变量 $\boldsymbol{Z}$ 和状态变量 $\boldsymbol{Y}$ 的梯度，前者是 $n-p$ 维向量，后者是 p 维向量；$\left[\frac{\partial h}{\partial \boldsymbol{Z}}\right]$ 和 $\left[\frac{\partial h}{\partial \boldsymbol{Y}}\right]$ 分别是约束条件集合对于决策变量 $\boldsymbol{Z}$ 和状态变量 $\boldsymbol{Y}$ 的梯度，前者是 $p \times (n-p)$ 阶矩阵，后者是 $p \times p$ 阶矩阵；$\mathrm{d}\boldsymbol{Z}$ 和 $\mathrm{d}\boldsymbol{Y}$ 分别是决策变量和状态变量的增量（微小变化）。

在迭代点 $\boldsymbol{X}^{(k)}$，起作用约束条件 $h(\boldsymbol{X}^{(k)})$ 已经等于零，为了能沿可行域的边界（即起作用约束条件的交集）继续搜索前进，需要保持这些起作用约束条件继续等于零，这就意味着，起作用约束条件的增量（微分）必须等于零，即：

$$\mathrm{d}h = h(\boldsymbol{X}^{(k+1)}) - h(\boldsymbol{X}^{(k)}) = 0$$

从式(5-61)可导出：

$$\left[\frac{\partial h}{\partial \boldsymbol{Z}}\right] \mathrm{d}\boldsymbol{Z} + \left[\frac{\partial h}{\partial \boldsymbol{Y}}\right] \mathrm{d}\boldsymbol{Y} = 0$$

因此：

$$\mathrm{d}Y = -\left[\frac{\partial h}{\partial \boldsymbol{Y}}\right]^{-1} \left[\frac{\partial h}{\partial \boldsymbol{Z}}\right] \mathrm{d}\boldsymbol{Z} \tag{5-62}$$

亦即为了保证起作用约束条件的线性近似继续为零，对于决策变量 $\boldsymbol{Z}$ 的任何变化（$\mathrm{d}Z$），状态变量 $\boldsymbol{Y}$ 要按式(5-62)作相应变化（$\mathrm{d}Y$）。

将式(5-62)代入式(5-60)得到：

$$\mathrm{d}f = \nabla^{\mathrm{T}} f(\boldsymbol{Z}) \mathrm{d}\boldsymbol{Z} - \nabla^{\mathrm{T}} f(\boldsymbol{Y}) \left[\frac{\partial h}{\partial \boldsymbol{Y}}\right]^{-1} \left[\frac{\partial h}{\partial \boldsymbol{Z}}\right] \mathrm{d}\boldsymbol{Z}$$

等式两边同时除以 $\mathrm{d}\boldsymbol{Z}$，并令：

$$\nabla_r^{\mathrm{T}} f(\boldsymbol{Z}) = \frac{\mathrm{d}f}{\mathrm{d}\boldsymbol{Z}}$$

则

$$\nabla_r^{\mathrm{T}} f(\boldsymbol{Z}) = \nabla^{\mathrm{T}} f(\boldsymbol{Z}) - \nabla^{\mathrm{T}} f(\boldsymbol{Y}) \left[\frac{\partial h}{\partial \boldsymbol{Y}}\right]^{-1} \left[\frac{\partial h}{\partial \boldsymbol{Z}}\right] \tag{5-63}$$

$\nabla_r^T f(\boldsymbol{Z})$就是目标函数$f(\boldsymbol{X})$的简约梯度。简约梯度的几何意义可以解释为,原问题目标函数的 n 维梯度在 p 个起作用约束条件的边界(交集)上的投影。简约后的设计空间为 $s=n-p$维,称为简约设计空间。

在简约设计空间内,原来的等式约束极值问题简约成为仅含决策变量的无约束极值问题。s 个决策变量是目标函数在简约设计空间的设计变量,而 p 个状态变量则用以满足起作用约束条件。

5.5.1.2 简约梯度法解题实例

现在用简约梯度法求解图 5-37 描述的优化问题:

$$\min f(\boldsymbol{X})=2x_1^2+2x_2^2-2x_1x_2-4x_1-6x_2$$

$$\text{s.t.}\quad g_1(\boldsymbol{X})=x_1+x_2-2\leqslant 0$$

$$g_2(\boldsymbol{X})=x_1+5x_2-5\leqslant 0$$

目标函数和约束条件对应的等式约束的梯度分别为

$$\nabla f(\boldsymbol{X})=[4x_1-2x_2-4,4x_2-2x_1-6]^T$$

$$\nabla h_1(\boldsymbol{X})=[1,1]^T;\nabla h_2(\boldsymbol{X})=[1,5]^T$$

第一次迭代:

起始点 $\boldsymbol{X}^{(1)}=[0,0]^T$,各约束条件都小于零,没有起作用约束。沿最陡下降方向 $\boldsymbol{d}^{(1)}=-\nabla f(\boldsymbol{X}^{(1)})=[4,6]^T$ 进行一维搜索,发现沿此方向的约束极小点在 $g_2(\boldsymbol{X})$的边界上,$\boldsymbol{X}^{*(1)}=[0.588,0.882]^T$。

这里讨论一下如何沿方向 $\boldsymbol{d}^{(1)}$ 确定约束极小点 $\boldsymbol{X}^{*(1)}$,如何确定一维搜索步长 α:

$$\alpha=\min\{\alpha_0;\alpha_j,j=1,\cdots,p;\alpha_j>0\}$$

式中,α_0 为沿 $\boldsymbol{d}^{(1)}$ 方向,从点 $\boldsymbol{X}^{(1)}$ 到目标函数(无约束)极小点的距离;而 α_j 为沿 $\boldsymbol{d}^{(1)}$ 方向从 $\boldsymbol{X}^{(1)}$ 点到各约束边界的距离:

$$\alpha_j=\frac{-g_j(\boldsymbol{X}^{(1)})}{[\nabla g_j(\boldsymbol{X}^{(1)})]^T\boldsymbol{d}^{(1)}}\quad j=1,\cdots,p$$

如果 α_j 为负数,则意味着 $g_j(\boldsymbol{X})$不在沿 $\boldsymbol{d}^{(1)}$ 的正方向上,不可能成为起作用约束条件,因而只考虑 $\alpha_j>0$ 的约束条件。

这就是说,若沿 $\boldsymbol{d}^{(1)}$ 方向上的目标函数的极小点在可行域内,则取步长为 α_0;否则取从 $\boldsymbol{X}^{(1)}$ 点到最近的约束条件(沿 $\boldsymbol{d}^{(1)}$ 方向)的距离为步长 α。

在本实例的此次迭代中:

因为
$$\boldsymbol{X}^{(2)}=\boldsymbol{X}^{(1)}+\alpha\boldsymbol{d}^{(1)}=\begin{bmatrix}0\\0\end{bmatrix}+\alpha\begin{bmatrix}4\\6\end{bmatrix}=\begin{bmatrix}4\alpha\\6\alpha\end{bmatrix}$$

所以 $f(\boldsymbol{X})=f(\alpha)=2(4\alpha)^2+2(6\alpha)^2-2(4\alpha)(6\alpha)-4(4\alpha)-6(6\alpha)=56\alpha^2-52\alpha$

由
$$f'(\alpha_0)=112\alpha-52=0$$

得
$$\alpha_0=0.464$$

同时
$$\alpha_1=-\frac{g_1(\boldsymbol{X}^{(1)})}{[\nabla g_1(\boldsymbol{X}^{(1)})]^T\boldsymbol{d}^{(1)}}=-\frac{-2}{10}=0.2$$

$$\alpha_2=-\frac{g_2(\boldsymbol{X}^{(1)})}{[\nabla g_2(\boldsymbol{X}^{(1)})]^T\boldsymbol{d}^{(1)}}=-\frac{-5}{34}=0.147$$

所以 $\alpha=\min\{0.464;0.2;0.147\}=0.147$

$$X^{*(1)}=X^{(1)}+\alpha d^{(1)}=[0.588,0.882]^{\mathrm T}$$

以上讨论的确定一维搜索步长 α 的方法可以运用于简约梯度法的各个迭代步骤。

第二次迭代：

起始点 $X^{(2)}=X^{*(1)}=[0.588.0.882]^{\mathrm T}$，$g_2$ 为起作用约束，取 x_1 为状态变量 Y，x_2 为决策变量 Z，则有：

$$\nabla f(Y)=4x_1-2x_2-4=-3.412$$

$$\nabla f(Z)=4x_2-2x_1-6=-3.647$$

$$\frac{\partial g_2}{\partial Z}=5,\quad \frac{\partial g_2}{\partial Y}=1$$

于是，简约梯度为：

$$\nabla_r^{\mathrm T}f(Z)=\nabla^{\mathrm T}f(Z)-\nabla^{\mathrm T}f(Y)\left[\frac{\partial h_2}{\partial Y}\right]^{-1}\left[\frac{\partial h_2}{\partial Z}\right]$$

$$=-3.647+3.412\times1\times5=13.413$$

令 $dZ=-\nabla_r^{\mathrm T}f(Z)=-13.413$

为保证一维搜索沿着起作用约束条件 $g_2(X)$ 进行，应有：

$$dY=-\left[\frac{\partial h_2}{\partial Y}\right]^{-1}\left[\frac{\partial h_2}{\partial Z}\right]dZ=-5dZ$$

所以 $d^{(2)}=[dY,dZ]^{\mathrm T}=[67.065,-13.413]^{\mathrm T}$

沿方向 $d^{(2)}$，对目标函数进行一维搜索，得：

$$\alpha_0=0.008$$

同时 $\alpha_1=-g_1(X^{(2)})/[\nabla g_1(X^{(2)})]^{\mathrm T}d^{(2)}=0.00987$

所以 $\alpha=\min\{0.00987,0.008\}=0.008$

这样 $X^{*(2)}=X^{(2)}+\alpha d^{(2)}=[1.129,0.774]^{\mathrm T}$

第三次迭代：

起始点 $X^{(3)}=X^{*(2)}=[1.129,0.774]^{\mathrm T}$，起作用约束、状态变量和决策变量同第二次迭代。有：

$$\nabla f(Y)=-1.032,\nabla f(Z)=-5.161$$

$$\nabla_r^{\mathrm T}f(Z)=-5.161+1.032\times5=0$$

这时，简约梯度等于零，所有约束条件都满足，符合收敛条件，所以：

$$X^*=[1.129,0.774]^{\mathrm T}$$

$$f(X^*)=-7.16$$

这里仅仅讨论了一个设计变量个数 $n=2$ 及起作用约束条件个数 $p=1$ 的简例，这种方法可以应用于求解一般（多变量多约束条件）的非线性规划问题。

5.5.1.3 广义简约梯度法

实际优化问题绝大多数都含有非线性约束条件，将上述概念和方法推广到非线性的情况，称为广义简约梯度法。在非线性约束的情况下，简约梯度法搜索不再严格沿着起作用约束条件的交集进行，只是沿着其线性近似边界进行。因而，每前进一步，就会离开可行域，如图 5-38（a）所示的 $[\overline{Z},\overline{Y}]^{k+1}$ 点。这时必须应用某种解非线性方程组的方法（如 Newton 法），迫使设计点回到起作用约束条件的交集上,即$[\boldsymbol{Z},\boldsymbol{Y}]^{k+1}$点。具体作法是这样的:将 $n-p$ 个决策变量固定下来(即 $\boldsymbol{Z}=\overline{\boldsymbol{Z}}$),调整状态变量 $\boldsymbol{Y}$,使起作用约束条件集 $g(\boldsymbol{Y})=0$。这样解 p 个非线性方程以求得 p 个状态变量。Newton 法采用迭代和逼近的方法求解非线性方程组 $g(\boldsymbol{Y})=0$。在每一迭代点 Y_i,由 Newton 法得到线性方程组:

$$g_1(\boldsymbol{Y}_i)+\Delta y_1\cdot\frac{\partial g_1(\boldsymbol{Y}_i)}{\partial y_1}+\cdots+\Delta y_p\cdot\frac{\partial g_1(\boldsymbol{Y}_i)}{\partial y_p}=0$$

$$g_2(\boldsymbol{Y}_i)+\Delta y_1\cdot\frac{\partial g_2(\boldsymbol{Y}_i)}{\partial y_1}+\cdots+\Delta y_p\cdot\frac{\partial g_2(\boldsymbol{Y}_i)}{\partial y_p}=0$$

$$\vdots$$

$$g_p(\boldsymbol{Y}_i)+\Delta y_1\cdot\frac{\partial g_p(\boldsymbol{Y}_i)}{\partial y_1}+\cdots+\Delta y_p\cdot\frac{\partial g_p(\boldsymbol{Y}_i)}{\partial y_p}=0$$

表示成矩阵形式:

$$g(\boldsymbol{Y}_i)+\left[\frac{\partial g(\boldsymbol{Y}_i)}{\partial \boldsymbol{Y}}\right]\cdot \mathrm{d}\boldsymbol{Y}=0$$

$$\mathrm{d}\boldsymbol{Y}=-\left[\frac{\partial g(\boldsymbol{Y}_i)}{\partial \boldsymbol{Y}}\right]^{-1}\cdot g(\boldsymbol{Y}_i) \tag{5-64}$$

令 $\boldsymbol{Y}_{i+1}=\boldsymbol{Y}_i+\mathrm{d}\boldsymbol{Y}$,继续循环,直到 $g(\boldsymbol{Y})=0$ 为止。

图 5-38(b)说明了用简约梯度法求解例 5-4($[\sigma]=68890\ \mathrm{N/cm^2}$)的搜索过程。初始点取 $\boldsymbol{X}^{(0)}=[15.2,76.2]^{\mathrm{T}}$。优化结果是 $\boldsymbol{X}^*=[4.75433,52.9186]^{\mathrm{T}}$,$f^*=556.0934$。这时,$g_1(\boldsymbol{X}^*)=0$,$g_2(\boldsymbol{X}^*)=0$。

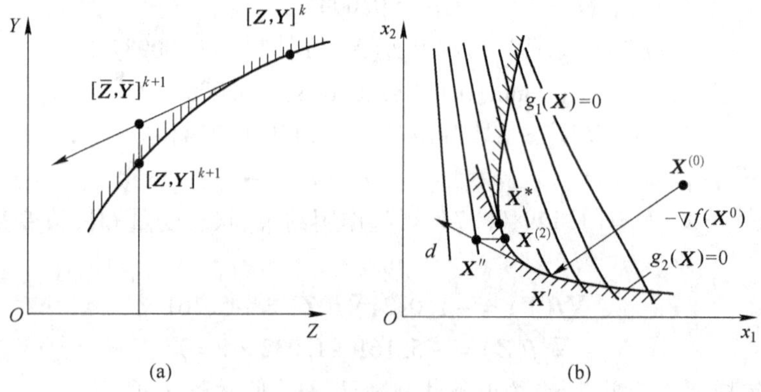

图 5-38 广义简约梯度

(a)原理;(b)示例法

5.5.2 惩罚函数法

惩罚函数法是求解约束优化问题的一种间接解法。它的基本思想是将一个约束的优化问题转化为一系列的无约束优化问题来求解。为此,对于式(5-59)所示的约束优化问题,构造如下无约束优化问题:

$$\min\varphi(\boldsymbol{X},r_1^{(k)},r_2^{(k)})=f(\boldsymbol{X})+r_1^{(k)}\sum_{u=1}^{m}\boldsymbol{G}[g_u(\boldsymbol{X})]+r_2^{(k)}\sum_{v=1}^{p}\boldsymbol{H}[h_v(\boldsymbol{X})] \tag{5-65}$$

并且要求,当点 $\boldsymbol{X}$ 不满足约束条件,等号后第二项和第三项的值很大,反之当点 $\boldsymbol{X}$ 满足约束条件时,这两项的值很小或等于零。这相当于,当点 $\boldsymbol{X}$ 在可行域之外时对目标函数的值加以惩罚,因此,这两项 $r_1^{(k)}\sum\limits_{u=1}^{m}\boldsymbol{G}[g_u(\boldsymbol{X})]$ 和 $r_2^{(k)}\sum\limits_{v=1}^{p}\boldsymbol{H}[h_v(\boldsymbol{X})]$ 称为惩罚项,$r_1^{(k)}$ 和 $r_2^{(k)}$ 称为惩罚因子,$\varphi(X,r_1^{(k)},r_2^{(k)})$ 称为惩罚函数。其中 $\sum\limits_{u=1}^{m}\boldsymbol{G}[g_u(\boldsymbol{X})]$ 和 $\sum\limits_{v=1}^{p}\boldsymbol{H}[h_v(\boldsymbol{X})]$ 分别是由不等式约束函数和等式约束函数构成的复合函数。

可以证明,当惩罚项和惩罚函数满足以下条件:

$$
\begin{aligned}
&\lim_{k\to\infty} r_1^{(k)}\sum_{u=1}^{p}\boldsymbol{G}[g_u(\boldsymbol{X})]=0\\
&\lim_{k\to\infty} r_2^{(k)}\sum_{u=1}^{p}\boldsymbol{H}[h_v(\boldsymbol{X})]=0\\
&\lim_{k\to\infty}|\varphi(\boldsymbol{X},r_1^{(k)},r_2^{(k)})-f(\boldsymbol{X}^{(k)})|=0
\end{aligned}
\tag{5-66}
$$

无约束优化问题(5-65)在 r_1、$r_2\to\infty$ 的过程所产生的极小点 $\boldsymbol{X}^{(k)}$ 序列将逐渐逼近于原约束优化问题的最优解,即有:

$$\lim_{k\to\infty}\boldsymbol{X}^{(k)}=\boldsymbol{X}^*$$

这就是说,以这样的复合函数和一组按一定规律变化的惩罚因子构造一系列惩罚函数,并对每一个惩罚函数依次求极小,最终将得到约束优化问题的最优解。这种将约束优化问题转化为一系列无约束优化问题求解的方法称为惩罚函数法。

按其惩罚项的构成形式的不同,惩罚函数法又可分为内点惩罚函数法、外点惩罚函数法和混合惩罚函数法,分别简称为外点法、内点法和混合法。

5.5.2.1 外点法

外点法既可用来求解不等式约束优化问题,又可用来求解等式约束优化问题。其主要特点是:将惩罚函数定义在可行域的外部,从而在求解系列无约束优化问题的过程中,是从可行域的外部逐渐逼近原约束优化问题的最优解。

对于不等式约束

$$g_u(\boldsymbol{X})\leqslant 0\quad (u=1,2,\cdots,m)$$

取外点惩罚函数的形式为:

$$\varphi(\boldsymbol{X},r^{(k)})=f(\boldsymbol{X})+r^{(k)}\sum_{u=1}^{m}\{\max[0,g_u(\boldsymbol{X})]\}^2 \tag{5-67}$$

式中的惩罚项 $\sum\limits_{u=1}^{m}\{\max[0,g_u(\boldsymbol{X})]\}^2$ 含义为:当迭代点 $\boldsymbol{X}$ 在可行域内,由于 $g_u(\boldsymbol{X})\leqslant 0(u=1,2,\cdots,m)$,无论 $f(\boldsymbol{X})$ 取何值,惩罚项的值取零,函数值不受到惩罚,这时惩罚函数等价于原目标函数 $f(\boldsymbol{X})$;当迭代点 X 违反某一约束 $g_j(\boldsymbol{X})$,在可行域之外,由于 $g_j(\boldsymbol{X})>0$,无论 $r^{(k)}$ 取何值,必定有:

$$\sum_{u=1}^{m}\{\max[0,g_u(\boldsymbol{X})]\}^2=r^{(k)}[g_j(\boldsymbol{X})]^2>0$$

这表明 $\boldsymbol{X}$ 在可行域外时,惩罚项起着惩罚作用。$\boldsymbol{X}$ 离开约束边界愈远,$g_j(\boldsymbol{X})$ 愈大,惩罚作用也愈大。

惩罚项与惩罚函数随惩罚因子的变化而变化,当外点法的惩罚因子 $r^{(k)}$ 按一个递增的正实数序列

$$r^{(0)} < r^{(1)} < r^{(2)} < \cdots < r^{(k)} < \cdots,\text{即}\lim_{k\to\infty} r^{(k)} = \infty$$

变化时,依次求解各个 $r^{(k)}$ 所对应的惩罚函数的极小化问题,得到的极小点序列

$$\boldsymbol{X}^*(r^{(0)}),\boldsymbol{X}^*(r^{(1)}),\cdots,\boldsymbol{X}^*(r^{(k)}),\boldsymbol{X}^*(r^{(k+1)}),\cdots$$

将逐步逼近于原约束问题的最优解,而且一般情况下该极小点序列是由可行域外向可行域边界逼近的。

对于等式优化问题,可按同样的形式构造外点惩罚函数:

$$\varphi(\boldsymbol{X},r^{(k)}) = f(\boldsymbol{X}) + r^{(k)} \sum_{v=1}^{p} [h_v(\boldsymbol{X})]^2 \tag{5-68}$$

可见,当迭代点在可行域上,惩罚项为零,惩罚函数值不受到惩罚;若迭代点在非可行域,惩罚项就显示其惩罚作用。由于惩罚函数中的惩罚项所赋予惩罚因子 $r^{(k)}$ 是一个递增的正数序列,随着迭代次数增加,$r^{(k)}$ 值越来越大,迫使所求迭代点 $\boldsymbol{X}^*(r^{(k)})$ 向原约束优化问题的最优点逼近。

一般的约束最优化问题式(5-59)的外点罚函数式为:

$$\varphi(\boldsymbol{X},r^{(k)}) = f(\boldsymbol{X}) + r^{(k)}\left\{\sum_{u=1}^{p} [\max(0,g_u(\boldsymbol{X}))]^2 + \sum_{v=1}^{p} [h_v(\boldsymbol{X})]^2\right\} \tag{5-69}$$

综上所述,外点法是通过对非可行点上的函数值加以惩罚,促使迭代点向可行域和最优点逼近的算法。因此,初始点可以是可行域的内点,也可以是可行域的外点,这种方法既可以处理不等式约束,又可以处理等式约束,可见外点法是一种适应性较好的惩罚函数。

上述构造出的外点罚函数,是经过转化的新目标函数,对它不再存在约束条件,便成为无约束优化问题的目标函数,然后可选用无约束优化方法对其求解。

外点法的迭代步骤如下:

(1) 给定初始 $X^{(0)}$、收敛精度 ε_1、ε_2,初始惩罚因子 $r^{(0)}$ 和惩罚因子递增系数 C,$k=0$。

(2) 构造惩罚函数:

$$\varphi(\boldsymbol{X},r^{(k)}) = f(\boldsymbol{X}) + r^{(k)}\left\{\sum_{u=1}^{p} [\max(0,g_u(\boldsymbol{X}))]^2 + \sum_{v=1}^{p} [h_v(\boldsymbol{X})]^2\right\}$$

(3) 求解无约束优化问题 $\min\varphi(\boldsymbol{X},r^{(k)})$ 的 $\boldsymbol{X}^*(r^{(k)})$。

(4) 进行收敛判断:若满足

$$\|\boldsymbol{X}^*(r^{(k)}) - \boldsymbol{X}^*(r^{(k-1)})\| \leqslant \varepsilon$$

和

$$\left|\frac{\varphi(\boldsymbol{X}^*(r^{(k+1)})) - \varphi(\boldsymbol{X}^*(r^{(k-1)}))}{\varphi(\boldsymbol{X}^*(r^{(k-1)}))}\right| \leqslant \varepsilon$$

则停止迭代,输出最优解 $\boldsymbol{X}^*$,$f(\boldsymbol{X}^*)$;否则,转下步。

(5)取 $r^{(k+1)} = Cr^{(k)}$,$\boldsymbol{X}^{(0)} = \boldsymbol{X}^*(r^{(k)})$,置 $k=k+1$ 转步骤(2)继续迭代。

外点法的初始惩罚因子 $r^{(0)}$ 的选取,可利用经验公式:

$$r(0) = \frac{0.02}{m \cdot g_u(\boldsymbol{X}^{(0)}) f(\boldsymbol{X}^{(0)})} \quad (u=1,2,\cdots,m)$$

惩罚因子的递增系数 C 的选取,通常取 $C=5\sim10$。

例 5-14 用外点法求解下列问题(参见图 5-39)

$$\min f(\boldsymbol{X}) = ax$$
$$\text{s.t.} \quad g(\boldsymbol{X}) = -x + b \leqslant 0$$

解:按式(5-67)构造惩罚函数,使原问题转化为无约束优化问题。

$$\min \quad \varphi(\boldsymbol{X}, r^{(k)}) = ax + r^{(k)}\{\max[(-x+b),0]\}^2$$
$$= \begin{cases} ax + r^{(k)}(b-x)^2 & x < b \\ ax & x \geqslant b \end{cases}$$

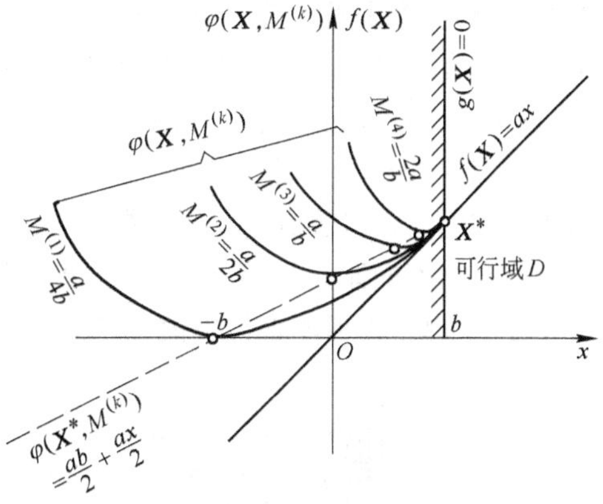

图 5-39 外点法迭代收敛情况

用解析法可求解这个无约束极值问题。令 $\nabla_x P(X, r^{(k)}) = 0$,可得极值点:

$$X^*(r^{(k)}) = b - \frac{a}{2r^{(k)}}$$

$$\varphi(X^*, r^{(k)}) = ab - \frac{a^2}{4r^{(k)}}$$

可以求得:

(1) 当 $r^{(1)} = \dfrac{a}{4b}$ 时,其极小点为 $X^{*1} = -b$,对应的 $\varphi(X^{*1}, r^{(1)}) = 0$;

(2) 当 $r^{(2)} = \dfrac{a}{2b}$ 时,$X^{*2} = 0$,对应的惩罚函数 $\varphi(X^{*2}, r^{(2)}) = \dfrac{ab}{2}$;

(3) 当 $r^{(3)} = \dfrac{a}{b}$ 时,$X^{*3} = \dfrac{b}{2}$,对应的惩罚函数 $\varphi(X^{*2}, r^{(2)}) = \dfrac{3ab}{4}$;

(4) 当 $r^{(k)} \to \infty$ 时,得 $X^{*k} = b$,对应的惩罚函数 $\varphi(X^{*k}, r^{(k)}) = ab$。这时惩罚函数的极小点就是原问题的约束极小点,约束最优值为 $f(X^*) = ab$。

这个简单的例子说明,当 $r^{(k)} \to \infty$ 时,惩罚函数子问题的无约束极小点 $\boldsymbol{X}^*(r^{(k)})$ 将沿着一条轨迹 $\varphi(\boldsymbol{X}^*, r^{(k)}) = \dfrac{ab}{2} + \dfrac{ax}{2}$ 从可行域外向原目标函数 $f(\boldsymbol{X})$ 的约束极小点 $\boldsymbol{X}^*$ 收敛,即 $\min\varphi(\boldsymbol{X}, r^{(k)}) \to \min f(\boldsymbol{X})$。由于开始时惩罚因子较小,“惩罚”较轻,因而惩罚函数子问题的极小点一般严重地违反了约束条件,离可行域较远。继续加大惩罚,逼使迭代子问题的极小点向可行域靠拢。惩罚函数子问题的极小点是从可行域的外面向约束最优点逼近,故称这种方法为外点法。

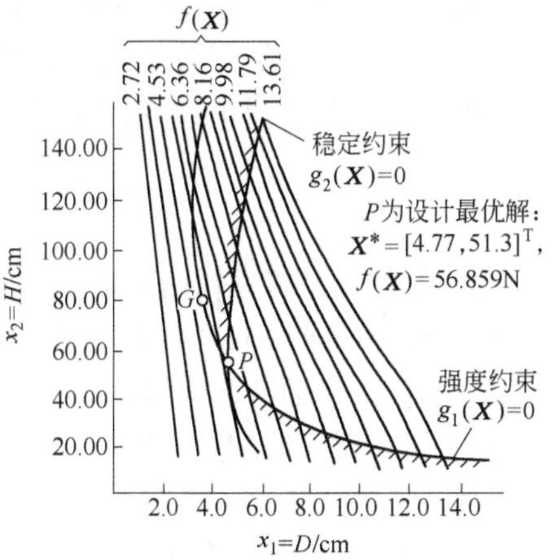

图 5-40 双杆支架的设计空间关系

图 5-40 描绘了例 5-4 给出的二维非线性约束最优化问题在设计空间中目标函数等值线、约束面和设计变量的关系。为了说明外点法的几何概念,图 5-41 分别描述了用外点法构造的惩罚函数 $\varphi(\boldsymbol{X}, r^{(k)})$ 在 $r^{(k)} = 10^{-10}$、10^{-9}、10^{-8}、10^{-7} 时的等值线,图中虚线表示两个起作用的不等式约束的约束面。在约束面右边(即可行域内)的

等值线就是原目标函数 $f(\boldsymbol{X})$ 的等值线，左边则为罚函数的等值线。由图可见，当 $r^{(k)}=10^{-10}$ 时，函数的等值线是光滑的连续曲线，其极值点 $\boldsymbol{X}^*(r^{(k)})$ 也处于很好的位置（在可行域外）。但当 $r^{(k)}$ 值逐渐增大时，随着极值点向约束边界（P 点）移动，函数的等值线形状也显出愈来愈严重的变形和偏心，使得求该函数的极值点越来越困难。当 $r^{(k)}=10^{-7}$，无约束最优点已比较靠近约束最优点 P。但函数的等值线形状与前几个图形相比，显得相当的扭曲和偏心，等值线在约束面附近已变得非常密集。直到最后（当 $r^{(k)}>10^{-4}$ 时）不论从哪一个初始点出发，实际上都已不可能求得极值点了。这种情况，在高维优化设计中，同样也会发生的。

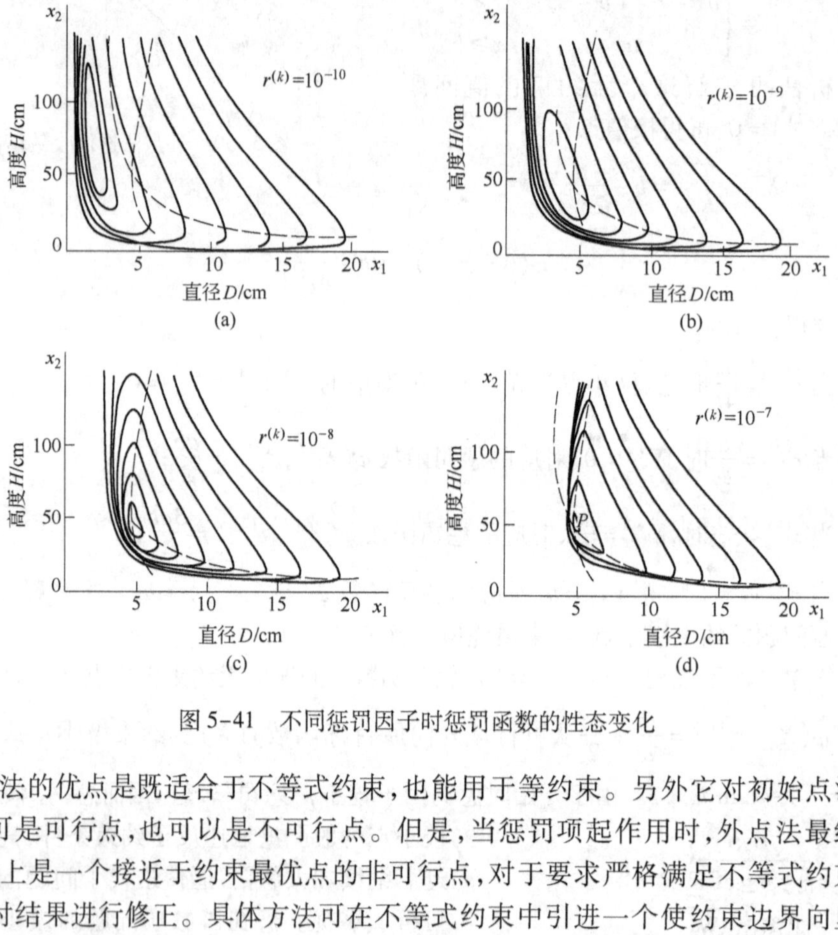

图 5-41 不同惩罚因子时惩罚函数的性态变化

外点法的优点是既适合于不等式约束，也能用于等约束。另外它对初始点没有特殊要求，既可是可行点，也可以是不可行点。但是，当惩罚项起作用时，外点法最终得的最优点实际上是一个接近于约束最优点的非可行点，对于要求严格满足不等式约束条件的问题，应对结果进行修正。具体方法可在不等式约束中引进一个使约束边界向里移动的约束裕量。

5.5.2.2 内点法

内点法只可用来求解不等式约束优化问题。该法的主要特点是将惩罚函数定义在可行域的内部。这样，便要求迭代过程始终限制在可行域内进行，使所求得的系列无约束优化问题的优化解总是可行解，从而从可行域内部逐渐逼近原约束优化问题的最优解。

对于不等式约束优化问题，根据惩罚函数法的基本思想，将惩罚函数定义在可行域内部，可以构造其内点惩罚函数的一般形式为：

$$\varphi(\boldsymbol{X},r^{(k)})=f(\boldsymbol{X})-r^{(k)}\sum_{u=1}^{m}\frac{1}{g_u(\boldsymbol{X})} \tag{5-70}$$

或

$$\varphi(\boldsymbol{X},r^{(k)})=f(\boldsymbol{X})-r^{(k)}\sum_{u=1}^{m}\ln[-g_u(\boldsymbol{X})] \tag{5-71}$$

式中，惩罚因子 $r^{(k)}>0$，是一递减的正数序列，即 $r^{(0)}>r^{(1)}>r^{(2)}>\cdots>r^{(k)}>\cdots>0$，且 $\lim\limits_{k\to\infty}r^{(k)}=0$。

由式(5-70)和式(5-71)可知，对于给定的某一惩罚因子 $r^{(k)}$，当迭代点在可行域内时，两种惩罚项的值均大于零，而且当迭代点向约束边界靠近时，两种惩罚项的值迅速增大并趋于无穷。可见，只要初始点取在可行域内，迭代点就不可能越出可行域边界。其次，两种惩罚项的大小也受惩罚因子的影响。当惩罚因子逐渐减小并趋于零时，对应惩罚项的值也逐渐减小并趋于零，惩罚函数的值和目标函数的值逐渐接近并趋于相等。由式(5-65)可知，当惩罚因子趋于零时，惩罚函数的极小点就是约束优化问题的最优点。可见，惩罚函数的极小点是从可行域内向最优点逼近的。

由于构造的内点惩罚函数是定义在可行域内的函数，而等式约束优化问题不存在可行域空间，因此，内点惩罚函数法不适用于等式约束优化问题。

内点惩罚函数的迭代步骤如下：

(1) 在可行域内确定一个初始点 $X^{(0)}$，最好不邻近任何约束边界；

(2) 给定初始惩罚因子 $r^{(0)}$、惩罚因子递减系数 C 和收敛精度 ε，置 $k=0$；

(3) 构造惩罚函数：

$$\varphi(\boldsymbol{X},r^{(k)})=f(\boldsymbol{X})-r^{(k)}\sum_{u=1}^{m}\frac{1}{g_u(X)}$$

(4) 求解无约束优化问题 $\min\varphi(\boldsymbol{X},r^{(k)})$，得 $\boldsymbol{X}^*(r^{(k)})$；

(5) 进行收敛判断，若满足

$$\|\boldsymbol{X}^{(k+1)}-\boldsymbol{X}^{(k)}\|\leqslant\varepsilon$$

或

$$\left|\frac{f(\boldsymbol{X}^{(k+1)})-f(\boldsymbol{X}^{(k)})}{f(\boldsymbol{X}^{(k)})}\right|\leqslant\varepsilon$$

则令 $\boldsymbol{X}^*=\boldsymbol{X}^*(r^{(k)})$，$f^*=f(\boldsymbol{X}^*(r^{(k)}))$，停止迭代计算，输出最优解 $\boldsymbol{X}^*$，f^*；否则转下步；

(6) 取 $r^{(k+1)}=Cr^{(k)}$，以 $\boldsymbol{X}^{(0)}=\boldsymbol{X}^*(r^{(k)})$ 作为新的初始点，置 $k=k+1$ 转步骤(3)继续迭代。

在内点法中，初始惩罚因子 $r^{(0)}$ 的选择很重要。实践经验表明，初始惩罚因子 $r^{(0)}$ 选得恰当与否，会显著地影响到惩罚函数法的收敛速度，甚至解题的成败。根据经验，一般可取 $r^{(0)}=1\sim50$，但多数情况是取 $r^{(0)}=1$。也有建议按初始惩罚项作用与初始目标函数作用相近原则来确定 $r^{(0)}$ 值，即：

$$r^{(0)}=\left|\frac{f(\boldsymbol{X}^{(0)})}{\sum\limits_{u=1}^{m}\frac{1}{g_u(\boldsymbol{X})}}\right|$$

内点法惩罚因子递减数列的递减关系为：

$$r^{(k+1)}=Cr^{(k)}\quad(k=0,1,2,\cdots)$$

$$0<C<1$$

其中，C 称为惩罚因子递减系数。一般认为，C 的选取对迭代计算的收敛或成败影响不大。经验取值：$C=0.1\sim0.5$，常取 0.1。

仍以例 5-14 为例，采用内点法构造惩罚函数可表达为：

$$\varphi(X,r^{(k)})=ax+r^{(k)}\frac{1}{b-x}$$

其极值点的表达式和惩罚函数值分别求得为：

$$x^*(r^{(k)})=b+\sqrt{\frac{r^{(k)}}{a}}$$

$$\varphi(\boldsymbol{X}^*,r^{(k)})=ab+2\sqrt{ar^{(k)}}$$

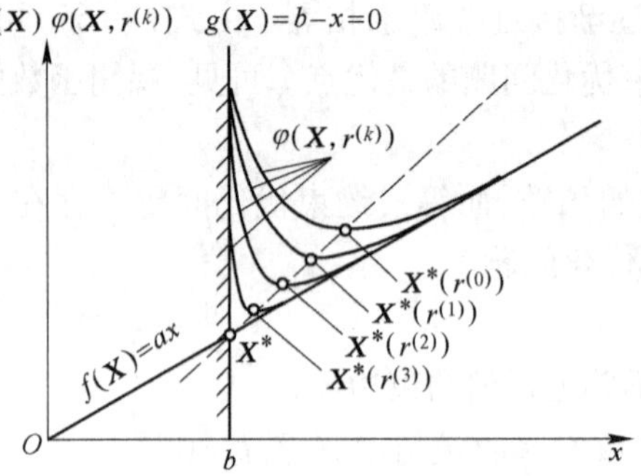

图 5-42　内点法迭代收敛情况

这就表明了惩罚函数的最优点 X^{*k} 和最优值 $\varphi(\boldsymbol{X}^*,r^{(k)})$ 均为惩罚因子 $r^{(k)}$ 的函数。图 5-42 描述了用内点法解决此问题的过程。可以看到，当惩罚因子 $r^{(k)}$ 逐渐减小为零时，其惩罚函数的极值点 X^{*k} 将沿着一条直线轨迹 $\varphi(\boldsymbol{X}^*,r^{(k)})=2ax^*-ab$ 从可行域内向 $f(\boldsymbol{X})$ 的约束最优点 $\boldsymbol{X}^*$ 收敛。

内点的特点是，其收敛过程的各个迭代点，对应于一系列逐步得到改善的可行设计方案，设计工作者可以对这一系列方案作进一步的分析比较，可以得到满意的设计。因为内点法具有这个特点，故许多工程优化设计者经常使用它。不过，应特别注意，内点法一般并不能真正收敛到起作用约束条件的交集上，因而难以得到问题的精确的约束最优解。另外，内点法要求初始点必须在可行域内，故在计算方面比外点法要复杂一点。再者就是内点法不能处理等式约束问题。

5.5.2.3　混合惩罚函数法

内点法有一定的优点，但不能处理等式约束极值问题；而在处理等式约束极值方面，外点法具有一定的长处。混合罚函数法就是将外点法和内点法混合使用，即对于 m 个等式约束条件，构造外罚函数；对于 p 个不等式约束条件，构造内罚函数，这样构造的混合罚函数为：

$$\min\varphi(\boldsymbol{X},r^{(k)})=f(\boldsymbol{X})+\frac{1}{\sqrt{r^{(k)}}}\sum_{j=1}^{m}[h_j(\boldsymbol{X})]^2-r^{(k)}\sum_{i=1}^{p}\frac{1}{g_i(\boldsymbol{X})}\tag{5-72}$$

式中使用了统一的惩罚因子

$$r^{(1)}>r^{(2)}>\cdots>r^{(k)}>\cdots>0\qquad\lim_{k\to\infty}r^{(k)}=0$$

使用式(5-72)所示的混合罚函数算法，初始点 $\boldsymbol{X}^{(0)}$ 应在可行域内，初始罚因子及其变化也就按内点法选取。混合罚函数算法综合了内点法和外点法的特点及长处，因而应用非常广泛。

另外也可以对等式约束和不等式约束统一使用外点法。

5.5.2.4　增广乘子法和精确罚函数法

内、外罚函数法的致命弱点是罚函数的性态变得越来越坏，以致无法真正收敛到约束极值点上。这种病态是在罚因子 $r^{(k)}\to\infty$ 或 $r^{(k)}\to 0$ 时发生的。为了克服这个弱点，可采用增广乘子法。增广乘子法的基本思想是构造增广 Lagrange 函数子问题，其函数为：

$$M(\boldsymbol{X},\lambda,r^{(k)})=f(\boldsymbol{X})-\sum_{j=1}^{m}\lambda_j h_j(\boldsymbol{X})+\frac{r^{(k)}}{2}\sum_{j=1}^{m}[h_j(\boldsymbol{X})]^2 \tag{5-73}$$

式中，λ_j 为 Lagrange 待定系数，或为 Lagrange 乘子。$M(\boldsymbol{X},\lambda,r^{(k)})$ 是罚函数与 Lagrange 函数的结合，当 $\lambda_j=0$ 时上式即为罚函数；当 $r^{(k)}=0$ 时上式又变为 Lagrange 函数。

这种方法仍是要求解一系列无约束极值子问题。然而，由于增广乘子函数比外罚函数式(5-68)多了一项 $\sum_{j=1}^{m}\lambda_j h_j(\boldsymbol{X})$，使得当 $r^{(k)}$ 为某一有限值时，这个形式的罚函数可以收敛到原问题的约束极值点，从而避免了罚函数法的病态性，因此，计算结果比罚函数法大大改进。

为改进罚函数法而提出的各类方法中，精确罚函数法是一类重要算法，近年来受到广泛重视。它的基本思想是，通过解一个无约束极值的问题，而不是解一系列无约束极值子问题，来求解原来的约束问题。这种算法也是从 Lagrange 乘子的概念出发的。从数学理论上说，一个约束非线性规划问题，能找到一个与其对应的实函数，该实函数的极值点就等于原问题的约束最优解。因为这种实函数仍然属于惩罚函数的范畴，但具有一个“精确”的加权因子，故称为精确罚函数法。

5.6 MATLAB 优化工具箱及其应用

5.6.1 MATLAB 优化工具箱简介

MATLAB 是美国 Math Works 公司于 1994 年推出的科技应用软件，该名由 Matrix 和 Laboratory 两词的前三个字母组合而成。由于它具有强大的科学计算和图形处理功能，以及可视化、开放性和可扩展环境，是目前市场上强有力的工程问题分析计算和程序设计的工具，不仅在科学研究和产品开发中得到广泛应用，而且成为欧美发达国家大学生学习期间必须掌握的基本软件之一。

MATLAB 系统的基本组成主要包括如下五个部分：

(1) 环境。MATLAB 开发环境是一组工具和组件的集成，这些工具是图形化的用户接口，包括 MATLAB 桌面、命令窗口、命令历史窗口、编辑/调试窗口以及帮助信息、工作空间、文件和搜索路径等浏览器。

(2) 函数。MATLAB 集成了丰富的数学函数库，其强大的计算能力覆盖了从基本函数(如求和、正弦、余弦和复数运算等)到特殊函数(如矩阵求逆、特征值求解、贝塞尔函数和快速傅里叶变换等)的范围。

(3) 语言。MATLAB 语言是一种高级编程语言，包括控制流的描述、函数定义、数据结构及输入输出等，既可以编制适用于快速使用的小程序，也可以编制大型复杂的应用程序。

(4) 图形。MATLAB 提供了功能强大的图形系统，既具有完成二维和三维数据的可视化、图像处理、动画和图形表达等功能，也可以定制图形的外观，如建立一个完整的图形用户界面的应用程序。

(5) 应用程序接口(API)。MATLAB 还提供了应用程序接口库函数,允许用户使用 C 语言或 Fortran 语言编写程序与 MATLAB 连接,API 的功能包括与 MATLAB 的动态连接、调用 MATLAB 作为运算引擎、读写 MAT 文件等。

MATLAB 中附带有 30 多种面向不同领域的工具箱,它为科学研究和产品开发提供了方便高效的分析工具,优化工具箱(optimization toolbox)是其中应用最为广泛的一种。

MATLAB 优化工具箱中包含一系列优化算法和模块,可以用于求解线性规划、二次规划、无约束非线性规划和约束非线性规划等问题,也适用于多目标优化问题和复杂结构的大规模优化问题。常用的优化功能函数有:

(1) 求解线性规划问题的主要函数:linprog

(2) 求解二次规划问题的主要函数:quadprog

(3) 求解无约束非线性规划问题的主要函数:fminbnd; fminunc; fminsearch

(4) 求解约束非线性规划问题的主要函数:fmincon

(5) 求解多目标优化问题的主要函数:fgoalattain; fminimax

5.6.2 优化工具箱常用函数的应用

应用优化工具箱提供的函数对优化设计问题进行分析和计算时,在针对具体问题建立优化设计数学模型的基础上,按照所选用优化工具函数的要求和调用格式输入初始点,分析约束条件并列出相应的约束函数和系数矩阵,将优化工具函数作为“黑箱”调用,即可获得与所有条件都相容的优化结果。

5.6.2.1 线性规划

线性规划(Linear Programming)是数学规划中最简单和最基本的问题,其设计变量是非负的,约束函数和目标函数都是线性的。用于求解线性规划的 MATLAB 函数是 Linprog,相应的数学模型表示为:

$$\min \boldsymbol{f}^{\mathrm{T}}\boldsymbol{X}$$
$$\text{s.t.}\quad (1)\boldsymbol{AX}\leqslant\boldsymbol{b};(2)\ \boldsymbol{AeqX}=\boldsymbol{beq};(3)\ \boldsymbol{lb}\leqslant\boldsymbol{X}\leqslant\boldsymbol{ub}$$

其调用格式为:

```
[xopt,fopt] = linprog(f,A,b,Aeq,beq,lb,ub,x0)
```

其中输出参数和输入参数分别如下:

xopt 和 fopt 分别返回目标函数的最优解及其函数值;

f 是目标函数各维变量的系数向量;

A 和 b 分别是不等式约束函数的系数矩阵和常数向量;

Aeq 和 beq 分别是等式约束函数的系数矩阵和常数向量;

lb 和 ub 分别是设计变量的上限和下限;

x0 是初始点。

例 5-15 生产规划:某工厂生产 A,B 两种产品。已知生产 A 种产品每件需使用 9 kg 材料,3 个工时,4 kW · h 电,可获利 60 元;生产 B 种产品每件需使用 4 kg 材料,10 个工时,5 kW · h 电,可获利 120 元。若每天能供应 360 kg 材料,300 个工时,200 kW · h 电,试制定适当的生产规划使该厂获得的总利润最大。

解：

（1）数学模型：设生产 A、B 两种产品的数量分别是 x_1、x_2 件，根据生产实际情况可以建立该优化问题的数学模型：

$$
\begin{aligned}
&\min f(x_1,x_2) = -60x_1 - 120x_2 \\
&\text{s.t.}\quad 9x_1 + 4x_2 \leqslant 360 \\
&\qquad\quad 3x_1 + 10x_2 \leqslant 300 \\
&\qquad\quad 4x_1 + 5x_2 \leqslant 200 \\
&\qquad\quad x_1, x_2 \geqslant 0
\end{aligned}
$$

（2）编制线性规划的 M 文件：

```
% 线性规划问题
f=[-60; -120];                          % 各维变量的系数向量
A=[9,4;3,10;4,5];                       % 不等式约束函数的系数矩阵
b=[360;300;200];                        % 不等式约束函数的常数向量
Aeq=[];                                 % 不含等式约束
beq=[] ;                                % 不含等式约束
lb=[0; 0] ;                             % 设计变量的下限
ub=[];                                  % 设计变量没有上限
[xopt,fopt]=linprog(f,A,b,Aeq,beq,lb,ub)
```

（3）计算结果：

```
Optimization terminated.
xopt =
    20.0000
    24.0000
fopt =
   -4.0800e+003
```

该生产任务的规划是：在满足材料、工时和电力限制的条件下，每天安排生产 A 种产品 20 件、B 种产品 24 件，可以获得的最大利润为 4080 元。

5.6.2.2 二次规划

二次规划（Quadratic Programming）是最简单的非线性规划问题，其目标函数是二次函数，而约束函数是线性函数。由于二次规划问题的求解比较成熟，有时可以将一些求解比较困难的一般非线性约束规划问题转化为较易处理的序列二次规划子问题求解。

用于求解二次规划的 MATLAB 函数是 quadprog，相应的数学模型表示为：

$$\min f(\boldsymbol{X}) = \frac{1}{2}\boldsymbol{X}^{\mathrm{T}}\boldsymbol{H}\boldsymbol{X} + \boldsymbol{C}^{\mathrm{T}}\boldsymbol{X}$$

$$\text{s.t.}\quad (1)\ \boldsymbol{AX} \leqslant \boldsymbol{b};\ (2)\ \boldsymbol{AeqX} = \boldsymbol{beq};\ (3)\ \boldsymbol{lb} \leqslant \boldsymbol{X} \leqslant \boldsymbol{ub}$$

其调用格式为：

```
[xopt,fopt]=quadprog(H,C,A,b,Aeq,beq,lb,ub,x0)
```

其中输出和输入参数：

H 是目标函数的 Hessian 矩阵；
C 是目标函数设计变量一次项的系数向量；
其他参数同线性规划函数的参数说明。

例 5-16 求解如下的优化问题：

$$\min f(x_1,x_2,x_3)=2x_1^2+2x_2^2+x_3^2-2x_1x_2+x_3$$
$$\text{s. t.}\quad g(x_1,x_2,x_3)=x_1+3x_2+2x_3\leqslant 6$$
$$h(x_1,x_2,x_3)=2x_1-x_2+x_3=4$$
$$x_1,x_2,x_3\geqslant 0$$

解：

(1)目标函数的二次型：

$$f(\boldsymbol{X})=\frac{1}{2}\boldsymbol{X}^{\mathrm{T}}\boldsymbol{H}\boldsymbol{X}+\boldsymbol{C}^{\mathrm{T}}\boldsymbol{X}$$

其中：
$$\boldsymbol{X}=\begin{bmatrix}x_1\\x_2\\x_3\end{bmatrix}\quad \boldsymbol{H}=\begin{bmatrix}4&-2&0\\-2&4&0\\0&0&2\end{bmatrix}\quad \boldsymbol{C}=\begin{bmatrix}0\\0\\1\end{bmatrix}$$

(2)求解二次规划的 M 文件：

```
% 二次规划问题
H = [4, -2,0; -2,4,0; 0,0,2];          % 目标函数的 Hessian 矩阵
C = [0;0;1];                            % 各维变量一次项的系数向量
A = [1,3,2];                            % 不等式约束函数的系数矩阵
b = [6] ;                               % 不等式约束函数的常数向量
Aeq = [2, -1,1] ;                       % 不含等式约束
beq = [4] ;                             % 不含等式约束
lb = [0;0; 0] ;                         % 设计变量的下限
ub = [ ] ;                              % 设计变量没有上限
[xopt,fopt] = quadprog(H,C,A,b,Aeq,beq,lb,ub)
% 最优点的约束函数值验证
g = A * xopt - b                        % 不等式约束条件
h = Aeq *  xopt - beq                   % 等式约束条件
```

(3)计算结果：

```
Optimization terminated.
xopt =
        1.5000
        0.0000
        1.0000
fopt =
        6.5000
g =
       -2.5000
h =
        0
```

可见,二次规划的约束最优解 X^* 位于不等式约束和等式约束的交集上。

5.6.2.3 无约束非线性规划

求解无约束非线性规划问题的 MATLAB 函数有:fminbnd、fminunc 和 fminsearch。它们各自的使用特点如下:

(1) 函数 fminbnd 只能求解单变量的无约束非线性规划问题,而函数 fminunc 和 fminsearch 可用于求解单变量或多变量的无约束非线性规划问题;

(2) 函数 fminbnd 和 fminunc 要求目标函数为连续函数;

(3) 函数 fminbnd 和 fminsearch 的优化算法比较简单,适用于求解比较简单的优化问题;函数 fminunc 的优化算法比较复杂,而且有几种不同的可供选择的算法,适用于求解比较复杂的优化问题;

(4) 函数 fminbnd、fminunc 和 fminsearch 均只能输出局部最优解。

A 函数 fminbnd

函数 fminbnd 的调用格式为:

```
[xopt,fopt] = fminbnd(fun,x1,x2,options)
```

其中输出参数和输入参数为:

xopt 和 fopt 分别返回目标函数的最优解及其函数值;

fun 是目标函数;

[x1,x2]是迭代搜索区间;

options 是设置优化选项参数,包括 18 个元素,用以在计算时控制精度要求、输出形式、算法选择和迭代次数等重要问题,可用空矩阵符号[ ]表示其默认值,其中常用选项的功能说明如表 5-2 所示。

表 5-2 控制参数 Options 常用选项

序 号	功 能	默认值	说 明
1	输出形式	0	Options(1) =0,无中间结果输出 Options(1) =1,按照表格输出结果 Options(1) = -1,隐藏警告信息
2	解 x 的精度	1e-4	Options(2)设置 x 解的终止条件
3	函数 f 的精度	1e-4	Options(3)设置函数 f 的终止条件
4	约束 g 的精度	1e-6	Options(4)设置约束 g 的终止条件
5	选择主要算法	0	Options(5)选择主要优化算法
6	搜索方向算法	0	Options(6) =0 表示 BFGS 变尺度法 Options(6) =1 表示 DFP 变尺度法 Options(6) =2 表示梯度法
7	步长一维搜索	0	Options(7) =0 表示二次和三次混合插值法 Options(7) =1 表示三次多项式插值法

例 5-17 求解一维无约束优化问题(图 5-43):

$$\min f(x) = (x^3 + \cos x + x\ln x)/e^x$$

迭代区间为[0,1],精度 $\varepsilon = 10^{-6}$。

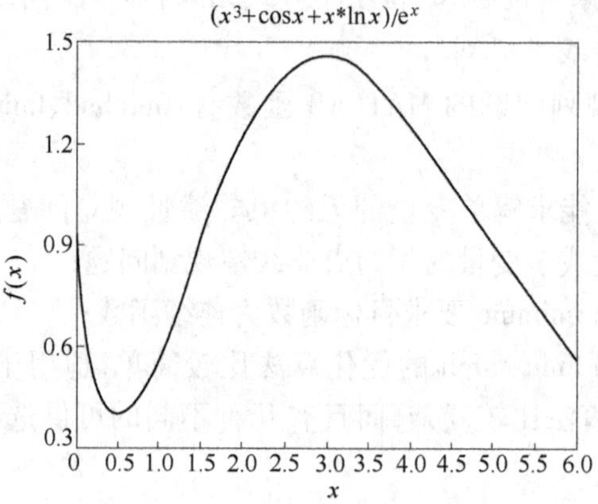

图 5-43　一维函数图形曲线

解：

(1)求解该优化问题的 M 文件：

```
% 一维无约束优化问题
fun = '(x^3 + cos(x) + x * lg(x))/exp(x)';          % 定义目标函数
x1 = 0;x2 = 1 ;                                      % 定义迭代区间下限和上限
options(2) = 1e - 6;                                 % 解的精度为 1e - 6
[xopt,fopt] = fminbnd(fun,x1,x2,options)
% 绘制目标函数图形曲线
ezplot(fun, [0: 6]);                                 % 绘制曲线
title('(x^3 + cos(x) + x * lg(x))/exp(x)') ;         % 显示图题
xlabel('x'); ylabel('f(x) ') ;                       % 显示坐标轴
grid on                                              % 图形网格
```

(2)计算结果：

```
Optimization terminated.
xopt =
     0.5223
fopt =
     0.3974
```

B　函数 fminsearch 和 fminunc

函数 fminsearch 和 fminunc 的调用格式相同，即：

```
[xopt,fopt] = fminsearch(fun,x0,options)
[xopt,fopt] = fminunc (fun,x0,options)
```

其中，输入参数中 x0 是初始迭代点，其他同 fminbnd。

例 5-18　求解二维无约束优化问题：

$$\min f(x)=4+\frac{9}{2}x_1-4x_2+x_1^2+2x_2^2-2x_1x_2-2x_1^2x_2+x_1^4$$

初始迭代点 $X^{(0)}=[2,4]$，精度 $\varepsilon=10^{-4}$。

解：

（1）求解该优化问题的 M 文件：

```
% 二维无约束优化问题
fun = '4 +9 * x(1)/2 -4 * x(2) +  x(1)^2 +2 * x(2)^2 -2 * x(1) * x(2) -2 * x(1)^2 * x(2) +
x(1)^4 ';
x0 = [2,4];                              % 初始迭代点
options(1) = [ ] ;                       % 选项参数取默认值
[xopt,fopt] = fminsearch(fun,x0,options)
```

（2）计算结果：

```
xopt =
     1.9410      3.8542
fopt =
     0.9856
```

若该优化问题的初始点选为 $X^{(0)}=[0.5,1.5]$，则优化计算结果为：

```
xopt =
     -1.0528      1.0278
fopt =
     -0.5134
```

（3）讨论分析：初始迭代点不同，返回的极小点也不同，属于局部极小点，通过目标函数等值线和曲面图可以明显地观察到两个局部极小点的位置，如图 5-44 所示。

```
% 绘制目标函数等值线和曲面图
xx1 = linspace( -1.2,2,50);              % 产生等间隔向量 xx1
xx2 = linspace(1,4,50) ;                 % 产生等间隔向量 xx2
[xr1,xr2] = meshgrid(xx1,xx2);           % 产生网格矩阵
for i = 1:length(xx1)
  for j = 1:length(xx2)
      x1 = xx1(i);x2 = xx2(j);
      f(i,j) =4 +9 * x1/2 -4 * x2 +  x1^2 +2 * x2^2 -2 * x1 * x2 -2 * x1^2 * x2 +  x1^4;
  end
end
subplot(1,2, 1)                          % 图形窗口分割,在左窗口显示
h = contour(xr1,xr2,f);                  % 绘制目标函数等值线
title('目标函数等值线');                  % 左窗口图形显示图题
subplot(1,2, 2) ;                        % 图形窗口分割,在右窗口显示
meshc (xr1,xr2, f);                      % 绘制目标函数曲面图和等值线混合图
title ('目标函数网格曲面图');              % 右窗口图形显示图题
```

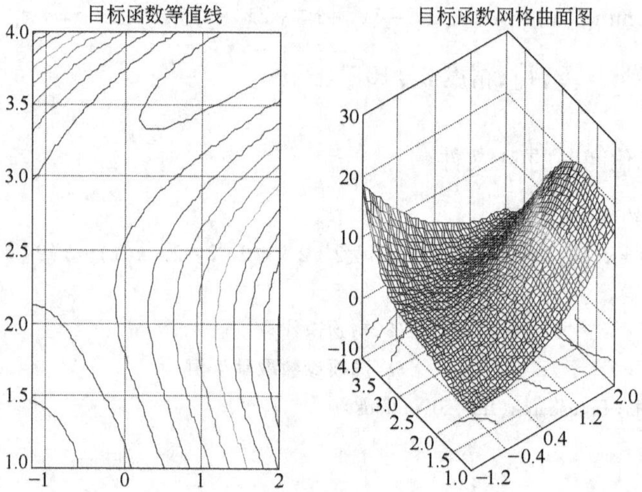

图 5-44　目标函数的等值线与曲面图

5.6.2.4　约束非线性规划

求解含约束非线性规划问题的 MATLAB 函数是 fmincon，相应的数学模型表示为：

$$\min f(\boldsymbol{X})$$

$$\text{s.t.}\quad (1)\boldsymbol{AX} \leqslant \boldsymbol{b};(2)\boldsymbol{AeqX} = \boldsymbol{beq};$$

$$(3)\ C(\boldsymbol{X}) \leqslant 0;(4)\ Ceq(\boldsymbol{X}) = 0;$$

$$(5)\ \boldsymbol{lb} \leqslant \boldsymbol{X} \leqslant \boldsymbol{ub}$$

函数 fmincon 的调用格式为

```
[x,fval,exitflag,output,grad,hessian] = fmincon('fun',x0,A,b,Aeq,beq,lb,ub,'Nlc',options)
```

其中，输入参数'fun'是定义的目标函数文件名，'Nlc'是定义非线性约束条件的函数文件名，其他输入参数同前述各函数。

输出参数包括：

x 是返回目标函数的最优解；

fval 是返回目标函数在最优解 x 点的函数值；

exitflag 是返回算法的终止标志；

output 是返回优化算法信息的一个数据结构；

grad 是返回目标函数在最优解 x 点的梯度；

hessian 是返回目标函数在最优解 x 点的 hessian 矩阵。

例 5-19　求解约束优化问题：

$$\min f(x_1,x_2) = (x_1-3)^2 + x_2^2$$

$$\text{s.t.}\quad g_1(x_1,x_2) = x_1^2 + x_2 - 4 \leqslant 0$$

$$g_2(x_1,x_2) = -x_2 \leqslant 0$$

$$g_3(x_1,x_2) = 0.5 - x_1 \leqslant 0$$

初始迭代点 $\boldsymbol{X}^{(0)} = [0.5,2]$，精度 $\varepsilon = 10^{-3}$。

解:

(1)编写目标函数的程序文件'**ex5_fun. m**':

```
function f = ex5_fun(x)
f = (x(1) - 3)^2 + x(2)^2;
```

(2)编写非线性约束函数的程序文件'**ex5_Nlc. m**':

```
function f = ex5_Nlc(x)
c = x(1) ^2 + x(2) - 4;
ceq = [ ];
```

(3)编写命令程序文件,调用函数 fmincon 求解:

```
x0 = [0.5,2.0];
A = [ ]; b = [ ];Aeq = [ ]; beq = [ ];
lb = [0.5;0]; ub = [ ];
options = optimset('LargeScale','off','Tolx',1e-6);
[x,fval] = fmincon('ex5_fun',x0,A,b,Aeq,beq,lb,ub,'ex5_Nlc',options);
```

(4)计算结果:

```
x =
    2.0000    0
fval =
    1.0000
```

5.6.3 机械优化设计应用实例

机械优化设计一般按实际设计问题的具体要求,建立正确的优化数学模型,然后选择合适的优化方法和函数命令,编制程序通过计算寻求优化问题的最优解,再对所得结果进行必要的分析。

进行实际工程问题的优化设计,一般步骤如下:

(1) 建立优化设计问题的数学模型。建立机械与工程设计优化问题的数学模型,不仅是一项十分艰巨复杂的工作,而且也是解决优化设计问题的关键与前提。建立的数学模型必须满足以下两个条件:

1) 必须能正确地反映设计问题的实质和特点,既能准确可靠地表明该项设计所要达到的目的、所受的限制条件,并能反映设计方案的变化,否则便无法实现优化设计。

2) 应便于用数值方法进行优化计算,否则所建的数学模型亦无实用价值。

还需特别指出,当设计变量或约束条件间的数量级相差很大且寻优过程中变化量级也相差很大时,各设计变量或约束条件在寻优时所起的实际作用极为悬殊,这时数学模型的尺度变换可以改善数学模型性态,加速优化设计计算的收敛,提高计算过程的稳定性,使之易于求解。

① 设计变量的尺度变换:设原设计变量为 x_i,变换后的设计变量为 y_i,取:

$$y_i = x_i / x_i^{(0)} \quad (x_i^{(0)}\ 设计变量的初始值)$$

若预先给定了设计变量的变化范围，即 $x_i^l \leqslant x_i \leqslant x_i^u$，则变换后的设计变量 y_i 取为：

$$y_i = (x_i - x_i^l)/(x_i^u - x_i^l)$$

② 约束条件的尺度变换：为使约束函数均在 0 ~ 1 取值，可将各约束条件式除以一个常数，该常数根据边界约束的变量取值范围或性能约束的许用条件值确定。比如对于应力不许大于许用应力、变形不许大于许用变形，可以写成：

$$g_1(\boldsymbol{X}) = (\sigma/[\sigma]) - 1 \leqslant 0$$

$$g_2(\boldsymbol{X}) = (f/[f]) - 1 \leqslant 0$$

③ 目标函数的尺度变换：要解决多目标函数中的多个目标函数间的尺度变换问题，可参考上述方法，并用加权系数调配来实现。如同时将体积 V 和应力 σ 作为目标函数时，可写为：

$$\min F(\boldsymbol{X}) = \frac{\sigma}{\sigma_0} + W \cdot \frac{V}{V_0}$$

（2）选择合适的优化方法，编写计算机程序。通常一个完整的优化运行程序由三部分组成：主程序、数学模型函数子程序和优化方法子程序。实现过程中需要注意以下几个问题：

1）选择优化方法时要明确数学模型的特点，如问题的维数、函数的性态以及计算精度的需要等。目前国内外已有大量的优化程序可供使用，包括优化程序包和优化工具箱，为工程应用提供了有力的条件。用户可以参照考核算例的特性，在保证得出计算结果的前提下，尽量选用通用性好、计算效率高、收敛性好的优化算法和程序，按照用户手册的指导，将自己的数学模型按标准格式输入，即可取得预期结果；

2）关于收敛精度的确定。大量机械与工程优化问题的计算实例表明，优化迭代计算的收敛精度一般取 $\varepsilon = 10^{-5} \sim 10^{-3}$，即可取得满意的优化结果。总之，收敛精度取值大小应适当。若收敛精度过高，则会多耗费许多机时，却无助于解决问题。

（3）准备必要的数据上机计算，并对求得的优化结果作必要的分析和整理。

1）建立正确的数学模型和选用适当的优化方法是取得正确优化设计结果的先决条件，但是还须依据初始数据、中间结果和最后结果进行仔细分析，以查明优化计算过程是否正常和最终结果是否合理。在这些数据中，最重要的是原始设计方案和最优设计方案的设计变量值、目标函数值、约束函数值以及其他有关的性能指标的数据。对这些数据和优化结果的认真分析，还能发现和纠正建立数学模型造成的错误。

2）优化设计结果的分析和处理，可为工程设计提供切实可行的技术资料，有时还需要对设计方案的各种性能，如运动特性、动态特性、误差值等做出详细分析，以便进一步考察优化设计方案的合理性和实用性。

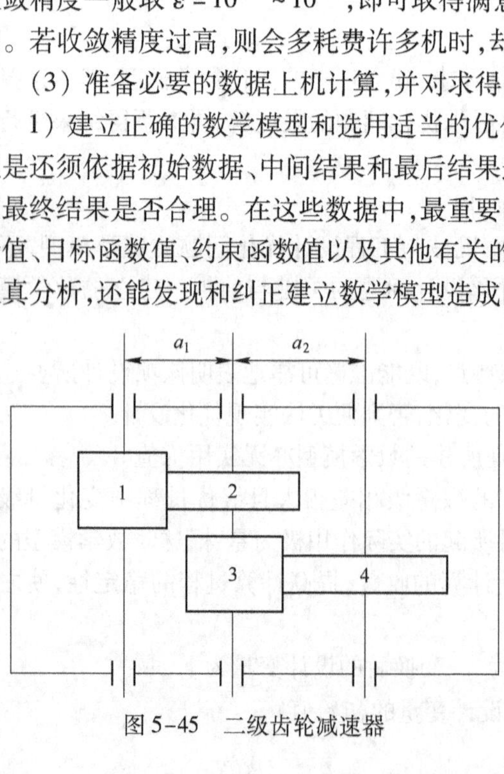

图 5-45　二级齿轮减速器

例 5-20　二级斜齿圆柱齿轮减速器的优化设计：某二级斜齿圆柱齿轮减速器结构如图 5-45 所示，高速级输入功率 $P_1 = 6.2\,\mathrm{kW}$，转速 $n_1 = 1450\,\mathrm{r/min}$，总传动比 $i_\Sigma =$

31.5，齿轮宽度系数 $\Psi_a = 0.4$。齿轮材料和热处理：大齿轮45号钢正火187～207 HB，小齿轮45号钢调质228～255 HB，齿面许用接触应力 $[\sigma_H] = 518.75$ MPa，齿根许用弯曲应力 $[\sigma_F]_{小} = 153.5$ MPa，$[\sigma_F]_{大} = 141.6$ MPa，工作寿命10年以上。要求按照总中心距 a_Σ 最小来确定齿轮传动方案。

解：

（1）建立优化设计的数学模型。设 m_1, m_2 分别为高速级和低速级齿轮副的模数；z_1, z_2 为高速级小齿轮和大齿轮的齿数；z_3, z_4 为低速级小齿轮和大齿轮的齿数；β 为齿轮副螺旋角。

高速级齿轮副中心距：$a_1 = \dfrac{m_1}{2\cos\beta}(z_1 + z_2)$

低速级齿轮副中心距：$a_2 = \dfrac{m_2}{2\cos\beta}(z_3 + z_4)$

总中心距：$a_\Sigma = a_1 + a_2 = \dfrac{m_1(z_1 + z_2) + m_2(z_3 + z_4)}{2\cos\beta}$

定义设计变量：

$$\boldsymbol{X} = [x_1, x_2, x_3, x_4, x_5, x_6, x_7]^{\mathrm{T}} = [m_1, m_2, z_1, z_2, z_3, z_4, \beta]^{\mathrm{T}}$$

则该优化设计数学模型的目标函数可表示为：

$$\min f(\boldsymbol{X}) = \frac{x_1(x_3 + x_4) + x_2(x_5 + x_6)}{2\cos x_7}$$

1）传动比约束条件函数：根据设计要求总传动比 $i_\Sigma = 31.5$，高速级齿轮副传动比 $i_1 = z_2/z_1$，低速级齿轮副传动比 $i_2 = z_4/z_3$，则可得关系式 $i_1 \cdot i_2 = \dfrac{z_2}{z_1} \cdot \dfrac{z_4}{z_3} = i_\Sigma$，因此该优化问题数学模型包含等式约束条件：

$$h_1(\boldsymbol{X}) = x_4 x_6 - 31.5 x_3 x_5 = 0$$

2）性能约束条件函数：根据传递功率和转速，可知输入轴转矩：

$$T_1 = 9550P/n = 40834\ \mathrm{N \cdot mm}$$

设传递效率 $\eta_1 = 0.97$，$\eta_2 = 0.98$，则可得中间轴转矩和输出轴转矩分别为：

$$T_2 = T_1 \cdot \eta \cdot i_1 = 39609 i_1\ \mathrm{N \cdot mm}$$

$$T_3 = T_2 \cdot \eta_2 \cdot i_2 = T_1 \cdot \eta_1 \cdot \eta_2 \cdot i_\Sigma = 1222729\ \mathrm{N \cdot mm}$$

① 高速级齿轮副接触强度：

$$\sigma_{H1} = 670\sqrt{\frac{(i_1 + 1)KT_1}{B_1 d_1^2 i_1}}$$

式中，$K = 1.3$，$T_1 = 40834\ \mathrm{N \cdot mm}$，$d_1 = m_1 z_1/\cos\beta$，$B_1 = \Psi_a d_1 = 0.4 d_1$，则有：

$$\sigma_{H1} = 244080\sqrt{\frac{(z_1 + z_2)\cos^3\beta}{m_1^3 z_1^3 z_2}}$$

由条件式 $\sigma_{H1}/[\sigma_H] - 1 \leqslant 0$，可以得到约束条件：

$$g_1(\boldsymbol{X}) = (x_3 + x_4)\cos^3 x_7 - 4.5171 \times 10^{-6} x_1^3 x_3^3 x_4 \leqslant 0$$

② 低速级齿轮副接触强度：

$$\sigma_{H2}=670\sqrt{\frac{(i_2+1)KT_2}{B_3d_3^2i_2}}$$

式中，$d_3=m_2z_3/\cos\beta, B_3=\Psi_a d_3=0.4d_3$，将 K 和 T_2 值代入，则有：

$$\sigma_{H1}=240390\sqrt{\frac{(z_3+z_4)z_2\cos^3\beta}{m_2^3z_3^3z_4}}$$

由条件式 $\sigma_{H2}/[\sigma_H]-1\leqslant0$，可以得到约束条件：

$$g_2(\boldsymbol{X})=(x_5+x_6)x_4\cos^3x_7-4.6568\times10^{-6}x_2^3x_5^3x_6x_3\leqslant0$$

③ 高速级大小齿轮和低速级大小齿轮弯曲强度：根据齿根弯曲强度条件计算式：

$$\sigma_F=\frac{2KT}{BdmY}\leqslant[\sigma_F]$$

可得高速级大小齿轮和低速级大小齿轮的弯曲强度条件分别如下：

$$\sigma_{F1}=\frac{2KT_1}{B_1d_1m_1Y_1}\leqslant[\sigma_F]_{小};\quad \sigma_{F2}=\frac{2KT_2}{B_2d_2m_1Y_2}\leqslant[\sigma_F]_{大}$$

$$\sigma_{F3}=\frac{2KT_2}{B_3d_3m_2Y_3}\leqslant[\sigma_F]_{小};\quad \sigma_{F4}=\frac{2KT_3}{B_4d_4m_2Y_4}\leqslant[\sigma_F]_{大}$$

式中，齿宽 $B_j=\Psi_a d_j(j=1,2,3,4)$，大、小齿轮齿形系数 Y 按下面公式计算，即：

$$Y_1=0.169+0.006666z_1-0.0000854z_1^2$$

$$Y_2=0.2824+0.0003539z_2-0.000001576z_2^2$$

$$Y_3=0.169+0.006666z_3-0.0000854z_3^2$$

$$Y_4=0.2824+0.0003539z_4-0.000001576z_4^2$$

则可得高速级大小齿轮和低速级大小齿轮弯曲强度的约束条件为：

$$g_3(\boldsymbol{X})=\cos^2x_7-5.7833\times10^{-4}x_1^3x_3^2(0.169+0.006666x_3-0.0000854x_3^2)\leqslant0$$

$$g_4(\boldsymbol{X})=\cos^2x_7-5.4999\times10^{-4}x_1^3x_3x_4(0.2824+0.0003539x_4-0.000001576x_4^2)\leqslant0$$

$$g_5(\boldsymbol{X})=x_4\cos^2x_7-5.9621\times10^{-4}x_2^3x_5^2x_3(0.169+0.006666x_5-0.0000854x_5^2)\leqslant0$$

$$g_6(\boldsymbol{X})=\cos^2x_7-1.7816\times10^{-5}x_2^3x_6^2(0.2824+0.0003539x_6-0.000001576x_6^2)\leqslant0$$

④ 大齿轮与轴不干涉条件：为避免发生几何干涉，需保证中间轴大齿轮齿顶圆与第三轴轴心线的最小间距为 S，则不干涉条件可表示为：

$$a_2-\frac{d_{a2}}{2}-S\geqslant0$$

式中，$a_2=\dfrac{m_2(z_3+z_4)}{2\cos\beta}$，$d_{a2}=d_2+2h_a^*m_1=\dfrac{m_1z_2}{\cos\beta}+2m_1$（顶隙系数 $h_a^*=1$），取 $S=50\text{ mm}$，则可得不干涉的约束条件为：

$$g_7(\boldsymbol{X})=2(x_1+50)\cos x_7+x_1x_4-x_2(x_5+x_6)\leqslant0$$

3）边界约束条件函数：以常规设计结果为参考，估计设计变量的边界约束如下：

高速级和低速级齿轮副模数：$2\leqslant m_1\leqslant5$，$3.5\leqslant m_2\leqslant6$

高速级小齿轮和大齿轮齿数：$14\leqslant z_1\leqslant22$，$84\leqslant z_2\leqslant154$

低速级小齿轮和大齿轮齿数：$16\leqslant z_3\leqslant22$，$72\leqslant z_3\leqslant115$

螺旋角：$8^\circ\leqslant\beta\leqslant15^\circ$

综上所述,可知该优化设计问题为包含 1 个非线性等式传动比约束条件、7 个非线性不等式性能约束条件、14 个不等式边界约束条件的约束非线性优化问题。

(2)基于 MATLAB 优化工具箱的函数命令,编写优化程序。

```
% 二级斜齿轮传动中心距优化设计
% ①----- 定义目标函数
    function f = gear_fun(x)
    hd = pi/180;
    a1 = x(1) * (x(3) + x(4));
    a2 = x(2) * (x(5) + x(6));
    cb = 2 * cos(x(7) * hd);
    f = (a1 + a2)/cb;
% ②----- 定义非线性约束函数
    function [c,ceq] = gear_ncon(x)
    hd = pi/180;
    cp = cos(x(7) * hd);
    y1 = 0.169 + 0.006666 * x(3) - 0.0000854 *  x(3)^2;
    y2 = 0.2824 + 0.0003539 * x(4) - 0.000001576 * x(4)^2;
    y3 = 0.169 + 0.006666 * x(5) - 0.0000854 *  x(5)^2;
    y4 = 0.2824 + 0.0003539 * x(6) - 0.000001576 * x(6)^2;
    c(1) = (x(3) + x(4)) * cp^3 - 4.5171e - 6 * x(1)^3 * x(3)^3 * x(4);
    c(2) = (x(5) + x(6)) * x(4) * cp^3 - 4.6568e - 6 * x(2)^3 * x(5)^3 * x(6) * x(3);
    c(3) = cp^2 - 5.7833e - 4 * x(1)^3 * x(3)^2 * y1;
    c(4) = cp^2 - 5.4999e - 4 * x(1)^3 * x(3) * x(4) * y2;
    c(5) = x(4) * cp^2 - 5.9621e - 4 * x(2)^3 * x(5)^2 * x(3) * y3 ;
    c(6) = cp^2 - 1.7816e - 5 * x(2)^ 3 * x(6)^2 * y4 ;
    c(7) = 2 * (x(1) + 50) * cp + x(1) * x(4) - x(2) * (x(5) + x(6)) ;
    ceq = x(4) * x(6) - 31.5 * x(3) * x(5) ;
% ③----- 调用 fmincon 求解的主程序
    x0 = [2;4;18;80;16;105;10];
    A = [ ];
    b = [ ];
    Aeq = [ ];
    beq = [ ];
    lb = [2;3.5;14;84;16;72;8];
    ub = [5;6;22;154;22;115;15];
    options = optimset('LargeScale','off','Tolx',1e-6) ; [x,fn] = fmincon(@gear_fun,x0,A,
b,Aeq,beq,lb,ub, @gear_ncon,options);
    disp('********** 二级斜齿轮传动中心距优化最优解 **********')
    fprintf(1,'高速级齿轮副模数 Mn1 = %3.4f mm \n',x(1))
    fprintf(1,'低速级齿轮副模数 Mn2 = %3.4f mm \n',x(2))
    fprintf(1,'高速级小齿轮齿数 z1 = %3.4f \n',x(3))
    fprintf(1,'高速级大齿轮齿数 z2 = %3.4f \n',x(4))
```

```
fprintf(1,'低速级小齿轮齿数 z3 = %3.4f \n',x(5))
fprintf(1,'低速级大齿轮齿数 z4 = %3.4f \n',x(6))
fprintf(1,'齿轮副螺旋角 beta = %3.4f 度 \n',x(7))
fprintf(1,'减速器总中心距 a = %3.4f mm \n',fn)
[c,ceq] = gear_ncon(x); % 调用非线性约束函数 gear_ncon(x)计算最优点的约束函数值
disp('========== 最优点的约束函数值 ==========')
fprintf(1,'高速级齿轮副接触疲劳强度约束函数值 g1 = %3.4f \n',c(1))
fprintf(1,'低速级齿轮副接触疲劳强度约束函数值 g2 = %3.4f \n',c(2))
fprintf(1,'高速级小齿轮齿根弯曲强度约束函数值 g3 = %3.4f \n',c(3))
fprintf(1,'高速级大齿轮齿根弯曲强度约束函数值 g4 = %3.4f \n',c(4))
fprintf(1,'低速级小齿轮齿根弯曲强度约束函数值 g5 = %3.4f \n',c(5))
fprintf(1,'低速级大齿轮齿根弯曲强度约束函数值 g6 = %3.4f \n',c(6))
fprintf(1,'大齿轮与低速轴不干涉几何约束函数值 g7 = %3.4f \n',c(7))
fprintf(1,'减速器总传动比要求的等式约束函数值 h1 = %3.4f \n',ceq)
```

(3)计算结果分析。运行主程序,结果显示:

```
********** 二级斜齿轮传动中心距优化最优解 **********
    高速级齿轮副模数            Mn1 = 4.2405 mm
    低速级齿轮副模数            Mn2 = 5.9359 mm
    高速级小齿轮齿数            z1 = 14.7704
    高速级大齿轮齿数            z2 = 84.0000
    低速级小齿轮齿数            z3 = 18.6690
    低速级大齿轮齿数            z4 = 103.4055
    齿轮副螺旋角                beta = 11.2039 度
    减速器总中心距              a = 582.8322 mm
=============== 最优点的约束函数值 ================
    高速级齿轮副接触疲劳强度约束函数值      g1 = 0.0000
    低速级齿轮副接触疲劳强度约束函数值      g2 = 0.0000
    高速级小齿轮齿根弯曲强度约束函数值      g3 = -1.4316
    高速级大齿轮齿根弯曲强度约束函数值      g4 = -14.6997
    低速级小齿轮齿根弯曲强度约束函数值      g5 = -88.4348
    低速级大齿轮齿根弯曲强度约束函数值      g6 = -11.0759
    大齿轮与低速轴不干涉几何约束函数值      g7 = -262.0028
    减速器总传动比要求的等式约束函数值      h1 = -0.0000
```

由计算结果可知,最优点位于性能约束 $g_1(\boldsymbol{X})$、$g_2(\boldsymbol{X})$ 和等式约束 $h_1(\boldsymbol{X})$ 的交集上。将计算所得的高低速级齿轮副模数按照规范圆整为标准值:$m_{n1}=4\,\text{mm}$,$m_{n2}=6\,\text{mm}$;高速级小齿轮和大齿轮齿数圆整为 $z_1=15$,$z_2=84$,则有高速级传动比 $i_1=5.6$,低速级传动比 $i_2=i_\Sigma/i_1=31.5/5.6=5.625$,若低速级小齿轮齿数圆整为 $z_3=18$,则大齿轮齿数取为 $z_4=i_2z_3=101$。相应的减速器总中心距:

$$a_\Sigma=\frac{m_1(z_1+z_2)+m_2(z_3+z_4)}{2\cos\beta}=\frac{4\times(15+84)+6\times(18+101)}{2\cos11.2^\circ}=565.775\,\text{mm}$$

若将减速器中心距圆整为 $a_\Sigma=570\,\text{mm}$,则齿轮副螺旋角调整为 $\beta=13.174^\circ$。

习题和思考题

5-1　某工厂生产一批金属工具箱，要求工具箱的体积为 0.5 m^3，高度不低于 0.8 m，试写出耗费金属板面积为最小的优化设计数学模型。

5-2　一薄铁板宽 20 cm。现欲将其两边折起制成一个具有梯形断面的槽板，试写出如何确定梯形侧边长度及底角角度可获得槽板的梯形断面面积最大的优化设计数学模型。

5-3　已知一跨距为 l、截面为矩形的简支梁，其材料密度为 ρ，容许弯曲应力为 $[\sigma_w]$，容许挠度为 $[f]$，在梁的中点作用一集中载荷 P，梁的截面宽度 b 不得小于 b_{min}，现对此梁进行优化设计，使其质量最轻，试写出该优化设计的数学模型。

5-4　试求目标函数 $f(x_1,x_2)=x_1^2+x_1x_2+x_2^2-60x_1-3x_2$ 的无约束极值点，并判断是极大点还是极小点？

5-5　有约束优化问题：

$$
\begin{aligned}
&\min f(\boldsymbol{X})=x_1^2x_2 \quad X\in R^2\\
&\text{s.t.}\quad g_1(\boldsymbol{X})=x_1-10\leqslant 0\\
&\qquad g_2(\boldsymbol{X})=5-x_2\leqslant 0\\
&\qquad g_3(\boldsymbol{X})=x_2-10\leqslant 0\\
&\qquad g_4(\boldsymbol{X})=10x_2-x_1^3\leqslant 0\\
&\qquad g_5(\boldsymbol{X})=6.25-x_1^3\leqslant 0\\
&\qquad g_6(\boldsymbol{X})=0.34x_2^3-x_1^4\leqslant 0
\end{aligned}
$$

试用 K－T 条件判断下列各点是否为条件极值点，并画图加以验证。

(1) A(3.684,5)；

(2) B(10,5)；

(3) C(10,10)。

5-6　试确定函数 $f(x)=3x^2-8x+9$ 的初始搜索单峰区间。设给定的初始点 $x^{(0)}=0$，初始步长 $h_0=1$。

5-7　试用黄金分割法求函数 $f(x)=x(x+2)$ 的极小点，设初始单峰区间为 $[-3,5]$，迭代要求计算精度 $\varepsilon=0.1$。

5-8　试分别用坐标轮换法和 Powell 法求目标函数 $f(\boldsymbol{X})=10x_1^2+x_2^2-20x_1-4x_2+24$ 的最优解。取初始点 $\boldsymbol{X}^{(0)}=[2,-1]^T$，迭代精度 $\varepsilon=0.01$。

5-9　试分别用 Newton 法和变尺度法求目标函数 $f(\boldsymbol{X})=x_1^2-x_1x_2+x_2^2+2x_1-4x_2$ 的最优解。取初始点 $\boldsymbol{X}^{(0)}=[2,2]^T$，迭代精度 $\varepsilon=0.01$。

5-10　试用外点罚函数法求解下列约束优化问题的最优解：

$$
\begin{aligned}
&\min f(\boldsymbol{X})=x_1^2+x_2^2-2x_1+1\\
&\text{s.t.}\quad g(\boldsymbol{X})=-x_2+3\leqslant 0
\end{aligned}
$$

5-11　试用内点罚函数法求解下列约束优化问题的最优解：

$$
\begin{aligned}
&\min f(\boldsymbol{X})=x_1^2+2x_2^2\\
&\text{s.t.}\quad g(\boldsymbol{X})=1-x_1-x_2\leqslant 0
\end{aligned}
$$

5-12　[2009“中国电机工程学会杯”全国大学生电工数学建模竞赛 A 题]

电力变压器的设计中很重要的一个环节就是铁芯柱的截面如何设计。我国变压器制造业通常采用全国统一的标准铁芯设计图纸。根据多年的生产经验，各生产厂存在着对已有设计方案的疑问：能否改进及如何改进这些设计，才能在提高使用效果的同时降低变压器的成本。

现在以心式铁芯柱为例进行优化设计：电力变压器铁芯柱截面在圆形的线圈筒里面。为了充分利用线圈内空间又便于生产管理，心式铁芯柱截面常采用多级阶梯形结构，如图 5-46 所示。截面在圆内上下轴对称，左右也轴对称。阶梯形的每级都是由许多同种宽度的硅钢片叠起来的。由于制造工艺的要求，硅钢片的宽度一般取为 5 的倍数（单位：mm）。因为在多级阶梯形和线圈之间需要加入一定的撑条来起到固定的作用，所以一般要求第一级的厚度最小为 26 mm，硅钢片的宽度最小为 20 mm。

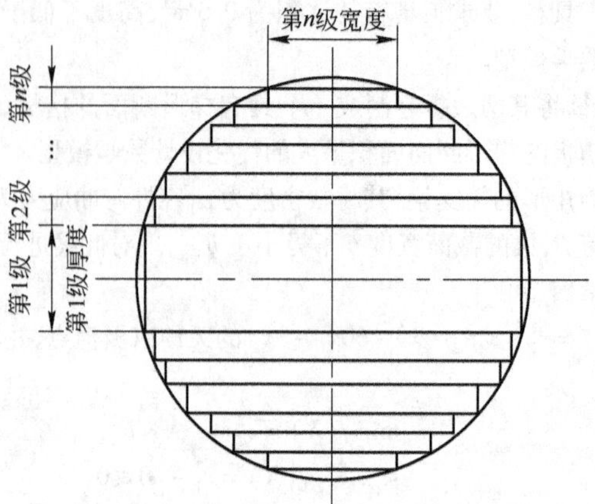

图 5-46　铁芯柱截面示意图

铁芯柱有效截面的面积，等于多级铁芯柱的几何截面积（不包括油道）乘以叠片系数。而叠片系数通常与硅钢片厚度、表面的绝缘漆膜厚度、硅钢片的平整度以及压紧程度有关。设计时希望有效截面尽量大，既节省材料又减少能量损耗。显然铁芯柱的级数愈多，其截面愈接近于圆形，在一定的直径下铁芯柱有效截面也愈大。但这样制造工艺复杂，一般情况下铁芯柱的级数可参照下表选取：

铁芯柱直径/mm	级数
80 ~ 195	5 ~ 7
200 ~ 265	8 ~ 10
270 ~ 390	11
400 ~ 740	12 ~ 14
760 以上	>15

当铁芯柱外接圆直径为 650 mm 时，如何确定铁芯柱截面的级数、各级宽度和厚度，才能使铁芯柱的有效截面积最大，试对该问题进行优化设计。

6 可靠性设计

6.1 概　述

可靠性是衡量产品质量的一个重要指标。可靠性设计是一种很重要的现代设计方法。目前,这一设计方法已在现代机、电产品设计中得到愈来愈广泛的应用,它对提高产品的设计水平和质量,降低成本,保证产品的可信性、安全性起着极其重要的作用。

长期以来,一切讲究产品信誉的厂家,为了争取顾客都在追求其产品具有好的可靠性。因为只有那些可靠性好的产品,才能长期发挥其使用性能而受到用户的欢迎。不仅如此,有些产品如汽车、轮船和飞机,如果其关键零部件不可靠,不仅会给用户带来不便,耽误时间、推迟日程,造成经济损失,甚至还可能直接危及使用者的生命安全。美国“挑战者”号航天飞机、前苏联切尔诺贝利核电站等发生的大的可靠性事故所引起的严重后果,都足以说明产品的可靠性差会引起一系列严重问题,甚至会危及国家的荣誉和安全。1957 年苏联第一颗人造卫星升天,1969 年美国阿波罗Ⅱ号宇宙飞船载人登月等可靠性技术成功的典范,不仅为其国家带来荣耀,而且说明了高科技的发展要以可靠性技术为基础,科学技术的发展又要求高的可靠性。

早期,人们对“可靠性”这一概念的理解仅仅从定性方面,而没有数值量度。但为了更好地表达可靠性的准确含义,不能只从定性方面来评价它,而应有定量的尺度来衡量它。

6.1.1 可靠性科学的发展

可靠性设计是可靠性学科的一个重要分支,而对可靠性学科的系统研究则始于 1952 年。二战期间雷达系统已发展很快,而通讯设备、航空设备、水声设备中的电子元件却屡出故障,因此美国开始研究电子元件和系统的可靠性问题。为此,美国国防部研究与发展局于 1952 年成立了“电子设备可靠性顾问团咨询组”(Advisory Group on Reliability of Electronic Equipment,AGREE),其下设 9 个任务小组,对电子产品的设计、试制、生产、试验、储存、运输、使用等各个方面的可靠性问题,作了全面的调查研究,并于 1957 年提出了“电子设备可靠性报告”,即 AGREE 报告。该报告正式地将可靠性的定义确定下来,全面地总结了电子产品的失效原因与情况,提出了比较完整的评价产品可靠性的一套理论和方法,从而为可靠性科学的发展奠定了理论基础。

在 20 世纪 60、70 年代,随着航空航天事业的发展,可靠性问题的研究取得了长足的进展,引起了国际社会的普遍重视。许多国家相继成立了可靠性研究机构,对可靠性理论进行了深入的研究。美国宇航局(NASA)从 1965 年起开始进行机械可靠性研究,例如,用超载负荷进行机械产品的可靠性试验验证;在随机动载荷下研究机械结构和零件的可靠性;将预先给定的可靠度目标值直接落实到应力分布和强度分布都随时间变化的机械零件的设计中去,等等。日本科学技术联盟于1958年设立了可靠性研究委员会,1960年成立了可靠性及质量控制专门小组,并于1971年在日本召开了第一届可靠性学术讨论会。日本将可靠性技术推广应用到民用工业部门取得很大成功,大大地提高了其产品的可靠度,使其高可靠性产品,例如汽车、彩电、照相机、收录机、电冰箱等,畅销到全世界,带来巨大的经济效益。英国于1962年出版了《可靠性与微电子学》(Reliability And Microelectronics)杂志。法国国立通讯研究所也在1962年成立了"可靠性中心",进行数据的收集与分析,并于1963年出版了《可靠性》杂志。国际电子技术委员会(IEC)于1965年设立了可靠性技术委员会,1977年又改名为可靠性与可维修性技术委员会。它对可靠性方面的定义、用语、书写方法、可靠性管理、数据收集等,进行了国际间的协调工作。

我国对可靠性科学的研究与应用工作予以了高度重视。1986年11月25日原机械工业部发布的《关于加强机电产品可靠性工作的通知》加速了我国机电产品可靠性工作的推广和应用,1990年,原机械电子工业部印发的"加强机电产品设计工作的规定"中明确指出:可靠性、适应性、经济性三性统筹作为我国机电产品设计的原则。如今,可靠性的观点和方法已成为质量保证、安全性保证、产品责任防预等不可缺少的依据和手段,也是我国工程技术人员掌握现代设计方法所必须掌握的重要内容之一。

6.1.2 可靠性的概念

人们对于可靠性(Reliability)的一般理解,就是认为可靠性表示零件、部件或系统等产品,在正常使用条件下的工作是否长期可靠,性能是否长期稳定的特性,即可靠性是产品质量的重要指标,它标志着产品不会丧失工作能力的可靠程度。

可靠性的定义是:产品在规定的条件下和规定的时间内,完成规定功能的能力。它包括四个要素:

(1) 研究对象。产品即为可靠性的研究对象,一般包括系统、机器、部件等等,可以是非常复杂的东西,也可以是一个零件。如果对象是一个系统,则不仅包括硬件,而且也包括软件和人的判断、操作等因素在内。

(2) 规定的条件。它包括使用时的环境条件(如温度、湿度、气压等)、工作条件(如振动、冲击、噪声等)、动力、负荷条件(如载荷、供电电压、输出功率等)、储存条件、使用和维护条件等。"规定的条件"不同,产品的可靠性也不同。例如,同一机械使用时载荷不同,其可靠性也不同;同一设备在实验室、野外(寒带或热带、干燥地区或潮湿地区)、海上、空中等不同环境条件下的可靠性也是各不相同的;同一产品在不同的储存环境下储存,其可靠性也各不相同。

(3) 规定的时间。时间是表达产品可靠性的基本因素,也是可靠性的重要特征。一般情况下,产品"寿命"的重要量值"时间"是常用的可靠性尺度。一般说来,机械零部件经过筛选、整机调试和跑合后,产品的可靠水平经过一个较长的稳定使用和储存阶段后,便随着使用时间的增长而降低。时间愈长,故障(失效)愈多。对于一批产品,若无限制的使用下去,必将全部失效,也就是说它们的失效概率是100%。

(4) 规定的功能。它是指表征产品的各项技术指标,如仪器仪表的精度、分辨率、线性度、重复性、量程等。不同的产品其功能是不同的,即使同一产品,在不同的条件下其规定功能往往也是不同的。产品的可靠性与规定的功能有密切关系,一个产品往往具有若干个功能。完成规定的功能是指完成这若干项功能的全体，而不是指其中的一部分。

6.1.3　可靠性设计的内容和特点

可靠性科学是研究产品失效规律的学科。由于影响失效的因素非常复杂，有时甚至是不可捉摸的，因而产品的寿命（即产品的失效时间）只能是随机的。对此，只有用大量的实验和统计办法来摸索它的统计规律，然后再根据这个规律来研究可靠性工作的各个方面。因此，应用概率论与数理统计理论，对产品的可靠性进行定量计算，是可靠性理论的基础。

利用概率论的方法可把产品发生故障的规律作为随机现象来研究。所以，通常所说的可靠度，一般不是指某一特定具体产品的可靠程度，而是对该种型号产品总体的可靠程度而言。当然，就一些单个的产品而言，如果能在其长期运行的条件下，观测其故障规律，则不仅能够估计出一些产品的可靠性，也能估计出该种产品总体的可靠性。

可靠性理论在科学实验、生产实践和人们的日常生活等方面都有很重要的意义。经过多年的补充和发展，逐步形成了今天的可靠性学科。可靠性学科就目前所涉及的内容来讲，大致有以下几方面：

（1）可靠性数学：是可靠性研究最重要的基础理论之一，主要研究与解决各种可靠性问题的数学方法和数学模型，研究可靠性的定量规律。

（2）可靠性物理：又称失效物理，是研究失效的物理因素与数学物理模型、检测方法与纠正措施的一门可靠性理论。

（3）可靠性工程：是对产品的失效及其发生的概率进行统计、分析，对产品进行可靠性设计、可靠性预测、可靠性试验、可靠性评估、可靠性检验、可靠性控制、可靠性维修及失效分析的一门综合运用多种学科知识的工程技术学科。

6.1.3.1　可靠性设计的基本内容

可靠性设计是可靠性工程的一个重要分支，因为产品的可靠性在很大程度上取决于设计的正确性。在可靠性设计中要规定可靠性和维修性的指标，并使其达到最优。目前，进行可靠性设计大致包括以下几个方面：

（1）根据产品的设计要求，确定所采用的可靠性指标及其量值。

（2）进行可靠性预测。可靠性预测是指在设计开始时，运用以往的可靠性数据资料计算机械系统可靠性的特征量，并进行详细设计。在不同阶段，系统的可靠性预测要反复进行多次。

（3）对可靠性指标进行合理的分配。首先，将系统可靠性指标分配到各子系统，并与各子系统能达到指标相比较，判断是否需要改进设计。然后，再把改进设计后的可靠性指标分配到各子系统。按照同样的方法，进而把子系统分配到的可靠性指标分配到各个零部件。采用最优化方法进行系统的可靠性分配，是当前可靠性研究的重要方向之一，称为可靠性优化设计。

（4）把规定的可靠性直接设计到零件中去。

6.1.3.2　可靠性设计的特点

可靠性设计具有以下特点：

（1）传统设计方法是将安全系数作为衡量安全与否的指标，但安全系数的大小并没有同可靠度直接挂钩，这就有很大的盲目性。可靠性设计与之不同，它强调在设计阶段就把可靠度直接引进到零件中去，即由设计直接确定固有的可靠性。

（2）传统设计方法是把设计变量视为确定性的单值变量并通过确定性的函数进行运算，而可靠性设计则把设计变量视为随机变量并运用随机方法对设计变量进行描述和运算。

（3）在可靠性设计中，由于应力和强度都是随机变量，所以判断一个零件是否安全可靠，就以强度大于应力的概率大小来表示。

（4）传统设计与可靠性设计都是以零件的安全或失效作为研究内容，因此，两者间又有着密切的联系。可靠性设计是传统设计的延伸与发展。在某种意义上，也可以认为可靠性设计只是在传统设计的方法上把设计变量视为随机变量，并通过随机变量运算法则进行运算而已。

6.1.3.3 机械可靠性设计

机械可靠性设计又称为机械概率设计，是可靠性工程学的主要内容之一，是可靠性工程学在机械设计中的应用。由于对机械破坏机理认识的日益深化，对机械故障概率资料的逐步累积，以及概率与统计在机械零件的应力与强度分析方面的应用等等，都为机械可靠性设计提供了理论基础和实践经验，使可靠性理论的应用扩展到结构设计、强度分析、疲劳研究等方面。

在采用传统的机械设计方法进行机械设计时，不能预测零部件在运行中破坏的概率，一是因为在设计中所采用的材料性能等数据，是它们的平均值，没有考虑数据的分散性；二是为了保证机械的可靠性，往往对计算载荷、选用的强度等分别乘以各种系数，例如载荷系数、尺寸系数等，最后还要考虑安全系数。这种传统方法是人们对这些因素的随机变化所作的经验估计。同时表明由于对这些随机变化情况无法进行精确计算，只好将机械的尺寸、重量等作经验的但又不精确的放大。即使如此，传统的机械设计方法，用于某些可靠性要求高的产品设计上，仍不能令人放心。相比之下，采用机械可靠性设计方法，所得结果则更接近于实际情况。

在机械可靠性设计中，将载荷、材料性能与强度及零部件的尺寸，都视为属于某种概率分布的统计量，应用概率和统计理论及强度理论，求出在给定设计条件下零部件不产生破坏的概率公式。应用这些公式，就可以在给定可靠度条件下求出零部件的尺寸，或在给定其尺寸的情况下确定其安全寿命。

机械可靠性设计的主要特点：

（1）以应力和强度为随机变量作为出发点。这是由于载荷、强度、结构尺寸、工况等都具有变动性和统计本质；在数学上必须用分布函数来描述。

（2）应用概率和统计方法进行分析、求解。这是基于应力和强度都是随机变量这一客观事实和认识。

（3）能定量地回答产品的实效概率和可靠度。

（4）强调设计对产品可靠性的主导作用。

（5）必须考虑环境的影响。温度、振动、湿度、腐蚀、磨损等环境条件对应力有很大影响。研究表明，应力分布的尾部比强度分布的尾部对可靠性的影响要大得多。因此，对环境的质量控制比对强度的质量控制可能会带来大得多的效益。

（6）必须考虑维修性。从设计一开始，就必须将固有可靠性和使用可靠性联系起来作为整体考虑，分析为了使设备或系统达到规定有效度，究竟是提高维修度还是提高可靠度更为合理。

(7) 从整体的、系统的、人机工程的观点出发。考虑设计问题更重视产品在寿命期间的总费用而不只是购置费用。

6.1.4 可靠性设计常用尺度指标

可靠性的定义只是一个一般的定性定义，并没有给出任何数量表示，而在产品可靠性的设计、制造、实验和管理等多个阶段中都需要“量”的概念，因此可靠性设计的常用数值指标非常重要。

可靠性的数值指标就是可靠性的尺度，常用可靠度、失效率、寿命、维修度、有效度和重要度等指标来表示。

6.1.4.1 可靠度与不可靠度

可靠度是指产品在规定的条件下和规定的时间内，完成规定功能的概率，通常用 $R(t)$ 表示，是时间 t 的函数，也称为可靠度函数。由于可靠度表示的是一个概率，所以 $R(t)$ 的取值范围为[0,1]。

设有 N 个相同的产品在相同的条件下工作，到任一给定的工作时间 t 时，累积有 $n(t)$ 个产品失效，其余 $N-n(t)$ 个产品仍能正常工作，那么该产品到时间 t 的可靠度为：

$$R(t) \approx \frac{N-n(t)}{N} \tag{6-1}$$

不可靠度是指产品在规定的条件下和规定的时间内丧失规定功能的概率，通常用 $F(t)$ 表示，也称为失效概率函数。

$$F(t) \approx \frac{n(t)}{N} \tag{6-2}$$

由于失效和不失效是相互对立事件，根据概率互补定理，两独立时间的概率之和恒等于1，因此可靠度和不可靠度之间有如下关系：

$$R(t)+F(t)=1 \tag{6-3}$$

综上可知，产品开始使用($t=0$)时，认为所有产品都是好的，即 $n(0)=0$，固有 $R(0)=1$，$F(0)=0$。随着工作时间的增加，产品的失效数不断增加，可靠度就相应地降低。所有产品不管其寿命多长，最后总是要失效的。因此 $n(\infty)=N$，$R(\infty)=0$，$F(\infty)=1$。即在$[0,\infty)$区间内，可靠度函数 $R(t)$ 为递减函数，而 $F(t)$ 为递增函数，如图6-1(a)所示。

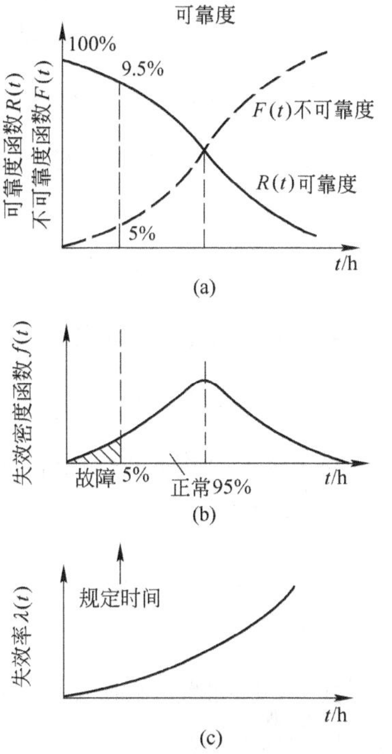

图6-1 可靠度函数、失效密度函数与失效率(当失效率递增时)
(a) 可靠度函数与不可靠度函数；(b) 失效密度函数；(c) 失效率

例6-1 某批电子器件有1000个，开始工作至500 h内有100个失效，工作至1000 h共有500个失效，试求该批电子器件工作到500 h的可靠度，以及工作到1000 h的不可靠度。

解：由已知条件可知：$N=1000$，$n(500)=100$，$n(1000)=500$。

由式(6-1)得该批电子器件工作到500 h 的可靠度：

$$R(500) \approx \frac{N-n(500)}{N}=0.9$$

由式(6-2)得该批电子器件工作到1000 h 的不可靠度或失效概率：

$$F(1000) \approx \frac{n(1000)}{N}=0.5$$

6.1.4.2　失效概率密度函数

对失效概率函数 $F(t)$ 求导，则得失效概率密度函数 $f(t)$，即：

$$f(t)=\frac{\mathrm{d}F(t)}{\mathrm{d}t}=-\frac{\mathrm{d}R(t)}{\mathrm{d}t} \tag{6-4}$$

失效概率密度函数又称为故障密度函数，如图6-1(a)所示，$R(t)$ 和 $F(t)$ 相对应的失效密度函数 $f(t)$ 示于图6-1(b)。由式(6-4)可得：

$$F(t)=\int_0^t f(t)\mathrm{d}t \tag{6-5}$$

由此，$F(t)$ 又称为累计失效密度函数。将式(6-5)代入式(6-3)得：

$$R(t)=1-F(t)=1-\int_0^t f(t)\mathrm{d}t=\int_t^{\infty} f(t)\mathrm{d}t \tag{6-6}$$

6.1.4.3　失效率

失效率又称为故障率，其定义为：产品工作到 t 时刻后，单位时间内失效的概率。

设有 N 个产品从 $t=0$ 时开始工作，到时刻 t 时的失效数为 $n(t)$，则 t 时刻的残存产品数为 $N-n(t)$，又若在 $(t,t+\Delta t)$ 时间区间内有 $\Delta n(t)$ 个产品失效，则定义时刻 t 的失效率为：

$$\lambda(t)=\frac{\Delta n(t)}{[N-n(t)]\Delta t}=\frac{n(t+\Delta t)-n(t)}{[N-n(t)]\Delta t} \tag{6-7}$$

失效率是标志产品可靠性常用的数量特征之一，失效率愈低，则可靠性愈高。由式(6-7)可得：

$$\lambda(t)=\frac{n(t+\Delta t)-n(t)}{[N-n(t)]\Delta t}=\frac{1}{N-n(t)}\cdot\frac{n(t+\Delta t)-n(t)}{\Delta t}=\frac{1}{N-n(t)}\cdot\frac{\mathrm{d}n(t)}{\mathrm{d}t}$$

对上式分子、分母各乘以 N，得：

$$\lambda(t)=\frac{N}{N-n(t)}\cdot\frac{\mathrm{d}n(t)}{N\cdot\mathrm{d}t}=\frac{1}{R(t)}\cdot\frac{\mathrm{d}F(t)}{\mathrm{d}t}=\frac{f(t)}{R(t)}=-\frac{1}{R(t)}\cdot\frac{\mathrm{d}R(t)}{\mathrm{d}t} \tag{6-8}$$

将上式从0到 t 进行积分，则得：

$$\int_0^t \lambda(t)\mathrm{d}t=-\ln R(t)$$

于是得：

$$R(t)=\mathrm{e}^{-\int_0^t \lambda(t)\mathrm{d}t} \tag{6-9}$$

式(6-9)称为可靠度函数 $R(t)$ 的一般方程，当 $\lambda(t)$ 为常数时，就是常用到的指数分布可靠度函数表达式。

综上所述，产品的可靠性指标 $R(t)$、$F(t)$、$f(t)$ 和 $\lambda(t)$ 都是相互联系的，式(6-3)、式(6-4)、式(6-8)和式(6-9)给出了它们之间的关系，这是可靠性分析中的重要关系式。需要指出的是，$R(t)$ 和 $F(t)$ 均为无量纲值，以小数或百分数表示；而 $f(t)$ 和 $\lambda(t)$ 均为有量纲值(1/h),常用的失效率单位还有 1/kh(1/10^3 h),1/Mh(1/10^6 h)。

有了可靠性的尺度,产品在可靠性方面就具有了明确而又统一的指标。这样,在设计和生产产品时,就可利用各种数学方法来计算和预测它们的可靠性;在产品生产出来之后,就可用一定的试验方法来评定其可靠性。

6.2　机械强度可靠性设计原理

机械产品的可靠性取决于其零件、部件的结构形式与尺寸、选用的材料及热处理、制造工艺、检验标准、润滑条件、维修的方便性以及各种安全保护措施等,而这些都是在设计中决定的。设计决定了产品的可靠性水平即产品的固有可靠度。产品的制造和使用固然也对其可靠性有极其重要的影响,但毕竟制造是按设计进行,制造和使用的主要任务是保证产品可靠性指标的实现。由此,产品可靠性设计的重要性也就不言而喻了。

6.2.1　机械可靠性设计原理——应力—强度分布干涉理论

应力—强度分布干涉理论是以应力—强度分布干涉模型为基础的,该模型可清楚地揭示机械零件产生故障而有一定故障率的原因和机械强度可靠性设计的本质。

前已述及,机械零件的强度和工作应力均为随机变量,呈分布状态。这是由于影响零件强度的参数如材料的性能、尺寸、表面质量等均为随机变量,影响应力的参数如载荷工况、应力集中、工作温度、润滑状态也都是随机变量的缘故。

在机械设计中,强度与应力具有相同的量纲,因此可以将它们的概率密度曲线表示在同一个坐标系中。通常要求零件的强度高于其工作应力,但由于零件的强度值与应力值的离散性,使应力—强度两概率密度函数曲线在一定的条件下可能相交,这个相交的区域如图 6-2 的右图所示(图中的阴影线部分),就是产品或零件可能出现故障的区域,称为干涉区。如果在机械设计中使零件的强度大大地高于其工作应力而使两种分布曲线不相交,如图 6-2 的左图所示,则该零件在工作初期在正常的工作条件下,强度总是大于应力,不会发生故障。即使是在这种设计使应力与强度分布曲线无干涉的情况下,该零件在动载荷、腐蚀、磨损、疲劳载荷的长期作用下,强度也将会逐渐衰减,可能会由图 6-2 中的位置 a 沿着衰减退化曲线移到位置 b,而使应力、强度分布曲线发生干涉,即由于强度的降低导致应力超过强度而产生不可靠的问题。由应力—强度干涉图还可以看出:当零件的强度和工作应力的离散程度大时,干涉部分就会加大,零件的不可靠度也就增大;当材质性能好、工作应力稳定而使应力与强度分布的离散度小时,干涉部分会相应地减小,零件的可靠度就会增大。另外,由该图还可以看出,即使在安全系数大于 1 的情况下,仍然会存在一定的不可靠度。所以,以往按传统的机械设计方法只进行安全系数的计算是不够的,还需要进行可靠度的计算,这正是可靠性设计有别于传统的常规设计最重要的特点。机械可靠性设计,就是要搞清楚零件的应力与其强度的分布规律,严格控制发生故障的概率,以满足设计要求。图 6-3 给出了机械强度可靠性设计的过程。

从应力—强度干涉模型可知,就统计数学的观点而言,由于干涉的存在,任一设计都存在着故障或失效的概率。设计者能够做到的仅仅是将故障或失效概率限制在某一可以接受的范围内而已。

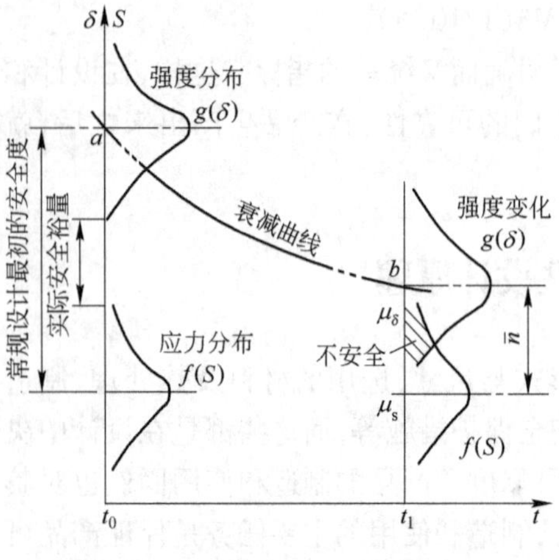

图6-2　应力—强度分布曲线的相互关系

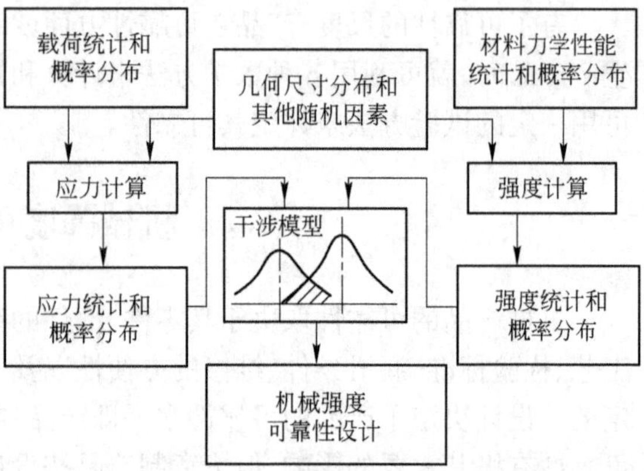

图6-3　机械强度可靠性设计过程框图

上述对应力—强度干涉模型的分析表明,机械零件的可靠度主要取决于应力—强度分布曲线干涉的程度。如果应力与强度的概率分布曲线已知,就可以根据其干涉模型计算该零件的可靠度。例如,像图6-2中的左图所表示的那样,应力与强度的概率分布曲线不发生干涉,即最大可能的工作应力都要小于最小可能的极限应力(即强度的下限值)。这时,工作应力大于零件强度是不可能事件。即工作应力大于零件强度的概率等于零:

$$P(S>\delta)=0 \tag{6-10}$$

式中　S——工作应力;

　　δ——强度。

具有这样的应力—强度模型的机械零件是安全的,不会发生故障。

当应力与强度的概率分布曲线发生干涉时,虽然工作应力的平均值μ_s仍远小于极限应力(强度)的平均值μ_δ,但不能绝对保证工作应力在任何情况下都不大于极限应力。即工作应力大于零件强度的概率大于零:

$$P(S>\delta)>0 \tag{6-11}$$

当应力超过强度时,将产生故障或失效。应力大于强度的全部概率则为失效概率——不可靠度,并以下式表示:

$$F=P(S>\delta)=P[(\delta-S)<0] \tag{6-12}$$

当应力小于强度时,则不发生故障或失效。应力小于强度的全部概率即为可靠度,并以下式表示:

$$R=P(S<\delta)=P[(\delta-S)>0] \tag{6-13}$$

令$f(S)$为应力分布的概率密度函数,$g(\delta)$为强度分布的概率密度函数,如图6-4所示,两者发生干涉。相应的分布函数为$F(\delta)$及$G(\delta)$(关于$F(\delta)$及$G(\delta)$的确定方法将在下面讨论),可按下述两种方法来计算零件破坏的概率和可靠度的一般表达式。

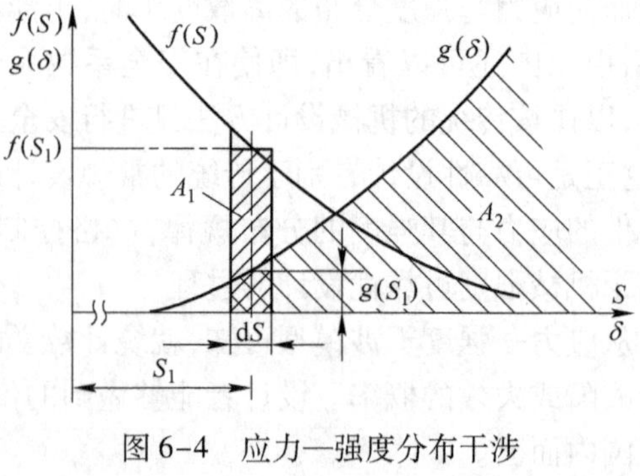

图6-4　应力—强度分布干涉

6.2.1.1 概率密度函数联合积分法

如图6-4所示,应力值落于S_1附近宽度为dS的小区间内的概率等于该小区间所决定的单元面积A_1,即

$$P\left[\left(S_1-\frac{\mathrm{d}S}{2}\right)\leqslant S\leqslant\left(S_1+\frac{\mathrm{d}S}{2}\right)\right]=f(S_1)\mathrm{d}S=A_1$$

强度δ大于应力S_1的概率为:

$$P(\delta>S_1)=\int_{S_1}^{\infty}g(\delta)\mathrm{d}\delta=A_2$$

考虑到$f(S_1)\mathrm{d}S$与$\int_{S_1}^{\infty}g(\delta)\mathrm{d}\delta$是两个独立的随机事件,它们同时发生的概率等于两个事件单独发生的概率的乘积,即:

$$f(S_1)\mathrm{d}S\cdot\int_{S_1}^{\infty}g(\delta)\mathrm{d}\delta$$

这个概率就是应力S在dS小区间内不会引起故障或失效的概率(因为$\delta>S$),如果将S_1变为随机变量S,则可得到对应于零件的所有可能应力值S,强度δ均大于应力S的概率,即可靠度为:

$$R=P(\delta>S)=\int_{-\infty}^{\infty}f(S)\left[\int_{S}^{\infty}g(\delta)\mathrm{d}\delta\right]\mathrm{d}S \tag{6-14a}$$

可靠度也可以按应力始终小于强度这一条件进行计算。这时零件的可靠度为:

$$R=\int_{-\infty}^{\infty}g(\delta)\left[\int_{-\infty}^{\delta}f(S)\mathrm{d}S\right]\mathrm{d}\delta=P(S<\delta) \tag{6-14b}$$

因$R=1-F$,且$\int_{-\infty}^{S}g(\delta)\mathrm{d}\delta+\int_{S}^{\infty}g(\delta)\mathrm{d}\delta=1$,则由式(6-14a)得相应的不可靠度或失效概率:

$$\begin{aligned}F=P(\delta\leqslant S)&=1-\int_{-\infty}^{\infty}f(S)\left[\int_{S}^{\infty}g(\delta)\mathrm{d}\delta\right]\mathrm{d}S\\&=1-\int_{-\infty}^{\infty}f(S)[1-G_\delta(S)]\mathrm{d}S\\&=\int_{-\infty}^{\infty}G_\delta(S)f(S)\mathrm{d}S\end{aligned} \tag{6-15}$$

这里,$G_\delta(S)=\int_{-\infty}^{S}g(\delta)\mathrm{d}\delta$。

6.2.1.2 强度与应力之差的概率密度函数积分法

令$y=\delta-S$,式中零件的强度δ及工作应力S均为随机变量,所以它们的差y也是随机变量,称作干涉随机变量(又称为强度差)。

设δ与S均为独立的随机变量,分布区间为$(0,\infty)$,则干涉随机变量y的分布区间为$(-\infty,\infty)$。这样,零件的可靠度可表示为$R=P(y>0)$。

根据概率论中的卷积公式,可得干涉随机变量y的概率密度函数为:

$$h(y)=\int_{S}^{\infty}g(y+S)f(S)\mathrm{d}S$$

干涉随机变量$y<0$的概率就是失效概率,故有:

$$F = P(y < 0) = \int_{-\infty}^{0} h(y)\mathrm{d}y = \int_{-\infty}^{0}\int_{S}^{\infty} g(y + S)f(S)\mathrm{d}S\mathrm{d}y \tag{6-16}$$

而 $y>0$ 的概率就是可靠度，故有：

$$R = P(y > 0) = \int_{0}^{\infty} h(y)\mathrm{d}y = \int_{0}^{\infty}\int_{S}^{\infty} g(y + S)f(S)\mathrm{d}S\mathrm{d}y \tag{6-17}$$

根据上述应力—强度分布干涉理论，为了计算零件的可靠度，首先应确定应力分布与强度分布。

6.2.2 零件工作应力分布的确定

零件危险截面上的工作应力 S 与其承受的载荷、几何尺寸、温度、物理特性、时间等参数有关，一般考虑工作应力 S 主要是载荷 $P = \sum_{i=1}^{n} P_i$ 及截面尺寸 A 的函数，即：

$$S = f\left(\sum_{i=1}^{n} P_i, A\right)$$

目前机械工程中采用的强度计算法的基本出发点是，认为强度计算载荷及其各组成项都是确定量，因而零件截面上的工作应力也是确定量。实际上，强度计算载荷及其各组成项都是随机变量且服从一定的分布规律，因而零件截面上的工作应力也是随机变量，通常可采用代数法、矩阵法或蒙特卡洛模拟法把与应力有关参数的分布综合成应力分布规律。

在强度问题中，很多实际问题均可用正态分布来进行研究。根据概率论的中心极限定理，我们知道，若影响应力分布的因素很多，且这些因素是彼此独立的，每一因素的影响并不比其他因素特别大，则应力的分布必服从正态分布 $N(\mu_S, \sigma_S)$。其概率密度函数为：

$$f(S) = \frac{1}{\sqrt{2\pi}\sigma_S}\exp\left[-\frac{1}{2}\left(\frac{S - \mu_S}{\sigma_S}\right)^2\right] \tag{6-18}$$

工作应力的分布参数（数学期望 μ_S 与均方差 σ_S）应按各类机械的大量载荷或应力实测资料，应用数理统计方法，按以下公式计算：

$$\mu_S = \frac{1}{n}\sum_{i=1}^{n} S_i$$

$$\sigma_S = \sqrt{\frac{1}{n-1}\sum_{i=1}^{n}(S_i - \mu_S)^2} \tag{6-19}$$

目前我国这方面的实测资料较少，因而难以提出确切数据。现为实用起见，建议按下列近似计算法来确定：

（1）对静强度计算：

$$\mu_S = \sigma_{\mathrm{II}}$$
$$\sigma_S = k\mu_S \tag{6-20}$$

（2）对疲劳强度计算：

$$\mu_S = \sigma_{\mathrm{I}}$$
$$\sigma_S = k\mu_S \tag{6-21}$$

式中 μ_S, σ_S——分别为零件危险截面上工作应力（对静强度计算为最大工作应力，对疲劳强度计算为等效工作应力）的数学期望和均方差；

$\sigma_{\mathrm{I}}, \sigma_{\mathrm{II}}$——分别为根据工作状态的正常载荷（或称第Ⅰ类载荷）和根据工作状态的最

大载荷(或称第Ⅱ类载荷),按常规应力计算方法算得的零件危险截面上的等效工作应力和最大工作应力;

k——工作应力的变差系数。

工作应力的变差系数 k 值,应按实测应力试验数据统计得出,也可通过分析各项计算载荷的统计资料按下式近似计算:

$$k = \frac{\sqrt{\sum (k_i P_i)^2}}{\sum P_i} \tag{6-22}$$

式中 P_i——第 i 项载荷。对静强度计算按最大载荷取值,对疲劳强度计算按等效载荷取值。各项载荷的具体计算方法应针对各类机械,参照有关专业书刊进行;

k_i——第 i 项载荷的变差系数,可按计算零件的实际载荷分布情况,应用数理统计方法来确定。

在确定工作应力的变差系数 k 值时,若缺乏足够的统计资料难以计算时,也可按各类专业机械提供的经验数据近似取值。

通过上述计算可以求出零件危险截面上工作应力的分布参数 μ_S 及 σ_S。将 μ_S 及 σ_S 代入式(6-18),即可求出其概率密度函数 $f(S)$。

6.2.3 强度分布的确定

零件承载能力(强度 δ)的分布规律一般服从正态分布率 $N(\mu_\delta, \sigma_\delta)$。其概率密度函数为:

$$g(\delta) = \frac{1}{\sqrt{2\pi}\sigma_\delta}\exp\left[-\frac{1}{2}\left(\frac{\delta - \mu_\delta}{\sigma_\delta}\right)^2\right] \tag{6-23}$$

承载能力的分布参数(数学期望 μ_δ 与均方差 σ_δ)较精确的确定方法是,根据大量零件样本试验数据,应用数理统计方法,按下列公式计算:

$$\mu_\delta = \frac{1}{n}\sum_{i=1}^{n}\delta_i$$

$$\sigma_\delta = \sqrt{\frac{1}{n-1}\sum_{i=1}^{n}(\delta_i - \mu_\delta)^2} \tag{6-24}$$

但在大多数情况下,这样的数据是难以取得的。因此,为实用起见,可通过材料的机械特性资料,并考虑零件的载荷特性及制造方法对零件承载能力的影响,近似地确定分布参数。建议方法如下。

6.2.3.1 对静强度计算

$$\mu_\delta = k_1\mu_{\delta 0}$$

$$\sigma_\delta = k_1\sigma_{\delta 0} \tag{6-25}$$

式中,$\mu_{\delta 0}$ 及 $\sigma_{\delta 0}$ 分别为材料样本试件拉伸机械特性的数学期望及均方差。

材料的强度极限 σ_b 及屈服极限 σ_s 大都服从于正态分布律的,通常从相关手册中查得的数值,一般是强度值的数学期望,强度值的均方差经统计约为数学期望值的 10%。k_1 为计及载荷特性及制造方法的修正系数,

$$k_1 = \frac{\varepsilon_1}{\varepsilon_2} \tag{6-26}$$

式中 ε_1——按拉伸获得的机械特性转化为弯曲或扭转特性的转化系数，对钢质零件可按表6-1选用；

ε_2——考虑零件锻(轧)或铸的制造质量影响系数。它考虑了材料的不均匀性，内部可能的缺陷，以及实际尺寸与名义尺寸的误差等因素。对锻件和轧制件可取 $\varepsilon_2=1.1$；对铸件可取 $\varepsilon_2=1.3$。

表6-1 钢质材料机械特性转化系数 ε_1 值

载荷特性	零件截面形状及材料	ε_1
弯 曲	截面为圆形和矩形的碳钢	1.2
	除圆形和矩形以外的截面的碳钢，各种截面的合金钢	1.0
扭 转	圆形截面的碳钢和合金钢	0.6

由此可得出零件静强度承载能力分布参数的近似计算公式：

对塑性材料：

$$\mu_\delta=\frac{\varepsilon_1}{\varepsilon_2}\sigma_s$$

$$\sigma_\delta=0.1\mu_\delta=0.1\left(\frac{\varepsilon_1}{\varepsilon_2}\right)\sigma_s \tag{6-27}$$

对脆性材料：

$$\mu_\delta=\frac{\varepsilon_1}{\varepsilon_2}\sigma_b$$

$$\sigma_\delta=0.1\mu_\delta=0.1\left(\frac{\varepsilon_1}{\varepsilon_2}\right)\sigma_b \tag{6-28}$$

6.2.3.2 对疲劳强度计算

$$\mu_\delta=k_2\mu_{(\sigma-1)}$$

$$\sigma_\delta=k_2\sigma_{(\sigma-1)} \tag{6-29}$$

式中，$\mu_{(\sigma-1)}$ 和 $\sigma_{(\sigma-1)}$ 分别为材料样本试件对称循环疲劳极限的数学期望和均方差。材料的疲劳极限也可以认为是服从于正态分布规律的，通常从相关手册中查得的 σ_{-1} 值是对称循环疲劳极限值的数学期望，按现有资料统计，对称循环疲劳极限的均方差为数学期望值的4%～10%，对于一般计算可以近似地取为8%。k_2 为疲劳极限修正系数，按表6-2所列公式计算。

表6-2 疲劳极限修正系数 k_2 的计算公式

$r\leqslant1$	$\frac{2}{(1-r)K+\eta(1+r)}$	
	对称循环($r=-1$)	脉动循环($r=0$)
	$\frac{1}{K}$	$\frac{2}{K+\eta}$
$r=-\infty$ $r>1$	$\frac{2r}{(1-r)K+\eta(1+r)}$	

注：r—应力循环不对称系数，$r=\sigma_{min}/\sigma_{max}$；$K$—有效应力集中系数。具体取值可参阅有关书刊资料；$\eta$—材料对应力循环不对称性的敏感系数。对碳钢、低合金钢 $\eta=0.2$；对合金钢 $\eta=0.3$。

由此可得出零件疲劳强度承载能力分布参数的近似计算公式如下：

$$\mu_\delta = k_2\sigma_{-1}$$

$$\sigma_\delta = 0.08\mu_\delta = 0.08k_2\sigma_{-1} \tag{6-30}$$

在求得了零件承载能力的分布参数后，代入式(6-23)，即可求出其概率密度函数 $g(\delta)$。

6.2.4 典型强度—应力分布模式的可靠度计算

上面讨论了应力、强度分布发生干涉时可靠度的一般表达式，当应力、强度分布模式确定之后，可由其计算出相应的可靠度。下面给出其他几种典型应力、强度分布的可靠度计算公式。

6.2.4.1 应力和强度均呈正态分布时的可靠度计算

根据概率论的研究，当应力 S 和强度 δ 均呈正态分布时，其差 $y=\delta-S$ 也呈正态分布，其数学期望 μ_y 与均方差 σ_y 分别为：

$$\mu_y = \mu_\delta - \mu_S$$

$$\sigma_y = \sqrt{\sigma_\delta^2 + \sigma_S^2} \tag{6-31}$$

$$h(y) = \frac{1}{\sigma_y\sqrt{2\pi}}\exp\left[-\frac{1}{2}\left(\frac{y-\mu_y}{\sigma_y}\right)^2\right] \qquad -\infty<y<+\infty$$

$$R = P(y>0) = \int_0^\infty \frac{1}{\sigma_y\sqrt{2\pi}}\exp\left[-\frac{1}{2}\left(\frac{y-\mu_y}{\sigma_y}\right)^2\right]\mathrm{d}y \tag{6-32}$$

令

$$z = \frac{y-\mu_y}{\sigma_y}$$

则 $\mathrm{d}y=\sigma_y\mathrm{d}z$，当 $y=0$ 时，z 的下限为

$$z = \frac{0-\mu_y}{\sigma_y} = -\frac{\mu_\delta-\mu_S}{\sqrt{\sigma_\delta^2+\sigma_S^2}} \tag{6-33}$$

当 $y\to+\infty$ 时，z 的上限也是 $+\infty$，即 $z\to+\infty$。将上述关系代入式(6-32)，得：

$$R = \frac{1}{\sqrt{2\pi}}\int_{-\frac{\mu_\delta-\mu_S}{\sqrt{\sigma_\delta^2+\sigma_S^2}}}^{\infty} e^{\frac{z^2}{2}}\mathrm{d}z = \frac{1}{\sqrt{2\pi}}\int_{-Z_R}^{\infty}\exp\left[-\frac{z^2}{2}\right]\mathrm{d}z \tag{6-34}$$

零件破坏的失效概率为：

$$F = P(y<0) = \frac{1}{\sqrt{2\pi}}\int_{-\infty}^{-Z_R} e^{-\frac{z^2}{2}}\mathrm{d}z \tag{6-35}$$

其中

$$Z_R = \frac{\mu_\delta-\mu_S}{\sqrt{\sigma_\delta^2+\sigma_S^2}} \tag{6-33a}$$

称为可靠性系数或可靠度指数。

式(6-33)实际上是将应力分布参数、强度分布参数和可靠度三者联系起来考虑，称为“联结方程”或称为“耦合方程”，是可靠性设计的基本方程。

当应力和强度均呈正态分布时，可靠度的计算便可大大简化。可以由式(6-33a)求出可靠性系数 Z_R，然后利用标准正态分布表(附表1)可求出零件破坏的失效概率 F 值。

6.2.4.2 应力和强度均呈对数正态分布时的可靠度计算

应力 S 和强度 δ 均呈对数正态分布时，其对数值 $\ln S$ 和 $\ln\delta$ 服从正态分布。强度和应力

的对数之差：$y=\ln\delta-\ln S$ 亦为服从正态分布的随机变量，其数学期望 μ_y 与均方差 σ_y 分别为：

$$\left.\begin{aligned}\mu_y&=\mu_{\ln\delta}-\mu_{\ln S}\\ \sigma_y&=\sqrt{\sigma_{\ln\delta}^2+\sigma_{\ln S}^2}\end{aligned}\right\}\tag{6-36}$$

零件破坏的失效概率为：

$$F=P(y<0)=\frac{1}{\sqrt{2\pi}\sigma_y}\int_{-\infty}^{0}\mathrm{e}^{-\frac{1}{2}\left(\frac{y-\mu_y}{\sigma_y}\right)^2}\mathrm{d}y\tag{6-37}$$

令：$z=\dfrac{y-\mu_y}{\sigma_y}$，则 $\sigma_y\mathrm{d}z=\mathrm{d}y$。当 $y=0$ 时，得对数正态分布的耦合方程为：

$$z=-\frac{\mu_y}{\sigma_y}=-\frac{\mu_{\ln\delta}-\mu_{\ln S}}{\sqrt{\sigma_{\ln\delta}^2+\sigma_{\ln S}^2}}\tag{6-38}$$

代入式(6-37)，零件的破坏概率为：

$$F=P(y<0)=\frac{1}{\sqrt{2\pi}}\int_{-\infty}^{-\frac{\mu_{\ln\delta}-\mu_{\ln S}}{\sqrt{\sigma_{\ln\delta}^2-\sigma_{\ln S}^2}}}\mathrm{e}^{-\frac{1}{2}z^2}\mathrm{d}z=\Phi\left(-\frac{\mu_{\ln\delta}-\mu_{\ln S}}{\sqrt{\sigma_{\ln\delta}^2-\sigma_{\ln S}^2}}\right)\tag{6-39}$$

则强度可靠度为：

$$R=P(y>0)=1-\Phi\left(-\frac{\mu_{\ln\delta}-\mu_{\ln S}}{\sqrt{\sigma_{\ln\delta}^2-\sigma_{\ln S}^2}}\right)=\Phi\left(\frac{\mu_{\ln\delta}-\mu_{\ln S}}{\sqrt{\sigma_{\ln\delta}^2-\sigma_{\ln S}^2}}\right)\tag{6-40}$$

对数数学期望 $\mu_{\ln\delta}$，$\mu_{\ln S}$ 及对数均方差 $\sigma_{\ln\delta}$，$\sigma_{\ln S}$，可由 μ_δ，μ_S 及 σ_δ，σ_S 求出：

$$\left.\begin{aligned}\mu_{\ln\delta}&=\ln\mu_\delta-\frac{1}{2}\sigma_{\ln\delta}^2\\ \sigma_{\ln\delta}^2&=\ln\left[\left(\frac{\sigma_\delta}{\mu_\delta}\right)^2+1\right]\end{aligned}\right\}\tag{6-41}$$

$$\left.\begin{aligned}\mu_{\ln S}&=\ln\mu_S-\frac{1}{2}\sigma_{\ln S}^2\\ \sigma_{\ln S}^2&=\ln\left[\left(\frac{\sigma_S}{\mu_S}\right)^2+1\right]\end{aligned}\right\}\tag{6-42}$$

6.2.4.3 应力和强度均呈指数分布时的可靠度计算

应力 S 和强度 δ 均呈指数分布时的概率密度函数分别为：

$$f(S)=\lambda_S\mathrm{e}^{-\lambda_s\cdot S},\quad 0\leqslant S<\infty$$

$$g(\delta)=\lambda_\delta\mathrm{e}^{-\lambda_\delta\cdot\delta},\quad 0\leqslant\delta<\infty$$

由式(6-14a)，有

$$\begin{aligned}R=P(\delta>S)&=\int_{-\infty}^{\infty}f(S)\left[\int_S^{\infty}g(\delta)\mathrm{d}\delta\right]\mathrm{d}S=\int_0^{\infty}\lambda_S\mathrm{e}^{-\lambda_S\cdot S}\left[\mathrm{e}^{-\lambda_\delta\cdot\delta}\right]\mathrm{d}S\\&=\int_0^{\infty}\lambda_S\mathrm{e}^{-(\lambda_S+\lambda_\delta)\cdot S}\mathrm{d}S=\frac{\lambda_S}{\lambda_S+\lambda_\delta}\int_0^{\infty}(\lambda_S+\lambda_\delta)\mathrm{e}^{-(\lambda_S+\lambda_\delta)\cdot S}\mathrm{d}S=\frac{\lambda_S}{\lambda_S+\lambda_\delta}\end{aligned}\tag{6-43}$$

根据指数分布的数字特征，有应力均值 $\mu_S=\dfrac{1}{\lambda_S}$；强度均值 $\mu_\delta=\dfrac{1}{\lambda_\delta}$，则可靠度 R 为：

$$R=\frac{\mu_\delta}{\mu_\delta+\mu_S} \tag{6-44}$$

6.2.4.4 应力呈指数(正态)分布而强度呈正态(指数)分布时的可靠度计算

应力 S 呈指数分布,其概率密度函数为:

$$f(S)=\lambda_S e^{-\lambda_S\cdot S},\ S\geqslant 0$$

指数分布有下列特征:

$$\mu_S=\frac{1}{\lambda_S},\ \sigma_S=\frac{1}{\lambda_S}$$

强度呈正态分布,其概率密度函数为:

$$g(\delta)=\frac{1}{\sqrt{2\pi}\sigma_\delta}\exp\left[-\frac{1}{2}\left(\frac{\delta-\mu_\delta}{\sigma_\delta}\right)^2\right]\quad -\infty<\delta<\infty$$

由式(6-14b)并考虑到指数分布只有正值,且 $S<\delta$,故有:

$$R=\int_0^\infty g(\delta)\left[\int_0^\delta f(S)\,dS\right]d\delta$$

上式中:

$$\int_0^\delta f(S)\,dS=\int_0^\delta \lambda_S e^{-\lambda_S\cdot S}dS=-e^{-\lambda_S\cdot S}\Big|_0^\delta=1-e^{-\lambda_S\cdot\delta}$$

从而有

$$\begin{aligned}R&=\int_0^\infty\frac{1}{\sigma_\delta\sqrt{2\pi}}\exp\left[-\frac{1}{2}\left(\frac{\delta-\mu_\delta}{\sigma_\delta}\right)^2\right](1-e^{-\lambda_S\cdot\delta})d\delta\\&=\frac{1}{\sigma_\delta\sqrt{2\pi}}\int_0^\infty\exp\left[-\frac{1}{2}\left(\frac{\delta-\mu_\delta}{\sigma_\delta}\right)^2\right]d\delta-\frac{1}{\sigma_\delta\sqrt{2\pi}}\int_0^\infty\exp\left[-\frac{1}{2}\left(\frac{\delta-\mu_\delta}{\sigma_\delta}\right)^2\right]e^{-\lambda_S\cdot\delta}d\delta\end{aligned} \tag{6-45}$$

令

$$A=\frac{1}{\sigma_\delta\sqrt{2\pi}}\int_0^\infty\exp\left[-\frac{1}{2}\left(\frac{\delta-\mu_\delta}{\sigma_\delta}\right)^2\right]d\delta$$

又令 $z=\frac{\delta-\mu_\delta}{\sigma_\delta}$,则 $\sigma_\delta dz=d\delta$。当 $\delta=0$ 时,z 的下限为 $z=\frac{0-\mu_\delta}{\sigma_\delta}=-\frac{\mu_\delta}{\sigma_\delta}$,代入上式并考虑到 z 是标准正态分布变量,上式可改写为:

$$A=\frac{1}{\sqrt{2\pi}}\int_{-\frac{\mu_\delta}{\sigma_\delta}}^\infty\exp\left[-\frac{z^2}{2}\right]dz=1-\Phi(z)=1-\Phi\left(-\frac{\mu_\delta}{\sigma_\delta}\right) \tag{6-46}$$

再令:

$$\begin{aligned}B&=\frac{1}{\sigma_\delta\sqrt{2\pi}}\int_0^\infty\exp\left[-\frac{1}{2}\left(\frac{\delta-\mu_\delta}{\sigma_\delta}\right)^2\right]e^{-\lambda_S\cdot\delta}d\delta\\&=\frac{1}{\sigma_\delta\sqrt{2\pi}}\int_0^\infty\exp\left[-\frac{1}{2}\left(\frac{\delta-\mu_\delta}{\sigma_\delta}\right)-\lambda_\delta\delta\right]d\delta\\&=\frac{1}{\sigma_\delta\sqrt{2\pi}}\int_0^\infty\exp\left\{-\frac{1}{2\sigma_\delta^2}\left[(\delta-\mu_\delta+\lambda_S\sigma_\delta^2)^2+2\mu_\delta\lambda_S\sigma_\delta^2-\lambda_S^2\sigma_\delta^4\right]\right\}d\delta\end{aligned}$$

又令 $t=(\delta-\mu_\delta+\lambda_S\sigma_\delta^2)/\sigma_\delta$,则 $\sigma_\delta dt=d\delta$。当 $\delta=0$ 时 t 的下限为 $t=-\frac{\mu_\delta-\lambda_S\sigma_\delta^2}{\sigma_\delta}$,代入上式,得:

$$B=\frac{1}{\sqrt{2\pi}}\int_{-\frac{\mu_\delta-\lambda_S\sigma_\delta^2}{\sigma_\delta}}^{\infty}\exp\left[-\frac{t^2}{2}\right]\cdot\exp\left[-\frac{1}{2}(2\mu_\delta\lambda_S-\lambda_S^2\sigma_\delta^2)\right]dt$$

$$=\left[1-\Phi\left(-\frac{\mu_\delta-\lambda_S\sigma_\delta^2}{\sigma_\delta}\right)\right]\cdot\exp\left[-\frac{1}{2}(2\mu_\delta\lambda_S-\lambda_S^2\sigma_\delta^2)\right] \quad (6\text{-}47)$$

将式(6-46)、式(6-47)代入式(6-45)，得可靠度的表达式为：

$$R=1-\Phi\left(-\frac{\mu_\delta}{\sigma_\delta}\right)-\left[1-\Phi\left(-\frac{\mu_\delta-\lambda_S\sigma_\delta^2}{\sigma_\delta}\right)\right]\cdot\exp\left[-\frac{1}{2}(2\mu_\delta\lambda_S-\lambda_S^2\sigma_\delta^2)\right] \quad (6\text{-}48)$$

同理，当强度呈指数分布而应力呈正态分布时，则概率密度函数分别为：

$$g(\delta)=\lambda_\delta e^{-\lambda_\delta\cdot\delta}$$

$$f(S)=\frac{1}{\sigma_S\sqrt{2\pi}}\exp\left[-\frac{1}{2}\left(\frac{S-\mu_S}{\sigma_S}\right)^2\right]$$

由式(6-14a)得：

$$R=\int_0^{\infty}f(S)\left[\int_S^{\infty}g(\delta)d\delta\right]dS$$

$$=\int_0^{\infty}\frac{1}{\sigma_S\sqrt{2\pi}}\exp\left[-\frac{1}{2}\left(\frac{S-\mu_S}{\sigma_S}\right)^2\right]\left(\int_S^{\infty}\lambda_\delta e^{-\lambda_\delta\cdot\delta}\right)dS$$

$$=\int_0^{\infty}\frac{1}{\sigma_S\sqrt{2\pi}}\exp\left[-\frac{1}{2}\left(\frac{S-\mu_S}{\sigma_S}\right)^2\right]e^{-\lambda_\delta\cdot S}dS$$

$$=\int_0^{\infty}\frac{1}{\sigma_S\sqrt{2\pi}}\exp\left[-\frac{1}{2}\left(\frac{S-\mu_S}{\sigma_S}\right)^2-\lambda_\delta\cdot S\right]dS$$

$$=\frac{1}{\sigma_S\sqrt{2\pi}}\int_0^{\infty}\exp\left\{-\frac{1}{2\sigma_S^2}\left[(S-\mu_S+\lambda_\delta\sigma_S^2)^2+2\mu_S\lambda_\delta\sigma_S^2-\lambda_\delta^2\sigma_S^4\right]\right\}dS$$

令 $t=(S-\mu_S+\lambda_\delta\sigma_S^2)/\sigma_S$，则 $\sigma_S dt=dS$。当 $S=0$ 时 t 的下限为 $t=-\frac{\mu_S-\lambda_\delta\sigma_S^2}{\sigma_S}$，代入上式，得：

$$R=\frac{1}{\sqrt{2\pi}}\int_{-\frac{\mu_S-\lambda_\delta\sigma_S^2}{\sigma_S}}^{\infty}\exp\left[-\frac{t^2}{2}\right]\exp\left[-\frac{1}{2}(2\mu_S\lambda_\delta-\lambda_\delta^2\sigma_S^2)\right]dt$$

$$=\left[1-\Phi\left(-\frac{\mu_S-\lambda_\delta\sigma_S^2}{\sigma_S}\right)\right]\exp\left[-\frac{1}{2}(2\mu_S\lambda_\delta-\lambda_\delta^2\sigma_S^2)\right] \quad (6\text{-}49)$$

限于篇幅，有关应力与强度均呈伽玛分布、应力呈伽玛（指数）分布而强度呈指数（伽玛）分布、应力呈正态分布而强度呈威布尔分布、应力与强度均呈威布尔分布和极值分布下的可靠度计算，以及用数值积分法、图解法、蒙特卡洛模拟法求可靠度的计算可参见有关文献等。

6.3　机械强度可靠性设计应用

6.3.1　强度可靠性计算条件式与许用可靠度

根据上述分析，在确定了应力和强度的分布规律后，可方便地计算出可靠度。对于正态分布问题，可求出以应力表示的零件承载能力和零件工作应力的概率密度函数 $f(\delta)$、$g(\delta)$

及其分布参数(μ_S,σ_S)和(μ_δ,σ_δ),从而可以算出:

$$Z_R=\frac{\mu_\delta-\mu_S}{\sqrt{\sigma_S^2+\sigma_\delta^2}} \tag{6-50}$$

由于考虑到决定载荷和应力等的现行计算方法具有一定的误差,并计及计算零件的重要性,使之具有一定的强度储备,可把零件工作应力的数学期望 μ_δ 扩大 n 倍作为零件受载时的极限状态,此时:

$$Z_R=\frac{\mu_\delta-n\mu_S}{\sqrt{\sigma_S^2+\sigma_\delta^2}} \tag{6-51}$$

式中 n——强度储备系数,具体数值按各类专业机械的要求选取,一般可取 $n=1.1\sim1.25$。

将式(6-51)求得的 Z_R 值代入式(6-34),可求出零件已考虑了强度储备后的强度可靠度 R 值(亦可直接查本章附表1)。所求得的 R 值应不小于计算零件的许用可靠度[R]。

许用可靠度[R]值的确定是一项直接影响产品质量和技术经济指标的重要科研工作,目前可供参考的资料甚少。选择时应根据所计算零件的重要性,计算载荷的类别,并考虑到决定载荷和应力等计算的精确程度,以及产品的经济性等方面综合评定。

确定许用可靠度[R]值的主要原则是:

(1) 根据零件的重要性　对破坏后将引起严重事故的重要零件,如破坏会引起物品坠落,机械倾覆,重要生产过程中断等事故的,应选较高的[R]值;对破坏后仅使机械停止工作,不引起严重事故且易于更换修复的一般零件,则[R]值可以相对取低些。

(2) 根据计算载荷的类别　对按工作状态正常载荷(第Ⅰ类载荷)进行疲劳强度计算,或按工作状态最大载荷(第Ⅱ类载荷)进行静强度计算时,应选较高的[R]值;而对按验算载荷(第Ⅲ类载荷),即按非工作状态最大载荷(如强风载荷等)或特殊载荷(如安装载荷,运输载荷,事故冲击载荷等)进行静强度验算时,则[R]值可以相对取低些。这是因为第Ⅲ类载荷出现的概率远较第Ⅰ、Ⅱ类载荷为小,且即使发生破坏,因该时机械处于非工作状态,所造成的事故及经济损失也较工作状态时发生破坏为小,所以[R]值可相对取得低些。

(3) 根据各项费用的经济分析　零件强度可靠度的提高,需在材料、工艺、设备等方面采取相应措施,因而要导致生产费用的增加,但维修费用却随着可靠性的提高而降低。反之,如果可靠性降低,就必然导致维修费用大大增加,甚至造成事故,影响安全和正常生产,在经济上造成更大损失。

在确定许用可靠度[R]值时应重视综合经济分析,所取的[R]值应以使总费用最小为原则。

6.3.2 强度可靠性设计方法及步骤

本节所介绍的强度可靠性计算理论,可用来进行机械零件的设计计算,也可用来对已有机械零件进行强度可靠性验算。

现以某专业机械传动齿轮轴的强度计算为例,阐明如何应用本章所介绍的强度可靠性计算理论及方法来解决实际问题。

6.3.2.1 设计计算

已知零件的载荷和材料,求零件危险截面的尺寸。

例 6-2　某专业机械传动齿轮轴，材料为 40Cr 钢，锻制，调质热处理，经载荷计算已求得危险截面上的最大弯矩 $M_{弯(\mathrm{II})}=1500\,\mathrm{kN\cdot cm}$；最大扭矩 $M_{扭(\mathrm{II})}=1350\,\mathrm{kN\cdot cm}$；等效弯矩 $M_{弯(\mathrm{I})}=800\,\mathrm{kN\cdot cm}$；等效扭矩 $M_{扭(\mathrm{I})}=700\,\mathrm{kN\cdot cm}$。试按强度可靠性设计理论确定该轴的直径。

解：

（1）按静强度设计：

1）选定许用可靠度 $[R]$ 及强度储备系数 n。按该专业机械的要求，选 $R=[R]=0.99$；$n=1.25$。

2）计算零件发生强度破坏的概率 F：

$$F=1-R=1-0.99=0.01$$

3）由 F 值查附表 1，求出 Z_R 值：

当 $F=0.01$ 时，$Z_R=2.32$

4）计算材料承载能力的分布参数。轴材料为 40Cr 钢，调质热处理，由材料手册查得相应尺寸的拉伸屈服极限 $\sigma_s=5500\,\mathrm{kgf/cm^2}=53.95\,\mathrm{kN/cm^2}$，由表 6-1 查得合金钢零件的 $\varepsilon_1=1.0$，轴是锻件，所以 $\varepsilon_2=1.1$。因此得：

$$\mu_\delta=\frac{\varepsilon_1}{\varepsilon_2}\sigma_s=\frac{1.0}{1.1}\times 53.95=49\,\mathrm{kN/cm^2}$$

$$\sigma_\delta=0.1\mu_\delta=0.1\times 49=4.9\,\mathrm{kN/cm^2}$$

5）按已求得的 Z_R 值，计算 μ_S：

$$Z_R=\frac{\mu_\delta-n\mu_S}{\sqrt{\sigma_S^2+\sigma_\delta^2}}=\frac{\mu_\delta-n\mu_S}{\sqrt{\sigma_S^2+(k\mu_S)^2}}$$

式中，k 值按该专业机械实际载荷分布情况用式（6-31）计算或直接参考经验数据近似取值，现取 $k=0.08$。

$$Z_R=\frac{49-1.25\mu_S}{\sqrt{(4.9)^2+(0.08\mu_S)^2}}=2.32$$

解上式可求得 $\mu_S=29.13\,\mathrm{kN/cm^2}$。

6）按已求得的 μ_S 值，计算轴的尺寸：

$$\mu_S=\sigma_{\mathrm{II}}\sqrt{\left(\frac{M_{弯(\mathrm{II})}}{W}\right)^2+4\left(a\frac{M_{扭(\mathrm{II})}}{W_p}\right)^2}=\frac{\sqrt{M_{弯(\mathrm{II})}^2+(aM_{扭(\mathrm{II})})^2}}{W}$$

所以

$$d^3=\frac{\sqrt{M_{弯(\mathrm{II})}^2+(aM_{扭(\mathrm{II})})^2}}{0.1\mu_S}$$

式中，a 是轴的计算应力换算系数，用以考虑弯曲与扭转极限应力的差别，以及弯曲与扭转应力循环特性的不同，a 值可按表 6-3 所列公式计算或直接取值。对静强度计算，材料为合金钢，$a=0.83$。

$$d^3=\frac{\sqrt{(1500)^2+(0.83\times 1350)^2}}{0.1\times 29.13}\mathrm{cm^3}=643\,\mathrm{cm^3}$$

$$d=\sqrt[3]{643}\,\mathrm{cm}=8.63\,\mathrm{cm}$$

（2）按疲劳强度计算：

1)、2)、3)步骤的计算同上。

4)计算材料承载能力的分布参数:对钢质零件可按下列近似关系式计算对称循环的弯曲疲劳极限:

$$\sigma_{-1(弯)} = 0.43\sigma_{b(拉)}$$

式中,$\sigma_{b(拉)}$是拉伸强度极限,由材料手册查得:40Cr 钢,调质热处理,相应尺寸的 $\sigma_{b(拉)}$ = 7500 kgf/cm^2 = 73.57 kN/cm^2,则由上式求得 $\sigma_{-1(弯)}$ = 31.64 kN/cm^2。

表 6-3 轴计算应力换算系数 a 值

载荷状况	疲劳强度计算载荷(第Ⅰ类载荷)		静强度计算载荷(第Ⅱ类载荷)静强度验算载荷(第Ⅲ类载荷)
	弯曲为对称循环 扭转为脉动循环	弯曲和扭转 均为对称循环	
计算公式	$a = 0.75\dfrac{\sigma_{-1(弯)}}{2\tau_{-1(扭)}}$	$a = \dfrac{\sigma_{-1(弯)}}{2\tau_{-1(扭)}}$	$a = \dfrac{\sigma_{s(弯)}}{2\tau_{s(扭)}}$
a 的计算值	0.75	1.0	1.0(碳钢用) 0.83(合金钢用)

疲劳极限修正系数 k_2 值按表 6-2 所列公式计算。现已知该轴所受的载荷特性为:弯曲是对称循环($r = -1$);扭转是脉动循环($r = 0$)。现按第三强度理论,将载荷换算成相当弯矩进行合成应力计算,所以 k_2 值按 $r = -1$ 计算,得 $k_2 = 1/K$。K 为有效应力集中系数,现已知轴与齿轮采用紧配合,查设计手册得 $K = 2$。所以,$k_2 = 1/K = 0.5$。

从而可以求得零件疲劳强度承载能力的分布参数:

$$\mu_\delta = k_2\sigma_{-1(弯)} = 0.5 \times 31.64\ \text{kN/cm}^2 = 15.82\ \text{kN/cm}^2$$

$$\sigma_\delta = 0.08\mu_\delta = 0.08 \times 15.82\ \text{kN/cm}^2 = 1.27\ \text{kN/cm}^2$$

5)按 $Z_R = 2.32$,解式(6-37)可求得 $\mu_S = 9.88\ \text{kN/cm}^2$。

6)按已求得的 μ_S 值,计算轴的尺寸:

$$\mu_S = \sigma_{\text{I}} = \frac{\sqrt{M_{弯(\text{I})}^2 + (aM_{扭(\text{I})})^2}}{W}$$

所以

$$d^3 = \frac{\sqrt{M_{弯(\text{I})}^2 + (aM_{扭(\text{I})})^2}}{0.1\mu_S} = \frac{\sqrt{(800)^2 + (0.75 \times 700)^2}}{0.1 \times 9.88} = 969\ \text{cm}^3$$

$$d = \sqrt[3]{969} = 9.9\ \text{cm}$$

上面式中 a 值可按表 6-3 选取,$a = 0.75$。

通过上述计算可看出,该轴应按疲劳强度设计,危险截面的直径取 $d = 10$cm。

6.3.2.2 强度可靠性验算

对于已有机械零件,当载荷、材料及尺寸均已知时,应用强度可靠性计算理论,可求出它的强度可靠度,从而判别其是否满足强度可靠性要求。

例 6-3 要求疲劳强度可靠度不低于 97% 的某专业机械传动齿轮轴,材料为 45 碳钢,锻制,调质热处理,危险截面的直径 $d = 10$ cm,经载荷计算已求得危险截面上的疲劳强度计算载荷为:等效弯矩 $M_{弯(\text{I})} = 750$ kN · cm;等效扭矩 $M_{扭(\text{I})} = 660$ kN · cm。试验算该轴的疲劳强度可靠度 R 是否满足要求。

解:验算方法及步骤:

(1) 计算危险截面上的疲劳强度计算载荷及应力。

危险截面上的疲劳强度计算载荷已求得为:

$$M_{弯(\mathrm{I})}=750\,\mathrm{kN\cdot cm}$$

$$M_{扭(\mathrm{I})}=660\,\mathrm{kN\cdot cm}$$

危险截面上的等效工作应力计算如下:

$$\sigma_{弯(\mathrm{I})}=\frac{M_{弯(\mathrm{I})}}{0.1d^3}=\frac{750}{0.1\times10^3}=7.5\,\mathrm{kN/cm^2}$$

$$\tau_{扭(\mathrm{I})}=\frac{M_{扭(\mathrm{I})}}{0.2d^3}=\frac{660}{0.2\times10^3}=3.3\,\mathrm{kN/cm^2}$$

$$\sigma_{\mathrm{I}}=\sqrt{\sigma^2_{弯(\mathrm{I})}+4(a\tau_{扭(\mathrm{I})})^2}=\sqrt{(7.5)^2+4\times(0.75\times3.3)^2}=8.99\,\mathrm{kN/cm^2}$$

式中,a 值按表 6-3 选取,$a=0.75$。

(2) 确定零件工作应力的分布参数:

$$\mu_S=\sigma_{\mathrm{I}}=8.99\,\mathrm{kN/cm^2}$$

$$\sigma_S=k\mu_S=0.06\times8.99=0.54\,\mathrm{kN/cm^2}$$

式中,k 值按该专业机械实际载荷分布情况,用式(6-13)计算或直接参考经验数据近似值,现取 $k=0.06$。

(3) 确定材料承载能力的分布参数:

$$\mu_\delta=k_2\sigma_{-1(弯)}$$

$$\sigma_\delta=0.08\mu_\delta$$

$$\sigma_{-1(弯)}=0.43\sigma_{\mathrm{b}(拉)}=0.43\times63.76=27.42\,\mathrm{kN/cm^2}$$

轴材料为 45 碳钢,调质热处理,危险截面的直径 $d=10\,\mathrm{cm}$。由材料手册查得相应尺寸的拉伸强度极限 $\sigma_{\mathrm{b}(拉)}=6500\,\mathrm{kgf/cm^2}=63.76\,\mathrm{kN/cm^2}$,式中疲劳极限修正系数 $k_2=0.5$,求法同例 6-2。

零件疲劳强度承载能力的分布参数:

$$\mu_\delta=0.5\times27.42=13.71\,\mathrm{kN/cm^2}$$

$$\sigma_\delta=0.08\times13.71=1.1\,\mathrm{kN/cm^2}$$

(4) 计算 Z_R 值:

$$Z_R=\frac{\mu_\delta-n\mu_S}{\sqrt{\sigma_S^2+\sigma_\delta^2}}=\frac{13.71-1.25\times8.99}{\sqrt{(1.1)^2+(0.54)^2}}=2.02$$

式中,n 为强度储备系数,按该专业机械的要求 $n=1.25$。

(5) 计算零件破坏的概率 F 值。

由已求得的 Z_R 值,可直接查本章附表 1 求得。

$$F=P(z<-Z_R)=\frac{1}{\sqrt{2\pi}}\int_{-\infty}^{-Z_R}\mathrm{e}^{-\frac{z^2}{2}}\mathrm{d}z=0.0217$$

(6) 计算强度可靠度 R 值:

$$R=1-P(z<-Z_R)=1-0.0217=0.9783$$

(7) 强度可靠性校核:

所求得的 R 值应满足强度可靠性计算条件式：$R \geqslant [R]$。

$$R = 0.9783 > [R] = 0.97$$

由此可见该轴的疲劳强度可靠性指标满足要求。

6.4 疲劳强度可靠性分析

静态应力强度干涉模型对于应力的单次作用是有效的。本节讨论的疲劳强度要考虑载荷（应力）的反复作用以及强度分布随时间的变化。这样的可靠性模型通常叫做应力—强度—时间模型。这里，“应力”和“强度”这些名词应从广义来理解，即“应力”表示导致产品“失效”的任何因素，而“强度”则为阻止“失效”发生的任何因素。

6.4.1 *S-N* 曲线及 *P-S-N* 疲劳曲线

6.4.1.1 *S-N* 曲线

为测试某零件的平均寿命，可将许多试样在不同应力水平的循环载荷作用下进行试验直至失效。其结果可画在双对数坐标纸上，以应力 S（或 σ）为纵坐标，以相应的循环次数 N（寿命）为横坐标，如图 6-5 所示。所得的疲劳曲线简称为 *S-N* 曲线。

常规的机械疲劳设计，是以由试样试验得到的 *S-N* 疲劳曲线为依据。图 6-5 的 *S-N* 曲线给出了有限疲劳寿命与无限疲劳寿命的划分范围。对于一般钢材，循环次数自 N_0 起 *S-N* 曲线呈水平线段，N_0 称为疲劳循环基数或寿命基数。其相应的应力水平称为疲劳极限 S_r（或 σ_r），它是试件受无限次应力循环而不发生疲劳破坏的最大应力。S_r（或 σ_r）的 r 表示应力的循环特征，称为应力循环不对称系数，定义为：

$$r = \frac{S_{min}}{S_{max}} \quad 或 \quad r = \frac{\sigma_{min}}{\sigma_{max}} \tag{6-52}$$

图 6-6 给出了不同 r 值下的 *S-N* 曲线。工程上常用的 σ_{-1} 为对称循环疲劳极限。

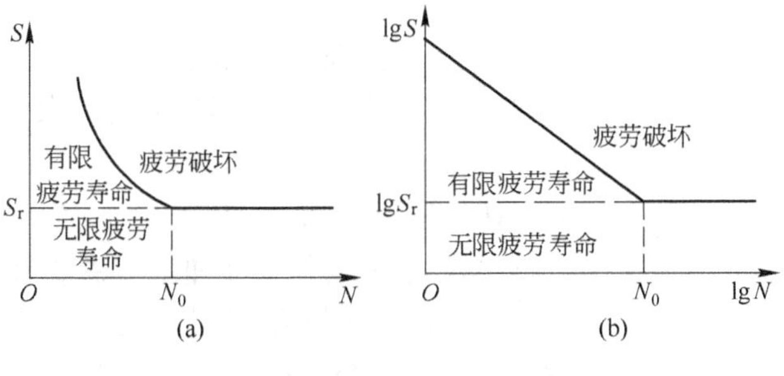

图 6-5 *S-N* 曲线的一般形式

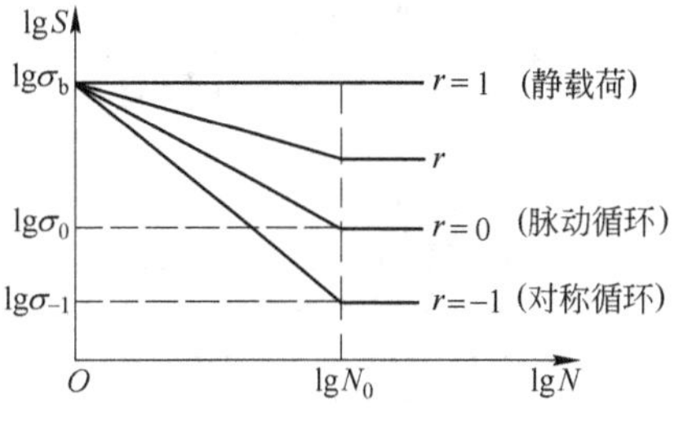

图 6-6 不同 r 值下的 *S-N* 曲线

按照强度理论，疲劳曲线在其有限寿命范围内（即 *S-N* 曲线有斜率部分）的曲线方程通常为幂函数，有如下形式：

$$S^m N = C \tag{6-53}$$

式中 m——根据应力的性质及材料的不同，大致为 $3 \leqslant m \leqslant 16$；

C——由已知条件确定的常数。

将式(6–53)取对数则得直线方程,如图6–5(b)所示。随着m值的改变,S-N曲线可以画成以一系列不同的m值为斜率的直线,并分别与其相当于疲劳极限的水平线相连接。

对于斜线部分的不同应力水平,由式(6–53)可建立如下关系式:

$$N_i = N_j\left(\frac{S_j}{S_i}\right)^m \tag{6-54}$$

式中 S_j,N_j——表示S-N曲线上某已知点的坐标值;

N_i——与已知应力水平S_i相对应的待求的循环次数。

如果S-N曲线上有两点为已知,则由式(6–54)得斜率m值为:

$$m = \frac{\lg N_i - \lg N_j}{\lg S_j - \lg S_i} \tag{6-55}$$

例6–4 有一轴类零件,受脉动循环应力作用,已知其在应力水平$S_1 = 12\ \mathrm{kN/cm^2}$作用下的失效循环次数为$N_1 = 1.4\times10^5$次,在应力水平$S_2 = 20\ \mathrm{kN/cm^2}$作用下的失效循环次数为$N_2 = 0.66\times10^4$次。设该零件经常在应力水平$S = 15\ \mathrm{kN/cm^2}$条件下工作,试求它的疲劳寿命。

解:先由式(6–55)求出该轴类零件疲劳曲线的指数m值:

$$m = \frac{\lg 1.4\times10^5 - \lg 0.66\times10^4}{\lg 20 - \lg 12} \approx 6$$

再由式(6–54),得该零件在$S = 15\ \mathrm{kN/cm^2}$作用下的疲劳寿命为:

$$N_S = N_1\left(\frac{S_1}{S}\right)^m = 1.4\times10^5\left(\frac{12}{15}\right)^6 = 3.67\times10^4 \text{ 次循环}$$

6.4.1.2 疲劳极限线图

以上讨论的S-N曲线是用于表达对称循环变应力的规律,对于非对称循环的变应力,则应考虑不对称系数r对疲劳失效的影响。为了得出不同r值下的疲劳极限值,应绘制疲劳极限线图(极限应力图)。下面介绍常用的$\sigma_m - \sigma_a$疲劳极限线图。

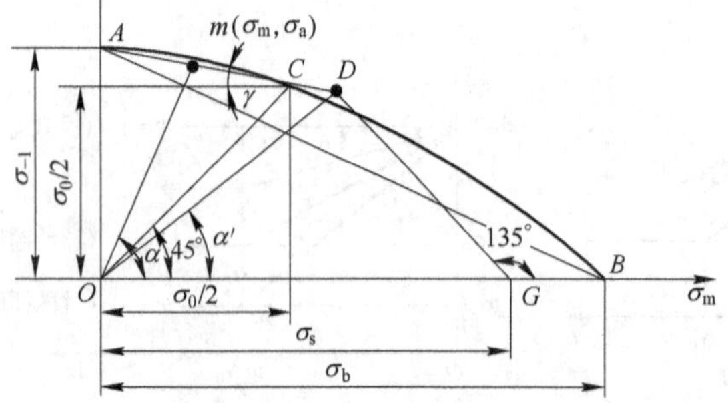

图6–7 $\sigma_m - \sigma_a$疲劳极限线图

$\sigma_m - \sigma_a$疲劳极限线图是在$\sigma_m - \sigma_a$坐标系中作出的某种寿命水平下σ_m和σ_a的关系,其为经过对称循环变应力的疲劳极限A点($r = -1$)到静强度极限B点($r = 1$)的一条曲线,如图6–7所示的曲线AB。图示的曲线AB表示σ_m为正值,即拉应力的疲劳破坏曲线。由于在不同应力水平下将有不同的疲劳寿命(循环次数)而静强度σ_b是一定的,因此对于不同的寿命将得到不同的A点,而B点不变,即得到都经过B点的不同曲线。而一般情况下,取A点对应于该材料的疲劳极限即σ_{-1}。疲劳极限曲线表示试件的应力在此曲线范围内及该曲线所对应的寿命内(例如10^7循环次数)不会使试样发生疲劳破坏和静强度破坏。

不同材料的寿命疲劳极限线AB是不一样的。为方便计算,通常将曲线AB简化为折线。

(1) 对于塑性材料,从原点 O 作 45°射线与曲线 AB 交于 C 点。OC 线上各点均有 $\sigma_a=\sigma_m$,因此均为脉动循环应力($r=0$),C 点的坐标为$\left(\frac{\sigma_0}{2},\frac{\sigma_0}{2}\right)$,$\sigma_0$ 为脉动循环时材料的疲劳极限。实际上塑性材料在屈服极限 σ_s 之内工作,故设计时疲劳极限线可简化为折线 ADG。$OG=\sigma_s$,而 DG 与横坐标轴呈 135°夹角,点 D 在 AC 的延长线上。AD 线段上任意点的极限应力为 $\sigma_a+\sigma_m=\sigma_r$,$DG$ 线段上任意点的极限应力为 $\sigma_a+\sigma_m=\sigma_s$。$OD$ 与横坐标轴的夹角 α' 由材料性质决定,可用下式计算:

$$\tan\alpha'=\frac{\sigma_s+\sigma_{-1}-2\sigma_s\dfrac{\sigma_{-1}}{\sigma_0}}{\sigma_s-\sigma_{-1}} \tag{6-56}$$

过 O 点任一射线与疲劳极限线 ADG 相交于 m 点,α 为 Om 的倾角。当 $\alpha\geqslant\alpha'$时,m 点处于 AD 段,用 AD 线的方程计算该点的疲劳极限;当 $\alpha\leqslant\alpha'$时,m 点处于 DG 段,用 DG 段的方程计算该点的疲劳极限。当计算点在 AD 线上,由 AD 线方程推得:

$$\sigma_{-1}=\sigma_a+\psi_\sigma\sigma_m \tag{6-57}$$

它确定了非对称循环应力 σ_a、σ_m 与对称循环应力极限 σ_{-1}的转换关系。如果计算点位于 AD 线下,则式(6-57)改为:

$$\sigma_{ae}=\sigma_a+\psi_\sigma\sigma_m \tag{6-58}$$

$$\psi_\sigma=\tan\gamma=\frac{2\sigma_{-1}-\sigma_0}{\sigma_0} \tag{6-59}$$

式中 σ_{ae}——非对称循环应力 σ_a、σ_m转化为对称循环后的相当对称应力幅;

σ_a,σ_m——分别为计算点的应力幅和平均应力。

(2) 对于塑性很低的脆性材料,例如铸铁、高强度钢等,疲劳极限线简化为经过 A 点和 B 点的直线,或称为古特曼(Goodman)图线。其疲劳极限线 AB 的方程为:

$$\sigma_{-1}=\sigma_a+\frac{\sigma_{-1}}{\sigma_b}\sigma_m \tag{6-60}$$

非对称循环应力 σ_a、σ_m 转化为对称循环后的相当对称应力幅为:

$$\sigma_{ae}=\sigma_a+\frac{\sigma_{-1}}{\sigma_b}\sigma_m \tag{6-61}$$

同理,可以写出扭转变应力的各种响应的方程式。

上面讨论的疲劳极限线图(如图 6-7 所示)是由各种 r 值下的均值画出来的一条曲线。而在可靠性设计中则是一条曲线分布带,如图 6-8 所示。设具有不对称系数 r 的射线与疲劳极限的均值图线交于 A 点,向量$\overrightarrow{OB}$相当于平均应力 σ_m,其标准差为 S_{σ_m};向量$\overrightarrow{BA}$相当于应力幅 σ_a,其标准差为 S_{σ_a};合成向量$\overrightarrow{OA}$相当于合成应力 σ_r;其均值 σ_r 和标准差 S_{σ_r}为:

$$\sigma_r=\sqrt{\sigma_a^2+\sigma_m^2} \tag{6-62}$$

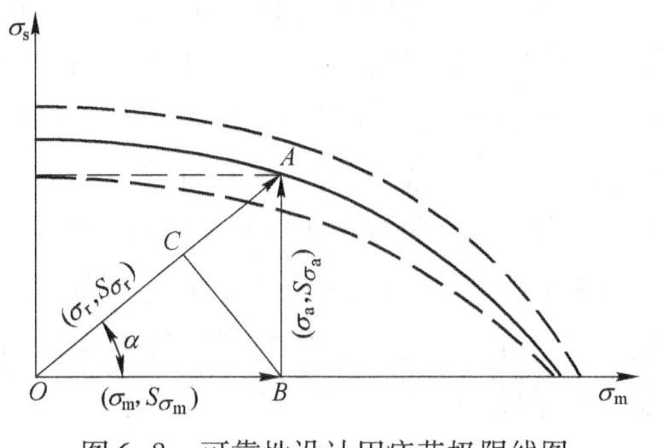

图 6-8 可靠性设计用疲劳极限线图

$$S_{\sigma_r}=\left(\frac{S_{\sigma_m}^2\sigma_m^2+S_{\sigma_a}^2\sigma_a^2}{\sigma_a^2+\sigma_m^2}\right) \tag{6-63}$$

其中

$$\sigma_a=\frac{1}{2}(\sigma_{max}-\sigma_{min})=\left(\frac{1-r}{2}\right)\sigma_{max}$$

$$\sigma_m=\frac{1}{2}(\sigma_{max}+\sigma_{min})=\left(\frac{1+r}{2}\right)\sigma_{max}$$

$$S_{\sigma_a}=\left(\frac{1-r}{2}\right)S_{\sigma_{max}}$$

$$S_{\sigma_m}=\left(\frac{1+r}{2}\right)S_{\sigma_{max}} \tag{6-64}$$

在疲劳试验中σ_{max}即为疲劳极限,其标准差$S_{\sigma_{max}}$由试验统计数据确定。对应于可靠度R的疲劳极限点:

$$\sigma_{r(R)}=\sigma_r-z_R S_{\sigma_r} \tag{6-65}$$

对于不同的应力循环特性$r=\dfrac{\sigma_{min}}{\sigma_{max}}$,根据试验数据,都可得到其在给定寿命下疲劳强度或疲劳极限的概率分布,如图6-9所示。图6-9称为可靠性设计的疲劳极限线图。

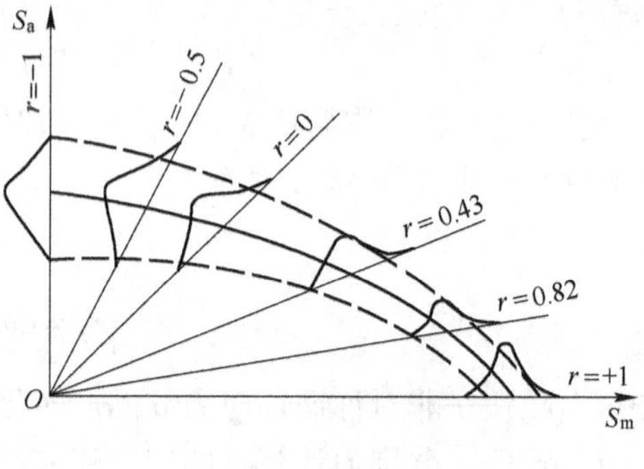

图6-9 不同r值时疲劳极限分布

6.4.1.3 *P-S-N* 曲线

前述*S-N*曲线一般是按实验数据的平均值绘制的。实践表明,*S-N*曲线的实验数据由于受到载荷的性质、试件几何形状及表面精度、材料均匀性等多种因素的影响,存在着相当大的离散性。同一组试件在同样的条件下进行试验,它们的疲劳寿命N并不一样,但却具有一定的分布规律性,即与概率有关。可以根据一定的概率,通常称为存活率P(相当于可靠度R)来确定N值。

图6-10表明多种不同应力水平下N的分布情况。由该图可见,随着应力水平的降低,N值的分散度越来越大。由此进一步表明,疲劳寿命N不仅与存活率P有关,而且与应力水平S有关,即N为P和S的二元函数:$N=f(P,S)$。P,S与N的函数关系形成三维空间中的一个曲面。

为方便计,习惯上也将P,S与N的函数关系画在*N-S*二维坐标系中,当P的取值一定时,则以S为自变量形成一条*S-N*曲线;当P的取值变化时,则每一P值对应着一条*S-N*曲线而形成*S-N*曲线族,如图6-11所示。这种以P作参数的*S-N*曲线族,称为*P-S-N*曲线(在双对数坐标系中为直线)。通常在工程中使用的或文献资料中提供的*S-N*曲线,若无特别说明,则为*P-S-N*曲线中的一条P或R为50%的*S-N*曲线,它表示了疲劳极限的中值,且意味着该疲劳极限的可靠度仅为50%,用它来估计疲劳寿命,可靠性太低。因此,设计时应按照不同的可靠度要求选择不同的*P-S-N*曲线。利用*P-S-N*曲线不仅能估计出零件在一定应力水平下的疲劳寿命,而且也能给出在该应力值下的破坏概率或可靠度。

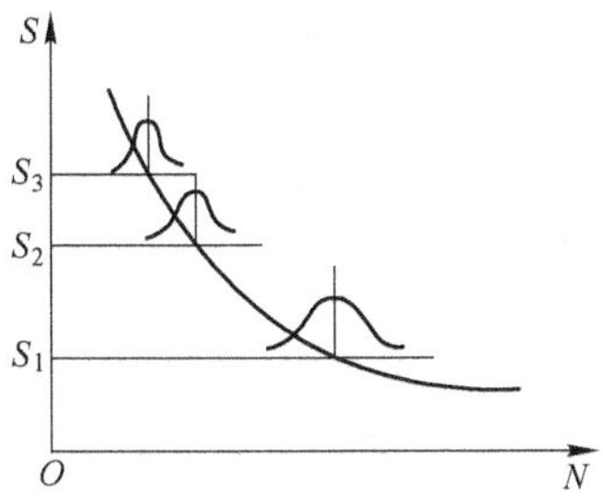

图6-10 S-N 曲线呈正态分布

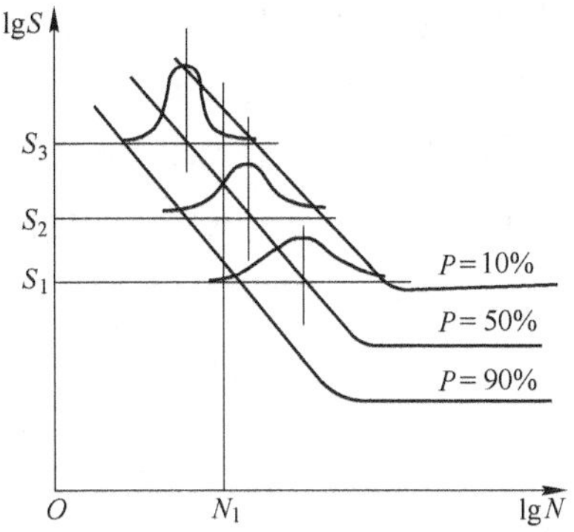

图6-11 P-S-N 曲线

6.4.2 *P-S-N* 曲线的绘制原理和方法

机械零件疲劳寿命的概率分布，即 N 与 P 之间的关系，多数符合对数正态分布或威布尔分布。到目前为止，P-S-N 曲线都是在给定的应力 S 的条件下通过试验求得 P-N 曲线，即得到给定应力下的寿命分布，然后再将 P-N 曲线与 S-N 曲线相联系，从而得到 P-S-N 曲线。

6.4.2.1 疲劳寿命服从对数正态分布的 P-N 曲线

A 分布函数与存活率

疲劳寿命 N 服从对数正态分布，则其分布函数为：

$$P = (x \leqslant \lg N) = F(\lg N) = \frac{1}{\sqrt{2\pi}\sigma}\int_{-\infty}^{\lg N} e^{-\frac{1}{2}\left(\frac{\lg N-\mu}{\sigma}\right)} d\lg N \tag{6-66}$$

式中 μ,σ——分别为对数疲劳寿命 $t=\lg N$ 的数学期望和标准差。

引入标准变量：

$$Z = \frac{\lg N - \mu}{\sigma} \tag{6-67}$$

代入式(6-66)，即得标准正态分布函数为：

$$\Phi(Z_P) = \frac{1}{\sqrt{2\pi}}\int_{-\infty}^{Z_P} e^{-\frac{Z^2}{2}} dZ \tag{6-68}$$

存活率 P 为：

$$P = 1 - \Phi(Z_P) = \frac{1}{\sqrt{2\pi}}\int_{Z_P}^{\infty} e^{-\frac{Z^2}{2}} dZ \tag{6-69}$$

B 疲劳寿命与存活率的关系

当给定存活率 P 或可靠度 R 时，可查得相对应的 Z_P 值，则可由式(6-67)估算其对数疲劳寿命：

$$t_P = \lg N_P = \mu + Z_P\sigma \tag{6-70}$$

从而求得零件在存活率 P 条件下的安全寿命(可靠度为 P 值时的可靠寿命)：

$$N_P = \lg^{-1} t_P \tag{6-71}$$

对于 $P=90\%$ 存活率的疲劳寿命 N_{90}，常称为额定寿命 N_n；对于 $P=50\%$ 存活率的疲劳

寿命 N_{50}，又常称为中位寿命。

C 对数正态分布疲劳寿命的参数估计

设 n 个试件的疲劳寿命的试验结果分别为 $N_1, N_2, \cdots, N_n$，则对数正态分布疲劳寿命的数学期望 μ 和标准差 σ 的无偏估计值可按下式求得：

$$\mu = \bar{t} = \frac{1}{n}\sum_{i=1}^{n} \lg N_i \tag{6-72}$$

$$\sigma = \sqrt{\frac{1}{n-1}\sum_{i=1}^{n}(\lg N_i - \bar{t})^2} \tag{6-73}$$

将已求得的 μ 和 σ 值代入式(6-70)，再由式(6-71)可求得给定存活率 P 条件下的对数疲劳寿命 t_P 值、可靠寿命(安全寿命)N_P 值。

D 用图解法作参数估计

式(6-70)中随机变量 t_P 与 Z_P 成线性关系，而 Z_P 与存活率 $P = 1 - \Phi(Z_P)$ 之间又存在着对应关系，因此，在以横坐标轴取为等间距的 t_P 轴，纵坐标轴取为与 t_P 相对应的 P 的不等间距轴的正态概率纸上，该 P 与 t_P 的函数关系表示为一直线，即 P-N 线。它是 P-N 曲线在对数坐标纸上的表现。利用这个性质，既可以检验疲劳寿命的实验数据是否符合对数正态分布，又可作疲劳寿命的参数估计。其具体作法是：

(1) 将 n 个试件在同一应力水平 S 下的失效循环次数按由小到大排列成次序统计量：

$$N_1 < N_2 < \cdots < N_i < \cdots < N_n$$

(2) 计算各 N_i 的失效概率 $F(N_i)$：

$F(N_i) = \dfrac{i}{n+1}$ ——平均秩

$F(N_i) = \dfrac{i-0.3}{n+0.4}$ ——中位秩

(3) 计算各存活率 P_i 或可靠度 R_i：

$$P_i = R_i = 1 - F(N_i)$$

(4) 作 P-N 图。以 $t_i = \lg N_i$ 为横坐标，存活率 P_i 为纵坐标来表达 P-N 曲线(图6-12)。

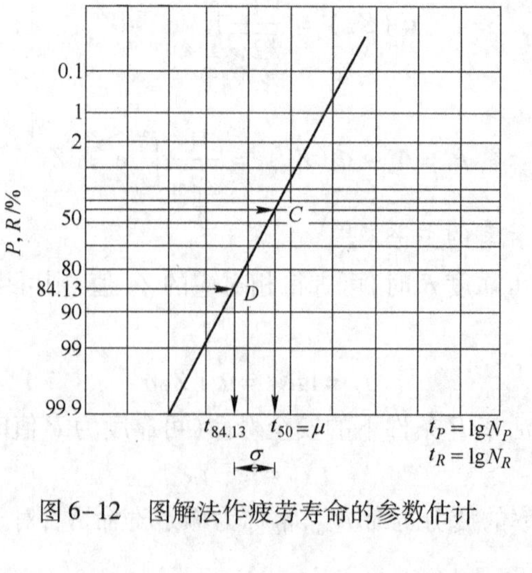

图6-12 图解法作疲劳寿命的参数估计

按获得的 P-N 曲线，即可估计对数疲劳寿命的均值 μ 和标准差 σ，以及任一存活率 P（或可靠度 R）下的对数疲劳寿命 t_P。

（1）估计均值 μ：取 $P=50\%$ 纵坐标点，作图求出对应于横坐标点的 t_{50}，即得 $\mu=t_{50}=\lg N_{50}$。因为此时 $Z_P=Z_{50}=0$。

（2）估计标准差 σ：取 $P=84.1\%$，对应的 $Z_P=Z_{84.1}=-1$，由式（6-60）知：$\sigma=\mu-t_{84.1}$。可在 P-N 曲线图上作通过 $P=50\%$ 及 84.1% 两坐标点的水平线与 P-N 曲线相交，该两交点的横坐标值即分别为 μ 及 $t_{84.1}$。

（3）估计安全寿命（可靠寿命）N_P：

按预定的存活率 P，在图上作水平线与 P-N 曲线相交。该交点的横坐标值即为对数疲劳寿命 t_P，从而可求得安全寿命 N_P 值，$N_P=\lg^{-1}t_P$。

6.4.2.2 对数正态分布的 P-S-N 曲线

上述 P-N 曲线是以一组试样在同一应力量值 S 下的实验数据来反映其总体 P 与 N 之间的关系。如用 n 组同样的试件在不同的应力值 S_i 下进行试验，则对于每一应力水平都可以得出一条与之相对应的 P-N 曲线。再把它们综合起来，就可以求出在任一给定 P 的条件下，总体的 S 与 N 之间的关系。这种以不同的 P 作为参数的 S-N 曲线，即 P-S-N 曲线。

在绘制 P-S-N 曲线时，由于其幂函数方程为 $S^mN=C$，改为双对数坐标系时，可变为直线方程：

$$\lg N=-m\lg S+\lg C \tag{6-74}$$

式中，$\lg C$ 为常数。

这样，将 P-S-N 曲线画到以 $\lg N$ 为横坐标、$\lg S$ 为纵坐标的坐标系中，则不同存活率 P 或 R 下的 S-N 曲线的数据点，就拟合成不同的直线，如图 6-13 所示。

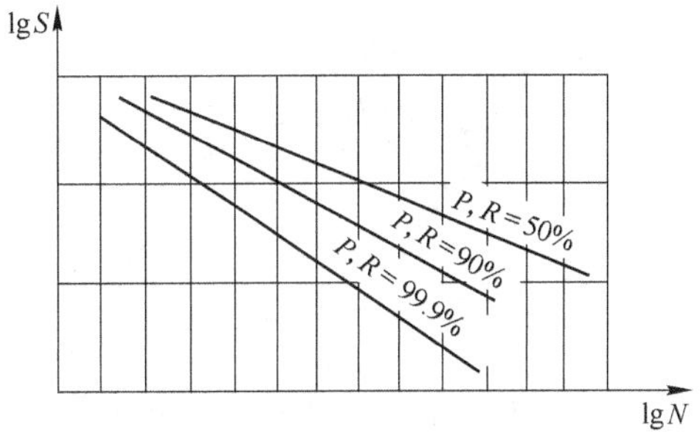

图 6-13 对数正态分布的 P-S-N 曲线

6.4.3 机械零件的疲劳极限分布

根据实际零件的疲劳试验所得到的疲劳曲线，包含了材料的强度、尺寸因素、表面状况、应力集中情况等，基本反映了零件的实际状态和应力、强度特性，可直接应用于该零件的可靠性设计。但直接用零件进行疲劳试验，不但费用高，而且需要大型设备，有时甚至不可能。因此，在一般情况下都是采用材料的标准试样进行试验。然后将材料标准试样的疲劳极限线图转化为具体零部件的疲劳极限线图。

设用标准试样得到的材料疲劳极限分布为 $(\bar{\sigma}_r, S_{\sigma_r})$，则零件的疲劳极限分布 $(\bar{\sigma}_{re}, S_{\sigma_{re}})$ 可由下式确定：

$$(\bar{\sigma}_{re}, S_{\sigma_{re}})=\frac{(\bar{\varepsilon}, S_\varepsilon)(\bar{\beta}, S_\beta)}{(\bar{K}_\sigma, S_{K_\sigma})}(\bar{\sigma}_r, S_{\sigma_r}) \tag{6-75}$$

式中，$(\bar{\varepsilon}, S_\varepsilon)$ 为尺寸系数的分布；$(\bar{\beta}, S_\beta)$ 为表面加工系数的分布；$(\bar{K}_\sigma, S_{K_\sigma})$ 为有效应力集中系数的分布。这些系数的分布及材料的疲劳极限分布已知时（一般可查统计数据表得到），即可求得零件的疲劳极限分布。

6.4.4 机械零件的疲劳强度及其可靠度

受任意应力循环(对称与不对称)的变应力的疲劳强度可靠性设计,可利用等寿命疲劳极限线图进行。

当工作应力不对称系数 r 变化时,应力与强度均为三维的图形,且表现为正态分布曲面(图6-14)。它们(强度分布与应力分布)的互相干涉部分,给出了零件在随机应力下的破坏概率。由1减去这个破坏概率,即为该零件的可靠度值。但由于 r 不是某一确定常数,故可靠度的计算非常复杂。

当不对称系数 r 为确定常数时,可在疲劳极限线图上作一条过原点 O 的 r 值直线。将求得的 r 值下的强度分布与应力分布画到该直线处(图6-15)。这两种分布的干涉部分即为零件的破坏概率。也就是说,在静强度可靠性设计中所依据的应力-强度分布干涉理论,同样是疲劳强度可靠性设计的依据。所不同的是,在这里首先要找出零件的危险点以及该点处在 r 为给定值下的疲劳极限分布。

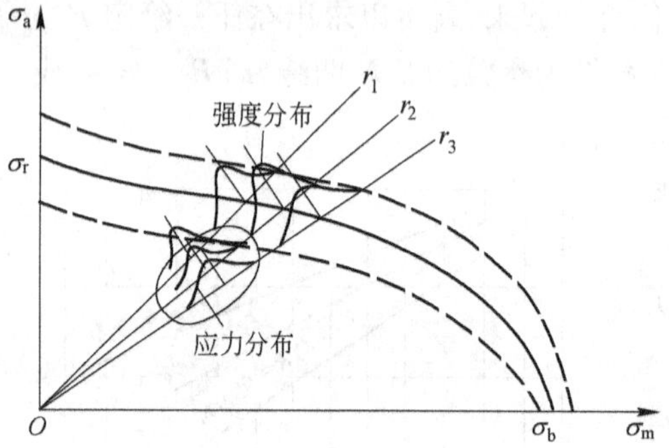

图6-14 当 r 值变化时的应力与强度分布

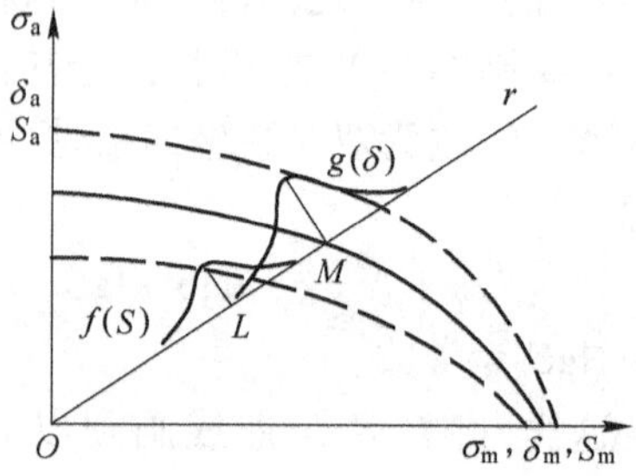

图6-15 当 r 为常数时零部件的可靠度计算原理

当不对称系数 r 为某确定值时,利用该零件的疲劳极限线图,如图6-15所示,先找出 r 值直线与疲劳极限曲线的交点 M,再根据零件的载荷工况的应力幅值 σ_a 或平均应力 σ_m 找出工作应力点 L。过 M 点的疲劳强度分布的均值 μ_δ 和标准值 σ_δ,过 L 点的应力分布的均值 μ_S 和标准差 σ_S,可以由疲劳极限线图求出,或分别按式(6-62)、式(6-63)计算出。如果确定与应力均呈正态分布,则根据干涉理论,利用前面已给出的耦合方程,即可求出疲劳载荷下零件的可靠度值,计算方法同前。

例6-5 有一平稳运转的轴,所承受的转矩 $T=762\pm100\,\text{N}\cdot\text{m}$,同时承受一对称循环弯矩,危险截面处轴径为 $d=32\pm0.05\,\text{mm}$,该处的弯矩为 $M=660\pm90\,\text{N}\cdot\text{m}$,已通过疲劳试验绘得轴的疲劳寿命极限线图,计算不发生疲劳失效的可靠度。

解:根据第四强度理论,合成工作应力为:

$$\sigma_c=\sqrt{\sigma^2+3\tau^2}$$

由于该轴受单向稳定转矩,且弯曲应力的应力幅 $\sigma_a\neq0$,而平均应力 $\sigma_m=0$;由转矩引起的剪切应力 $\tau_a=0$,$\tau_m\neq0$,故合成应力的分量分别为:

$$(\sigma_c)_a=\sqrt{\sigma_a^2+3\tau_a^2}=\frac{M}{0.1d^3} \qquad \text{由弯矩决定}$$

$$(\sigma_c)_m = \sqrt{\sigma_m^2 + 3\tau_m^2} = \frac{\sqrt{3}T}{0.2d^3}$$ 由转矩决定

由于弯矩与转矩为正相关，$\rho = 1$，故其合成应力为：

$$\sigma_c = \sqrt{\sigma_a^2 + \sigma_m^2} = \left[\sigma_a^2 + \left(\frac{\sigma_a}{\tan\alpha}\right)^2\right]^{\frac{1}{2}} = \left(1 + \frac{1}{\tan^2\alpha}\right)^{\frac{1}{2}}\sigma_a$$

而

$$\tan\alpha = \frac{\sigma_a}{\sigma_m} = \frac{\bar{\sigma}_a}{\bar{\sigma}_m} = \left(\frac{\bar{M}}{0.1\bar{d}^3}\right)\Big/\left(\frac{\sqrt{3}\bar{T}}{0.2\bar{d}^3}\right)$$

$$= \frac{2}{\sqrt{3}} \cdot \frac{\bar{M}}{\bar{T}} = \frac{2 \times 660}{\sqrt{3} \times 762} = 1.00016 \approx 1$$

代入上式，得：

$$\sigma_c = \sqrt{2}\sigma_a = \frac{\sqrt{2}M}{0.1d^3}$$

已知 M 及 d 均服从正态分布。因标准差等于 1/3 容许偏差，按下式得变差系数：

$$C_M = \frac{S_M}{M} = \frac{90}{3 \times 660} = 0.04546$$

$$C_d = \frac{S_d}{d} = \frac{0.05}{3 \times 32} = 0.0005208$$

$$\bar{\sigma}_c = \frac{\sqrt{2M}}{0.1\bar{d}^3} = \frac{\sqrt{2} \times 660 \times 10^3}{0.1 \times 32^3} = 284.845\ \text{MPa}$$

$$C_{\sigma_c} = \sqrt{C_M^2 + 3^2C_d^2} = \sqrt{0.04546^2 + 3^2 \times 0.0005208^2} = 0.04548$$

$$S_{\sigma_c} = \bar{\sigma}_c \cdot C_{\sigma_c} = 284.845 \times 0.04548 = 12.9538\ \text{MPa}$$

由该轴的等寿命疲劳极限线图取 $\tan\alpha = 1$ 时查得：

$$\bar{\sigma}_r = 390\ \text{MPa}, S_{\sigma_r} = \frac{56}{3} = 18.6667\ \text{MPa}$$

代入耦合方程：

$$z = -\frac{\bar{\sigma}_r - \bar{\sigma}_c}{\sqrt{S_{\sigma_r}^2 + S_{\sigma_c}^2}} = -\frac{390 - 284.845}{\sqrt{18.6667^2 + 12.9538^2}} = -4.628$$

查本章附表 1，得 $R = 0.9999981$。

习题和思考题

6-1 试介绍可靠性概念和可靠性设计常用的尺度指标。

6-2 已知零件的剪切强度呈正态分布，且均值 $\mu_\delta = 186$ MPa，标准差 $\sigma_\delta = 22$ MPa，而其承受的剪切应力呈指数分布，$\mu_S = \frac{1}{\lambda_S} = 127$ MPa，试计算零件的可靠度。

6-3 某压力机的拉紧螺栓所承受的载荷及强度均呈对数正态分布，参数为：应力 $\bar{\sigma} = 161$ MPa，$S_\sigma = 16$ MPa；强度 $\bar{\sigma}_{-1} = 195$ MPa，$S_{\sigma_{-1}} = 15$ MPa，试计算零件的可靠度。

6-4 某零件的疲劳寿命呈对数正态分布，且其均值为 μ_δ，标准值为 σ_δ，求该零件的额定寿命和中位寿命。

6-5 试总结概率密度函数联合积分法及强度与应力之差的概率密度函数积分法的思路。

6-6 试总结强度可靠性设计及验算的具体步骤。试分析确定应力和强度分布的一般方法。

附表1 标准正态布表

$$F = P(z < -Z_R) = \frac{1}{\sqrt{2\pi}}\int_{-\infty}^{-Z_R} e^{\frac{z^2}{2}} dz$$

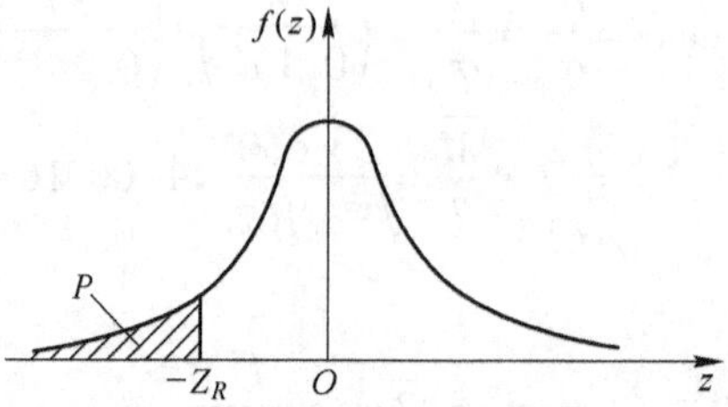

Z_R	0.00	0.01	0.02	0.03	0.04	0.05	0.06	0.07	0.08	0.09	Z_R
0.0	0.5000	0.4960	0.4920	0.4880	0.4840	0.4801	0.4761	0.4721	0.4681	0.4641	0.0
0.1	0.4602	0.4562	0.4522	0.4483	0.4443	0.4404	0.4364	0.4325	0.4286	0.4247	0.1
0.2	0.4207	0.4168	0.4129	0.4090	0.4052	0.4012	0.3973	0.3936	0.3897	0.3859	0.2
0.3	0.3821	0.3783	0.3745	0.3707	0.3669	0.3632	0.3593	0.3557	0.3520	0.3483	0.3
0.4	0.3446	0.3409	0.3372	0.3335	0.3298	0.3261	0.3224	0.3187	0.3150	0.3113	0.4
0.5	0.3085	0.3050	0.3015	0.2980	0.2945	0.2912	0.2877	0.2843	0.2810	0.2776	0.5
0.6	0.2743	0.2709	0.2676	0.2643	0.2611	0.2578	0.2546	0.2514	0.2483	0.2451	0.6
0.7	0.2420	0.2389	0.2358	0.2327	0.2297	0.2266	0.2236	0.2206	0.2177	0.2148	0.7
0.8	0.2119	0.2090	0.2061	0.2033	0.2005	0.1977	0.1949	0.1922	0.1894	0.1867	0.8
0.9	0.1841	0.1814	0.1788	0.1762	0.1736	0.1711	0.1685	0.1660	0.1635	0.1611	0.9
1.0	0.1587	0.1562	0.1539	0.1515	0.1492	0.1469	0.1446	0.1423	0.1401	0.1379	1.0
1.1	0.1357	0.1335	0.1314	0.1292	0.1251	0.1230	0.1190	0.1170	0.0292	0.0252	1.1
1.2	0.1151	0.1131	0.1112	0.1093	0.1075	0.1056	0.1038	0.1020	0.1003	0.0985	1.2
1.3	0.0968	0.0951	0.0934	0.0917	0.0901	0.0885	0.0869	0.0853	0.0838	0.0822	1.3
1.4	0.0808	0.0793	0.0778	0.0764	0.0749	0.0735	0.0722	0.0708	0.0694	0.0681	1.4
1.5	0.0668	0.0655	0.0643	0.0630	0.0618	0.0606	0.0594	0.0582	0.0571	0.0590	1.5
1.6	0.0548	0.0537	0.0526	0.0516	0.0505	0.0495	0.0485	0.0475	0.0465	0.0455	1.6
1.7	0.0446	0.0436	0.0427	0.0418	0.0409	0.0401	0.0392	0.0384	0.0375	0.0367	1.7
1.8	0.0359	0.0352	0.0344	0.0336	0.0329	0.0322	0.0314	0.0307	0.0301	0.0294	1.8
1.9	0.0287	0.0281	0.0274	0.0268	0.0262	0.0256	0.0250	0.0244	0.0239	0.0233	1.9
2.0	0.0228	0.0222	0.0217	0.0212	0.0207	0.0202	0.0197	0.0192	0.0188	0.0183	2.0
2.1	0.0179	0.0174	0.0170	0.0166	0.0162	0.0158	0.0154	0.0150	0.0146	0.0143	2.1
2.2	0.0139	0.0136	0.0132	0.0129	0.0126	0.0122	0.0119	0.0116	0.0113	0.0110	2.2
2.3	0.0107	0.0104	0.0102	0.0099	0.0096	0.0094	0.0091	0.0089	0.0087	0.0084	2.3
2.4	0.0082	0.0080	0.0078	0.0075	0.0073	0.0071	0.0069	0.0068	0.0066	0.0064	2.4
2.5	0.0062	0.0060	0.0059	0.0057	0.0055	0.0054	0.0052	0.0051	0.0049	0.0048	2.5
2.6	0.0047	0.0045	0.0044	0.0043	0.0041	0.0040	0.0039	0.0038	0.0037	0.0036	2.6
2.7	0.0035	0.0034	0.0033	0.0032	0.0031	0.0029	0.0029	0.0028	0.0027	0.0026	2.7
2.8	0.0026	0.0025	0.0024	0.0023	0.0023	0.0022	0.0021	0.0021	0.0019	0.0019	2.8
2.9	0.0019	0.0018	0.0018	0.0017	0.0016	0.0016	0.0015	0.0015	0.0014	0.0014	2.9
Z_R	0.00	0.01	0.02	0.03	0.04	0.05	0.06	0.07	0.08	0.09	Z_R

7 计算机辅助设计

7.1 概　　述

7.1.1 基本概念

计算机辅助设计(CAD)是指工程技术人员以计算机为工具,用各自的专业知识,对产品进行的总体设计、绘图、分析和编写技术文档等设计活动的总称。一般认为,CAD 的功能包括草图设计、零件设计、装配设计、工程设计、自动绘图、真实感显示及渲染等。

现在的 CAD 技术已不仅仅限制在自动绘图或三维建模,而已成为一种广义的、综合性的关于设计问题的解决方案,它涉及以下基础技术:

(1) 图形处理技术。如二维交互图形技术、三维建模技术及其他图形输入输出技术。

(2) 工程分析技术。如有限元分析、优化设计方法、物理特性计算(如面积、体积、惯性矩等计算)、模拟仿真以及各行各业中的工程分析问题等。

(3) 数据管理与数据交换技术。如产品数据管理(PDM)、数据库、异构系统间的数据交换和接口等。

(4) 文档处理技术。如文档制作、编辑及文字处理等。

(5) 界面开发技术。如图形用户界面、网络用户界面、多通道多媒体智能用户界面等。

(6) 基于 Web 的网络应用和开发技术。

另外,计算机辅助设计(CAD)与计算机绘图、计算机图形学是不同的概念。

计算机绘图是使用图形软件和计算机硬件进行绘图及有关标注的一种技术和方法,它以摆脱繁重的手工绘图为主要目标。

计算机图形学(CG)是研究通过计算机将数据转换为图形,并进行显示的原理、方法和技术的科学。CG 的研究内容有以下四个方面:

(1) 硬件。指图形输入设备、图形处理设备、图形显示设备和图形绘制设备。

(2) 图形软件设计。如二维绘图系统、三维建模系统、动画制作系统、真实感图形生成系统等。

(3) 图形处理的理论与方法。主要集中在三维造型技术、真实感图形生成技术和人机交互技术等方面。近年来,CG 向更深的方向发展,出现了分布式图形处理、声像一体化、分数维几何、虚拟现实、多媒体技术以及科学计算可视化等高新理论与技术。

(4) 实际应用中的图形处理问题。涉及广阔的应用领域,如统计管理、测量、生物、医学、药学、地理、地质、军事指挥与训练、动画和艺术、办公自动化等。

7.1.2 CAD 系统的硬件

7.1.2.1 计算机主机

主机由中央处理器(CPU)和内存储器(也称内存)两部分组成。CPU 包括控制器和运算器。控制器指挥和协调整个计算机的工作，具体功能是提取主存储器内的指令，分析指令的操作类型，然后接通各有关电路，实现各种动作，控制数据在各部分之间的传送。运算器执行指令要求的计算和逻辑操作，输出计算的结果及逻辑操作的结果。在控制器和运算器中都有寄存器作为临时的信息写入与取出的地方，存取速度均比从内存储器中存取要快。

内存储器用来存放指令、数据及运算结果（也包括中间结果），制成存储器芯片。内存储器一般包括：

(1) 随机读写存储器(RAM)，存放各种输入、输出数据及中间结果，与外存储器交换信息，RAM 中的信息既可读出，也可写入；

(2) 只读存储器(ROM)，信息只能读出，不能写入，所以信息是不变的，断电后不会丢失，一般用来存放固定程序，如管理、监控、汇编、诊断程序等。

7.1.2.2　外存储器

外存储器用来存放暂时不用或等待调用的程序、数据等信息。当使用这些信息时，由操作系统根据命令调入内存。外存储器的特点是容量大，经常达到数百个 MB 或数百个 GB，但存取速度慢。常见种类有：硬盘、软盘、光盘及磁带。

7.1.2.3　图形输入设备

图形输入设备有三种类型。第一类是定位设备，其操作方式是控制屏幕上的光标并确定它的位置。在窗口及图标菜单环境下，定位设备除了定位功能外，还兼有拾取目标、选择对象、跟踪录入图形及徒手画草图等功能。具体的物理设备有图形输入板及其触笔、鼠标、触摸屏等。第二类是数字化仪，能将放在上面的图形用游标器指点摘取大量的点，进行数字化后存储起来。第三类是图像输入设备，如摄像机、数码相机、扫描仪等，图形经图像数字化及图像处理后输出，这类输出已成为 CAD 系统非常重要的输入方式。

7.1.2.4　图形输出设备

图形输出设备主要有打印机、笔式绘图机、喷墨绘图机等设备。

7.1.2.5　图形显示设备

A　光栅扫描显示器

该种显示器多用于老式的计算机，外形如图 7-1 所示，显示器的荧光屏在颜色上有黑白与彩色之分，在面型上有球面、柱面和平面几种，现在已经很少使用。

B　液晶显示器

台式计算机或笔记本上已广泛使用薄膜晶体管液晶显示器，外形如图 7-2 所示，其优点是体积小、图像清晰、图像无闪烁、耗电低、无辐射；缺点是视角不广、液晶单元容易出现瑕疵、造价高。

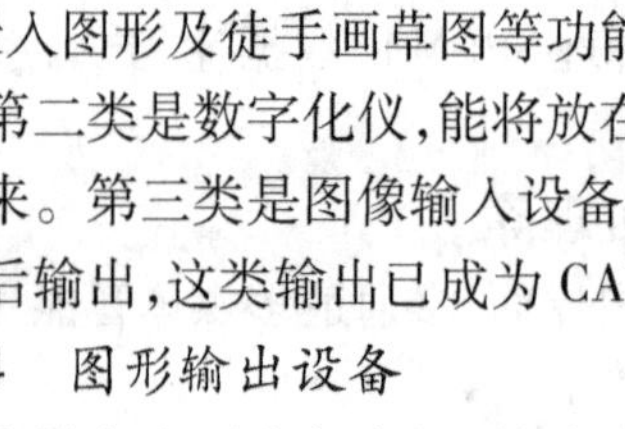

图 7-1　光栅扫描显示器

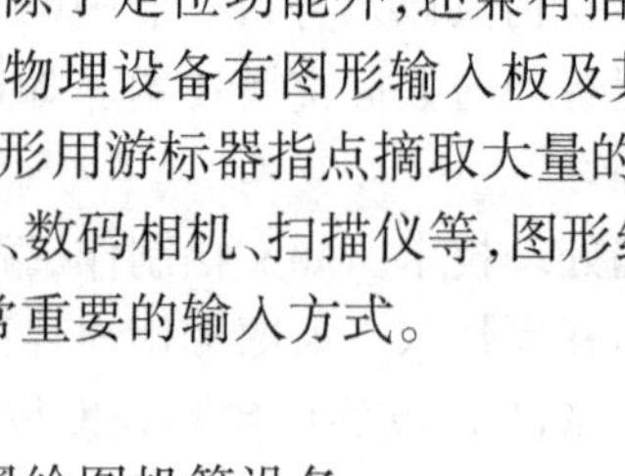

图 7-2　液晶显示器

7.1.3 CAD 系统的软件

CAD 系统应具备两类软件:系统软件与应用软件。

系统软件指操作系统及语言等,是着眼于计算机资源的有效管理、用户任务的有效完成和操作的方便。

应用软件的范围很广,为清楚起见,可分为 CAD 支撑软件及用户开发的应用软件两种,前一种可在市场上买到,后一种则需经用户开发而成。

7.2 CAD 支撑软件

7.2.1 CAD 支撑软件分类

7.2.1.1 基本图形资源软件

这是一些根据各种图形标准或规范实现的软件包,大多是供应用程序调用的图形子程序包或函数库。这些图形资源中比较流行的有面向设备驱动的 CGI,面向应用的图形程序包 GKS 及 PHIGS,还有某些特有图形程序包,如 OpenGL 等。

7.2.1.2 二、三维绘图软件

这类软件主要解决零部件图的设计问题,输出符合工程要求的零件图或装配图。比较常用的有 AutoCAD、CAXA、开目 CAD 等。

7.2.1.3 几何造型软件

这类软件主要解决零部件的结构设计问题,存储其三维几何数据及相关信息。几何造型软件在计算机及工作站上均可运行,如 Autodesk 公司的 Inventor 软件、PTC 公司的 Pro/Engineer 中的三维模块等。

7.2.1.4 工程分析及计算软件

常用的有限元分析及其前后置处理程序有 ADINA、ANSYS、NASTRAN 等。其他工程分析软件还有机构分析软件、机械系统动态分析软件、注塑模分析软件等。

7.2.1.5 文档制作软件

这类软件可以快速生成设计结果的各种报告、表格、文件、说明书等,可以对文本及插图方便地进行各种编辑,还应支持汉字处理。

7.2.2 几何造型软件的功能

下面以基于特征的参数化 CAD 软件 Autodesk Inventor 为例来简介几何造型软件的功能。

Autodesk Inventor 是美国 Autodesk 公司 1996 年推出的基于特征的参数化三维实体设计的系统,2003 年 12 月推出了 Autodesk Inventor 中文版本(以下简称 Inventor)。

7.2.2.1 Inventor 的技术特点

Inventor 是面向机械设计的三维设计软件。它融合了当前 CAD 所采用的最新的技术,具有强大的造型能力;其独特的自适应技术使得以装配为中心的"自上向下"的设计思想成为可能;系统具有在微机上处理大型装配的能力;设计师的设计规则、设计经验可以作为

"设计元素"存储和再利用;与 AutoCAD 有极好的兼容性以及具有直观的用户界面、直观菜单、智能纠错等优秀功能;提供了进一步开发 Inventor 的开放式的应用程序接口(API)。

7.2.2.2 Inventor 的主要功能

A 零件造型设计

可以建立拉伸体、旋转体、扫描体等各种特征;进行工程曲面设计、由电子表格驱动的变形设计等,如图 7-3、图 7-4 所示。

图 7-3 各种零件设计

图 7-4 工程曲面设计

B 自上向下的装配设计

支持以装配为中心的设计思想,在装配环境下"在位"设计新的零件。可以修改装配体中的零件;进行零部件间的干涉检查;动态演示机构运动和产品装配过程等,如图 7-5、图 7-6所示。

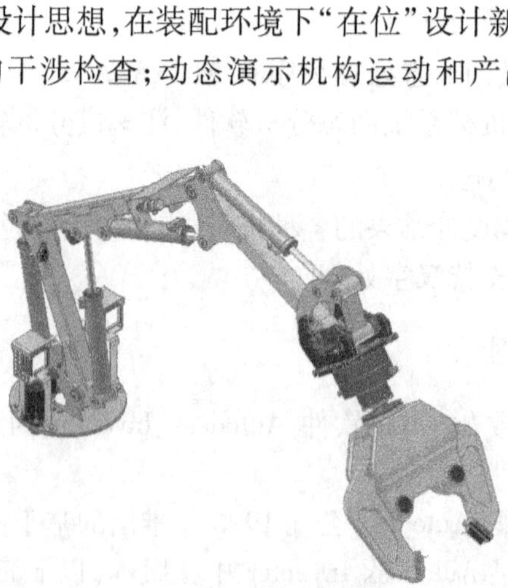

图 7-5 大型装配设计

C 装配体分解设计

用多种形式分解装配体,以表达装配体的组成零件的装配顺序和零件间的装配构成关系,如图 7-7 所示。

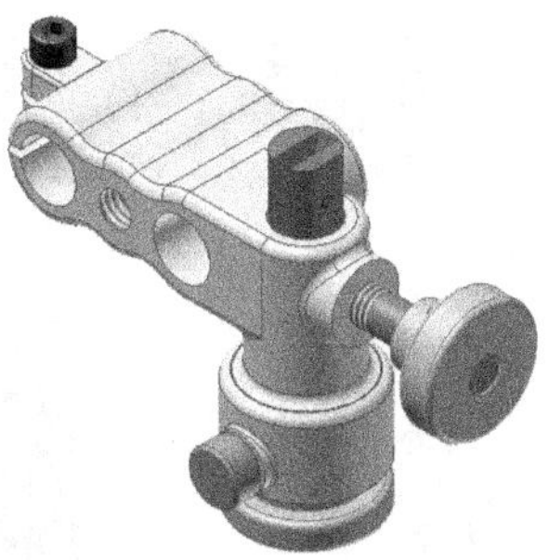

图 7-6 装配设计

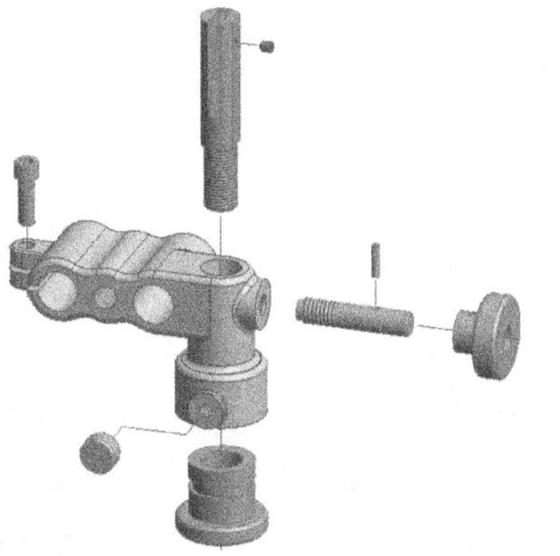

图 7-7 装配分解设计

D 焊接组件设计

能够在装配体上按焊接标准添加焊缝特征，如图 7-8 所示。

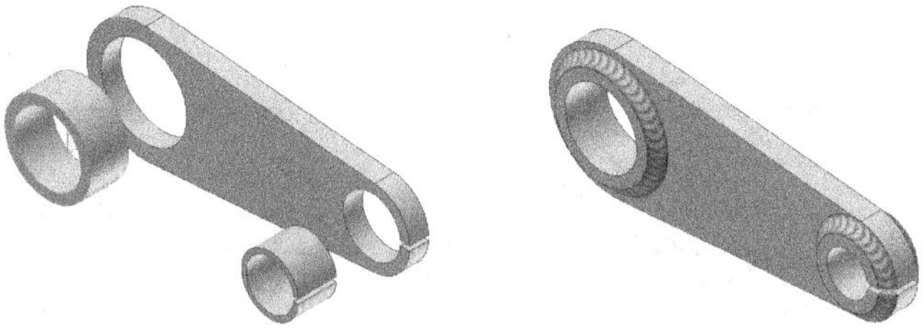

图 7-8 焊接装配件设计

E 钣金设计

可以做各种钣金件和冲压件的设计，如图 7-9 所示。

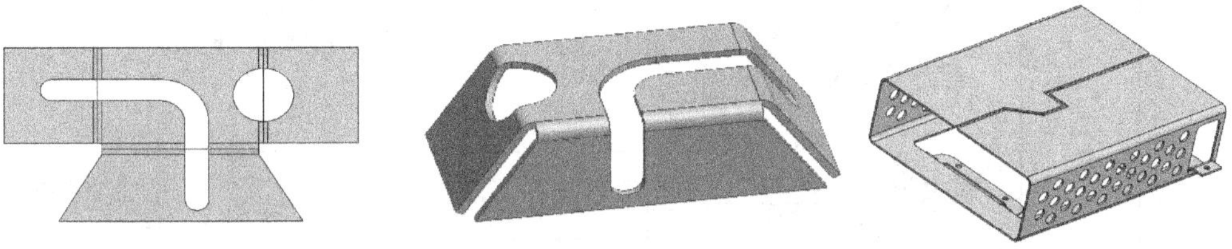

图 7-9 钣金零件设计

F 管路设计

可进行空间管路设计、选择各种标准的管子、接头等，如图 7-10 所示。

G 标准件库

系统内含了包括由 GB、ISO 在内的 18 个国家标准和 12 个不同系列的标准零件库。如图 7-11 所示。

H 二维工程图设计

由三维实体模型自动投影为符合标准的各种二维工程图。三维实体模型和二维工程图是双向关联的，当三维实体模型改变时，二维工程图的所有视图全部更新，反过来也是一样。如图 7-12 所示。

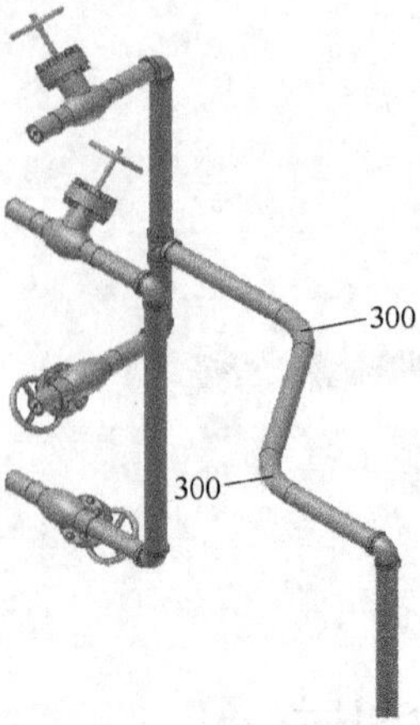

图 7-10 三维管路设计

图 7-11 各种标准零件

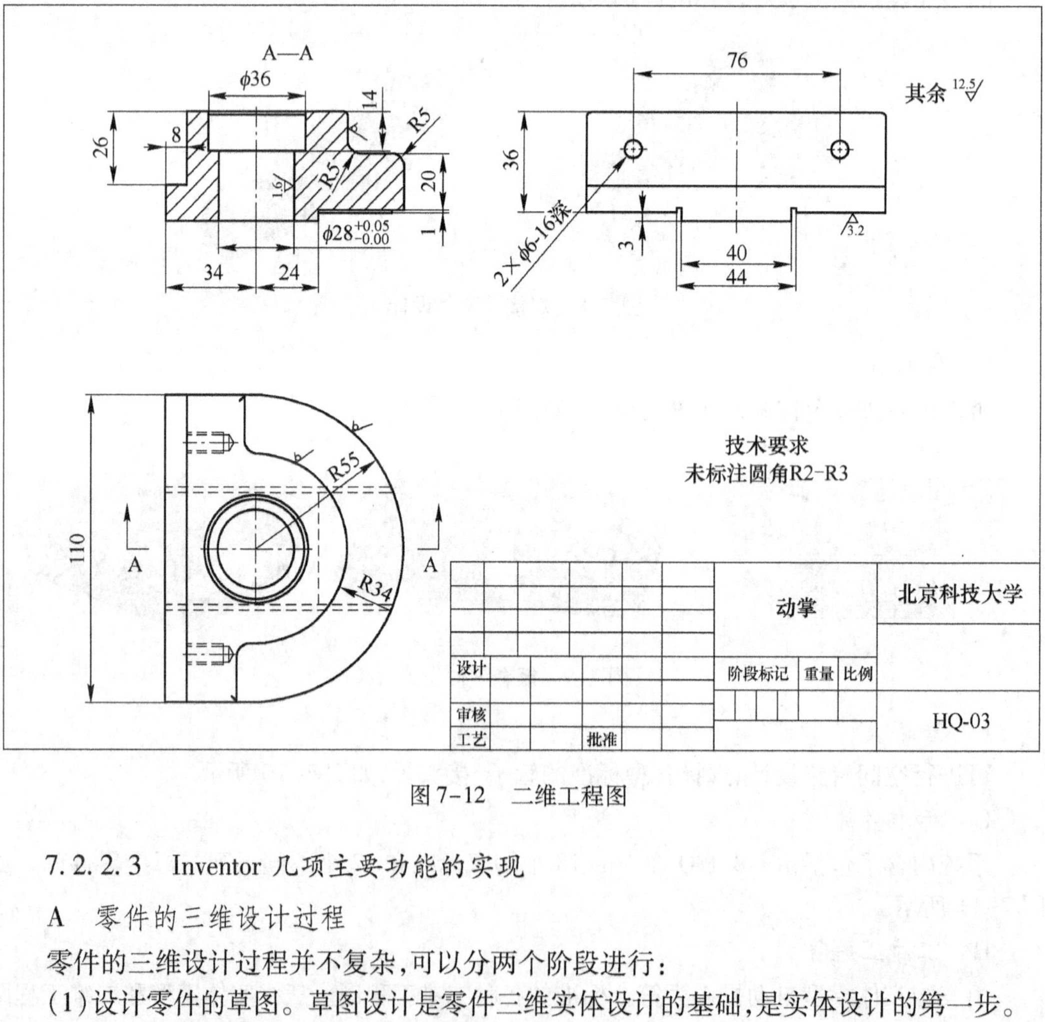

图 7-12 二维工程图

7.2.2.3 Inventor 几项主要功能的实现

A 零件的三维设计过程

零件的三维设计过程并不复杂,可以分两个阶段进行:

(1)设计零件的草图。草图设计是零件三维实体设计的基础,是实体设计的第一步。

(2)在草图的基础上生成三维实体模型。图 7-13 表示了由几个不同的草图,由不同特征方法生成的三维实体的过程。

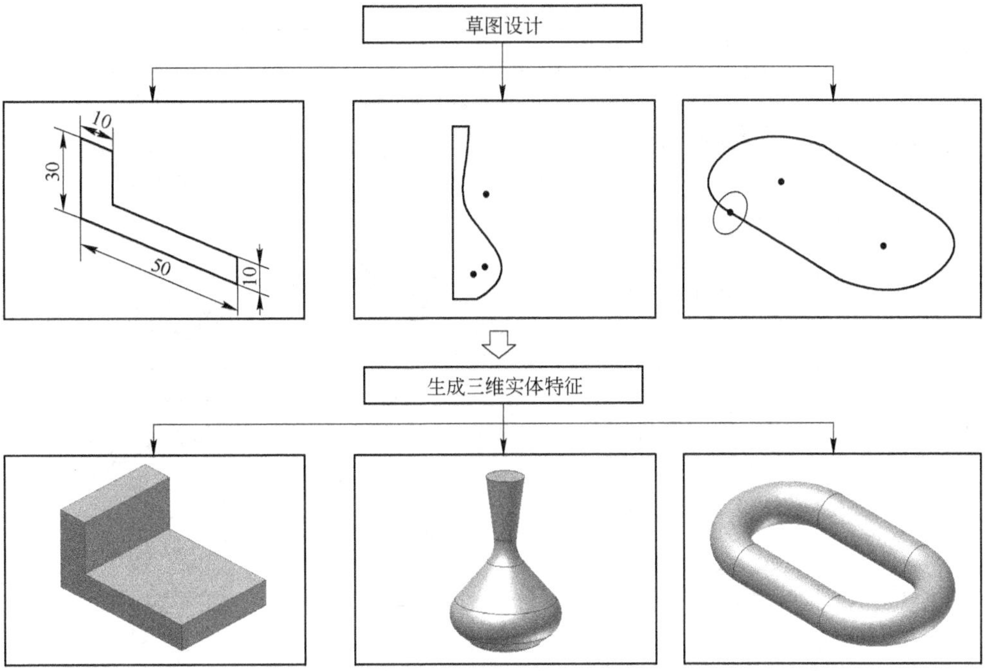

图 7-13　零件设计的两个阶段

其中,草图设计的过程可以分三个步骤:

1）设定草图平面:设置绘制草图所在平面;

2）绘制草图:使用绘制命令绘制草图图形;

3）约束草图:对草图施加尺寸约束和几何约束。

草图设计的一般流程如图 7-14 所示。

此外,在 Inventor 中,基于零件草图的实体特征的生成的方式可分为三种类型:

1）草图特征:由草图生成的特征,有拉伸、旋转、打孔、扫掠、拉伸、抽壳、加强筋、放样及三维螺旋扫掠等,如表 7-1 所示。

表 7-1　草图特征的类型

特征名称	构成特点	示　例
拉　伸	将二维草图沿直线方向拉伸成实体	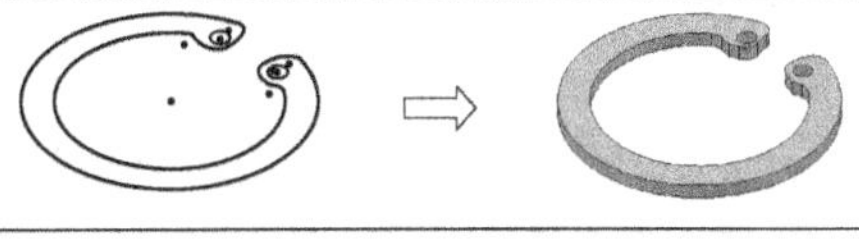
旋　转	由二维草图绕轴线旋转成实体	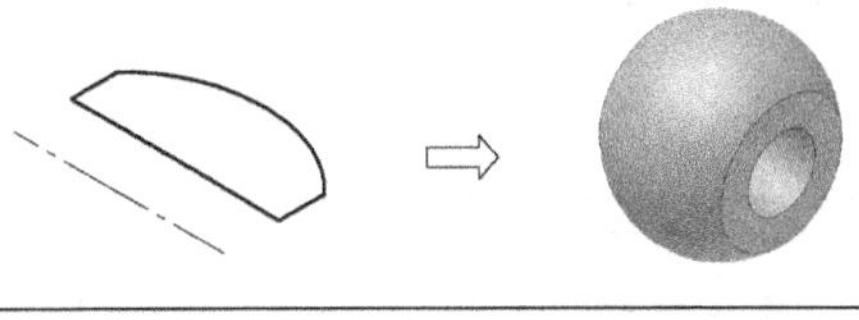
打　孔	以“孔中心点”草图为中心生成各类圆孔	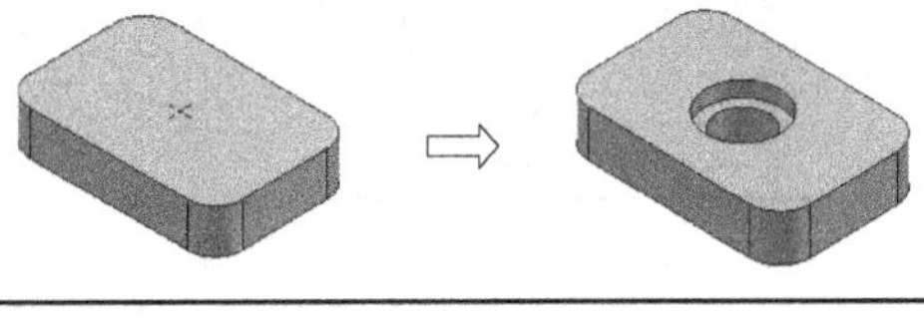

续表 7-1

特征名称	构成特点	示例
加强筋	将二维草图按给定的、厚度向实体方向延伸	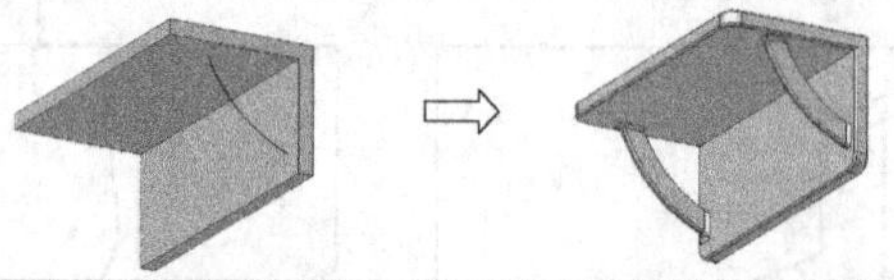
放样	在两个或多个封闭截面之间生成过渡曲面实体	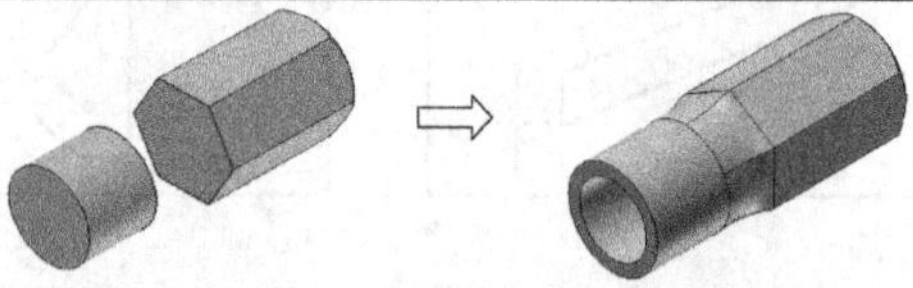
扫掠	将二维封闭草图沿给定的路径扫描成实体	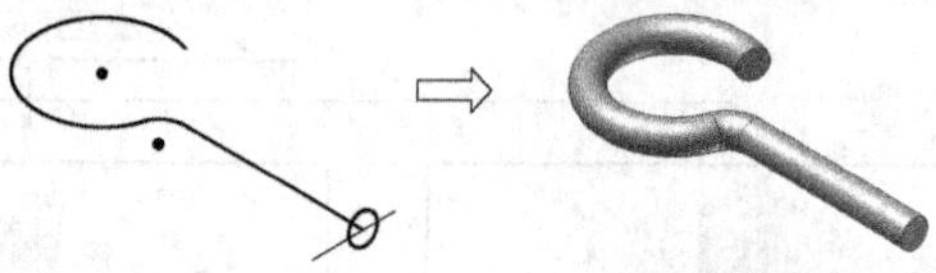
螺旋扫掠	将二维封闭草图沿一条螺旋路径扫描成实体	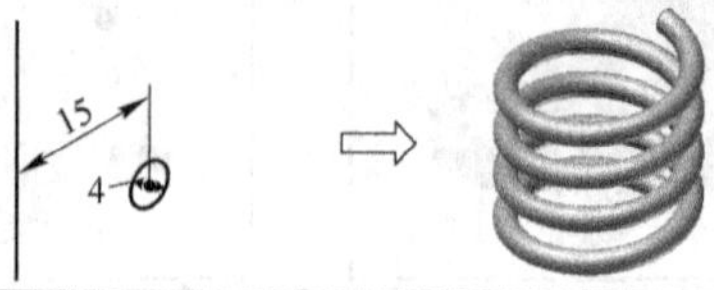

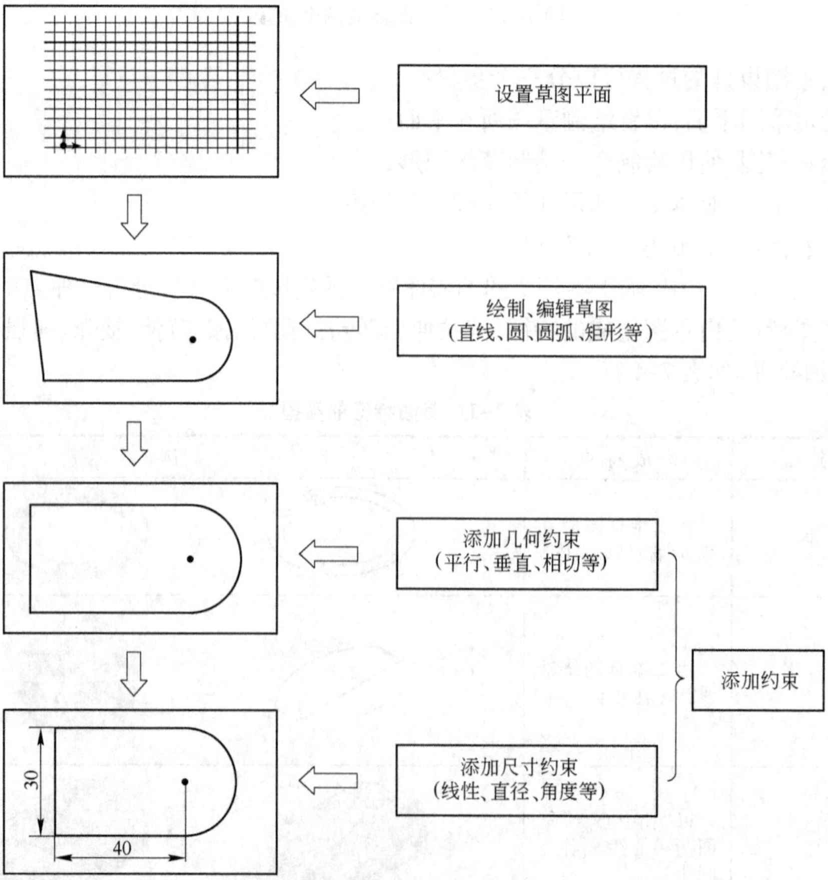

图 7-14 草图设计的流程

2）放置特征：有些特征，如零件的倒角、圆角，它们的生成并不依赖于草图，而是在已经生成的三维实体特征上直接“放置”一个新的特征，这些特征大多是和机械加工的工艺有关。放置特征有圆角、倒角、抽壳、拔模斜度、分割、环形阵列、矩形阵列、螺纹和镜像等，如表7-2所示。

表7-2　放置特征的类型

特征名称	构成特点	示例
抽　壳	从实体内部去除材料，生成带有给定厚度的空心或开口壳体	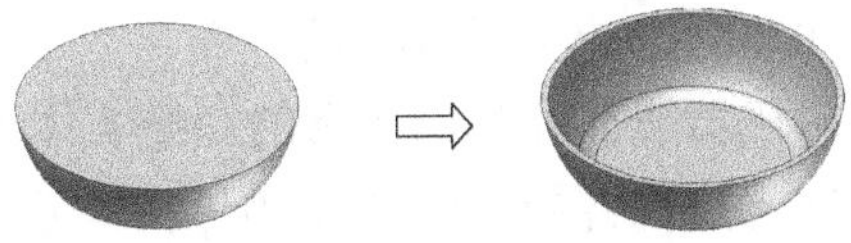
螺　纹	在圆柱或圆锥面上生成螺纹效果图像	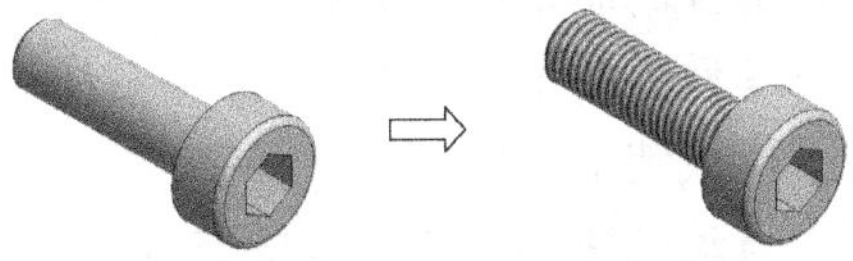
圆　角	在实体的转角处生成圆角	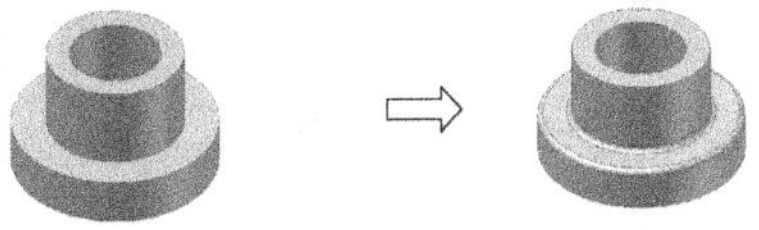
倒　角	在实体的转角处生成倒角	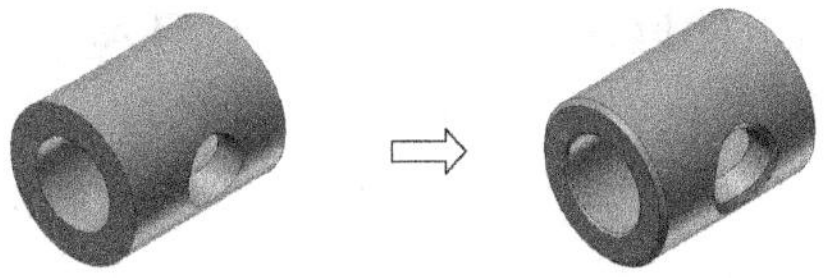
拔模斜度	将实体的一个或多个面处理成具有一定角度的面	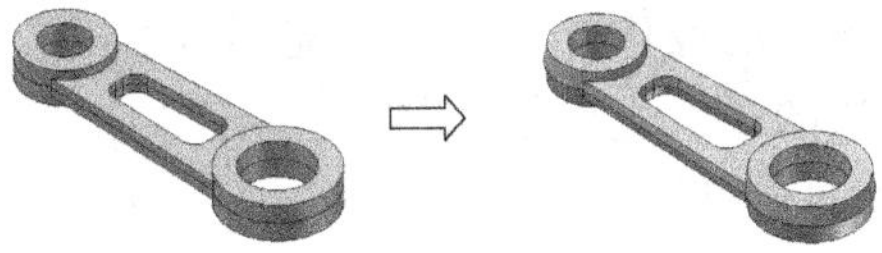
分　割	1. 将实体按给定的边界分割，去掉其中一侧实体 2. 将实体的一个面割成两个面	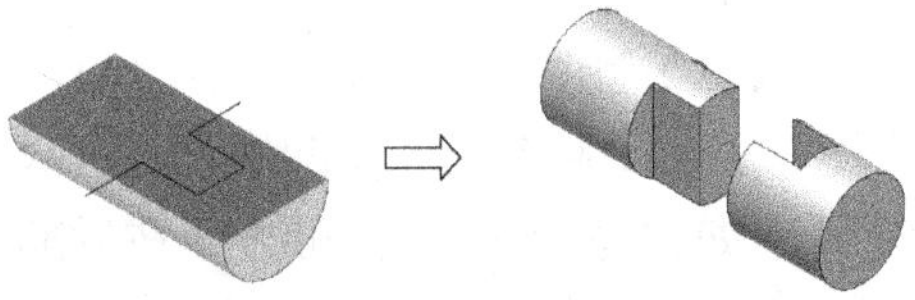
环形阵列	将实体上的特征绕一根轴线复制成多个	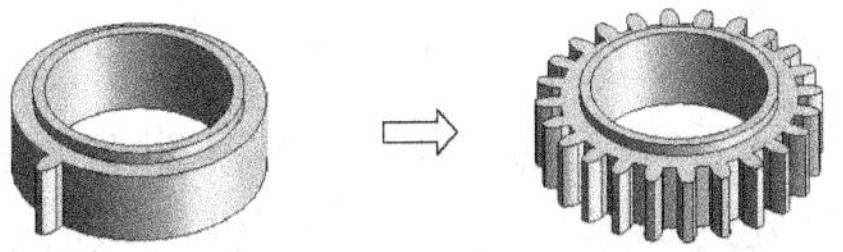
矩形阵列	将实体上的特征按给方向复制成多个	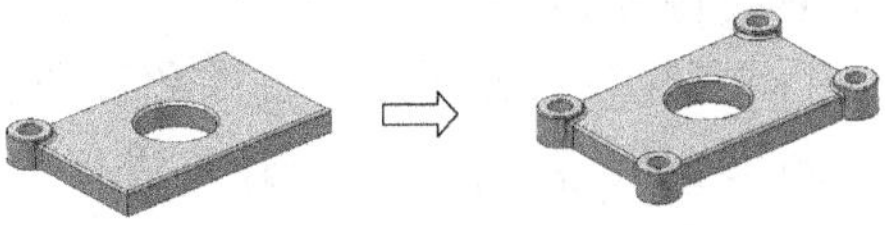
镜　像	将实体上的特征以一个平面为对称面对称复制一个	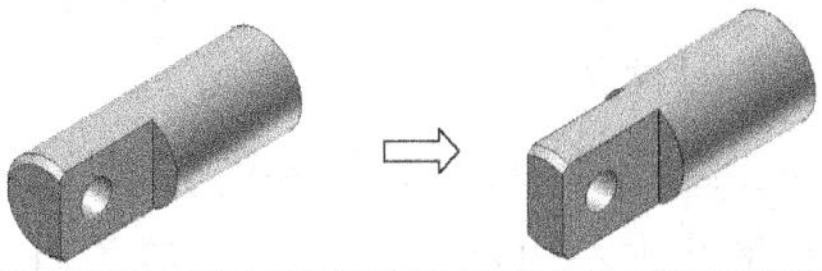

B 三维实体装配设计

在二维投影制图中,装配图用来表达机器或部件的工作原理、零件间的装配关系、零件连接方式以及传动路线,是产品生产过程必要的技术文件。

将三维实体零件按一定的装配逻辑关系组装起来,构成一部真实生动的机器是机械设计师梦寐以求的理想。在三维设计环境下,创建零件间完全真实的装配约束关系,充分表达了设计师的设计思想的过程被称为"三维实体装配设计"。

三维实体装配设计主要目的是:

(1) 获得机器或部件装配状态的三维实体模型;

(2) 观察、分析机器或部件的装配关系、工作原理;

(3) 进行部件的质量特性分析;

(4) 进行零件间的干涉检查;

(5) 用于生成装配分解图;

(6) 用于自动创建部件或零件的二维工程图;

(7) 用于在相关仿真软件系统中进行复杂的运动学和动力学分析。

Inventor 支持"自下向上"和"自上向下"两种装配设计方法。两种方法可在同一个装配环境中完成。

自下向上的设计方法是先在零件环境下生成所有零件,然后在装配环境下调入所有零件,按照装配关系逐个装配零件。这种设计方法的优点是:零件设计是独立的与其他零件不存在相互关联。当零件的结构、尺寸都已确定,不需要再改动时,一般采用自下向上的设计方法。

自上向下的设计方法是在装配环境下以一个主要零件或部件为参考来设计其他零件。该设计方法的最大优点是:新生成的零件在形状、尺寸上和参照零件之间可以保持相关和协调,并能同时保证装配关系。自上向下的设计思想和设计过程设计非常符合实际,在进行新产品设计时,多采用这种设计方法。

图 7-15 表示了自下向上和自上向下设计的过程。

如图 7-15 所示,生成三维装配模型后,Inventor 允许用户为模型文件(包括之前生成的零件)指定特性如物理特性,这样可方便在后期对模型进行工程分析和计算以及仿真等。

以图 7-16 中的零件——泵盖模型为例,从图 7-17 所示的特性卡中可看出 Inventor 已经分析出了模型的质量、体积、重心以及惯性信息等。在计算模型的主轴惯性矩外,还可计算出模型相对于 *XYZ* 轴的惯性特性。此外,重心位置也可直观显示出来,如图 7-16 所示,在重心符号处的球形显示了所选零件的重心位置,箭头指示 *X*、*Y*、*Z* 轴的方向。

除了物理特性外,如图 7-17 所示,特性卡中还包括模型的概要、项目、状态等信息,用户可根据实际情况填写,方便以后查询和管理。

生成三维装配模型后,Inventor 还可进行干涉检查,如图 7-18、图 7-19 所示,模型上的深色区域表示出了发生干涉的部位,并给出了干涉检查报告。

C 表达视图设计

在传统的二维设计中,绘制部件的分解表达视图是很复杂和费时的事,要模拟装配部件的动作过程更是几乎不可能的。而在三维设计环境下,完成这一任务是很轻松的。

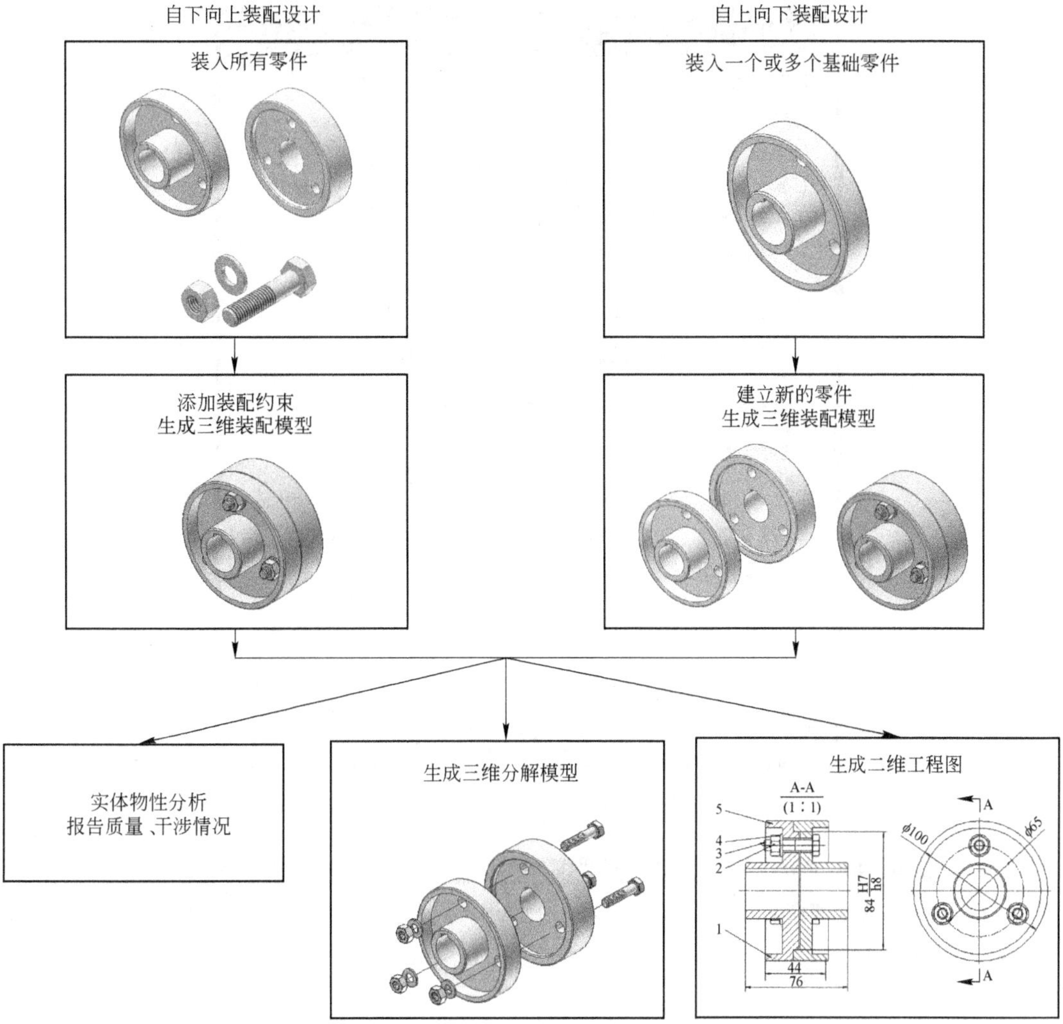

图 7-15 三维装配设计过程

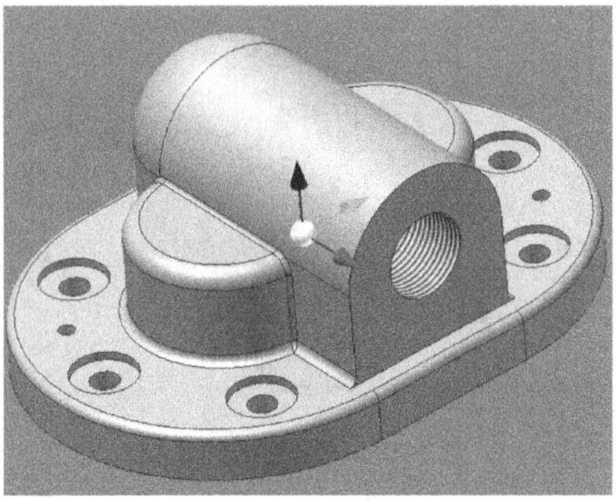

图 7-16 泵盖的重心位置

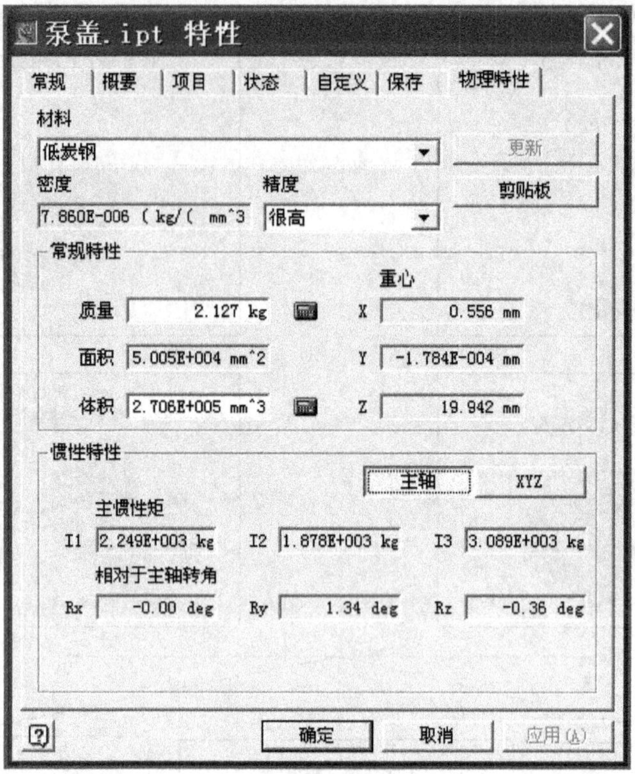

图 7-17 特性卡

(a) (b)

图 7-18 “干涉检查”对话框

(a) 选择“干涉检查”对象；(b) 干涉检查报告

图 7-19 显示“干涉”部位

表达视图是显示部件装配关系的一种特殊视图，由于它将各零件沿装配路线展开表示，使用者可很直观地观察部件中零件与零件的相互关系和装配顺序。

“表达”可以是静态的视图,也可以是动态的演示过程,还可以生成一个播放文件,供随时播放。

图 7-20 说明了表达视图的作用。

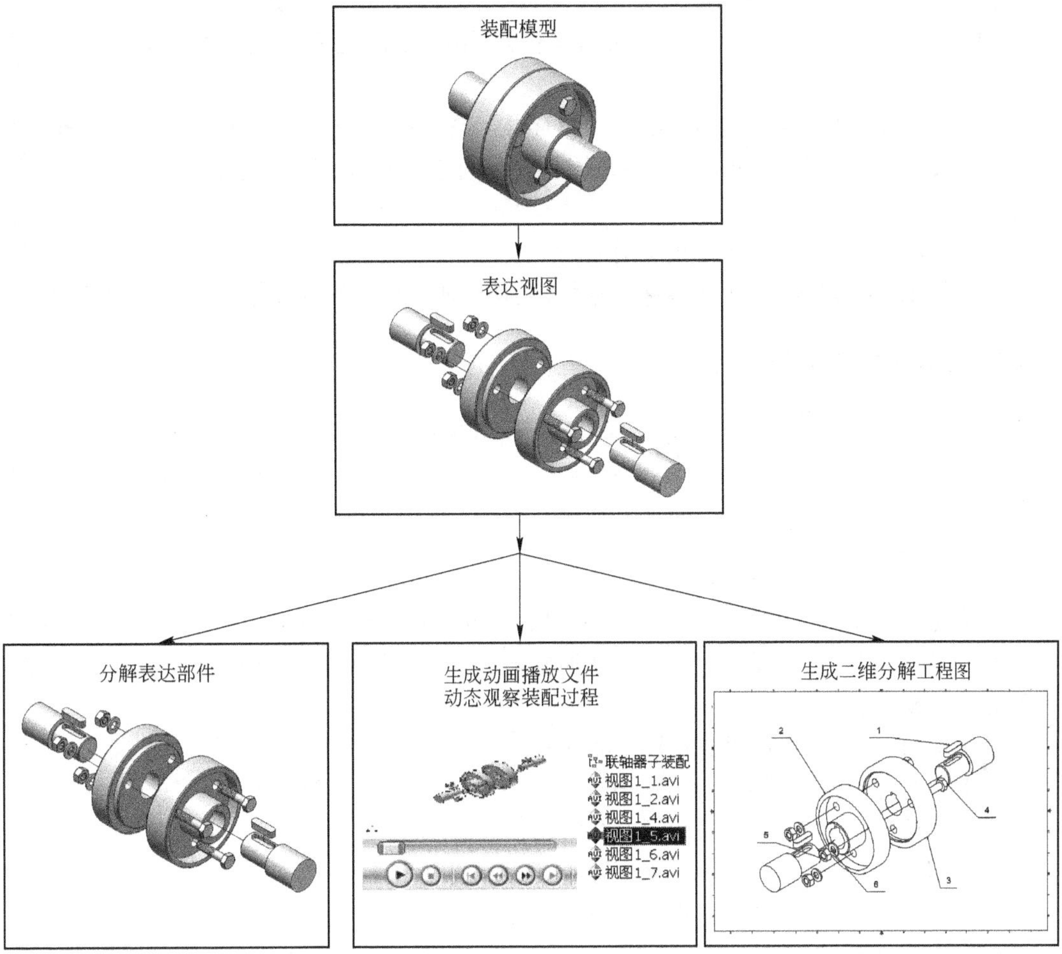

图 7-20 表达视图的作用

D 工程图设计

目前,在零部件的生产、制造安装及产品检验过程中,在维护、修理设备时,都还离不开二维的工程图,工程图仍然是表达零件和部件的一种最重要方式,是设计制造不可缺少的技术文件。

三维设计系统中“工程图”是由三维实体模型自动转换成的,这里所说的“自动”, 是说不再需要用鼠标在屏幕上一条线、一条线地去画图了,而是根据设计者的意图由三维的实体模型自动投影为各种平面视图。

由三维的实体模型转换成几个视图? 转换成什么样视图? 视图上的尺寸怎样标注? 这些还需要设计者的投影制图的基础知识和设计经验的积累。

三维设计系统的自动转换“工程图”有如下的特点:

(1) 生成的二维工程图和三维实体模型的数据关联。对零件或部件的任何修改都反映到它们的工程图中。同样,修改二维工程图的模型尺寸,也引起它们的三维模型的变化。

(2) 各个视图之间是关联关系,如果一个视图的某个尺寸改变,所有的视图上和这个尺寸相关的结构都自动改变。

(3) 二维工程图包括各种投影视图、各种剖视图,也包括轴测图。

(4) 工程图能够以 DWG 的格式及其他格式输出,以满足文件在其他绘图系统中调用的需要。

(5) 由于工程图的绘制方式和标注要符合国家标准的要求,设计工程师和所服务的企业又有很多特殊的规范、要求,而软件系统目前不可能完全做到,因此,需要做一些"修补"工作。

图 7-21 展示了零件工程图的设计过程。

装配图的设计过程、方法和零件图相仿,只是增加了标注零件序号和明细表的处理等。

7.2.3 工程分析及计算软件的功能

仍以 Inventor 为例介绍其应力分析与运动仿真模块。

应力分析与运动仿真是 Inventor 的附加模块,是 CAE 功能与 CAD 建模工具的无缝集成。

7.2.3.1 应力分析模块

应力分析模块提供了对于结构分析常用的静态应力分析和模态分析功能。在设计过程中,用户使用应力分析可以对一个零件施加载荷和约束、计算应力、变形、安全系数、固有频率和相应的模式。

使用应力分析,用户可以实现以下功能:

(1) 进行静态线弹性的应力分析来得到应力分析、变形、位移和安全系数。

(2) 进行模态分析来得到固有频率和模式。

(3) 基于分析结果,修改设计来消除过度设计或不足设计。

(4) 在应力分析环境中,直接进行一定程度的模型修改、更新求解。

(5) 在零件环境中对模型进行修改,再直接进行应力分析求解。

(6) 通过对零件各种阶段的变形、应力、安全系数和频率进行动画演示,产生分析报告、DWF 文件以供审阅或存档。

应力分析是对 Inventor 零件的有限元求解。从 Inventor 模型环境转换到应力分析环境,将一个三维几何模型转换成了一个数学模型。该数学模型在三维空间的体积就是该数学模型的问题域,而其表面便是问题域的边界。该问题域是由特定的材料组成,因此,有特定的材料特性;而在问题域的边界上,可以有给定的载荷、已知的位移等,因此,边界条件可以根据载荷和位移来定义。该数学模型在问题域内部满足控制方程(一般是微分方程),在边界上满足边界条件。

用 Inventor 进行应力分析的一般步骤如下:

(1) 创建零件模型:根据分析的某些特性对模型进行必要的简化,如去除微小特征。

(2) 设置该模型的材料特性:如密度、弹性模量等。

(3) 创建完整的边界条件:注意零件的实际约束以及受力情况应该与边界条件一致。

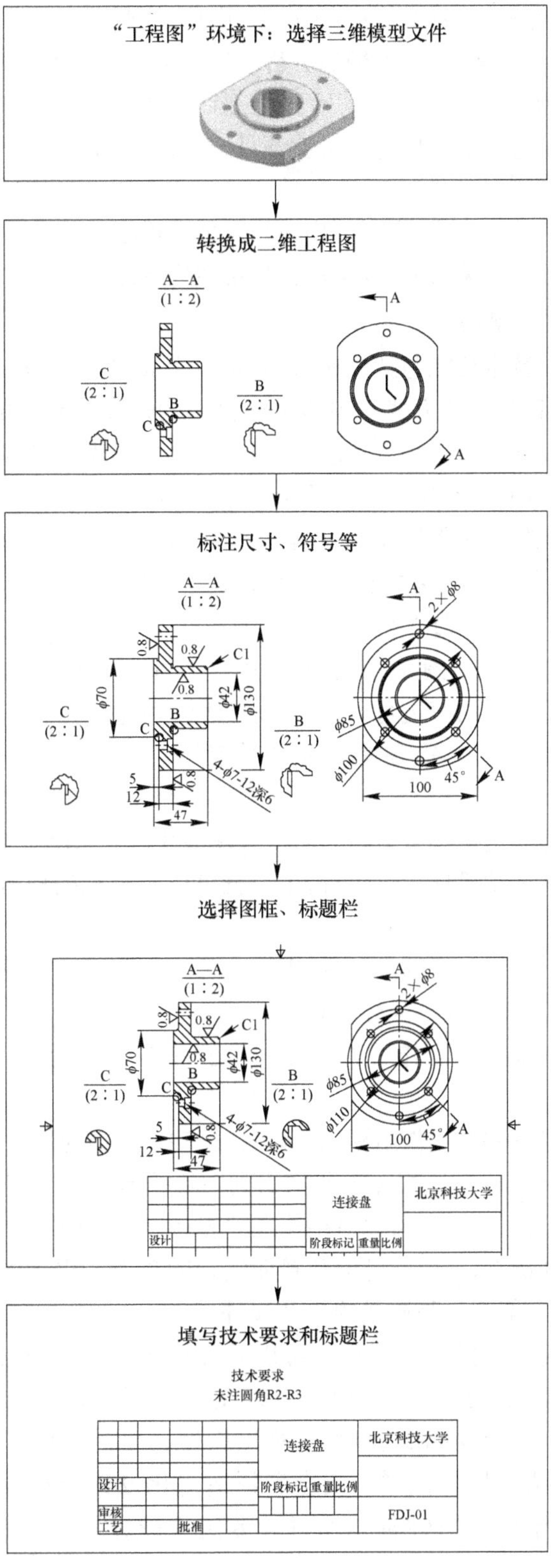

图7-21 工程图的设计过程

（4）进行分析的相关设置：如设置分析类型、网格类型等。

（5）划分有限元网格，运行分析，输出分析结果并进行相应的研究。

利用 Inventor 进行应力分析时，要满足下列三个条件，仿真结果才能正确：

（1）应力分析仅仅适用于线性材料特性，即材料永远处于弹性变形范围内，不会出现因为受力过大而产生塑形变形。

（2）假设与零件的整体相比，变形的幅值相对来说很小。

（3）仿真结果与温度无关，即温度不对材料特性构成影响。

7.2.3.2 运动仿真模块

机械装置或机构的特定功能包括传递力、运动和能量，而为实现某一功能对其构件的相对运动进行传递、控制和限制的方式是该装置或机构的运动机理。Inventor 的“运动仿真”模块就提供了对结构运动机理的仿真功能，用户可以对三维设计的机构进行复杂的运动学和动力分析，对机构在各种工作状态下的设计功能进行仿真。

在 Inventor 的部件造型环境中，装配模型零件之间的运动关系由装配约束定义。通过对装配约束的驱动，用户还可以模拟零件的运动，显示装配部件的运动形式。

运动仿真功能提供了一个分析机械部件复杂运动行为和动力的强大工具。在运动仿真环境中，用户首先对装配部件创建有准确物理力学意义的运动机理。用户可以实现：

（1）对装配结构的装配约束进行转换，自动产生运动连接。

（2）利用丰富的运动连接库，手动产生各种连接，包括由弹簧、阻尼器等来构建运动机理。

（3）利用运动机理通过定义载荷、驱动条件、摩擦系数等来赋予物理意义。

对一个符合实际的运动机理进行运行，用户就可以十分轻松地得到精确的运动。动力结果包括以下内容：

（1）产生丰富的运动学分析结果，包括机理中每个零部件随时间变化的位置、速度、加速度，可以产生相关的工程数据，并绘出图形。

（2）确定运动构件如何相互作用以及受力状态，计算出准确的载荷条件，包括惯性的影响。

（3）零部件中选择关键的点作出标记，输出在运动过程中的位置轨迹。

（4）将在运动仿真状态中的实际工况输出到“应力分析”或“ANSYS Workbench”进行进一步的有限元应力分析，使用户可以对结构在动态运作下安全进行分析和评估。

（5）通过运行运动仿真，了解设计的装置能实现的功能。用户可以看到齿轮、凸轮、弹簧等机构的精确运动，并能产生高质量的 AVI 文件。

在设计过程中进行运动仿真，用户就可以验证该运动机构设计的合理性，对运动机构进行优化。它的强大之处就在于：用户可以试验不同条件下的仿真行为，比较仿真结果。它提供了一个不必创立和试验无数物理原型，允许设计者通过模拟的条件来试验很大范围的设计选项，最后对性能、安全和舒适优化设计的有效方法，从而达到改进终端产品的要求。由于物理特性都是通过参数定义的，因此，非常容易对不同参数值的作用进行试验，比较在不同物理条件下的行为，发现潜在问题，为改进设计提供重要的依据。

7.3 CAD技术的发展趋势

7.3.1 集成化

在一个由多种软件组成的复杂系统中，例如计算机集成制造系统、并行工程等。集成的含义有多种，一般有功能集成、信息集成、过程集成及动态联盟中企业的集成。集成化问题一直是CAD技术研究的重点。目前，为适应现代制造技术发展的趋势，CAD的集成化正向着深度和广度发展，从CAD的信息集成、功能集成，发展为可实现整个产品生命周期的过程集成，进而向企业动态集成、虚拟企业发展。信息集成主要实现单元技术自动化孤岛的连接，实现其信息交换与共享；过程集成通过并行工程等实现产品设计制造过程的优化；企业动态集成通过敏捷制造模式来建立虚拟企业（动态联盟），达到提升产品和企业整体竞争力的目的。

计算机集成制造（CIM）是CAD集成技术发展的必然趋势。CIM的最终目标是以企业为对象，借助于计算机和信息技术，使企业的经营决策、产品开发、生产准备到生产实施及销售过程中有关人、技术、经营管理三要素及其形成的信息流、物流和价值流有机集成，并优化运行，从而达到产品上市快、高质、低耗、服务好、环境清洁，进而为企业赢得市场竞争的目的。计算机智能制造系统（CIMS）则是一种基于CIM哲理构成的复杂的人机系统，是在自动化技术、信息技术及制造技术的基础上，通过计算机及其软件，将制造工厂全部生产活动所需的各自分散的自动化系统有机地结合起来，适合于多品种、中小批量生产的总体高效益、高柔性的智能制造系统。CIMS不是现有生产模式的计算机化和自动化，它是在新的生产组织原理和概念指导下形成的一种新型生产实体。

7.3.2 网络化

互联网及其Web技术的发展，迅速将设计工作推向网络协同的模式，因此，CAD技术必须在以下两个方面提高水平：

（1）能够提高基于因特网的完善的协同设计环境。该环境具有电子会议、协同编辑、共享电子白板、图形和文字的浏览与批注、异构CAD和PDM软件的数据集成等功能，使用户能够进行协同设计。

（2）提供网上多种CAD应用服务，例如设计任务规划、设计冲突检测与消解、网上虚拟装配等工具。

7.3.3 智能化

现有的CAD技术在机械设计中只能处理数值型的工作，包括计算、分析与绘图。然而在设计活动中存在另一类符号推理型工作，包括方案构思与拟定、最佳方案选择、结构设计、评价、决策以及参数选择等。这些工作依赖于一定的知识模型，采用符号推理方法才能获得圆满解决。因此，将人工智能技术、知识工程技术与CAD技术结合起来，形成智能化CAD系统是机械CAD发展的必然趋势。以下两个问题应给以更多的注意：

（1）发展新的设计理论与方法。例如并行设计、大规模定制设计、概念设计、创新设计、标准化设计、模块化设计、协同设计等，都是当前研究的热点。只有在新的理论与方法指导下才可能建立新一代的智能 CAD 系统，才能解决目前还不能有效解决的方案设计、创新设计等问题。

(2) 继续深入研究知识工程在机械设计领域中应用的一些基本理论与技术问题。例如设计知识的表示与建模、知识利用中的各种搜索与推理方法、知识挖掘、知识处理技术等。

7.3.4 并行工程

并行工程是随着 CAD/CAM 和 CIMS 技术的发展而提出的一种新哲理和系统工程方法。这种方法的思路就是并行地、集成地开展产品设计、开发及加工制造，它要求产品开发人员在设计阶段就应考虑产品整个生命周期的所有要求，包括质量、成本、进度、用户要求等，以便最大限度地提高产品开发效率及一次成功率。并行工程的发展对 CAD/CAM 技术也提出了更高的要求，特别是作为并行工程主要使用工具的 DFX 技术的迅速发展，使得支持 DFX 的 CAD/CAM 技术的研究日趋活跃。

DFX 指的是面向某一领域的设计，它代表了当代的一种产品开发技术，能有效地应用于产品开发，实现产品质量的提高、成本的下降和设计周期的缩短。DFX 具体包含有面向装配的设计(DFA)、面向制造的设计(DFM)、面向成本的设计(DFC)、面向服务的设计(DFS)、面向可靠性的设计(DFR)等。

DFA 的目标是在设计时通过对零部件的控制来降低装配时的复杂性，也就是通过消除或合并零部件的方式，使制造商达到减少装配时间和降低装配成本的目的。对每一个零部件都考虑是否有必要单独设计或者与其他零部件融合在一起以减少装配数，以此为指导，实现设计产品系统的简化。

DFM 的主要思想是在产品设计时不但要考虑功能和性能要求，同时要考虑制造的可能性、高效性和经济性及产品的可制造性。其目标是要求设计人员在产品设计阶段就考虑与产品制造有关的约束，在设计过程中完成可制造性分析与评价，使产品结构合理、制造简单，在保证功能和性能的前提下使制造成本最低。在这种设计与制作工艺同步考虑的情况下，不仅很多隐含的工艺问题能够及早暴露出来，避免了设计返工，而且通过对不同的设计方案的可制造性进行评估取舍，能显著地降低成本，增强产品的竞争力。

DFC 是指在满足用户需求的前提下，尽可能地降低成本的设计方法。通过分析和研究产品制造过程及其相关的销售、使用、维修、回收、报废等产品全生命周期中的各个部分的成本组成情况，进行相关的评价，对原设计中影响产品成本的过高费用部分进行修改，以达到降低成本的目的。其主要思想是将费用(成本)作为一个与技术、性能、进度和可靠性等要求同等重要的参数给予确定，确定准确的生产、使用和维护等阶段中的 DFC 参数(如每单位的装配成本、每单位的使用成本等)，并使得这些参数与性能、进度和可靠性等参数之间达到一种最佳平衡。DFC 主要的内容包括：建立目标成本说明书和对照表，根据目标成本，通过材料选择、加工设备选择等方法来降低成本；研究成本分布情况，依据市场情况进行设计和成本的平衡，寻求最佳的性能价格比。

DFS 是为实现产品高效的维护和维修而提供的一种产品设计方法。它为具体的每一款产品服务建立一套操作顺序，根据具体维护方式的难易程度，区分出维护时哪一部分零部件需废弃或是可替代的，在产品设计时就需考虑维护、维修操作中的拆卸顺序规范、时间消耗以及拆卸后的再装配顺序和时间消耗等因素。

7.4 产品数据交换技术

7.4.1 产品数据交换标准简介

7.4.1.1 初始图形交换规范

初始图形交换规范(IGES)建立了用于产品定义的数据表示方法与通信信息结构,作用是在不同的CAD/CAM系统间交换产品定义数据。其原理是:通过前处理器把发送系统的内部产品定义文件翻译成符合IGES规范的"中性格式"文件,再通过后处理器将中性格式文件翻译成接受系统的内部文件。IGES定义了文件结构格式、格式语言以及几何、拓扑及非几何产品定义数据在这些格式中的表示方法,其表示方法是可扩展的,并且独立于几何造型方法。

目前,绝大多数图形支撑软件都提供读、写IGES文件的接口,使不同软件系统之间交换图形成为现实。

7.4.1.2 产品模型数据交换标准

产品模型数据交换标准(STEP)是一套系列标准,其目标是在产品生存周期内为产品数据的表示与通信提供一种中性数据形式,这种数据形式完整地表达产品信息并独立于应用软件,也就是建立统一的产品模型数据描述。它包括为进行设计、制造、检验和产品支持等活动而全面定义的产品零部件及其几何尺寸、性能参数及处理要求等相关的各种属性数据。STEP标准是CAD/CAM集成、计算机智能制造系统(CIMS)提供产品数据共享的基础,是当前被广泛关注的并应用于计算机集成领域的热门标准。

7.4.1.3 DXF文件

DXF文件是AutoCAD用于将内部的图样信息传递到外部的数据文件,是由美国Autodesk公司制定的,主要记录图形的几何信息,文件的扩展名为".dxf"。它虽不是由标准化机构制定的标准,但由于其应用广泛,而成为一个中性的数据文件。

DXF数据交换的优点:

(1) 文件格式的设计充分考虑了接口程序的需要,结构简单、可读性好,易于其他程序方便地从中提取所需信息。

(2) 允许在一个DXF文件中省略一些段或段中的一些项,省略后仍可获得一个合法的图形。

DXF数据交换的缺点:

(1) 不能完整地描述产品信息,例如公差、材料等信息。就产品的几何信息而言,也仅仅保留了几何数据及部分属性信息,缺乏几何模型的拓扑信息。

(2) 文件过于冗长,使得文件的处理、存放、传递和交换不方便。

在AutoCAD中,DXF文件可直接用"打开"命令打开,还可用"插入"命令插入。

7.4.2 以Inventor为例简介CAD系统间的数据输入输出格式

Inventor和AutoCAD都是Autodesk公司开发的设计软件,所以两者具有很好的兼容性。

通过 DWG TrueConnect,Inventor 不需要格式转换就可以直接读入和输出 AutoCAD 的 DWG 格式文件,且 Inventor 的 DWG 文件与 Inventor 实体模型保持完全的参数化和相关联性。

Inventor2009 版本可支持更多的 CAD 文件,如 SAT、STEP、IGES 等。SAT 是 ACIS 数据格式的文件,STEP 和 IGES 上文已介绍过。Inventor 可以读入或输出这些文件的零件或装配模型。

另外,还支持 SolidWorks、UG、Pro/ENGINEER 格式文件:可以读入和输出 Parasolid、Granite 格式文件;读入 UG、SolidWorks、Pro/ENGINEER 文件。

习题和思考题

7-1 试述计算机辅助设计的内涵。

7-2 试述计算机辅助设计与计算机绘图、计算机图形学的区别。

7-3 在计算机辅助设计过程中,产品数据交换标准有哪些?

7-4 试着用 Inventor 做出单个齿轮和螺栓连接的实体模型。

7-5 通过调研,举出生活中利用计算机辅助设计技术进行设计加工的一件产品,并详述其设计过程。

8 动态分析设计法

8.1 频响函数(传递函数)

8.1.1 频率响应函数的概念

对系统的研究,主要是处理系统的输入 $f(t)$ 、系统的输出 $x(t)$ 和系统的传输或转换特性 $h(t)$ 三者之间的关系。

对一个线性系统,其输入 $f(t)$ 和输出 $x(t)$ 之间的关系可用下列微分方程式来描述:

$$a_n \frac{\mathrm{d}^n f(t)}{\mathrm{d}t^n} + a_{n-1} \frac{\mathrm{d}^{n-1} f(t)}{\mathrm{d}t^{n-1}} + \cdots + a_1 \frac{\mathrm{d}f(t)}{\mathrm{d}t} + a_0 f(t) \tag{8-1}$$

$$= b_m \frac{\mathrm{d}^m x(t)}{\mathrm{d}t^m} + b_{m-1} \frac{\mathrm{d}^{m-1} x(t)}{\mathrm{d}t^{m-1}} + \cdots + b_1 \frac{\mathrm{d}x(t)}{\mathrm{d}t} + b_0 x(t)$$

若系统的初始条件为零,即在考察时刻以前($t=0^-$),其输入量、输出量及其各阶导数均为零,则对式(8-1)进行拉氏变换,得

$$H(s) = \frac{F(s)}{X(s)} = \frac{b_m s^m + b_{m-1} s^{m-1} + \cdots + b_1 s + b_0}{a_n s^n + a_{n-1} s^{n-1} + \cdots + a_1 s + a_0} \tag{8-2}$$

式中, s 为拉氏变换因子。

将输出量和输入量两者的拉氏变换之比 $H(s)$ 定义为该系统的传递函数,它以代数形式表征了系统的传输、转换特性。其分母中 s 的幂次 n 代表了系统微分方程的阶数。传递函数与系统的输入输出无关,它只反映系统的特性,系统的输入一旦确定,其输出就取决于传递函数。物理性质不同的系统,可以具有相同的传递函数。

若以 $s = \mathrm{j}\omega$ 代入式(8-2),就得到:

$$H(\mathrm{j}\omega) = \frac{b_m (\mathrm{j}\omega)^m + b_{m-1} (\mathrm{j}\omega)^{m-1} + \cdots + b_1 (\mathrm{j}\omega) + b_0}{a_n (\mathrm{j}\omega)^n + a_{n-1} (\mathrm{j}\omega)^{n-1} + \cdots + a_1 (\mathrm{j}\omega) + a_0} \tag{8-3}$$

$H(\mathrm{j}\omega)$ 称为系统的频率响应函数,简称为频响函数。它是一个复数,具有相应的模和相角。有时将其简写为 $H(\omega)$ 。频率响应函数,同样反映了系统的输入与输出之间的关系,反映了系统的固有特性,是系统在频域中的一个重要特征量,也是频域中辨别系统模态参数的依据。因此,对频率响应函数的特性进行分析,并建立它与模态参数的关系,是模态分析理论的基础。

8.1.2 具有黏性阻尼单自由度系统的频响函数

系统的自由度是指能完全描述系统运动所需的独立坐标个数。单自由度系统是最基本的振动系统,而一个复杂的振动系统往往可以离散为具有多个自由度的系统,但是通过模态

分析方法，多自由度线性系统可以解耦成若干个单自由度振动系统，因此研究单自由度系统是很重要的，图 8-1 所示即为单自由度系统的模型组成。

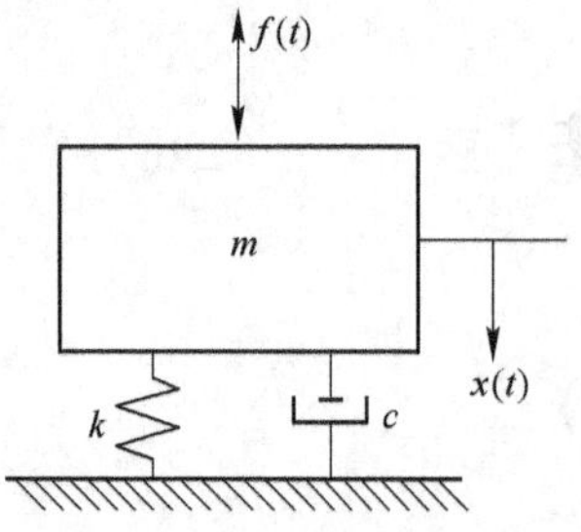

图 8-1　单自由度系统模型

所谓阻尼，是指阻碍系统运动的力，机械振动系统必然存在阻尼，其阻尼的产生机理比较复杂，目前还没有一个完备而有效的阻尼模型能够确切地反映系统的实际阻尼特性，为了研究推导方便，在进行模态分析时通常使用黏性阻尼模型和结构阻尼模型，这里先研究黏性阻尼系统。

具有黏性阻尼的系统，是指其阻尼力大小与振动速度成正比，方向与速度方向相反。由机械振动理论可知，具有黏性阻尼的单自由度系统的振动微分方程为：

$$m\ddot{x}(t) + c\dot{x}(t) + kx(t) = f(t) \tag{8-4}$$

方程式左端的 $m\ddot{x}(t)$ 为惯性力，$c\dot{x}(t)$ 为阻尼力，$kx(t)$ 为弹性力，$f(t)$ 为激励。当 $f(t) = 0$ 时，上式变为自由振动方程：

$$m\ddot{x}(t) + c\dot{x}(t) + kx(t) = 0 \tag{8-5}$$

首先研究自由振动。由高等数学知识，可以设自由振动方程的解为：

$$x(t) = X\mathrm{e}^{st} \tag{8-6}$$

代入式(8-5)：

$$(ms^2 + cs + k)X\mathrm{e}^{st} = 0$$

因为 $\mathrm{e}^{st} > 0$，而 $x = 0$ 对应于系统静止不动，不予考虑，故有：

$$ms^2 + cs + k = 0 \tag{8-7}$$

由上式可以解得 s 的两个根：

$$s_{1,2} = -\frac{c}{2m} \pm \sqrt{\frac{c^2 - 4km}{(2m)^2}} \tag{8-8a}$$

引入黏性阻尼因子 ζ，定义 ζ 为实际黏性阻尼系数与临界黏性阻尼系数之比，即：

$$\zeta = \frac{c}{c_0}$$

式中，$c_0 = 2\sqrt{km}$，为临界黏性阻尼系数。ζ 为一无因次的参数，由机械振动理论可知，$\zeta > 1$ 时系统处于强阻尼状态（或称过阻尼状态）；$0 < \zeta < 1$ 时系统处于弱阻尼状态（或称欠阻尼状态）；$\zeta = 1$ 时系统处于临界阻尼状态。只有处于弱阻尼状态的系统才会产生振动，强阻尼和临界阻尼只能使系统产生振荡，一般机械系统都属于弱阻尼，其黏性阻尼因子 $\zeta = 0.01 \sim 0.1$。对弱阻尼系统，由上式可将式(8-8a)转化为：

$$s_{1,2} = -p\zeta \pm \mathrm{j}p\sqrt{1 - \zeta^2} \tag{8-8b}$$

式中，$p = \sqrt{\frac{k}{m}}$，是系统无阻尼振动时的圆频率（以下简称频率），它只与系统的固有参数 m 和 k 有关，是系统的固有特性，故又称固有圆频率。

由上式可见，s_1、s_2 为一对共轭复数，其虚部 $p\sqrt{1 - \zeta^2}$ 为考虑黏性阻尼时系统的固有频率，其实部 $a = p\zeta$ 为系统振动的衰减因子，它反映系统的阻尼大小，阻尼越大，衰减因子越大，系统振动衰减越快。

下面研究具有黏性阻尼单自由度系统的频率响应函数。考虑强迫振动的情况，仍然假设激励 $f(t)$ 为简谐函数，设 $x(t) = Xe^{j\omega t}$ ，$f(t) = Fe^{j\omega t}$ ，将它们代入式(8-4)中，有：

$$(-m\omega^2 + jc\omega + k)Xe^{j\omega t} = Fe^{j\omega t}$$

$$H(\omega) = \frac{X}{F} = \frac{1}{(k - m\omega^2) + jc\omega} \tag{8-9}$$

这就是单自由度黏性阻尼系统的位移频响函数，它是包含了幅值和相位的复函数。当 $c = 0$ 时，上式为无阻尼单自由度系统的位移频响函数。

引入 $\lambda = \frac{\omega}{p}$ ，称为频率比，也就是激励的频率与系统无阻尼振动的固有频率的比，对式(8-9)进行有理化，$H(\omega)$ 的表达式可以化为：

$$H(\omega) = \frac{1}{k} \cdot \left[\frac{1 - \lambda^2}{(1 - \lambda^2)^2 + (2\zeta\lambda)^2} - j \cdot \frac{2\zeta\lambda}{(1 - \lambda^2)^2 + (2\zeta\lambda)^2}\right] \tag{8-10}$$

其幅值为：

$$|H(\omega)| = \frac{1}{k} \cdot \frac{1}{\sqrt{(1 - \lambda^2)^2 + (2\zeta\lambda)^2}} \tag{8-11a}$$

相位为：

$$\varphi(\omega) = \arctan\frac{2\zeta\lambda}{1 - \lambda^2} \tag{8-11b}$$

式(8-7)中的 $(ms^2 + cs + k)$ 具有刚度的特性，故称为系统的动刚度，它具有阻止系统振动的性质，因而又称为系统的机械阻抗，简称阻抗，记为 $Z(s)$ ，其倒数称为机械导纳，简称导纳，相当于系统的传递函数：

$$H(s) = \frac{1}{Z(s)} = \frac{1}{ms^2 + cs + k} \tag{8-12}$$

比较式(8-9)和式(8-12)，频响函数 $H(\omega)$ 是用 $s = j\omega$ 对传递函数 $H(s)$ 进行的变换，所以频响函数 $H(\omega)$ 也称为导纳。相应有阻抗 $Z(\omega) = -m\omega^2 + jc\omega + k$ 。

上述的导纳都是对位移 X 而言的，故又称为位移导纳，相应还有速度导纳(速度频响函数)：

$$Y(\omega) = j\omega H(\omega) \tag{8-13}$$

以及加速度导纳(加速度频响函数)：

$$A(\omega) = -\omega^2 H(\omega) \tag{8-14}$$

由速度导纳和加速度导纳，可以定义其倒数为速度阻抗和加速度阻抗。常用的几种导纳、阻抗的定义和惯用名称见表8-1。

表8-1 常用的导纳、阻抗定义与惯用名称

名　称	位移导纳	速度导纳	加速度导纳	位移阻抗	速度阻抗	加速度阻抗
惯用名称	动柔度	导纳	惰性	动刚度	机械阻抗	表观质量
定　义	$\frac{X}{F}$	$\frac{V}{F}$	$\frac{A}{F}$	$\frac{F}{X}$	$\frac{F}{V}$	$\frac{F}{A}$

由 $Z(\omega) = -m\omega^2 + jc\omega + k$ 可知，位移阻抗由三部分组成，即质量阻抗 $-m\omega^2$ 、阻尼阻抗 $jc\omega$ 、刚度阻抗 k ，相应定义质量导纳 $-\frac{1}{m\omega^2}$ 、阻尼导纳 $\frac{1}{jc\omega}$ 以及刚度导纳 $\frac{1}{k}$ 。单自由度系统中各元件的阻抗与导纳的表达式见表8-2。

表8-2 单自由度系统中各元件的阻抗与导纳

系统元件	位移阻抗	位移导纳	速度阻抗	速度导纳	加速度阻抗	加速度导纳
弹性元件 k	K	$1/k$	$k/(j\omega)$	$(j\omega)/k$	$-k/\omega^2$	$-\omega^2/k$
惯性元件 m	$-m\omega^2$	$-1/(m\omega^2)$	$j\omega m$	$1/(j\omega m)$	m	$1/m$
黏性阻尼元件 c	$jc\omega$	$1/(jc\omega)$	c	$1/c$	$c/(j\omega)$	$j\omega/c$
结构阻尼元件 η	$jk\eta$	$1/(jk\eta)$	$k\eta/\omega$	$\omega/(k\eta)$	$k\eta/(j\omega^2)$	$j\omega^2/(k\eta)$

8.1.3 具有结构阻尼单自由度系统的频响函数

结构阻尼主要来源于金属材料的内部摩擦及连接界面的相对滑移，又称为迟滞阻尼。结构阻尼的阻尼力与振动位移成正比，相位与速度相同，即比位移超前90°，可以写成如下形式：

$$f_h(t) = jhx(t) \tag{8-15}$$

式中，h 称为结构阻尼系数，$h = \eta k$，η 称为结构损耗因子或结构阻尼比，是一个无量纲因子。由机械振动理论，具有结构阻尼单自由度系统的振动微分方程可以写成如下形式：

$$m\ddot{x}(t) + jhx(t) + kx(t) = f(t) \tag{8-16}$$

假设激励为简谐函数，令 $x(t) = Xe^{j\omega t}$，$f(t) = Fe^{j\omega t}$，代入式(8-16)：

$$(-m\omega^2 + jh + k)Xe^{j\omega t} = Fe^{j\omega t}$$

$$H(\omega) = \frac{X}{F} = \frac{1}{-m\omega^2 + jh + k}$$

$$= \frac{1}{k(1 + j\eta) - m\omega^2} = \frac{1}{k^* - m\omega^2} \tag{8-17}$$

这就是具有结构阻尼单自由度系统的位移频响函数表达式。式中 $k^* = k(1 + j\eta)$，称为复刚度。

将上式有理化，并引入频率比 $\lambda = \dfrac{\omega}{p}$，则：

$$H(\omega) = \frac{1}{k}\left[\frac{1 - \lambda^2}{(1 - \lambda^2)^2 + \eta^2} - j\frac{\eta}{(1 - \lambda^2)^2 + \eta^2}\right] \tag{8-18}$$

其幅值为：

$$|H(\omega)| = \frac{1}{k}\frac{1}{\sqrt{(1 - \lambda^2)^2 + \eta^2}} \tag{8-19a}$$

相位为：

$$\varphi(\omega) = \arctan\frac{\eta}{1 - \lambda^2} \tag{8-19b}$$

比较式(8-10)和式(8-18)可见，具有黏性阻尼的系统和具有结构阻尼的系统，其位移频响函数(位移导纳)的表达式相似，只要将 $2\zeta\lambda$ 与 η 互换即可得到各自的频响函数。

同样可以定义具有结构阻尼单自由度系统的速度频响函数和加速度频响函数以及导纳和阻抗。

8.1.4 频响函数的特性曲线

频响函数是频率的函数，它是复数，含有三个量：频率、频响函数幅值实部、频响函数幅值虚部。对频响函数特性的描述常采用以下几种曲线表示形式。

8.1.4.1 Bode 图(幅频特性曲线和相频特性曲线)

幅频特性曲线是频响函数幅值与频率之间的关系曲线，又称幅频图；相频特性曲线是频响函数相位与频率之间的关系曲线,又称相频图。这两个图统称为 Bode 图。具有结构阻尼单自由度系统的幅值和相位表达式为式(8-19),其幅频图和相频图如图 8-2 所示。

A 幅频图

下面对图 8-2 的幅频图进行讨论。

(1) 当 λ 趋于 0,即激励的频率比系统固有频率低得多时,由式(8-19a)可得:

$$|H(\omega)| = \frac{1}{k}\frac{1}{\sqrt{1+\eta^2}}$$

对一般金属结构,$\eta = 0.01 \sim 0.08$,则 $1+\eta^2 \approx 1$,所以 $|H(\omega)| \approx 1/k$。由表8-2,$1/k$ 即为弹性元件的位移导纳,所以这时的频响函数幅值接近于弹性元件的位移导纳,作用在系统上的外力主要是由弹簧力来平衡。图中水平线即为弹簧的位移导纳线。

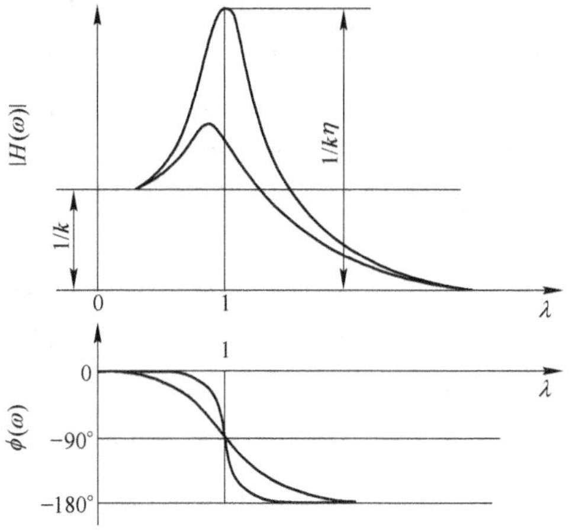

图 8-2 频响函数的幅频图与相频图

(2) 随着 λ 增大,$|H(\omega)|$ 也增大,当 $\lambda = 1$ 时,$|H(\omega)|$ 达到极大值。由式(8-19a) 可得:

$$|H(\omega)| = \frac{1}{k\eta} \tag{8-20}$$

由式(8-20)可见,$|H(\omega)|$ 的极大值与阻尼比 η 有关,且与之成反比,阻尼越大,其极大值越小。$\lambda = 1$ 的状态对应于系统的共振状态,其频率称为共振频率。

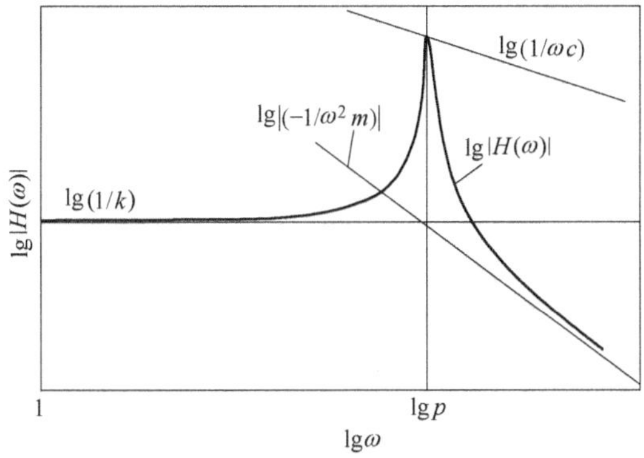

图 8-3 频响函数的对数幅频图

(3) $\lambda > 1$ 以后,随着 λ 增大,$|H(\omega)|$ 下降,当 λ 趋于∞时,$|H(\omega)|$ 趋近于惯性元件(即质量)的位移导纳 $-1/(m\omega^2)$。

为了表示方便,幅频图常采用对数坐标。由表 8-2 可知,取对数后各元件的导纳线均为直线,这给作图以及分析带来方便。单自由度系统的对数位移幅频图如图 8-3 所示。由图可见,$\lg|H(\omega)|$ 分别以质量导纳线 $-\lg(m)-2\lg(\omega)$(高频区)和刚度导纳线 $-\lg(k)$(低频区)为渐近线。质量导纳线和刚度导纳线的交点确定系统的固有频率点,而阻尼导纳线 $-\lg(c)-\lg(\omega)$ 与固有频率线 $\lg(p)$ 的交点确定了 $\lg|H(\omega)|$ 的极大值点。质量导纳线、刚度导纳线和阻尼导纳线这三根直线称为基架线,基架线一旦确定,系统幅频特性的变化趋势也就确定了,由这三根基架线还可以识别系统的模态参数。

B 相频图

由图 8-2 所示的相频图可见,当 λ 趋于0 时,$\varphi(\omega) \approx 0$,随着 λ 增大,$\varphi(\omega)$ 逐渐减小,当 $\lambda = 1$,即系统处于共振状态时,$\varphi(\omega) = -90°$,并且与阻尼大小无关,$\lambda > 1$ 以后,随 λ 增

大，$\varphi(\omega)$ 继续减小，当 λ 趋于∞时，$\varphi(\omega) = -180°$。

8.1.4.2 实频图和虚频图

实频图是频响函数的实部与频率之间的关系曲线；虚频图是频响函数的虚部与频率之间的关系曲线。下面分别进行分析（以结构阻尼为例）。

A 实频图

由式(8-18)作出实频图如图8-4(a)所示，由图可以看出：

(1) 当 λ 趋于0时，由式(8-18)可得：

$$H^R(\omega) = \frac{1}{k(1+\eta^2)} \approx \frac{1}{k}$$

表明此时实频曲线以刚度导纳线为渐近线。

(2) 随着 λ 增大，$H^R(\omega)$ 也增大，当 $\lambda = \lambda_1$ 时，$H^R(\omega)$ 达到极大值。随后下降，直到 $\lambda = 1$时，$H^R(\omega) = 0$，此时系统处于共振状态。

(3) $\lambda > 1$ 以后，随着 λ 增大，$H^R(\omega)$ 向负方向增大，在当 $\lambda = \lambda_2$ 时达到负的极大值，过 λ_2 点后，$H^R(\omega)$ 随 λ 增大向0线逼近，当 λ 趋于∞时，$H^R(\omega) = 0$。

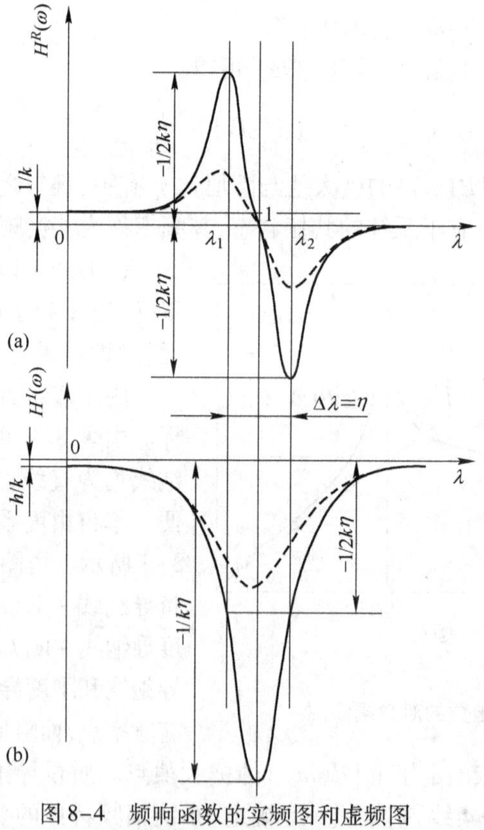

图8-4 频响函数的实频图和虚频图

(a) 实频图；(b) 虚频图

由以上分析，频响函数的实频曲线上有两个极值点，这两点可通过对 $H^R(\omega)$ 进行求导获得：

$$\lambda_{1、2} = \sqrt{1 \mp \eta} \approx 1 \mp \frac{1}{2}\eta \tag{8-21}$$

则：

$$\Delta\lambda = \lambda_2 - \lambda_1 = \eta \tag{8-22}$$

对应 $H^R(\omega)$ 的极值为：

$$H_{1、2}^R \approx \mp \frac{1}{2k\eta} \tag{8-23}$$

B 虚频图

由式(8-18)作出虚频图如图 8-4(b)所示，由图可以看出：

(1) 当 λ 趋于 0 时：

$$H^I(\omega) = -\frac{\eta}{k(1+\eta^2)} \approx -\frac{\eta}{k}$$

(2) 随着 λ 增大，$H^I(\omega)$ 向负方向增大，当 $\lambda = 1$ 时，$H^I(\omega)$ 达到极大值，其极大值为 $-\frac{1}{k\eta}$，比较图 8-4(a)、(b)可见，系统发生共振时，频响函数(导纳)的实部为 0，而虚部达到极大值。

(3) $\lambda > 1$ 以后，随着 λ 增大，$H^I(\omega)$ 逐渐减小，当 λ 趋于 ∞ 时，$H^I(\omega) = 0$。

(4) 对应于实频图的两个极值点 λ_1、λ_2，其虚部值为：

$$H_{12}^I(\omega) = -\frac{1}{2k\eta} \tag{8-24}$$

由式(8-24)可见，图中 λ_1、λ_2 两点处的频响函数虚部值恰好为其极大值的一半，这两点称为半功率点，其频响函数的幅值为：

$$|H_{12}(\omega)| = \frac{1}{\sqrt{2}}\frac{1}{k\eta} = 0.707|H(\omega)|_{\max} \tag{8-25}$$

半功率的概念是针对能量而言的，此处的幅值为极大值的有效值(0.707)，而非一半。式(8-22)中的 $\Delta\lambda$ 称为半功率带宽，它反映系统的阻尼大小，阻尼越大，半功率带宽越大。可以应用半功率带宽来识别系统的阻尼系数。

8.1.4.3 Nyquist 图

Nyquist 图，又称矢端轨迹图，是频响函数的实部与虚部的关系曲线，即在实部和虚部所构成的复平面上的频响函数矢量端点的轨迹图。它以频响函数的实部为横坐标，虚部为纵坐标，即以虚部作为实部的函数所绘制的图形，而频率的变化隐含在图中。频响函数是复数，在由其实部和虚部组成的复平面上，它是一个随频率变化的旋转矢量。对位移频响函数，以结构阻尼加以讨论。

由式(8-18)，有：

$$[H^R(\omega)]^2 + \left[H^I(\omega) + \frac{1}{2k\eta}\right]^2 = \frac{1}{4k^2\eta^2} = \left(\frac{1}{2k\eta}\right)^2 \tag{8-26}$$

式(8-26)为一圆的方程式，其圆心坐标为 $\left(0, -\frac{1}{2k\eta}\right)$，半径为 $\frac{1}{2k\eta}$，这个圆称为 Nyquist 圆，又称导纳圆。

图 8-5 为具有结构阻尼的单自由度系统的 Nyquist 图。对结构阻尼系统，只有位移频响函数的 Nyquist 图为精确圆，其余为近似圆。由图 8-5，可以说明 Nyquist 图的一些特性：

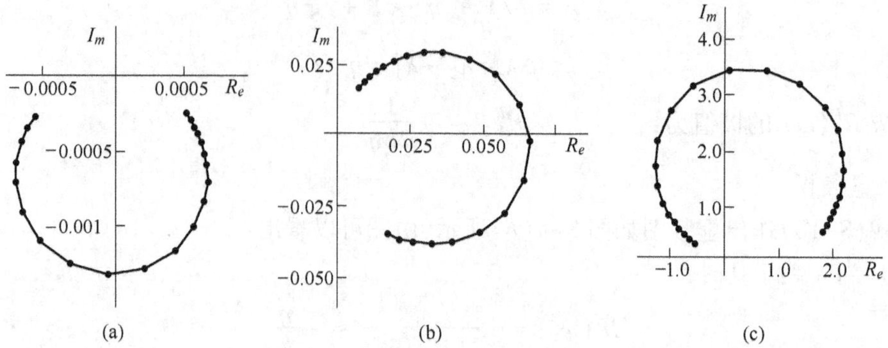

图 8-5 具有结构阻尼单自由度系统的 Nyquist 图

(a)位移导纳;(b)速度导纳;(c)加速度导纳

(1) 圆的起始点不在圆心。$\omega = 0$ 时(即 $\lambda = 0$):

$$H^R(\omega) = \frac{1}{k(1+\eta^2)} \approx \frac{1}{k}$$

$$H^I(\omega) = \frac{-\eta}{k(1+\eta^2)} \approx -\frac{\eta}{k}$$

其相位为: $\varphi = \arctan(-\eta)$

(2) 当 $\omega = p$(即 $\lambda = 1$)时,$H^R(\omega) = 0$,$H^I(\omega)$ 达到最大值 $-\frac{1}{k\eta}$,对应 Nyquist 图上即为圆与纵坐标的交点。

(3) 水平直径线与圆的两个交点对应于实频图上的 λ_1、λ_2 点,即对应于实部的两个极值,此时的虚部值为半径。

(4) 等间隔的频率点在圆上所占弧长 Δs 不相等,在固有频率点(即共振区)附近,Δs 值最大,即此处各点彼此相距较远。可以利用这一特征来识别系统的固有频率点。

对于近似圆的 Nyquist 图,也有类似性质。

8.1.5 多自由度系统的频响函数

前面所述单自由度系统为最简单的系统,实际工程中的系统往往不能简化为单自由度系统,所以有必要研究多自由度系统。多自由度系统的振动方程为二阶常系数微分方程组,可以表示为:

$$[\boldsymbol{M}]\{\ddot{\boldsymbol{x}}(t)\} + [\boldsymbol{C}]\{\dot{\boldsymbol{x}}(t)\} + [K]\{\boldsymbol{x}(t)\} = \{\boldsymbol{f}(t)\} \tag{8-27}$$

式中,$[\boldsymbol{M}]$、$[\boldsymbol{C}]$、$[\boldsymbol{K}]$分别为系统的质量矩阵、阻尼矩阵和刚度矩阵,关于这些矩阵的形成可参阅有关振动理论书籍。$\{x(t)\}$ 为振动位移列阵,$\{\boldsymbol{f}(t)\}$ 为激励列阵。

对式(8-27)进行拉氏变换(假设初位移 $\boldsymbol{x}(0)$和初速度 $\dot{\boldsymbol{x}}(0)$均为0):

$$(s^2[\boldsymbol{M}] + s[\boldsymbol{C}] + [\boldsymbol{K}])\{\boldsymbol{x}(s)\} = \{\boldsymbol{f}(s)\}$$

则系统的传递函数为:

$$[\boldsymbol{H}(s)] = \frac{\{\boldsymbol{X}\}}{\{\boldsymbol{F}\}} = \frac{\{\boldsymbol{x}(s)\}}{\{\boldsymbol{f}(s)\}} = (s^2[\boldsymbol{M}] + s[\boldsymbol{C}] + [\boldsymbol{K}])^{-1} \tag{8-28}$$

式中,$[\boldsymbol{Z}(s)] = s^2[\boldsymbol{M}] + s[\boldsymbol{C}] + [\boldsymbol{K}]$ 称为位移阻抗矩阵。

设 $s = \mathrm{j}\omega$,代入式(8-28),则有:

$$[\boldsymbol{H}(\omega)] = ([\boldsymbol{K}] - \omega^2[\boldsymbol{M}] + \mathrm{j}\omega[\boldsymbol{C}])^{-1} \tag{8-29a}$$

$[\boldsymbol{H}(\omega)]$ 为位移频响函数矩阵,它是一个 $n \times n$ 阶的矩阵:

$$[\boldsymbol{H}(\omega)] = \begin{bmatrix} H_{11} & H_{12} & \cdots & H_{1n} \\ H_{21} & H_{22} & \cdots & H_{2n} \\ \vdots & \vdots & \vdots & \vdots \\ H_{n1} & H_{n2} & \cdots & H_{nn} \end{bmatrix} \tag{8-29b}$$

式(8-29b)矩阵中的某一项 $H_{LP} = \dfrac{X_L}{F_P}$,是系统只在 P 点施加激励 F_P 时 L 点产生的响应 X_L 与 F_P 的复数比,它是频率的函数。对角线上的元素 H_{LL} 称为原点频响函数,非对角线元素 H_{LP} 称为跨点频响函数,可以证明,$H_{LP} = H_{PL}$(从略),这个特征称为跨点频响函数互易定理,因此 $[H(\omega)]$ 是一对称矩阵。由 H_{LP} 的定义,可以通过试验时在某一点施加激励,测量该点及其他各点的响应,便可得到矩阵 $[H(\omega)]$ 中一列频响函数。

n 阶频响函数矩阵有 n^2 个元素,由互易定理,需确定 $\dfrac{n(n+1)}{2}$ 个元素,所以用试验方法来确定频响函数矩阵比较麻烦,实际上,系统的频响函数矩阵只与系统的固有物理特性$[\boldsymbol{M}]$、$[\boldsymbol{C}]$、$[\boldsymbol{K}]$有关,而与激励无关,所以可以由模态参数导出频响函数矩阵,下一节的内容就是介绍如何通过模态分析推导出系统的频响函数。

下面介绍多自由度系统频响函数的曲线图表示(具体的频响函数表达式见下一节)。

首先介绍无阻尼系统的频响函数曲线图。图 8-6 为一两自由度系统的速度频响函数幅频图。图中的细实线代表对应于一阶主振型和二阶主振型(也就是一阶模态和二阶模态)的频响函数曲线,粗实线为叠加后总的频响函数曲线。图 8-6(a)、图 8-6(b)中均有两个尖峰值,其对应的频率即为系统的固有频率,也就是共振频率。

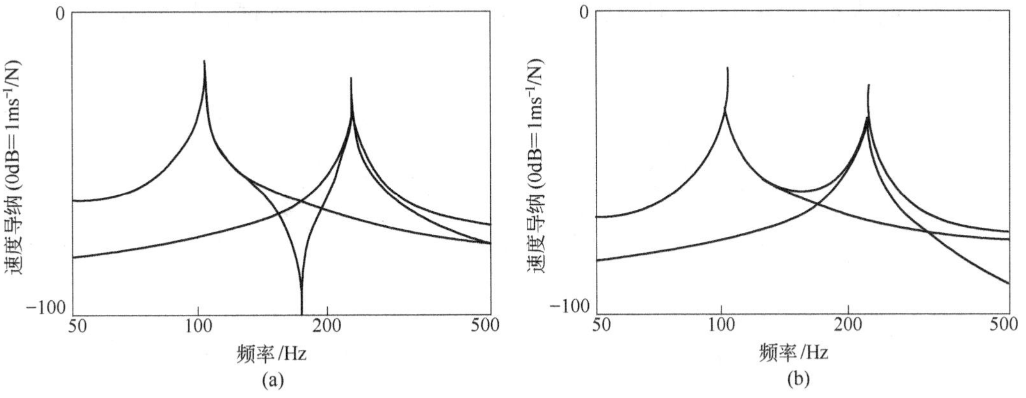

图 8-6　无阻尼两自由度系统的速度频响函数曲线图
(a) 原点速度频响函数;(b) 跨点速度频响函数

对图 8-6(a)的原点频响函数，当频率低于第一阶固有频率时，两阶模态(主振型)相同，但一阶模态的贡献量远大于二阶模态；当频率高于第二阶固有频率时，两阶模态(主振型)也相同，但二阶模态的贡献量远大于一阶模态，也就是说，靠近某阶固有频率，该阶模态的贡献量就比其他阶大，模态参数识别的单自由度法就是以此为依据的。当频率处于两阶固有频率之间时，原点频响曲线图中出现反向尖峰，这一点称为反共振点，该点频率称为反共振频率。

对图 8-6(b)的跨点频响函数，其低于第一阶固有频率和高于第二阶固有频率时的特征与原点频响函数相同，而处于两阶固有频率之间时，跨点频响曲线图中不一定会出现反共振点。

推广到多自由度无阻尼系统，它有 n 个共振频率，其原点频响函数曲线上，两共振点之间一定会出现反共振点；跨点频响函数曲线则无此规律，而且，相距越远的两点，其频响函数出现反共振点的可能性越小。

有阻尼多自由度系统的频响函数幅频图与无阻尼多自由度系统的基本相同，只是由于阻尼的存在，共振点及反共振点处的曲线变得圆钝，如图 8-7 所示。

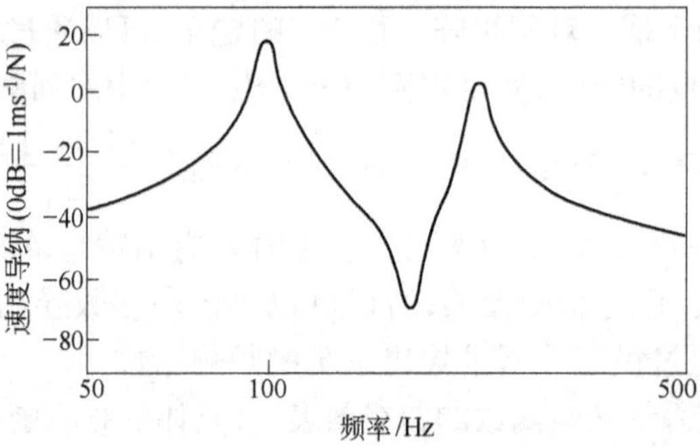

图 8-7 有阻尼的两自由度系统的速度频响函数图

多自由度系统的频响函数同样可用 Nyquist 图表示。由于工程中阻尼比较小，所以其 Nyquist 图可近似为圆。图 8-8 即为有阻尼两自由度系统位移频响函数的 Nyquist 图。每个 Nyquist 图都有两个圆，一大一小，分别对应于系统的两阶模态(振型)，对原点位移频响函数，两圆同向，表示两模态同向；对跨点位移频响函数，两圆反向，即两模态反向。

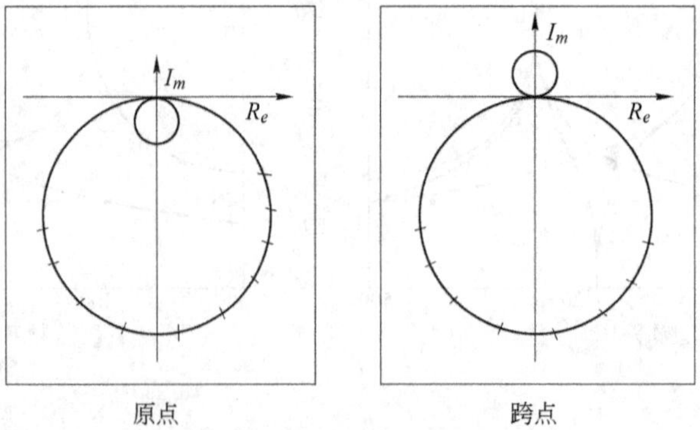

图 8-8 有阻尼两自由度系统位移频响函数 Nyquist 图

8.2 模态分析基础

8.2.1 模态分析的概念和基本方法

振动模态分析是振动工程中的一个活跃的分支，它以解决工程实际问题为目标，理论计算与试验相结合，互相补充，互相印证。模态分析的经典定义是：将线性定常系数振动微分方程组中的物理坐标变换成模态坐标，从而使原方程组能够解耦，成为一组用模态坐标和模态参数描述的独立的单自由度振动微分方程，进而运用单自由度系统的特性求出系统的模态参数。模态分析的最终目标是识别出系统的模态参数，因而模态参数识别也是模态分析的一个重要内容。模态分析可以分为计算模态分析和实验模态分析两种。由计算获得系统的模态参数，进而了解其动态特性，这种分析方法称为计算模态分析，其特点是在设计阶段就可预知系统的动态特性，但阻尼等参数无法确定，因而结果不太准确。实验模态分析是通过对样机或相似设备进行测试，以采集的数据来识别系统的模态参数，这种方法对优化设计系统的动态特性具有很大的价值。

模态分析是在机械阻抗和导纳的概念上发展起来的，吸收了振动理论、信号分析、数理统计等内容，形成了一套独特的理论。本节主要是运用上一节的基本概念和方法对多自由度系统进行模态分析。

按照模态参数（主要是模态频率和模态向量）是实数还是复数，模态分析可分为实模态分析和复模态分析。无论是实模态分析还是复模态分析，其模态参数都是指方程组解耦后形成的单自由度方程中的频率、质量、刚度等参数，不过，实模态分析与复模态分析，其参数的物理意义不同。下面分别介绍多自由度系统的实模态分析和复模态分析。

8.2.2 多自由度系统的实模态分析

8.2.2.1 无阻尼多自由度系统的固有频率和模态向量（主振型）

由于系统的固有频率和模态向量是系统本身所固有的，与激励无关，所以只考虑自由振动的情况。

设：$\{\boldsymbol{x}(t)\} = \{\boldsymbol{X}\}\boldsymbol{e}^{jpt}$，$[\boldsymbol{C}] = [0]$，$\{\boldsymbol{f}(t)\} = \{0\}$

代入方程式(8-27)可得：

$$([\boldsymbol{K}] - p^2[\boldsymbol{M}])\{\boldsymbol{X}\} = \{0\} \tag{8-30}$$

对式(8-30)，显然$\{\boldsymbol{X}\} = \{0\}$是它的解，这对应于系统的静止状态，所要研究的是系统的运动状态，要求$\{\boldsymbol{X}\}$不全为零，其条件是其系数行列式等于零，即：

$$|[\boldsymbol{K}] - p^2[\boldsymbol{M}]| = 0$$

上式称为特征方程式，将其展开可得到p^2的n次代数方程式，从而求出p^2的n个解，也就求出了n个固有频率p，可以证明，$p \geqslant 0$。将求出的固有频率p_i代回式(8-30)，可以得到$n-1$个独立方程，由这$n-1$个独立方程，可求出各质量位移与某一质量位移的比值，即主振型，也就是对应于第i阶固有频率的模态向量$\psi^{(i)}$，由n个固有频率，可以得到n阶模态向量。将n阶模态向量写成矩阵形式，记为$[\psi]$，称为模态矩阵。

由机械振动理论知，对线性时不变系统，系统的响应 $\{x(t)\}$ 是各阶模态向量的线性组合，即：

$$\{x(t)\} = a_1\{\psi^{(1)}\} + a_2\{\psi^{(2)}\} + \cdots + a_n\{\psi^{(n)}\} \tag{8-31}$$

式中，$a_1, a_2, \cdots, a_n$ 代表各模态对系统运动响应的贡献大小。

模态向量反映该阶模态的振动形状，而非振幅。模态向量受一个不确定的比例因子影响，这个比例因子只会改变振幅的大小，而不会改变模态向量的性质。

8.2.2.2 模态向量的正交性

由式(8-30)，对某两阶模态向量，有：

$$[\boldsymbol{K}]\{\boldsymbol{\psi}^{(i)}\} = p_i^2[\boldsymbol{M}]\{\boldsymbol{\psi}^{(i)}\} \tag{a}$$

$$[\boldsymbol{K}]\{\boldsymbol{\psi}^{(j)}\} = p_j^2[\boldsymbol{M}]\{\boldsymbol{\psi}^{(j)}\} \tag{b}$$

式(a)两边左乘 $\{\psi^{(j)}\}^{\mathrm{T}}$，得：

$$\{\boldsymbol{\psi}^{(j)}\}^{\mathrm{T}}[\boldsymbol{K}]\{\boldsymbol{\psi}^{(i)}\} = \mathrm{p}_i^2\{\boldsymbol{\psi}^{(j)}\}^{\mathrm{T}}[\boldsymbol{M}]\{\boldsymbol{\psi}^{(j)}\} \tag{c}$$

式(b)两边转置后再右乘 $\{\psi^{(i)}\}$，有：

$$\{\boldsymbol{\psi}^{(j)}\}^{\mathrm{T}}[\boldsymbol{K}]\{\boldsymbol{\psi}^{(i)}\} = \mathrm{p}_j^2\{\boldsymbol{\psi}^{(j)}\}^{\mathrm{T}}[\boldsymbol{M}]\{\boldsymbol{\psi}^{(i)}\} \tag{d}$$

将式(c)减式(d)，经整理，最后可得：

$$\{\boldsymbol{\psi}^{(j)}\}^{\mathrm{T}}[\boldsymbol{M}]\{\boldsymbol{\psi}^{(i)}\} = \begin{cases} 0 & j \neq i \\ M_i & j = i \end{cases} \tag{8-32}$$

$$\{\psi^{(j)}\}^{\mathrm{T}}[\boldsymbol{K}]\{\psi^{(i)}\} = \begin{cases} 0 & j \neq i \\ K_i & j = i \end{cases} \tag{8-33}$$

式中，$M_i = \{\boldsymbol{\psi}^{(i)}\}^{\mathrm{T}}[\boldsymbol{M}]\{\boldsymbol{\psi}^{(i)}\}$，为第 i 阶模态质量；

$K_i = \{\boldsymbol{\psi}^{(i)}\}^{\mathrm{T}}[\boldsymbol{K}]\{\boldsymbol{\psi}^{(i)}\}$，为第 i 阶模态刚度。

式(8-32)和式(8-33)表示模态向量对质量矩阵和刚度矩阵具有正交性。

令式(c)中 $i=j$，并将式(8-32)和式(8-33)代入，有：

$$p_i^2 = \frac{K_i}{M_i} \tag{8-34}$$

由正交性的式(8-32)、式(8-33)，可得如下矩阵方程：

$$[\boldsymbol{\psi}]^{\mathrm{T}}[\boldsymbol{M}][\boldsymbol{\psi}] = \begin{bmatrix} \ddots & & \\ & M_i & \\ & & \ddots \end{bmatrix} \quad [\boldsymbol{\psi}]^{\mathrm{T}}[\boldsymbol{K}][\boldsymbol{\psi}] = \begin{bmatrix} \ddots & & \\ & K_i & \\ & & \ddots \end{bmatrix} \tag{8-35}$$

由这两式可见，质量矩阵[$\boldsymbol{M}$]和刚度矩阵[$\boldsymbol{K}$]进行变换后可以转化为对角矩阵，从而可以对方程组进行解耦。通常，由式(8-30)计算的模态向量还需进行正则化，正则化的目的是要把模态质量矩阵转化为单位矩阵。正则模态向量记为$\{\tilde{\boldsymbol{\psi}}^{(i)}\}$，它与原模态向量$\{\boldsymbol{\psi}^{(i)}\}$的关系如下：

$$\{\tilde{\boldsymbol{\psi}}^{(i)}\} = \frac{1}{\sqrt{M_i}}\{\boldsymbol{\psi}^{(i)}\} \tag{8-36}$$

由正交性则有：

$$[\tilde{\boldsymbol{\psi}}]^{\mathrm{T}}[\boldsymbol{M}][\boldsymbol{\psi}] = \begin{bmatrix} \ddots & & \\ & I & \\ & & \ddots \end{bmatrix} \quad [\tilde{\boldsymbol{\psi}}]^{\mathrm{T}}[\boldsymbol{K}][\boldsymbol{\psi}] = \begin{bmatrix} \ddots & & \\ & p_i^2 & \\ & & \ddots \end{bmatrix} \tag{8-37}$$

8.2.2.3 坐标变换和频响函数的模态参数表达式

为了对原先相互耦合的振动方程组进行解耦，引进新的坐标系，通过变换，将质量矩阵和刚度矩阵变为对角矩阵，坐标变换的基本出发点就是上述的模态向量的正交性。新的坐标系 $\{q(t)\}$ 满足：

$$\{\boldsymbol{x}(t)\} = [\boldsymbol{\psi}]\{\boldsymbol{q}(t)\} \tag{8-38}$$

这个坐标系称为模态坐标系。将上式代入无阻尼强迫振动方程组：

$$[\boldsymbol{M}]\{\ddot{\boldsymbol{x}}(t)\} + [\boldsymbol{K}]\{\boldsymbol{x}(t)\} = \{\boldsymbol{f}(t)\} \tag{8-39}$$

利用式(8-35)的正交性整理得：

$$\begin{bmatrix} \ddots & & \\ & M_i & \\ & & \ddots \end{bmatrix}\{\ddot{\boldsymbol{q}}(t)\} + \begin{bmatrix} \ddots & & \\ & K_i & \\ & & \ddots \end{bmatrix}\{\boldsymbol{q}(t)\} = [\boldsymbol{\psi}]^{\mathrm{T}}\{\boldsymbol{f}(t)\} \tag{8-40}$$

上式中的系数矩阵均为对角矩阵，所以是一组互相独立，也就是解耦了的单自由度运动微分方程，其中第 i 个方程为：

$$M_i\ddot{q}_i(t) + K_iq_i(t) = \{\psi^{(i)}\}^{\mathrm{T}}\{f(t)\} \tag{8-41}$$

对式(8-41)及式(8-38)两边进行拉氏变换(仍假设初条件为零)，整理得：

$$\{\boldsymbol{x}(s)\} = \sum_{i=1}^{n}\frac{\{\boldsymbol{\psi}^{(i)}\}^{\mathrm{T}}\{\boldsymbol{f}(s)\}\{\boldsymbol{\psi}^{(i)}\}}{s^2M_i + K_i} \tag{8-42}$$

如果用正则模态向量 $\{\tilde{\boldsymbol{\psi}}^{(i)}\}$ 代入上式，则有：

$$\{\boldsymbol{x}(s)\} = \sum_{i=1}^{n}\frac{\{\tilde{\boldsymbol{\psi}}^{(i)}\}^{\mathrm{T}}\{\boldsymbol{f}(s)\}\{\tilde{\boldsymbol{\psi}}^{(i)}\}}{s^2 + p_i^2} \tag{8-43}$$

这就是无阻尼多自由度系统多点激励、多点响应的关系式。

设激励点作用在 P 点，其他点无激励，即 $\{\boldsymbol{f}(s)\} = \begin{bmatrix} 0 & 0 & \cdots & f_P(s) & \cdots & 0 \end{bmatrix}^{\mathrm{T}}$，代入式(8-43)，可以得到 L 点的响应 $x_{LP}(s)$：

$$x_{LP}(s) = \sum_{i=1}^{n}\frac{\tilde{\psi}_{Pi}f_P(s)\tilde{\psi}_{Li}}{s^2 + p_i^2} \tag{8-44}$$

令 $s = \mathrm{j}\omega$，代入式(8-44)可以得到多自由度频响函数 $H_{LP}(\omega)$：

$$\begin{aligned} H_{LP}(\omega) &= \frac{x_{LP}(\omega)}{f_P(\omega)} = \sum_{i=1}^{n}\frac{\tilde{\psi}_{Pi}\tilde{\psi}_{Li}}{p_i^2 - \omega^2} = \sum_{i=1}^{n}\frac{A_{LPi}}{p_i^2 - \omega^2} \\ &= \sum_{i=1}^{n}\frac{\psi_{Pi}\psi_{Li}}{K_i - M_i\omega^2} \end{aligned} \tag{8-45}$$

式中，$A_{LPi} = \tilde{\psi}_{Pi}\tilde{\psi}_{Li} = \dfrac{\psi_{Pi}\psi_{Li}}{M_i}$ 称为模态常数或留数。

式(8-45)即为用模态参数表示的频响函数，进而可以求出整个位移频响函数矩阵 $[H(\omega)]$。以上是无阻尼的情况，这时的 $H_{LP}(\omega)$ 为频率的实函数。

8.2.2.4 具有比例阻尼多自由度系统频响函数表达式

由于实模态向量$[\boldsymbol{\psi}]$只与质量矩阵$[\boldsymbol{M}]$和刚度矩阵$[\boldsymbol{K}]$有关，所以它对阻尼矩阵$[\boldsymbol{C}]$不一定存在正交性，对于无正交性的阻尼矩阵，运动方程无法解耦，也就无法转换成单自由度振动方程，因而引入了比例阻尼的概念，即假设阻尼矩阵满足：

$$[\boldsymbol{C}] = \alpha[\boldsymbol{M}] + \beta[\boldsymbol{K}] \tag{8-46}$$

由于模态向量对矩形$[\boldsymbol{M}]$和$[\boldsymbol{K}]$存在正交性，也就对阻尼矩阵$[\boldsymbol{C}]$存在正交性。采用与无阻尼多自由度系统相同的方法，可以得到具有比例黏性阻尼多自由度系统的频响函数表达式

$$\begin{aligned} H_{LP}(\omega) &= \sum_{i=1}^{n} \frac{\psi_{Li}\psi_{Pi}}{K_i - M_i\omega^2 + \mathrm{j}\omega C_i} \\ &= \sum_{i=1}^{n} \frac{\psi_{Li}\psi_{Pi}}{M_i(p_i^2 - \omega^2 + 2\mathrm{j}\zeta_i\omega p_i)} \end{aligned} \tag{8-47}$$

以及具有比例结构阻尼多自由度系统的频响函数表达式：

$$H_{LP}(\omega) = \sum_{i=1}^{n} \frac{\psi_{Li}\psi_{Pi}}{K_i - M_i\omega^2 + \mathrm{j}\eta_i K_i} \tag{8-48}$$

由式(8-47)和式(8-48)可见，具有比例阻尼多自由度系统的频响函数是复数。

上面讨论中，认为系统的响应$\{\boldsymbol{x}(t)\}$是全部模态向量的线性叠加，但实际上每个模态对响应的贡献量不同，低频的贡献大，高频的贡献小。对工程问题，往往只关心它的前几阶模态，所以常常截去高阶模态，从而使矩阵的阶数减小，降低计算工作量，这种处理方法称为模态截断。一般截取模态的阶数应大于被分析模态阶数的两倍，被截去模态的影响常用剩余柔度来表示，一般认为剩余柔度与频率无关。

8.2.3 多自由度系统的复模态分析

在前述的实模态分析中，我们认为振动系统各质量的振动相位相同，因而其模态向量为常数，但实际结构由于阻尼的存在比较复杂，振动中各质量位移间一般都存在相位差，这样模态向量就会成为复数，即形成复模态。下面主要讨论非比例黏性阻尼和结构阻尼多自由度系统的复模态分析。

8.2.3.1 非比例结构阻尼系统的复模态分析

类似于单自由度系统，具有结构阻尼的多自由度系统振动微分方程组如下：

$$[\boldsymbol{M}]\{\ddot{x}(t)\} + \mathrm{j}[\boldsymbol{H}]\{x(t)\} + [\boldsymbol{K}]\{x(t)\} = \{\boldsymbol{f}(t)\} \tag{8-49}$$

式中，$[\boldsymbol{H}]$为结构阻尼系数矩阵。对上式两边进行拉氏变换（假设初条件为零）得：

$$([\boldsymbol{M}]s^2 + [\boldsymbol{K}] + \mathrm{j}[\boldsymbol{H}])\{\boldsymbol{x}(s)\} = \{\boldsymbol{f}(s)\}$$

传递函数矩阵为：

$$[\boldsymbol{H}(s)] = \left([\boldsymbol{M}]s^2 + [\boldsymbol{K}] + \mathrm{j}[\boldsymbol{H}]\right)^{-1} \tag{8-50}$$

阻抗矩阵为：

$$[\boldsymbol{Z}(s)] = [\boldsymbol{M}]s^2 + [\boldsymbol{K}] + \mathrm{j}[\boldsymbol{H}] \tag{8-51}$$

以$s = \mathrm{j}\omega$代入式(8-50)，得频响函数矩阵：

$$[\boldsymbol{H}(\omega)] = \left(-[\boldsymbol{M}]\omega^2 + (1 + \mathrm{j}[\boldsymbol{\eta}])[\boldsymbol{K}]\right)^{-1} = \left(-[\boldsymbol{M}]\omega^2 + [\boldsymbol{K}^*]\right)^{-1} \tag{8-52}$$

式中，$[\boldsymbol{\eta}]$称为结构损耗因子矩阵，$[\boldsymbol{\eta}][\boldsymbol{K}] = [\boldsymbol{H}]$。$[\boldsymbol{K}^*] = (1 + \mathrm{j}[\boldsymbol{\eta}])[\boldsymbol{K}]$称为复刚度矩阵。

对结构阻尼系统，其模态向量$[\boldsymbol{\psi}]$同样对质量矩阵和刚度矩阵存在正交性，即：

$$[\boldsymbol{\psi}]^{\mathrm{T}}[\boldsymbol{M}][\boldsymbol{\psi}]=\begin{bmatrix}\ddots & & \\ & M_r & \\ & & \ddots\end{bmatrix} \tag{8-53}$$

$$[\boldsymbol{\psi}]^{\mathrm{T}}([\boldsymbol{K}]+\mathrm{j}[\boldsymbol{H}])[\boldsymbol{\psi}]=\begin{bmatrix}\ddots & & \\ & K_r & \\ & & \ddots\end{bmatrix} \tag{8-54}$$

与实模态分析不同,上两式中的模态向量$[\boldsymbol{\psi}]$为复数,这时的模态质量和模态刚度也为复数,且满足:

$$\frac{K_r}{M_r}=\lambda_r^2=(1+\mathrm{j}\eta_r)p_r^2 \tag{8-55}$$

参照实模态分析方法,同样可对复模态向量矩阵 $[\boldsymbol{\psi}]$ 进行正则化,形成正则复模态矩阵$[\tilde{\boldsymbol{\psi}}]$,$[\tilde{\boldsymbol{\psi}}]$的一阶模态 $\{\tilde{\psi}^{(r)}\}$ 满足下式:

$$\{\tilde{\psi}^{(r)}\}=\frac{1}{\sqrt{M_r}}\{\psi^{(r)}\} \tag{8-56}$$

则根据正交性有:

$$[\tilde{\boldsymbol{\psi}}]^{\mathrm{T}}[\boldsymbol{M}][\tilde{\boldsymbol{\psi}}]=\begin{bmatrix}\ddots & & \\ & I & \\ & & \ddots\end{bmatrix} \tag{8-57}$$

$$[\tilde{\boldsymbol{\psi}}]^{\mathrm{T}}([\boldsymbol{K}]+\mathrm{j}[\boldsymbol{H}])[\tilde{\boldsymbol{\psi}}]=\begin{bmatrix}\ddots & & \\ & \lambda_r^2 & \\ & & \ddots\end{bmatrix} \tag{8-58}$$

对式(8-52)两边求逆:

$$[\boldsymbol{H}(\omega)]^{-1}=(1+\mathrm{j}[\boldsymbol{\eta}])[\boldsymbol{K}]-[\boldsymbol{M}]\omega^2$$

上式两边左乘$[\tilde{\boldsymbol{\psi}}]^{\mathrm{T}}$,再右乘$[\tilde{\boldsymbol{\psi}}]$得:

$$[\tilde{\boldsymbol{\psi}}]^{\mathrm{T}}[\boldsymbol{H}(\omega)]^{-1}[\tilde{\boldsymbol{\psi}}]=\begin{bmatrix}\ddots & & \\ & (\lambda_r^2-\omega^2) & \\ & & \ddots\end{bmatrix} \tag{8-59}$$

所以:

$$[\boldsymbol{H}(\omega)]=[\tilde{\boldsymbol{\psi}}]\begin{bmatrix}\ddots & & \\ & (\lambda_r^2-\omega^2) & \\ & & \ddots\end{bmatrix}^{-1}[\tilde{\boldsymbol{\psi}}]^{\mathrm{T}} \tag{8-60}$$

其中的某一跨点频响函数表达式为:

$$H_{LP}(\omega)=\sum_{r=1}^{n}\frac{\tilde{\psi}_{Lr}\tilde{\psi}_{Pr}}{\lambda_r^2-\omega^2}=\sum_{r=1}^{n}\frac{\psi_{Lr}\psi_{Pr}}{M_r\{(1+\mathrm{j}\eta_r)p_r^2-\omega^2\}}$$

$$=\sum_{r=1}^{n}\frac{\psi_{Lr}\psi_{Pr}}{K_r-M_r\omega^2+\mathrm{j}\eta_rK_r} \tag{8-61}$$

上式与实模态分析的比例结构阻尼多自由度系统的频响函数矩阵表达式(8-48)一样,但其物理意义不同,上式中的模态向量以及模态质量、模态刚度等参数都是复数,而式(8-48)中的这些参数都是实数。

8.2.3.2　非比例黏性阻尼系统的复模态分析

非比例黏性阻尼系统,其阻尼矩阵不能进行解耦,因此这里采用另一种方法——状态空间法来建立系统的运动方程。

对式(8-27)所表示的运动方程,引进一个新的方程:

$$[\boldsymbol{M}]\{\dot{\boldsymbol{x}}(t)\} - [\boldsymbol{M}]\{\boldsymbol{x}(t)\} = 0$$

将该式与式(8-27)联立写成矩阵形式:

$$\begin{bmatrix} [\boldsymbol{C}] & [\boldsymbol{M}] \\ [\boldsymbol{M}] & [0] \end{bmatrix}\begin{Bmatrix} \{\dot{\boldsymbol{x}}(t)\} \\ \{\ddot{\boldsymbol{x}}(t)\} \end{Bmatrix} + \begin{bmatrix} [\boldsymbol{K}] & [0] \\ [0] & -[\boldsymbol{M}] \end{bmatrix}\begin{Bmatrix} \{\boldsymbol{x}(t)\} \\ \{\dot{\boldsymbol{x}}(t)\} \end{Bmatrix} = \begin{Bmatrix} \{\boldsymbol{f}(t)\} \\ \{0\} \end{Bmatrix} \tag{8-62}$$

取一新的向量 $\{\boldsymbol{y}(t)\} = \begin{Bmatrix} \{\boldsymbol{x}(t)\} \\ \{\dot{\boldsymbol{x}}(t)\} \end{Bmatrix}$,称为状态向量。则上式可以写成:

$$[A]\{\dot{y}(t)\} + [B]\{y(t)\} = \{F(t)\} \tag{8-63}$$

式中, $\{\boldsymbol{F}(t)\} = \begin{Bmatrix} \{\boldsymbol{f}(t)\} \\ \{0\} \end{Bmatrix}$, $[\boldsymbol{A}] = \begin{bmatrix} [\boldsymbol{C}] & [\boldsymbol{M}] \\ [\boldsymbol{M}] & [0] \end{bmatrix}$, $[\boldsymbol{B}] = \begin{bmatrix} [\boldsymbol{K}] & [0] \\ [0] & -[\boldsymbol{M}] \end{bmatrix}$。$[\boldsymbol{A}]$、$[\boldsymbol{B}]$ 为 $2n \times 2n$ 的矩阵; $\{\boldsymbol{y}(t)\}$ 、$\{\boldsymbol{F}(t)\}$ 为 $2n \times 1$ 的列矩阵。

首先研究自由振动,即令 $\{\boldsymbol{F}(t)\} = \{0\}$,式(8-63)变成:

$$[\boldsymbol{A}]\{\dot{\boldsymbol{y}}(t)\} + [\boldsymbol{B}]\{\boldsymbol{y}(t)\} = \{0\} \tag{8-64}$$

设上式的解为 $\{\boldsymbol{y}(t)\} = \{\boldsymbol{Y}\}e^{\lambda t}$,则 $\{\dot{\boldsymbol{y}}(t)\} = \lambda\{\boldsymbol{Y}\}e^{\lambda t}$,代入上式:

$$(\boldsymbol{\lambda}[\boldsymbol{A}] + [\boldsymbol{B}])\{\boldsymbol{Y}\} = \{0\} \tag{8-65}$$

由该式可以解出 n 组共轭复特征值和对应的共轭复特征向量,分别记为:

$$\lambda_1, \lambda_2, \cdots, \lambda_n, \lambda_1^*, \lambda_2^*, \cdots, \lambda_n^*$$

$$\begin{Bmatrix} \psi_1 \\ \psi_1\lambda_1 \end{Bmatrix}, \begin{Bmatrix} \psi_2 \\ \psi_2\lambda_2 \end{Bmatrix}, \cdots, \begin{Bmatrix} \psi_n \\ \psi_n\lambda_n \end{Bmatrix}, \begin{Bmatrix} \psi_1^* \\ \psi_1^*\lambda_1^* \end{Bmatrix}, \begin{Bmatrix} \psi_2^* \\ \psi_2^*\lambda_2^* \end{Bmatrix}, \cdots, \begin{Bmatrix} \psi_n^* \\ \psi_n^*\lambda_n^* \end{Bmatrix}$$

对第 r 阶模态,有 $\lambda_r, \lambda_r^*, \begin{Bmatrix} \psi_r \\ \psi_r\lambda_r \end{Bmatrix}, \begin{Bmatrix} \psi_r^* \\ \psi_r^*\lambda_r^* \end{Bmatrix}$。

令 $\{\boldsymbol{\varphi}_r\} = \begin{Bmatrix} \psi_r \\ \psi_r\lambda_r \end{Bmatrix}$, $\{\boldsymbol{\varphi}_r^*\} = \begin{Bmatrix} \psi_r^* \\ \psi_r^*\lambda_r^* \end{Bmatrix}$,称为复模态向量。由式(8-65)可以证明其正交性:

$$\{\boldsymbol{\varphi}_r\}^{\mathrm{T}}[\boldsymbol{A}]\{\boldsymbol{\varphi}_s\} = \begin{cases} 0 & s \neq r \\ a_r & s = r \end{cases} \tag{8-66}$$

$$\{\boldsymbol{\varphi}_r\}^{\mathrm{T}}[\boldsymbol{B}]\{\boldsymbol{\varphi}_s\} = \begin{cases} 0 & s \neq r \\ b_r & s = r \end{cases} \tag{8-67}$$

向量 $\{\boldsymbol{\varphi}_r\}$ 为 $2n$ 维向量,因而复模态是在 $2n$ 维复特征空间正交,而实模态是在 n 维实特征空间正交。

对全部模态而言,其模态矩阵为:

$$[\boldsymbol{\varphi}] = \{\{\boldsymbol{\varphi}_1\}, \{\boldsymbol{\varphi}_2\}, \cdots, \{\boldsymbol{\varphi}_n\}, \{\boldsymbol{\varphi}_1^*\}, \{\boldsymbol{\varphi}_2^*\}, \cdots, \{\boldsymbol{\varphi}_n^*\}\} \tag{8-68}$$

下面我们引入复模态坐标对方程进行变换,研究用复模态向量表示系统的频响函数。

复模态坐标 $\{Q\}$ 、$\{Q^*\}$ 满足方程 $\{\boldsymbol{y}(t)\} = \begin{Bmatrix} \{\boldsymbol{x}(t)\} \\ \{\dot{\boldsymbol{x}}(t)\} \end{Bmatrix} = [\boldsymbol{\varphi}]\begin{Bmatrix} \{\boldsymbol{Q}\} \\ \{\boldsymbol{Q}^*\} \end{Bmatrix}$，代入式(8-63)，强迫振动方程组解耦，对第 r 阶模态，有：

$$a_r\dot{Q}_r + b_rQ_r = \{\boldsymbol{\psi}_r\}^{\mathrm{T}}\{\boldsymbol{F}(t)\} \tag{8-69}$$

$$a_r^*\dot{Q}_r^* + b_r^*Q_r^* = \{\boldsymbol{\psi}_r^*\}^{\mathrm{T}}\{\boldsymbol{F}(t)\} \tag{8-70}$$

由杜哈美积分可求得上两式的解：

$$Q_r = Q_{r0}\mathrm{e}^{\lambda_r t} + \frac{1}{a_r}\int_0^t \mathrm{e}^{\lambda_r(t-\tau)}\{\boldsymbol{\psi}_r\}^{\mathrm{T}}\{\boldsymbol{F}(t)\}\mathrm{d}\tau \tag{8-71}$$

$$Q_r^* = Q_{r0}^*\mathrm{e}^{\lambda_r^* t} + \frac{1}{a_r^*}\int_0^t \mathrm{e}^{\lambda_r^*(t-\tau)}\{\boldsymbol{\psi}_r^*\}^{\mathrm{T}}\{\boldsymbol{F}(t)\}\mathrm{d}\tau \tag{8-72}$$

上两式的第一项相当于自由振动的解，第二项相当于强迫振动的解。当初条件为零时，即 $Q_{r0} = Q_{r0}^* = 0$，上两式的第一项为零，则系统的响应为：

$$\begin{aligned}\{\boldsymbol{x}(t)\} &= [\boldsymbol{\psi}]\{\boldsymbol{Q}\} + [\boldsymbol{\psi}^*]\{\boldsymbol{Q}^*\} = \sum_{r=1}^{n}\{\boldsymbol{\psi}_r\}\{\boldsymbol{q}_r\} + \sum_{r=1}^{n}\{\boldsymbol{\psi}^*\}\{\boldsymbol{q}_r^*\} \\ &= \sum_{r=1}^{n}\left(\frac{\{\boldsymbol{\psi}_r\}\{\boldsymbol{\psi}_r\}^{\mathrm{T}}}{a_r}\int_0^t \mathrm{e}^{\lambda_r(t-\tau)}\{\boldsymbol{F}(t)\}\mathrm{d}\tau + \frac{\{\boldsymbol{\psi}_r^*\}\{\boldsymbol{\psi}_r^*\}^{\mathrm{T}}}{a_r^*}\int_0^t \mathrm{e}^{\lambda_r^*(t-\tau)}\{\boldsymbol{F}(t)\}\mathrm{d}\tau\right)\end{aligned} \tag{8-73}$$

对上式进行拉氏变换，可得传递函数：

$$[\boldsymbol{H}(s)] = \frac{\{\boldsymbol{x}(s)\}}{\{\boldsymbol{F}(s)\}} = \sum_{r=1}^{n}\left(\frac{\{\boldsymbol{\psi}_r\}\{\boldsymbol{\psi}_r\}^{\mathrm{T}}}{a_r(s-\lambda_r)} + \frac{\{\boldsymbol{\psi}_r^*\}\{\boldsymbol{\psi}_r^*\}^{\mathrm{T}}}{a_r^*(s-\lambda_r^*)}\right) \tag{8-74}$$

将 $s = \mathrm{j}\omega$ 代入式(8-74)可得复模态表示的频响函数：

$$[\boldsymbol{H}(\omega)] = \sum_{r=1}^{n}\left(\frac{\{\boldsymbol{\psi}_r\}\{\boldsymbol{\psi}_r\}^{\mathrm{T}}}{a_r(\mathrm{j}\omega-\lambda_r)} + \frac{\{\boldsymbol{\psi}_r^*\}\{\boldsymbol{\psi}_r^*\}^{\mathrm{T}}}{a_r^*(\mathrm{j}\omega-\lambda_r^*)}\right) \tag{8-75}$$

上式中的复模态频率 λ_r 和 λ_r^*，其实部为振动衰减因子，虚部为振动频率，可以写成如下形式：

$$\begin{matrix}\lambda_r \\ \lambda_r^*\end{matrix} = p_r(-\xi_r \pm \mathrm{j}\sqrt{1-\xi_r^2}) \tag{8-76}$$

8.2.3.3 复模态与实模态的特性比较

复模态与实模态相比，具有以下不同点：

(1) 复模态的特征值和特征向量均为复数，且共轭成对，具有 $2n$ 个特征值和 $2n$ 个特征向量；而实模态具有 n 个实特征值和 n 个实特征向量。

(2) 实模态时，系统各点相位差为 0 或 180°，而复模态各点相位不同，且无规律。

(3) 实模态是在 n 维空间对质量矩阵和刚度矩阵存在正交性；而复模态是在 $2n$ 维空间对矩阵[A]、[B]存在正交性。

(4) 实模态时，系统有一定的振型，反映系统的运动形状，且有固定节点；复模态时无一定振型，且节点不固定。

另外，复模态与实模态也有共同之处：它们的自由振动响应均为衰减振动，且各点的衰减率相同；它们均能对系统振动方程进行解耦。

8.3 模态参数识别

8.3.1 概述

上一节在已知系统的基础上,研究输入与输出之间的关系。本节则是由输入与输出来识别系统本身。由试验数据建立系统模型的方法称为系统识别。只识别系统的模态参数称为模态参数识别,也称试验模态分析。由试验模态分析方法,可以得到系统的固有频率、振型及阻尼因子等。建立在动态测试和计算机技术基础上的试验模态分析方法,快速、准确,可以进行系统的在线识别和实时分析。

模态参数识别的方法有许多种,下面介绍它们的分类。

8.3.1.1 按识别域分类

可以分成频域识别和时域识别。频域分析的数据一般为系统的频响函数,也可以是输出的傅氏变换。频域可以是实频域,也可以是复频域。时域分析利用时间域内的数据,建立特征矩阵方程,求出特征值和特征向量(模态向量),进而求出模态参数。

频域识别方法发展较早,目前在工程中得到广泛应用。这种方法的可靠性较高,但要求有完整的输入和输出数据,且要将时域数据经傅氏变换转化为频域数据,需用 FFT 分析。时域识别方法不需转换时域数据,因而应用比较方便,但这种方法精度不高,处理数据量大。

8.3.1.2 按处理各阶模态耦合所采用的方法分类

可分为单自由度法和多自由度法。单自由度法是在多阶模态中只考虑主导模态,忽略相邻模态的影响或以修正项来代替相邻模态的影响,这样就将多自由度系统视为多个单自由度系统来进行识别,适用于阻尼小,各阶模态相距较远的系统。多自由度法则是考虑多个模态的影响进行识别,方法比较复杂,但精度高于单自由度法。

8.3.1.3 按模态参数识别手段分类

可分为图解识别法和计算机识别法。图解识别法就是利用频响函数曲线图上的一些特征点进行模态参数的识别,如分量法、导纳圆拟合法,适用于较简单的系统。计算机识别法识别速度快,精度高,适用于复杂系统及在线识别。

8.3.1.4 按发展阶段分类

可分为单输入单输出识别法(SISO)、单输入多输出识别法(SIMO)、多输入多输出识别法(MIMO)。SISO 法于 20 世纪 70 年代开始发展和使用,它采用单点施加激励,测试单点响应来进行模态参数的识别;SIMO 法于 70 年代后期发展使用,它采用单点施加激励,测试多点响应来进行模态参数识别,其精度比 SISO 法高;MIMO 法开始于 80 年代,其试验时间长,识别精度高。

模态参数识别的目的是要确定系统的模态参数,需要按照一定的估计准则,尽可能地反映系统的特性。常用的估计方法有:最小二乘估计、极大似然估计、贝叶斯估计等。

8.3.2 模态参数的频域识别方法

频域识别研究得较早,方法较多,本节主要介绍常用的识别方法,包括分量分析法和导纳圆拟合法。

8.3.2.1 分量分析法

分量分析方法是采用频响函数的实频图和虚频图进行模态参数的识别。这种方法属于单自由度法的一种，在分析时选择主导模态进行分析，其余模态的影响用一常数来表示。

下面以具有比例结构阻尼系统的实模态为例。式(8-48)可以写成如下形式：

$$H_{LP}(\omega) = \sum_{r=1}^{n} \frac{1}{K_{er}} \left(\frac{1-\lambda_r^2}{(1-\lambda_r^2)^2+\eta_r^2} + \mathrm{j}\frac{-\eta_r}{(1-\lambda_r^2)^2+\eta_r^2} \right) \tag{8-77}$$

式中，$\lambda_r = \dfrac{\omega}{p_r}$，$p_r^2 = \dfrac{K_r}{M_r}$，$K_{er} = \dfrac{K_r}{\psi_{Lr}\psi_{Pr}}$ 称为第 r 阶等效刚度。

用单自由度识别法，选择第 r 阶模态作主导模态，则上式近似写成：

$$H_{LP}(\omega) = \frac{1}{K_{er}} \left(\frac{1-\lambda_r^2}{(1-\lambda_r^2)^2+\eta_r^2} - \mathrm{j}\frac{\eta_r}{(1-\lambda_r^2)^2+\eta_r^2} \right) + H_c^R + H_c^I \tag{8-78}$$

式中，H_c^R、H_c^I 为修正项的实部和虚部。将上式画成实频图和虚频图如图8-9所示。修正项相当于上一节的剩余柔度，可认为是与频率无关的常数，所以在实频图和虚频图上相当于把横坐标平移，这条平行线又称为剩余柔度线。

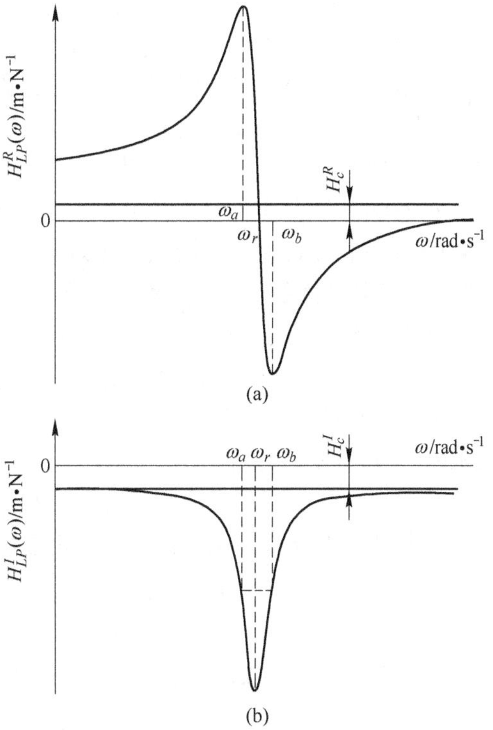

图8-9 第 r 阶模态的频响函数
(a) 实频图；(b) 虚频图

下面通过实频图和虚频图来识别系统的模态参数：

(1) 固有频率　由实频曲线与剩余柔度线的交点或虚频曲线的峰值来确定。该点的$\lambda_r=1$，对应于系统的共振状态，所以该点频率也称为共振频率。

(2) 阻尼比　阻尼比可由半功率带宽 $\Delta\omega_r$ 来确定。由式(8-22)：

$$\eta_r = \Delta\lambda_r = \frac{\omega_b - \omega_a}{p_r} \tag{8-79}$$

(3) 模态振型　由式(8-78)，当$\lambda_r=1$，不计剩余柔度时有：

$$H_{LP}^I(\omega)_{\max} = -\frac{1}{K_{er}\eta_r} = -\frac{\psi_{Lr}\psi_{Pr}}{K_r\eta_r} \tag{8-80}$$

则由各点的 $H_{LP}^I(\omega)_{\max}(L=1,2,\cdots,n)$，可得第 r 阶模态的振型系数列阵：

$$\{\boldsymbol{H}_{LP}^{I}(\omega)_{\max}\} = -\frac{\psi_{Pr}}{K_r\eta_r}\{\boldsymbol{\psi}_{LP}\}_r \tag{8-81}$$

单点激励时，$\frac{\psi_{Pr}}{K_r\eta_r}$为常数，所以$\{\boldsymbol{H}_{LP}^{I}(\omega)_{\max}\}$就可代表第 r 阶模态振型，也就是测试所得各点第 r 阶频响函数虚频图上的极值组成的矢量可代表第 r 阶模态振型。

(4) 模态刚度　由式(8-80)，将原点频响函数对原点进行归一化后，有：

$$H_{PP}^{I}(\omega)_{\max} = H_{PP}^{I}(\omega)|_{\lambda_r=1} = -\frac{1}{K_r\eta_r}$$

$$K_r = -\frac{1}{\eta_r H_{PP}^{I}(\omega)_{\max}} \tag{8-82}$$

(5) 模态质量

$$M_r = \frac{K_r}{p_r^2} \tag{8-83}$$

分量分析法简单方便，但其识别精度不高，特别是各阶模态比较集中时，识别精度受到很大影响。

8.3.2.2　导纳圆拟合法(Nyquist 图法)

该方法又称矢量分析法，属于单自由度分析方法的一种。

由上一节知识，具有结构阻尼的单自由度系统位移频响函数在由其实部和虚部组成的复平面上是一个圆，即 Nyquist 图是一个圆。采用单自由度法进行模态参数识别时，可以利用导纳圆的一些特征。

由于模态测试等存在不可避免的误差，实测频响函数的矢端轨迹不一定都在一个圆上，为此，在进行识别之前，先必须找出一个理论圆，使圆上各对应点的值与实测值之间的误差最小，即要进行导纳圆的拟合，这里采用最小二乘法。

单自由度系统的 Nyquist 圆均经过坐标原点，而用单自由度法来识别系统时，除了主导模态外，还要用一修正项，即剩余柔度来表示其余模态的影响，如式(8-78)，这样 Nyquist 圆就会发生平移，不再经过坐标原点。

设理想 Nyquist 圆的方程为：

$$(x - x_0)^2 + (y - y_0)^2 = R^2$$

实测数据点坐标为 x_k、y_k，它们不一定在圆上，代入上式必然有误差，定义误差为：

$$E_k = (x_k - x_0)^2 + (y_k - y_0)^2 - R^2$$
$$= x_k^2 + y_k^2 - 2x_0x_k - 2y_0y_k + x_0^2 + y_0^2 - R^2$$

令 $a = -2x_0$，$b = -2y_0$，$c = x_0^2 + y_0^2 - R^2$，则得：

$$E_k = x_k^2 + y_k^2 + ax_k + by_k + c \tag{8-84}$$

m 个测试值与理论值之间的误差平方和为：

$$E = \sum_{k=1}^{m}(x_k^2 + y_k^2 + ax_k + by_k + c)^2 \tag{8-85}$$

满足误差最小，即 E 最小的条件是 $\frac{\partial E}{\partial a} = 0$，$\frac{\partial E}{\partial b} = 0$，$\frac{\partial E}{\partial c} = 0$，由此可得：

$$\frac{\partial E}{\partial a} = 2\sum_{k=1}^{m}(x_k^2 + y_k^2 + ax_k + by_k + c)^2 x_k = 0$$

$$\frac{\partial E}{\partial b} = 2\sum_{k=1}^{m}(x_k^2 + y_k^2 + ax_k + by_k + c)^2 y_k = 0$$

$$\frac{\partial E}{\partial c} = 2\sum_{k=1}^{m}(x_k^2 + y_k^2 + ax_k + by_k + c)^2 = 0$$

写成矩阵形式：

$$\begin{bmatrix} \sum_{k=1}^{m} x_k^2 & \sum_{k=1}^{m} x_k y_k & \sum_{k=1}^{m} x_k \\ \sum_{k=1}^{m} x_k y_k & \sum_{k=1}^{m} y_k^2 & \sum_{k=1}^{m} y_k \\ \sum_{k=1}^{m} x_k & \sum_{k=1}^{m} y_k & 1 \end{bmatrix} \begin{Bmatrix} a \\ b \\ c \end{Bmatrix} = \begin{Bmatrix} -\sum_{k=1}^{m}(x_k^3 + x_k y_k^2) \\ -\sum_{k=1}^{m}(x_k^2 y_k + y_k^3) \\ -\sum_{k=1}^{m}(x_k^2 + y_k^2) \end{Bmatrix} \tag{8-86}$$

由上式利用线性代数的有关知识，即可求得 a、b、c 的值，进而拟合出导纳圆。

图 8-10 即为一拟合的具有结构阻尼的位移频响函数 Nyquist 图（不计剩余柔度）。

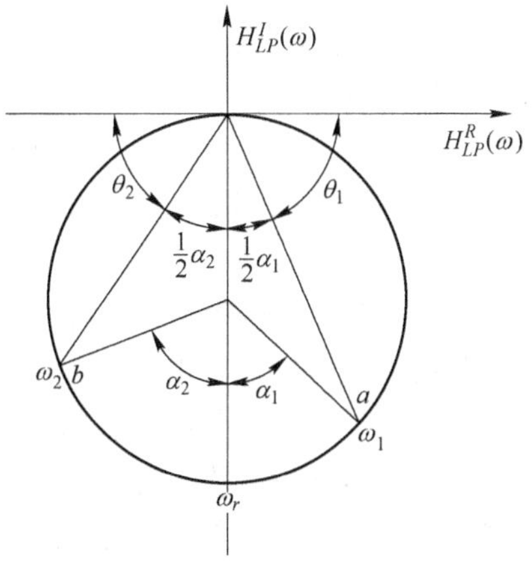

图 8-10 拟合的位移频响函数 Nyquist 图（结构阻尼）

下面利用导纳圆的特点来识别系统的模态参数。

（1）固有频率 由上一节知，导纳圆上等间距频率点所占的弧长 Δs 不等，在固有频率点附近，Δs 值最大，所以，固有频率可由图上使 $\frac{\Delta s}{\Delta \omega}$ 具有最大值的点来确定。一般作 $\frac{\Delta s}{\Delta \omega} \to \omega$ 的关系曲线，该曲线上峰值所对应的频率即为系统的固有频率。

（2）阻尼比 一般取固有频率点附近两点 a 和 b，其频率分别为 ω_1、ω_2，相位为 φ_1、φ_2，对应的圆心角为 α_1、α_2，由图可见：

$$\tan\frac{\alpha_1}{2} = \frac{H_{LP}^{R}(\omega_1)}{H_{LP}^{I}(\omega_1)} = \frac{1-\lambda_1^2}{\eta_r}$$

$$\tan\frac{\alpha_2}{2} = \frac{H_{LP}^{R}(\omega_2)}{H_{LP}^{I}(\omega_2)} = \frac{1-\lambda_2^2}{\eta_r}$$

则：

$$\eta_r = \frac{\lambda_2^2 - \lambda_1^2}{\tan\frac{\alpha_1}{2} + \tan\frac{\alpha_2}{2}} \approx \frac{\omega_2 - \omega_1}{p_r}\frac{1}{\tan\frac{\alpha_1}{2} + \tan\frac{\alpha_2}{2}} \tag{8-87}$$

（3）模态振型 由式（8-26），具有结构阻尼单自由度系统的位移导纳圆的半径为 $\frac{1}{2K\eta}$，则多自由度系统第 r 阶模态的导纳圆半径应为 $\frac{1}{2K_{er}\eta_r}$，即为虚频图上极值的一半，所

以有

$$\frac{\psi_{Pr}}{K_r\eta_r}\{\psi_{LP}\}_r = 2\{R_{LP}\}_r \tag{8-88}$$

为 P 点激励 L 点响应的第 r 阶模态导纳圆半径,该式说明,第 r 阶模态振型,即模态向量可由各测点位移导纳圆半径组成的归一化向量求得。

(4) 模态刚度 原点频响函数 $H_{PP}(\omega)$,若对原点归一化,则有 $\psi_{Pr}=1$,由式(8-88)有:

$$K_r = \frac{1}{2(R_{PP})_r\eta_r} \tag{8-89}$$

(5) 模态质量 模态质量用式(8-83)计算。

导纳圆拟合法在模态集中时误差较大,并且受图解精度的限制。应用该法同样可以识别复模态参数,可参阅有关资料。

8.3.3 模态参数的时域识别方法

时域识别法不需要将测试信号变换到频域,直接利用测得的响应数据进行模态参数识别,避免了 FFT 变换引起的截断误差,提高了参数估计的精度,但这种方法本身的精度较低,并可能出现虚假模态。时域法比频域法起步晚,但近年有了长足的进展,发展了不少实用的识别方法,常用的有 ITD 法、最小二乘法、时序分析法等。下面介绍常用的 ITD 法。

ITD 法是 20 世纪 70 年代 Ibrahim 提出的一种时域识别方法,它是利用结构自由振动响应采样数据建立特征矩阵的数学模型,通过求解特征矩阵方程求出特征值和特征向量,再利用模态频率和模态阻尼与特征值之间的关系求解振动系统的模态频率和模态阻尼。ITD 法属于一种单输入多输出识别方法。

对于一个 n 自由度的线性系统,由复模态分析理论可解出 $2n$ 个共轭特征值 λ_r,相应有 $2n$ 个特征向量 $\{\boldsymbol{\varphi}^{(r)}\}$,系统各点的响应为各阶模态的线性叠加,即:

$$\{\boldsymbol{x}(t)\} = \sum_{r=1}^{2n}\{\boldsymbol{\varphi}^{(r)}\}e^{\lambda_r t}$$

对响应信号 $\{x(t)\}$ 在时刻 t_j、$t_j+\Delta t$、$t_j+2\Delta t$ 进行采样,可以得到三组不同的数据序列,令:

$$\{\boldsymbol{y}(t_j)\} = \{\boldsymbol{x}(t_j+\Delta t)\} \qquad \{\boldsymbol{z}(t_j)\} = \{\boldsymbol{x}(t_j+2\Delta t)\} \quad j=1,2,\cdots,2n$$

则:

$$\begin{aligned}&\left[\{\boldsymbol{x}(t_1)\}\{\boldsymbol{x}(t_2)\}\cdots\{\boldsymbol{x}(t_{2n})\}\right]\\ &= \left[\{\boldsymbol{\varphi}^{(1)}\}\{\boldsymbol{\varphi}^{(2)}\}\cdots\{\boldsymbol{\varphi}^{(2n)}\}\right]\begin{bmatrix} e^{\lambda_1 t_1} & e^{\lambda_1 t_2} & \cdots & e^{\lambda_1 t_{2n}} \\ e^{\lambda_2 t_1} & e^{\lambda_2 t_2} & \cdots & e^{\lambda_2 t_{2n}} \\ \vdots & \vdots & & \vdots \\ e^{\lambda_{2n} t_1} & e^{\lambda_{2n} t_2} & \cdots & e^{\lambda_{2n} t_{2n}} \end{bmatrix}\end{aligned} \tag{8-90}$$

上式可以简写为:

$$[\boldsymbol{X}] = [\boldsymbol{\varphi}][\boldsymbol{\Lambda}] \tag{8-91}$$

式中,$[\boldsymbol{\varphi}]$为模态矩阵;$[\boldsymbol{\Lambda}]$为复特征值指数矩阵;$[\boldsymbol{X}]$称为 t_j 时刻采样的数据矩阵;$[\boldsymbol{\varphi}]$和$[\boldsymbol{X}]$为 $n\times 2n$ 的矩阵;$[\boldsymbol{\Lambda}]$为 $2n\times 2n$ 的矩阵。

同理可得:

$$[\{y(t_1)\}\{y(t_2)\}\cdots\{y(t_{2n})\}]$$

$$=[\{\varphi^{(1)}\}\{\varphi^{(2)}\}\cdots\{\varphi^{(2n)}\}]\begin{bmatrix} e^{\lambda_1(t_1+\Delta t)} & e^{\lambda_1(t_2+\Delta t)} & \cdots & e^{\lambda_1(t_{2n}+\Delta t)} \\ e^{\lambda_2(t_1+\Delta t)} & e^{\lambda_2(t_2+\Delta t)} & \cdots & e^{\lambda_2(t_{2n}+\Delta t)} \\ \vdots & \vdots & \vdots & \vdots \\ e^{\lambda_{2n}(t_1+\Delta t)} & e^{\lambda_{2n}(t_2+\Delta t)} & \cdots & e^{\lambda_{2n}(t_{2n}+\Delta t)} \end{bmatrix} \tag{8-92}$$

令：
$$[Q]=[\{\varphi^{(1)}\}e^{\lambda_1\Delta t}\quad \{\varphi^{(2)}\}e^{\lambda_2\Delta t}\quad \cdots \quad \{\varphi^{(2n)}\}e^{\lambda_{2n}\Delta t}]$$

式(8-92)可写成：
$$[Y]=[Q][\Lambda] \tag{8-93}$$

式中，$[Y]$ 为 $t_j+\Delta t$ 时刻的采样数据矩阵。

$$[\{z(t_1)\}\{z(t_2)\}\cdots\{z(t_{2n})\}]$$

$$=[\{\varphi^{(1)}\}\{\varphi^{(2)}\}\cdots\{\varphi^{(2n)}\}]\begin{bmatrix} e^{\lambda_1(t_1+2\Delta t)} & e^{\lambda_1(t_2+2\Delta t)} & \cdots & e^{\lambda_1(t_{2n}+2\Delta t)} \\ e^{\lambda_2(t_1+2\Delta t)} & e^{\lambda_2(t_2+2\Delta t)} & \cdots & e^{\lambda_2(t_{2n}+2\Delta t)} \\ \vdots & \vdots & \vdots & \vdots \\ e^{\lambda_{2n}(t_1+2\Delta t)} & e^{\lambda_{2n}(t_2+2\Delta t)} & \cdots & e^{\lambda_{2n}(t_{2n}+2\Delta t)} \end{bmatrix} \tag{8-94}$$

令：
$$[R]=[\{\varphi^{(1)}\}e^{2\lambda_1\Delta t}\quad \{\varphi^{(2)}\}e^{2\lambda_2\Delta t}\quad \cdots \quad \{\varphi^{(2n)}\}e^{2\lambda_{2n}\Delta t}]$$

式(8-94)写成：
$$[Z]=[R][\Lambda] \tag{8-95}$$

式中，$[Z]$ 为 $t_j+2\Delta t$ 时刻的采样数据矩阵。

上几式中 $[Y]$、$[Z]$、$[Q]$ 和 $[R]$ 矩阵都是 $n\times 2n$ 的矩阵。将式(8-91)和式(8-93)组合：

$$\begin{bmatrix}[X]\\ [Y]\end{bmatrix}=\begin{bmatrix}[\varphi]\\ [Q]\end{bmatrix}[\Lambda] \tag{8-96}$$

简写为：
$$[D]=[\Phi][\Lambda] \tag{8-97}$$

将式(8-93)和式(8-95)组合：

$$\begin{bmatrix}[Y]\\ [Z]\end{bmatrix}=\begin{bmatrix}[Q]\\ [R]\end{bmatrix}[\Lambda] \tag{8-98}$$

简写为：
$$[\hat{D}]=[\hat{\Phi}][\Lambda] \tag{8-99}$$

这里，矩阵 $[D]$ 和 $[\hat{D}]$ 为测试所得的系统响应，为已知量，矩阵 $[\Phi]$ 和 $[\hat{\Phi}]$ 的各元素中包含着特征值 λ_r 和特征向量 $\{\varphi^{(r)}\}$，为未知量。$[D]$、$[\hat{D}]$、$[\Phi]$ 和 $[\hat{\Phi}]$ 均为 $2n\times 2n$ 的矩阵。可以证明，这四个矩阵的逆矩阵是存在的。从式(8-97)和式(8-99)中消去矩阵 $[\Lambda]$，得：

$$[\hat{D}][D]^{-1}[\Phi]=[\hat{\Phi}] \tag{8-100}$$

对第 r 阶模态：

$$[\hat{D}][D]^{-1}\{\Phi^{(r)}\}=\{\hat{\Phi}^{(r)}\} \tag{8-101}$$

而
$$\{\hat{\Phi}^{(r)}\}=\begin{Bmatrix}\{Q^{(r)}\}\\ \{R^{(r)}\}\end{Bmatrix}=\begin{Bmatrix}\{\varphi^{(r)}\}\\ \{Q^{(r)}\}\end{Bmatrix}e^{\lambda_r\Delta t}=\{\Phi^{(r)}\}e^{\lambda_r\Delta t} \tag{8-102}$$

将上式代入式(8-101)得：

$$[\hat{D}][D]^{-1}\{\Phi^{(r)}\}=\{\Phi^{(r)}\}e^{\lambda_r\Delta t}=\rho_r\{\Phi^{(r)}\} \tag{8-103}$$

令：
$$[\boldsymbol{A}] = [\hat{\boldsymbol{D}}][\boldsymbol{D}]^{-1} = \begin{bmatrix}[\boldsymbol{Y}]\\ [\boldsymbol{Z}]\end{bmatrix}\begin{bmatrix}[\boldsymbol{X}]\\ [\boldsymbol{Y}]\end{bmatrix}^{-1} \tag{8-104}$$

它由采样的自由振动响应数据组成，为已知值。式(8-103)变成：
$$([\boldsymbol{A}] - \rho_r[\boldsymbol{I}])\{\boldsymbol{\Phi}^{(r)}\} = 0 \tag{8-105}$$

这样就建立了一个新的特征值问题，ρ_r 为特征值，$\{\boldsymbol{\Phi}^{(r)}\}$ 为特征向量，$[\boldsymbol{A}]$ 为特征矩阵。式(8-105)有非零解的条件是其系数行列式等于零，即：
$$|[\boldsymbol{A}] - \rho_r[\boldsymbol{I}]| = 0 \tag{8-106}$$

上式即为特征矩阵方程。由此可以求解特征值 ρ_r 及特征向量 $\{\boldsymbol{\Phi}^{(r)}\}$，共有 $2n$ 个复特征值和复特征向量。

求出 ρ_r 及 $\{\boldsymbol{\Phi}^{(r)}\}$ 后，便可利用它们与系统特征值 λ_r 和特征向量 $\{\boldsymbol{\varphi}^{(r)}\}$ 之间的关系来识别系统的模态参数：

（1）系统的模态向量 $\{\boldsymbol{\varphi}^{(r)}\}$ 因为式(8-105)的特征向量 $\{\boldsymbol{\Phi}^{(r)}\} = \begin{Bmatrix}\{\boldsymbol{\varphi}^{(r)}\}\\ \{\boldsymbol{Q}^{(r)}\}\end{Bmatrix}$，所以系统的模态向量 $\{\boldsymbol{\varphi}^{(r)}\}$ 是由向量 $\{\boldsymbol{\Phi}^{(r)}\}$ 的前 n 个元素组成的向量。

（2）系统的模态频率和模态阻尼　特征值 λ_r 和 ρ_r 都是复数，可表示为：
$$\lambda_r = a_r + \mathrm{j}b_r \qquad \rho_r = \alpha_r + \mathrm{j}\beta_r$$

又因为：
$$\rho_r = \mathrm{e}^{\lambda_r \Delta t}$$
所以：
$$\alpha_r + \mathrm{j}\beta_r = \mathrm{e}^{(a_r + \mathrm{j}b_r)\Delta t}$$
则可得：
$$\alpha_r = \mathrm{e}^{a_r\Delta t}\cos(b_r\Delta t)$$
$$\beta_r = \mathrm{e}^{a_r\Delta t}\sin(b_r\Delta t)$$

由此解得：
$$\left.\begin{aligned} a_r &= \frac{1}{2\Delta t}\ln(\alpha_r^2 + \beta_r^2) \\ b_r &= \frac{1}{\Delta t}\arctan\frac{\beta_r}{\alpha_r} \end{aligned}\right\} \tag{8-107}$$

由上节式(8-76)可以求出模态频率和模态阻尼：
$$p_r = \sqrt{a_r^2 + b_r^2} \tag{8-108}$$
$$\zeta_r = \frac{a_r}{\sqrt{a_r^2 + b_r^2}} \tag{8-109}$$

上面分析时都假设测点数与系统的主模态数相等，但实际上很难做到。当测点数大于主模态数时，可从数据矩阵左上角选择一系列子矩阵，从一阶开始，计算其行列式的值，当相邻两次行列式值的比突然增大，取这时的阶数作为系统的模态数；当测点数小于主模态数时，采用增加“虚拟测点” $\{x(t_j + \Delta\tau)\}$ $(\Delta\tau \neq \Delta t)$ 的方法，将数字矩阵扩阶到模态数。

一般实际测得的信号中包含各种噪声，需要在识别前消除或减小噪声，常用的方法有两种：一是最小二乘残差法，是对特征矩阵求最小二乘解，要求数据矩阵的列数大于行数，即测点数要大于模态数；一是采用模态置信因子（MCF）剔除噪声模态，其定义为，结构上任意测

点在 t 时刻,其第 r 阶模态的响应为 $\varphi^{(r)}$,对于同一测点,在 $t+\Delta t$ 时刻所测得的第 r 阶模态响应应为 $\varphi^{(r)}e^{\lambda_r\Delta t}$,实际上由于噪声等影响,实际得到的为 $\bar{\varphi}^{(r)}=a_r\varphi^{(r)}e^{\lambda_r\Delta t}$,式中的 $|a_r|$ 即为置信因子 MCF:

$$[MCF]_r=|a_r|=\left|\frac{\bar{\varphi}^{(r)}}{\varphi^{(r)}e^{\lambda_r\Delta t}}\right| \tag{8-110}$$

当 $[MCF]_r\approx 1$ 时,被识别模态为真实模态;当 $[MCF]_r$ 远小于 1 时,被识别模态为虚假模态。

8.4 模态分析的应用

模态分析技术的出现和发展是近 30 年的事,当前,模态分析在几乎所有的现代大型设计程序中,都已成为不可缺少的部分。模态分析技术的应用是指用模态试验和模态分析的结果去解决工程中的动力学实际问题。它的主要应用包括故障诊断和状态监测、系统的动载荷识别以及结构的动力学修改等方面,本节对这些应用作一些简单介绍。

8.4.1 故障诊断与状态监测

应用模态分析技术进行设备的故障诊断,主要是通过模态参数的变化以及它与激励的关系来诊断。由前面的分析已知,设备结构的变化会影响到模态参数及频率响应特性的变化,同样,当设备结构发生故障时,也会造成模态参数的异常变化。对设备进行故障诊断及状态监测,常采用两种方法:一是监测分析模态参数;一是对振动响应进行频率及幅值分析。例如,可以通过模态频率的变化来判断裂纹的存在,通过模态振型的变化来判断断裂的位置,通过分析与转速有关的频率和幅值来判断旋转机械的故障。

当结构出现裂纹时,相当于结构的刚度和阻尼系数发生变化,因此必然反映到模态频率和阻尼上。一般,固有频率随裂纹的加剧而下降(因为刚度降低),而阻尼比则随着裂纹的扩展而增大。大量的实验表明,根据模态参数的变化诊断裂纹的有效性,取决于信号分析时的频率分辨率。由于某些模态对裂纹的存在和大小不十分敏感,所以需要提高频率的分辨率来判断由裂纹造成的固有频率和阻尼比的变化,一般是尽量对敏感区的模态参数进行监测来诊断结构裂纹。

旋转机械的故障主要来源于轴承、齿轮的故障以及转轴的不对称和安装偏心等,这些故障都与转轴的转速有关,因此,对旋转机械进行故障诊断时,主要分析其转动频率和振动幅值。例如,某发动机在使用过程中频繁发生振动现象,影响正常运转,对其进行现场测试后分析其频域信号时发现,在频率 252Hz 处有明显的尖峰,而计算所得其转子的旋转频率恰好为这个频率,表明发动机的振动是由于受到与转子旋转频率一致的激励引起的,也就表明转子存在故障。故障诊断技术经常用来诊断齿轮、轴承等转动部件的故障。

除了离线分析诊断设备的故障外,有时还需要实时在线监测系统的运行情况,即状态监测。状态监测要求长期测取设备的某些信号,并立即进行模态分析,判断设备的运行状况。近年来,随着高性能传感器和信号处理与模态分析技术的发展,状态监测技术得到了越来越多的应用。例如,某轧钢机在高速轧制时垂直系统会产生振动,影响设备的正常运行,在其压下油缸下安装状态监测系统,对实时测得的信号进行模态分析,当某阶频率的振动能量大于一定数值(门坎值)时,就自动报警,通知操作工降速。状态监测涉及到设定门坎值的问题,特别是对要求报警的监测装置,门坎值设得太大,则报警时振动已经发生,造成设备的破坏,门坎值太小,又会产生虚假报警。所以状态监测系统好坏的关键是设定合理的门坎值,有时需要用两个信号的相干函数来设定门坎值。

8.4.2 振动载荷的识别

振动载荷识别是根据已知结构的动态特性和实测的系统动态响应来求结构的外加载荷(激励),这一技术给无法进行直接测量载荷的结构提供了一种载荷的识别方法。模态分析技术的迅速发展,为载荷识别创造了很好的基础,但载荷识别技术还远远落后于模态参数识别技术,其识别精度还有待于进一步提高。

振动载荷的识别方法可分为频域法和时域法两大类。频域方法是根据系统的频响函数和模态参数在频域进行识别;时域法则直接在时域中识别。频域法发展较早,已形成了比较完整的理论计算方法,应用较广泛。比较常用的方法有直接逆矩阵变换法、最小二乘法等。

8.4.2.1 直接逆矩阵变换法

由前几节内容知道,系统的输出 $\{\boldsymbol{x}(\omega)\}$ 与输入 $\{\boldsymbol{f}(\omega)\}$ 之间的关系为:

$$\{\boldsymbol{x}(\omega)\} = [\boldsymbol{H}(\omega)]\{\boldsymbol{f}(\omega)\} \tag{8-111}$$

输出 $\{\boldsymbol{x}(\omega)\}$ 是实测信号的响应谱,频响函数矩阵 $[\boldsymbol{H}(\omega)]$ 可通过激振测试获得。如果待定载荷数与测点数相等,则可对上式直接求逆,有:

$$\{\boldsymbol{f}(\omega)\} = [\boldsymbol{H}(\omega)]^{-1}\{\boldsymbol{x}(\omega)\} \tag{8-112}$$

由上式就可求系统的动载荷,这种方法比较简单,但识别精度较低,而且常常是待识别的载荷数与测点数不等,这时就不能直接应用上式,需要对频响函数矩阵 $[H(\omega)]$ 求广义逆矩阵。

8.4.2.2 最小二乘识别法

在最小二乘识别法中,测点的数量 m 可以远大于待定载荷的数量 p。式(8-111)可以写成:

$$\{\boldsymbol{x}(\omega)\}_{m\times 1} = [\boldsymbol{H}(\omega)]_{m\times p}\{\boldsymbol{f}(\omega)\}_{p\times 1}$$

上式两端同乘以频响函数矩阵 $[\boldsymbol{H}(\omega)]$ 的共轭转置矩阵 $[\boldsymbol{H}^*(\omega)]^{\mathrm{T}}$,使其转化为方阵,并对 $[\boldsymbol{H}^*(\omega)]^{\mathrm{T}}[\boldsymbol{H}(\omega)]$ 求逆,可得载荷的最小二乘解:

$$\{\boldsymbol{f}(\omega)\}_{p\times 1} = \left([\boldsymbol{H}^*(\omega)]^{\mathrm{T}}[\boldsymbol{H}(\omega)]\right)^{-1}_{p\times p}[\boldsymbol{H}^*(\omega)]^{\mathrm{T}}_{p\times m}\{\boldsymbol{x}(\omega)\}_{m\times 1} \tag{8-113}$$

采用最小二乘识别法,可以提高载荷识别的精度,但是需要在每个频率点求逆,计算时间较长。矩阵运算时容易产生病态问题,不能求逆,一般需用奇异值分解法求伪逆矩阵。

8.4.3 结构的动力修改

结构动力修改涉及两方面的问题:一方面是研究当系统的结构参数由于设计或制造的原因需要改变时,根据其改变量求系统特征值和特征向量等动态特性;另一方面是希望通过某些结构参数的改变使系统的动态特性满足设定的要求。

结构动力修改技术近年来得到了迅速发展,并已与有限元技术和CAD技术结合起来,作为计算机辅助工程的一个重要环节。结构动力修改的方法很多,主要有矩阵摄动法、灵敏度法、频响函数法、双模态空间法等。

8.4.3.1 双模态空间法

双模态空间法是解决结构动力修改的第一类问题的。它利用原结构实验所得的模态数据,在不同的模态坐标下通过计算而不是实验来获得修改后的模态数据。

在不考虑增加自由度的情况下,修改后的结构振动方程为:

$$[\boldsymbol{M}+\Delta\boldsymbol{M}]\{\ddot{\boldsymbol{x}}(t)\}+[\boldsymbol{C}+\Delta\boldsymbol{C}]\{\dot{\boldsymbol{x}}(t)\}+[\boldsymbol{K}+\Delta\boldsymbol{K}]\{\boldsymbol{x}(t)\}=\{\boldsymbol{f}(t)\} \tag{8-114}$$

考虑比例阻尼的情况。设修改前的模态空间 1 的模态向量为 $[\boldsymbol{\psi}]_1$,它对质量矩阵 $[\boldsymbol{M}]$、刚度矩阵 $[\boldsymbol{K}]$、阻尼矩阵 $[\boldsymbol{C}]$ 具有正交性。用 $[\boldsymbol{\psi}]_1^{\mathrm{T}}$ 左乘上式,并设:

$$\{\boldsymbol{x}(t)\}=[\boldsymbol{\psi}]_1\{\boldsymbol{q}(t)\} \tag{8-115}$$

可得:

$$[\boldsymbol{M}]_1\{\ddot{\boldsymbol{q}}(t)\}+[\boldsymbol{C}]_1\{\dot{\boldsymbol{q}}(t)\}+[\boldsymbol{K}]_1\{\boldsymbol{q}(t)\}=[\boldsymbol{\psi}]_1^{\mathrm{T}}\{\boldsymbol{f}(t)\} \tag{8-116}$$

其中

$$[\boldsymbol{M}]_1=[\boldsymbol{M}']+[\boldsymbol{\psi}]_1^{\mathrm{T}}[\Delta\boldsymbol{M}][\boldsymbol{\psi}]_1$$

$$[\boldsymbol{C}]_1=[\boldsymbol{C}']+[\boldsymbol{\psi}]_1^{\mathrm{T}}[\Delta\boldsymbol{C}][\boldsymbol{\psi}]_1$$

$$[\boldsymbol{K}]_1=[\boldsymbol{K}']+[\boldsymbol{\psi}]_1^{\mathrm{T}}[\Delta\boldsymbol{K}][\boldsymbol{\psi}]_1 \tag{8-117}$$

$[\boldsymbol{M}']$、$[\boldsymbol{C}']$、$[\boldsymbol{K}']$ 为解耦后的对角矩阵。而 $[\Delta\boldsymbol{M}]$、$[\Delta\boldsymbol{C}]$、$[\Delta\mathbf{K}]$ 一般不能解耦,所以上式中的矩阵均为非对角矩阵。

由式(8-116)可以求模态空间 1 的特征值问题

$$(-\omega^2[\boldsymbol{M}]_1+[\boldsymbol{K}]_1)\{\boldsymbol{\psi}\}_2=\{0\}$$

其中 $\{\boldsymbol{\psi}\}_2$ 为模态空间 2 的特征向量,设:

$$\{\boldsymbol{q}(t)\}=[\boldsymbol{\psi}]_2\{\boldsymbol{z}(t)\} \tag{8-118}$$

以 $[\boldsymbol{\psi}]_2^{\mathrm{T}}$ 左乘式(8-116),考虑正交性,可得:

$$[\boldsymbol{M}]_2\{\ddot{\boldsymbol{z}}(t)\}+[\boldsymbol{C}]_2\{\dot{\boldsymbol{z}}(t)\}+[\boldsymbol{K}]_2\{\boldsymbol{z}(t)\}=[\boldsymbol{\psi}]_2^{\mathrm{T}}[\boldsymbol{\psi}]_1^{\mathrm{T}}\{\boldsymbol{f}(t)\} \tag{8-119}$$

其中

$$[\boldsymbol{M}]_2=[\boldsymbol{\psi}]_2^{\mathrm{T}}[\boldsymbol{M}]_1[\boldsymbol{\psi}]_2$$

$$[\boldsymbol{C}]_2=[\boldsymbol{\psi}]_2^{\mathrm{T}}[\boldsymbol{C}]_1[\boldsymbol{\psi}]_2$$

$$[\boldsymbol{K}]_2=[\boldsymbol{\psi}]_2^{\mathrm{T}}[\boldsymbol{K}]_1[\boldsymbol{\psi}]_2$$

均为解耦的对角矩阵。由式(8-115)和式(8-118)可得修改后结构在物理空间的响应

$$\{\boldsymbol{x}(t)\}=[\boldsymbol{\psi}]_1[\boldsymbol{\psi}]_2\{\boldsymbol{z}(t)\}$$

则修改后结构的特征向量矩阵 $[\boldsymbol{\psi}]$ 可以用模态空间 1 和模态空间 2 的乘积表示:

$$[\boldsymbol{\psi}]=[\boldsymbol{\psi}]_1[\boldsymbol{\psi}]_2 \tag{8-120}$$

对非比例阻尼的复模态,也可以推导出类似的方法。有时,结构修改后还会造成系统自由度数的增加,这时仍然可以用类似方法计算。

8.4.3.2 矩阵摄动法

矩阵摄动法是求解结构动力修改的第二类问题的,由 J. C. Chen 于 1983 年提出。

设结构的质量矩阵和刚度矩阵变化 $[\Delta\boldsymbol{M}]$、$[\Delta\boldsymbol{K}]$ 后,系统的模态向量矩阵和特征值矩阵的变化为 $[\Delta\boldsymbol{\psi}]$ 和 $[\Delta\boldsymbol{\Lambda}]$,矩阵摄动法假设:

$$[\Delta\boldsymbol{\psi}]=[\boldsymbol{\psi}]_1[\boldsymbol{A}] \tag{8-121}$$

式中,$[\boldsymbol{A}]$ 为系数矩阵。修改后的模态向量矩阵为:

$$[\boldsymbol{\psi}]=[\boldsymbol{\psi}]_1([\boldsymbol{I}]+[\boldsymbol{A}]) \tag{8-122}$$

则由模态向量的正交性可得:

$$[\boldsymbol{\psi}]^{\mathrm{T}}([M]+[\Delta\boldsymbol{M}])[\boldsymbol{\psi}]=[\boldsymbol{I}]$$

$$[\boldsymbol{\psi}]^{T}([K]+[\Delta \boldsymbol{K}])[\boldsymbol{\psi}]=[\boldsymbol{\Lambda}] \tag{8-123}$$

将式(8-121)和式(8-122)代入式(8-123),整理得:

$$[\boldsymbol{\psi}]_1^{T}[\Delta \boldsymbol{M}][\boldsymbol{\psi}]_1=-[\boldsymbol{A}]-[\boldsymbol{A}]^{T}$$

$$[\boldsymbol{\psi}]_1^{T}[\Delta \boldsymbol{K}][\boldsymbol{\psi}]_1=-[\Delta \boldsymbol{\Lambda}]-[\boldsymbol{\Lambda}]_1[\boldsymbol{A}]-[\boldsymbol{A}]^{T}[\boldsymbol{\Lambda}]_1 \tag{8-124}$$

上两式两边左乘$[\boldsymbol{\psi}]_1^{-T}$,右乘$[\boldsymbol{\psi}]_1^{-1}$,并考虑到$[\boldsymbol{\psi}]_1^{T}[\boldsymbol{M}][\boldsymbol{\psi}]_1=[\boldsymbol{I}]$

可得:

$$[\Delta \boldsymbol{M}]=-[\boldsymbol{\psi}]_1^{-T}[\boldsymbol{A}][\boldsymbol{\psi}]_1^{-1}-[\boldsymbol{\psi}]_1^{-T}[\boldsymbol{A}]^{T}[\boldsymbol{\psi}]_1^{-1} \tag{8-125}$$

$$[\Delta \boldsymbol{K}]=-[\boldsymbol{\psi}]_1^{-T}[\Delta \boldsymbol{\Lambda}][\boldsymbol{\psi}]_1^{-1}-[\boldsymbol{\psi}]_1^{-T}[\boldsymbol{\Lambda}]_1[\boldsymbol{A}][\boldsymbol{\psi}]_1^{-1}-[\boldsymbol{\psi}]_1^{-T}[\boldsymbol{A}]^{T}[\boldsymbol{\Lambda}]_1[\boldsymbol{\psi}]_1^{-1} \tag{8-126}$$

由式(8-122),可得:

$$[\boldsymbol{A}]=[\boldsymbol{\psi}]_1^{-1}[\boldsymbol{\psi}]-[\boldsymbol{I}]$$

$$[\boldsymbol{A}]^{T}=[\boldsymbol{\psi}]^{T}[\boldsymbol{\psi}]_1^{-T}=[\boldsymbol{I}]$$

将上两式代入式(8-125)和式(8-126),可得:

$$[\Delta \boldsymbol{M}]=[\boldsymbol{M}][\boldsymbol{\psi}]_1(2[\boldsymbol{I}]-[\boldsymbol{\psi}]_1^{T}[\boldsymbol{M}][\boldsymbol{\psi}]-[\boldsymbol{\psi}]^{T}[\boldsymbol{M}][\boldsymbol{\psi}]_1)[\boldsymbol{\psi}]_1^{T}[\boldsymbol{M}] \tag{8-127}$$

$$[\Delta \boldsymbol{K}]=[\boldsymbol{M}][\boldsymbol{\psi}]_1([\boldsymbol{\Lambda}]_1+[\boldsymbol{\Lambda}]-[\boldsymbol{\psi}]_1^{T}[\boldsymbol{K}][\boldsymbol{\psi}]-[\boldsymbol{\psi}]^{T}[\boldsymbol{K}][\boldsymbol{\psi}]_1)[\boldsymbol{\psi}]_1^{T}[\boldsymbol{M}] \tag{8-128}$$

上两式中$[\boldsymbol{\psi}]_1$、$[\boldsymbol{\Lambda}]_1$、$[\boldsymbol{M}]$、$[\boldsymbol{K}]$为原结构参数(已知),$[\boldsymbol{\psi}]$、$[\boldsymbol{\Lambda}]$为实验所得,由此就可以求出结构参数的修改量。

对结构进行动力修改时,有时需要先确定哪个参数能使模态特性得到显著提高,也就是说哪个参数最灵敏,这就涉及模态参数的灵敏度问题,读者可参阅有关资料。

习题和思考题

8-1 何为系统的传递函数,什么是频率相应函数?

8-2 具有黏性阻尼单自由度系统动刚度(机械阻抗)如何表示,为什么说其倒数(机械导纳)相当于系统的传递函数?

8-3 什么是 Bode 图?请找出单自由度系统的对数位移幅频图(图 8-3)中的质量导纳线、刚度导纳线和阻尼导纳线。

8-4 Nyquist 图是如何画出的?

8-5 什么是模态分析,其目的是什么?

8-6 请问如何对原先相互耦合的振动方程组进行解耦?

8-7 如何采用分量分析法和导纳圆拟合法来识别系统固有频率和阻尼比?

8-8 模态分析的主要应用有哪些?

参考文献

[1] 孙靖民,王新荣等. 现代机械设计方法选讲[M]. 哈尔滨:哈尔滨工业大学出版社,1992.
[2] 邹家祥. 现代机械设计理论与方法[M]. 北京:科学出版社,1990.
[3] 黄纯颖. 设计方法学[M]. 北京:机械工业出版社,1992.
[4] 北京机械工程学会设计方法学研究会. 设计方法学[M]. 北京机械工程学会设计方法学研究会,1989.
[5] R. 柯勒. 机械设计方法学[M]. 党志梁等译,北京:科学出版社,1990.
[6] 戚昌滋. 机械现代设计方法学[M]. 北京:中国建筑工业出版社,1987.
[7] 李贵轩. 设计方法学[M]. 北京:世界图书出版社,1989.
[8] 冯厚植,平申. 工程设计方法导论[M]. 北京:航空工业出版社,1988.
[9] [美]R. C. 约翰. 机械设计综合[M]. 陆国贤等译. 北京:机械工业出版社,1987.
[10] 朱龙根,黄雨华. 机械系统设计[M]. 北京:机械工业出版社,1992.
[11] 王步瀛,陈庚梅,吴琦. 现代机械设计方法综述[M]. 北京:高等教育出版社,1985.
[12] [印]维杰伊. 格普泰等. 工程设计方法引论[M]. 魏发辰译. 北京:国防工业出版社,1987.
[13] 朱文坚,刘小康. 机械设计方法学[M]. 广州:华南理工大学出版社,2006.
[14] 曲继方,宜亚丽,曲志刚. 技术创新教程[M]. 北京:冶金工业出版社,2005.
[15] 谢燮正. 创造力开发基础[M]. 沈阳:辽宁科学技术出版社,1994.
[16] Ulman. David G. 机械设计过程[M]. 黄靖远,刘莹译. 北京:机械工业出版社. 2006.
[17] 张鄂. 现代设计理论与方法[M]. 北京:科学出版社,2007.
[18] 戚昌滋. 对应论方法学[M]. 北京:中国建筑工业出版社,1988.
[19] 张如一、陆耀桢. 实验应力分析[M]. 北京:机械工业出版社,1981.
[20] 杨俊杰. 相似理论与结构模型试验[M]. 武汉:武汉理工大学出版社,2005.
[21] 李思益,任工昌等. 现代设计方法[M]. 西安:西安电子科技大学出版社,2007.
[22] 臧勇. 有限单元法[M]. 北京科技大学(讲义),2004.
[23] 康贵信,邹家祥. 有限单元法及其在冶金机械中的应用[M]. 北京:冶金工业出版社,1991.
[24] 华东水利学院. 弹性力学问题的有限单元法(修订版)[M]. 北京:水利电力出版社,1978.
[25] 谢贻权,何福保. 弹性和塑性力学中的有限单元法[M]. 北京:机械工业出版社,1981.
[26] 孙菊芳. 有限元法及其应用[M]. 北京:北京航空航天大学出版社,1990.
[27] 张德兴. 有限元素法新编教程[M]. 上海:同济大学出版社,1989.
[28] R. D. 库克. 有限元分析的概念和应用(第二版)[M]. 程耿东等译. 北京:科学出版社,1989.
[29] 饶寿期. 有限元法和边界元法基础[M]. 北京:北京航空航天大学出版社,1990.
[30] O. C. 监凯维奇. 有限元法[M]. 尹泽勇,江伯南译. 北京:科学出版社,1985.
[31] 欧阳鬯. 弹性·塑性·有限元[M]. 长沙:湖南科学技术出版社,1983.
[32] 王祖城,汪家才. 弹性和塑性理论及有限单元法[M]. 北京:冶金工业出版社,1983.
[33] 蒋维城,固体力学有限元分析[M]. 北京:北京理工大学出版社,1989.
[34] [日]田中正隆,田中喜久昭. 边界元法的基础与应用[M]. 郎德宏译,刘文斌校. 北京:煤炭工业出版社,1987.
[35] 王元淳. 边界元法基础[M]. 上海:上海交通大学出版社,1988.
[36] 孙炳南,项玉寅,张永元. 工程中边界元法及应用[M]. 杭州:浙江大学出版社,1991.
[37] [日]神谷纪生. 边界元素法基础[M]. 沈阳:东北工学院出版社,1987.

[38] 殷有泉．固体力学非线性有限元引论[M]．北京:北京大学出版社,清华大学出版社,1987.
[39] 龚尧南,王寿海．结构分析中的非线性有限元素法[M]．北京:北京航空学院出版社,1986.
[40] 陈如欣,胡忠民．塑性有限元法及其在金属成形中的应用[M]．重庆:重庆大学出版社,1989.
[41] 蒋友谅．非线性有限元法[M]．北京:北京工业学院出版社,1988.
[42] 刘惟信．机械最优化设计[M]．北京:清华大学出版社,1994.
[43] 周济．机械设计优化方法及应用[M]．北京:高等教育出版社,1989.
[44] 陈立周．机械优化设计方法[M]．北京:冶金工业出版社,1995.
[45] 王永乐．机械设计优化基础[M]．哈尔滨:黑龙江科学技术出版社,1987.
[46] 郭仁生．基于 MATLAB 和 Pro/ENGINEER 优化设计实例解析[M]．北京:机械工业出版社,2007.
[47] 梁尚明,殷国富．现代机械优化设计方法[M]．北京:化学工业出版社,2005.
[48] 张鄂．机械与工程优化设计[M]．北京:科学出版社,2008.
[49] 郭仁生,苏君,卢洪胜．优化设计应用[M]．北京:电子工业出版社,2003.
[50] 刘惟信．机械可靠性设计[M]．北京:清华大学出版社,1996.
[51] 陈健元．机械可靠性设计[M]．北京:机械工业出版社,1988.
[52] 童秉枢,吴志军,李学志,冯娟．机械 CAD 技术基础(第 3 版)[M]．北京:清华大学出版社,2008.
[53] 窦忠强．工业产品设计与表达(第 2 版)[M]．北京:高等教育出版社,2009.
[54] 何雪明,吴晓光,王宗才．机械 CAD/CAM 基础[M]．武汉:华中科技大学出版社,2008.
[55] 胡仁喜,董永进,郑娟等．Inventor10 中文版机械设计高级应用实例(第 2 版)[M]．北京:机械工业出版社．2006.
[56] 唐湘民等．Autodesk Inventor 有限元分析和运动仿真详解[M]．北京:机械工业出版社,2009.
[57] 周传荣,赵淳生．机械振动参数识别及其应用[M]．北京:科学出版社,1989.
[58] 杨景义,王信义．试验模态分析[M]．北京:北京理工大学出版社,1990.
[59] 方远翔,陈安宁,董卫平．振动模态分析技术[M]．北京:国防工业出版社,1993.
[60] 傅志方．振动模态分析与参数辨识[M]．北京:机械工业出版社,1990.
[61] 大久保信行．机械模态分析[M]．尹传家译．上海:上海交通大学出版社,1985.
[62] 郑兆昌．机械振动[M]．北京:机械工业出版社,1980.

冶金工业出版社部分图书推荐

书　　名	作　者	定价(元)
机械振动学(第2版)(本科教材)	闻邦椿　主编	28.00
机电一体化技术基础与产品设计(第2版)(本科教材)	刘　杰　主编	46.00
机器人技术基础(第2版)(本科教材)	宋伟刚　等编	35.00
机械电子工程实验教程(本科教材)	宋伟刚　主编	29.00
机械优化设计方法(第4版)(本科教材)	陈立周　主编	42.00
机械可靠性设计(本科教材)	孟宪铎　主编	25.00
机械故障诊断基础(本科教材)	廖伯瑜　主编	25.80
机械工程实验综合教程(本科教材)	常秀辉　主编	32.00
现代机械强度引论(研究生教材)	陈立杰　等编	35.00
机械设备维修工程学(本科教材)	王立萍　等编	26.00
冶金设备及自动化(本科教材)	王立萍　等编	29.00
轧钢机械(第3版)(本科教材)	邹家祥　主编	49.00
炼铁机械(第2版)(本科教材)	严允进　主编	38.00
炼钢机械(第2版)(本科教材)	罗振才　主编	32.00
冶金设备(第2版)(本科教材)	朱　云　主编	56.00
矿山机械(本科教材)	魏大恩　主编	48.00
真空镀膜技术与设备(本科教材)	张以忱　主编	40.00
现代液压技术概论(本科教材)	宋锦春　编著	25.00
电液比例控制技术(本科教材)	宋锦春　编著	48.00
电液比例与伺服控制(本科教材)	杨征瑞　等编	36.00
液压元件性能测试技术与试验方法	湛丛昌　等著	30.00
液压可靠性最优化与智能故障诊断	湛丛昌　等著	70.00
液压可靠性设计基础与设计准则	湛丛昌　等著	89.00